浙江省普通高校"十三五"新形态教材
浙江省普通高校"十二五"优秀教材

清华
科技大讲堂

U0655751

算法设计与分析

以ACM大学生程序设计竞赛在线题库为例 （微课版·第2版）

赵端阳 ◎ 主编

清华大学出版社
北京

内 容 简 介

本书以经典算法设计为重点，主要介绍数据结构和标准模板库、递归与分治策略、动态规划、贪心算法、回溯算法、分支限界算法、图的搜索算法、图论、数论和组合数学问题。本书包括大量的问题实例，并在洛谷北京大学、浙江大学和杭州电子科技大学在线题库中精选原题，详细地分析解题的方法，深入浅出地讲解用到的算法，章后的上机练习题也选自在线题库中的典型题目，供读者练习，以巩固所学算法。本书内容基本上涵盖了目前大学生程序设计竞赛所要掌握的算法。

本书结构清晰、内容丰富，适合作为计算机科学与技术、软件工程以及相关学科算法课程的教材或参考书，特别适合有志于参加信息学竞赛和 ACM 大学生程序设计竞赛的读者学习和训练。

图书在版编目（CIP）数据

算法设计与分析：以 ACM 大学生程序设计竞赛在线题库为例：微课版 / 赵端阳主编. -- 2 版.
北京：清华大学出版社，2025.7. --（清华科技大讲堂）. -- ISBN 978-7-302-69649-0

Ⅰ. TP301.6-44

中国国家版本馆 CIP 数据核字第 2025ZS2464 号

责任编辑：赵 凯 薛 阳
封面设计：刘 键
责任校对：郝美丽
责任印制：宋 林

出版发行：清华大学出版社
　　　　网　　　址：https://www.tup.com.cn, https://www.wqxuetang.com
　　　　地　　　址：北京清华大学学研大厦 A 座　　邮　　编：100084
　　　　社 总 机：010-83470000　　　　　　　邮　　购：010-62786544
　　　　投稿与读者服务：010-62776969, c-service@tup.tsinghua.edu.cn
　　　　质量反馈：010-62772015, zhiliang@tup.tsinghua.edu.cn
　　　　课件下载：https://www.tup.com.cn, 010-83470236
印 装 者：三河市少明印务有限公司
经　　销：全国新华书店
开　　本：185mm×260mm　　印　张：24.5　　　　　字　　数：600 千字
版　　次：2021 年 11 月第 1 版　2025 年 8 月第 2 版　　　印　　次：2025 年 8 月第 1 次印刷
印　　数：1～1500
定　　价：79.00 元

产品编号：106756-01

第2版 前 言

算法是计算机科学的基础,同时也是各个领域中解决问题所必需的技术。互联网、大数据、人工智能、金融、医疗等行业离不开算法,所以算法一直被视为计算机科学中最重要的部分。学习算法在 IT 工程中具有非常重要的意义,主要体现在以下几方面。

提高效率:算法是解决特定问题的一系列指令或规则。学习算法可以帮助我们找到更高效的解决方案,减少不必要的资源浪费,从而提高工作效率。例如,在数据分析和处理中,使用高效的排序算法或搜索算法可以大幅度提高数据处理的速度。

提升技能:学习算法是计算机科学和编程领域的基础。掌握算法知识可以帮助我们更好地理解计算机科学的基本原理,提高编程能力,增强抽象思维和数据结构理解能力。这对于职业发展和提高竞争力非常重要。

解决实际问题:在现实生活中,我们经常会遇到各种各样的问题,如优化问题、搜索问题、分类问题等。学习算法可以帮助我们找到这些问题的解决方案,并且提供理论支持和实践指导。例如,在人工智能领域,算法是实现智能推荐、图像识别等功能的关键。

推动创新:算法是创新的重要驱动力。通过学习算法,我们可以发现新的解决方案,推动科技进步和社会发展。例如,在机器学习领域,算法的不断优化和创新推动了人工智能技术的快速发展。

总之,学习算法对于提高个人技能、解决实际问题、推动创新等方面都具有非常重要的意义。在现代社会中,掌握算法知识已经成为必备的技能之一。

基础算法基本上是经典的理论,但是我们在学习过程中,其应用会不断推陈出新。第 1 版前 8 章中的很多例题,由于年代久远,现在已经不太流行,需要及时更新,引入更加常用的例题;有些例题的难度比较高,代码比较复杂,只适合课外研究。因此在第 2 版中,更新了一些例题,这些例题更具有代表性,更便于算法的理解和学习。对原有的例题,有些更新了算法,使代码更加简洁和高效。同时更新了 PPT 课件,增加了代码的动画展示。

在第 2 版中,作者提供 HUSTOJ 的题库导入,并给出每节课的实验安排,让教师可以自行架设服务器,方便学生上机练习。

赵端阳

2025 年 5 月

　　"算法设计与分析"是一门理论性与实践性结合很强的课程。在信息技术高速发展的今天,计算机技术已经应用到了很多科学领域。从理论上来说,算法研究已经被公认是计算机科学的基石。David Harel 在其《算法学:计算精髓》一书中写道:"算法不仅是计算机科学的一个分支,它更是计算机科学的核心。可以毫不夸张地说,它和绝大多数的科学、商业和技术都是相关的。"

　　在 ACM 国际大学生程序设计竞赛中,在线裁判系统是开展竞赛的核心,它是一个在线的程序与算法设计的练习和竞赛平台。系统可以提供大量关于程序和算法设计的题目供学生练习或竞赛,学生可以使用自己熟悉的语言提交相关题目的程序代码,如果系统编译提交的代码没有错误,则生成可执行文件。利用系统的测试用例来测试,如果输出结果正确,则返回程序消耗的内存空间和时间。对于竞赛题目,系统可以从程序正确性、运行总时间、消耗内存空间、返回结果等方面来考查学生提交的代码。系统可以实现在规定的时间段举行竞赛的功能,根据学生解题数目和时间进行排名,也可以批量导出学生代码,进行分析。

　　基于程序设计竞赛的教学模式的优势如下:

　　(1) 提供一个开放的、自主学习的实验环境。在线评测系统通过网络使用,学生可以随时随地提交程序代码,在丰富的算法设计题库中寻找适合自己的题目,训练程序设计能力。

　　(2) 有效地训练学生程序设计能力,培养创新型 IT 人才。本课程的学习难点在于如何将常见的算法策略应用到实际的应用环境中。通过在线评测系统的实践训练,让学生熟练掌握常见的算法设计策略,训练学生的创新思维,加深学生对各种算法设计策略的认识,理解算法的意义及精髓,达到学以致用的目的。

　　(3) 形成良好的学习氛围,加强学生之间的交流。使用在线评测系统进行课程考核并举办程序与算法设计竞赛,以团队方式参与,可以形成良好的校园竞争和交流的学习氛围;学生有了在课余时间自主进行本学科知识钻研的机会和环境;也让学生体验团队协作的重要性,为软件项目团队化的合作要求做好准备。

　　"算法设计与分析"是面向设计的核心课程,主要通过介绍常见的算法设计策略及复杂度分析方法,培养学生分析问题和解决问题的能力,为开发高效的软件系统及相关领域的研究工作奠定坚实的基础。该课程理论与实践并重,内容具有综合性、广泛性和系统性,是一门集应用性、创造性及实践性为一体的综合性极强的课程。

　　目前,该课程的教学方法还是以传统的讲解为主,通常只是将经典算法在已有的数学模型和数据结构上解释给学生;在实践环节只是盲目地验证算法,而对该算法的运行效率、测试数据规模以及实际的应用场景则很少考虑。学生的学习主要以理解和记忆的继承式学习为主,虽然记住了大量的算法理论,但没有"理解"和"消化",不能灵活运用算法;在实践环节,学生代码抄袭严重,很难达到训练的效果。在这种教学模式下,学生缺乏问题抽象能力,在遇到实际问题时无从下手,思维创新能力和实践能力难以得到有效的提高,很难培养出高水平的程序员。

本书利用程序设计竞赛模式和在线评测系统的特点,结合课程特点和实际教学,弥补课程教学中存在的不足,以此探讨"算法设计与分析"课程的教学改革,培养高水平的编程人才。

本书共分为11章。

第1章,算法概述。主要是算法的基本概念、算法的复杂度、大学生程序设计竞赛概述和程序设计在线测试题库的基本情况。

第2章,数据结构和标准模板库。主要介绍栈(Stack)、向量(Vector)、映射(Map)、列表(List)、集合(Set)、队列(Queue)和优先队列(Priority Queue)以及典型例题。

第3章,递归与分治策略。主要介绍递归算法和分治策略以及典型例题。

第4章,动态规划。主要介绍动态规划算法的基本要素以及典型例题。

第5章,贪心算法。主要介绍贪心算法的理论基础以及典型例题。

第6章,回溯算法。主要介绍回溯算法的理论基础以及典型例题。

第7章,分支限界算法。主要介绍分支限界算法的基本理论以及典型例题。

第8章,图的搜索算法。主要介绍图的深度和广度优先搜索遍历算法以及典型例题。

第9章,图论。主要介绍网络流问题和二分图匹配问题,分析剩余网络的增广路径、Ford-Fulkerson算法和 Edmonds-Karp 算法,二分图最大匹配的匈牙利算法、Hopcroft-Karp 算法和 Kuhn Munkres 算法以及典型例题。

第10章,数论。主要介绍扩展欧几里得算法、欧拉函数、中国剩余定理和一元线性同余方程组以及典型例题。

第11章,组合数学。主要介绍母函数、Stirling 数、Catalan 数、容斥原理与鸽巢原理以及典型例题。

本书配备有电子教案和源代码,请到清华大学出版社官网下载。

本书获得浙江省高等教育课堂教学改革、浙江工业大学精品课程、浙江工业大学重点教材建设和绍兴市精品课程建设等多个项目的资助,并被评为浙江省普通高校"十二五"优秀教材和浙江省普通高校"十三五"新形态教材。

由于编者水平所限,书中难免有不足之处,恳请广大读者批评指正。

编　者

2021 年 2 月

目 录

第1章

算法概述

算法(algorithm)是一系列解决问题的清晰指令,代表用系统的方法描述解决问题的策略机制。算法能够对一定规范的输入在有限时间内获得所要求的输出。如果一个算法有缺陷,或不适合于某个问题,执行该算法将不会解决这个问题。不同的算法可能用不同的时间、空间或效率来完成同样的任务。一个算法的优劣可以用空间复杂度与时间复杂度来衡量。算法可以使用自然语言、伪代码、流程图等多种不同的方法来描述。计算机系统中的操作系统、语言编译系统、数据库管理系统以及各种各样的计算机应用系统中的软件,都必须使用具体的算法来实现。算法设计与分析是计算机科学与技术的一个核心问题。

1.1 引言

"算法"即演算法,中文名称出自《周髀算经》;西方"算法"原为 algorism,意思是阿拉伯数字的运算法则,来自 9 世纪波斯数学家花剌子米(al-Khwārizmī),他在数学上提出了算法这个概念。在 18 世纪演变为 algorithm。欧几里得算法(Euclid's algorithm)被人们认为是历史上第一个算法。第一个程序是阿达·拜伦(Ada Byron)于 1842 年为巴贝奇分析机编写求解伯努利方程的程序,因此阿达·拜伦被大多数人认为是世界上第一位程序员。查尔斯·巴贝奇(Charles Babbage)未能完成他的巴贝奇分析机,这个算法未能在巴贝奇分析机上执行。

一本早期的德文《数学大全辞典》(*Vollstandiges Mathematisches Lexicon*),给出了algorithmus(算法)一词的如下定义:"在这个名称之下,组合了四种类型的算术计算的概念,即加法、乘法、减法、除法。"拉丁短语 algorithmus infinitesimalis(无限小方法),在当时就用来表示莱布尼茨(Leibniz)发明的以无限小量进行计算的微积分方法。

1950 年前后,algorithm 一词经常同欧几里得算法联系在一起。欧几里得算法就是在欧几里得的《几何原本》(*Euclid's Elements*,第Ⅶ卷,命题Ⅰ和Ⅱ)中阐述的求两个数的最大公约数的过程(即辗转相除法)。

20世纪的英国数学家图灵(Alan Turing)提出了著名的图灵论题,并提出一种假想的计算机抽象模型,这个模型被称为图灵机。图灵机的出现解决了算法定义的难题,图灵的思想对算法的发展起到了重要作用。

1.1.1 算法的描述

欧几里得算法又称辗转相除法,用于计算两个正整数 m、n 的最大公约数。运算步骤如下。

步骤 1:如果 $m < n$,则交换 m 和 n。

步骤 2:令 r 是 m/n 的余数。

步骤 3:如果 $r=0$,则输出 m;否则令 $m=n$,$n=r$,并转向步骤 2。

欧几里得算法的计算原理依赖于下面的定理。

定理:$\gcd(m,n)=\gcd(n,m \bmod n)$($m>n$ 且 $m \bmod n$ 不为 0)。

算法 1.1 欧几里得算法

```
int gcd( int m, int n)
{
    if (m < n) gcd(n, m);
    int r;
    do {
        r = m % n;
        m = n;
        n = r;
    } while(r);
    return m;
}
```

欧几里得算法的递归实现:

```
int gcd( int m, int n)
{
    if (m < n) gcd(n, m);
    if (n == 0) return m;
    else return gcd(n, m % n);
}
```

算法设计的先驱者唐纳德·E.克努特(Donald E. Knuth,又名高德纳)对算法的特征做了如下描述:

1. 有穷性(Finiteness)

有穷性指算法在执行有限步之后必须终止。

在算法 1.1 中,对输入的任意正整数 m、$n(m>n)$,令 r 是 m/n 的余数,经过辗转相除,使 m 和 n 变小。如此往复进行,最终使 r 为 0,算法终止。

2. 确定性(Definiteness)

确定性指算法的每个步骤都必须有确切的定义。

算法要执行的每个动作都是清晰的、无歧义的。在算法 1.1 中,如果 m 和 n 是无理数,

那么 m 除以 n 的余数是什么就没有一个明确的界定。欧几里得算法规定了 m 和 n 都是正整数,从而保证了算法能够确定地执行。

3. 输入(Input)

一个算法应有 0 个或多个输入,作为算法开始执行前的初始值或初始状态。所谓 0 个输入是指算法本身定出了初始条件。

算法 1.1 中有两个输入 m 和 n,都是正整数。

4. 输出(Output)

一个算法有一个或多个输出,以反映对输入数据加工后的结果。没有输出的算法是毫无意义的。算法 1.1 中的输出是 m 和 n 的最大公约数。

5. 可行性(Effectiveness)

可行性指在有限时间内完成计算过程。

算法 1.1 用一个正整数来除以另一个正整数,判断一个整数是否为 0 以及为整数赋值,这些运算都是可行的。因为整数可以用有限的方式表示,所以至少存在一种方法来完成一个整数除以另一个整数的运算。

必须注意到,在实际应用中有穷性的限制是不够的。一个实用的算法,不仅要求步骤有限,同时要求运行这些步骤所花费的时间是人们可以接受的。如果一个算法需要执行数万亿亿计数的运算步骤,从理论上说,它是有限的,最终可以结束。但是,以当代计算机每秒数亿次的运算速度,这个算法也必须运行数百年以上,这是人们无法接受的,因而是不实用的算法。

1.1.2 算法的设计

算法设计的整个过程可以包含对问题需求的说明、数学模型的拟制、算法的详细设计、算法的正确性验证、算法的实现、算法分析、程序测试和文档资料的编制。

计算机科学家尼克劳斯·沃思(Niklaus Wirth)曾写过一本著名的书《数据结构+算法=程序》,可见算法在计算机科学界与计算机应用界的地位。

同一问题可用不同算法来解决,而一个算法的质量优劣将影响到算法乃至程序的效率。算法分析的目的在于选择合适的算法和改进算法。一个算法的评价主要从时间复杂度和空间复杂度来考虑。

算法可大致分为基本算法、数据结构的算法、数论与代数算法、计算几何的算法、图论的算法、动态规划以及数值分析、加密算法、排序算法、检索算法、随机化算法、并行算法。这些算法大致分为三类。

(1) 有限的、确定性算法。这类算法在一段有限的时间内终止。可能要花很长时间来执行指定的任务,但仍将在一定的时间内终止。这类算法得出的结果常取决于输入值。

(2) 有限的、非确定性算法。这类算法在有限的时间内终止。然而,对于一个(或一些)给定的数值,算法的结果并不是唯一的或确定的。

(3) 无限的算法。这类算法指那些由于没有定义终止定义条件,或定义的条件无法由输入的数据满足而不终止运行的算法。通常,无限的算法的产生是由于未能确定地定义终止条件。

经典的算法有很多,这里主要列举以下几种。

1. 穷举搜索算法

穷举搜索算法(Exhaustive Search Algorithm)是对可能是解的众多候选解按某种顺序进行逐一枚举和检验,并从中找出那些符合要求的候选解作为问题的解。穷举搜索算法可简称为穷举算法。

穷举算法的特点是算法简单,但运行时所花费的时间长。有些问题列举出来的情况数目会大得惊人,就是用高速计算机运行,其等待运行结果的时间也使人无法忍受。在用穷举算法解决问题时,应尽可能将明显不符合条件的情况排除在外,以尽快取得问题的解。

2. 迭代算法

迭代算法(Iterative Algorithm)是数值分析中通过从一个初始估计出发寻找一系列近似解来解决问题的过程,为实现这一过程所使用的方法统称为迭代算法。

迭代算法是用于求方程或方程组近似根的一种常用的算法设计方法。设方程为 $f(x)=0$,用某种数学方法导出等价的形式 $x=g(x)$,然后按以下步骤执行。

(1) 选一个方程的近似根,赋给变量 x_0。

(2) 将 x_0 的值保存于变量 x_1,然后计算 $g(x_1)$,并将结果存于变量 x_0。

(3) 当 x_0 与 x_1 的差的绝对值未达到指定的精度要求时,重复步骤(2)的计算。

若方程有根,并且用上述方法计算出来的近似根的序列收敛,则按上述方法求得的 x_0 就认为是方程的根。

3. 递推算法

递推算法(Recurrence Algorithm)是利用问题本身所具有的一种递推关系求问题解的一种方法。它把问题分成若干步,找出相邻几步的关系,从而达到目的。

算法求解问题的输入量称为问题的规模(Size)。设要求问题规模为 n 的解,当 $n=0$ 或 1 时,解或为已知,或能非常方便地得到解。能采用递推算法构造算法的问题有重要的递推性质,即当得到问题规模为 $i-1$ 的解后,由问题的递推性质,能从已求得的规模为 $1,2,\cdots,i-1$ 的一系列解来构造出问题规模为 i 的解。这样,程序可从 $i=0$ 或 1 出发,重复地,由已知至 $i-1$ 规模的解通过递推来获得规模为 i 的解,直至得到规模为 n 的解。

4. 递归算法

递归算法(Recursion Algorithm)是一种直接或者间接地调用自身的算法。在计算机编写程序中,递归算法对解决一大类问题是十分有效的,它往往使算法的描述简洁而且易于理解。

能采用递归描述的算法通常有这样的特征:为求解规模为 n 的问题,设法将它分解成规模较小的问题,然后从这些小问题的解方便地构造出大问题的解,并且这些规模较小的问题也能采用同样的分解和综合方法,分解成规模更小的问题,并从这些更小问题的解构造出规模较大问题的解。特别地,当规模 $n=0$ 或 1 时,能直接得解。

递归算法解决问题的特点如下:

(1) 递归就是在过程或函数里调用自身。

(2) 在使用递归策略时,必须有一个明确的递归结束条件,称为递归出口。

(3) 用递归算法解题通常看起来很简洁,但实际上运行效率较低。

（4）在递归调用的过程中系统为每一层的返回点、局部变量等开辟栈来存储。递归次数过多容易造成栈溢出等。

5．分治算法

分治算法（Divide and Conquer Algorithm）是把一个复杂的问题分成两个或更多的相同或相似的子问题，再把子问题分成更小的子问题，直到最后的子问题可以简单地直接求解，原问题的解即子问题解的合并。

如果原问题可分割成 k 个子问题（$1<k\leqslant n$），且这些子问题都可解，并可利用这些子问题的解求出原问题的解，这种分治算法就是可行的。由分治算法产生的子问题往往是原问题的较小模式，这就为使用递归技术提供了方便。在这种情况下，反复应用分治算法，可以使子问题与原问题类型一致而其规模却不断缩小，最终使子问题缩小到很容易直接求出其解。这自然导致递归过程的产生。分治与递归像一对孪生兄弟，经常同时应用在算法设计之中，并由此产生许多高效算法。

6．贪心算法

贪心算法（Greedy Algorithm）也称贪婪算法。在对问题求解时，总是做出在当前看来是最好的选择。也就是说，不从整体最优上加以考虑，所做出的仅是在某种意义上的局部最优解。贪心算法不是对所有问题都能得到整体最优解，但对范围相当广泛的许多问题能产生整体最优解或者整体最优解的近似解。

贪心算法的基本思路如下。

（1）建立数学模型来描述问题。

（2）把求解的问题分成若干个子问题。

（3）对每个子问题都求解，得到子问题的局部最优解。

（4）把子问题的局部最优解合成原来解问题的一个解。

7．动态规划算法

动态规划算法（Dynamic Programming Algorithm）是一种在数学和计算机科学中使用的，用于求解包含重叠子问题的最优化问题的方法。其基本思想是，将原问题分解为相似的子问题，在求解的过程中通过子问题的解求出原问题的解。动态规划算法的思想是多种算法的基础，被广泛应用于计算机科学和工程领域。

动态规划程序设计是求解最优化问题的一种途径、一种方法，而不是一种特殊算法。不像前面所述的那些算法，具有一个标准的数学表达式和明确清晰的解题方法。由于各种问题的性质不同，确定最优解的条件也互不相同，因而对不同的问题，动态规划的设计方法各不相同，而不存在一种万能的动态规划算法可以解决各类最优化问题。

8．回溯算法

回溯算法（Back Tracking Algorithm）是一种选优搜索法，按选优条件向前搜索，以达到目标。当探索到某一步时，发现原先的选择并不优或达不到目标，就退回一步重新选择，这种走不通就退回再走的技术称为回溯法，而满足回溯条件的某个状态的点称为回溯点。人们比较熟悉的迷宫问题算法，采用的就是典型的回溯算法。

回溯算法解决问题的过程是先选择某一可能的线索进行试探，每一步试探都有多种方式，将每种方式都一一试探，如有问题就返回纠正，反复进行这种试探再返回纠正，直到得出全部符合条件的答案或问题无解为止。由于回溯算法的本质是用深度优先的方法在解的空间树中搜索,所以在算法中都需要建立一个堆栈,用来保存搜索路径。一旦产生的部分解序列不合要求,就要从堆栈中找到回溯的前一个位置,继续试探。

9. 分支限界算法

分支限界算法(Branch and Bound Algorithm)是一种在表示问题解空间的树上进行系统搜索的方法。回溯算法使用了深度优先策略,而分支限界算法一般采用广度优先策略,同时还采用最大收益(或最小损耗)策略来控制搜索的分支。

分支限界算法的基本思想是对有约束条件的最优化问题的所有可行解(数目有限)空间进行搜索。该算法在具体执行时,把全部可行的解空间不断分割为越来越小的子集(称为分支),并为每个子集内的解计算一个下界或上界(称为定界)。在每次分支后,对所有界限超出已知可行解的那些子集不再做进一步分支,解的许多子集(即搜索树上的许多结点)就可以不予考虑了,从而缩小了搜索范围。这一过程一直进行到找出可行解的值不大于任何子集的界限。因此,这种算法一般可以求得最优解。

1.2　算法的复杂度

算法的复杂度是算法执行效率的度量。在评价算法的性能时,算法的复杂度是一个重要的依据。算法的复杂度与运行该算法所需要的计算机资源的多少有关,所需要的资源越多,表明该算法的复杂度越高;所需要的资源越少,表明该算法的复杂度越低。

计算机的资源,最重要的是运算所需的时间及存储程序和数据所需的空间资源。算法的复杂度有时间复杂度(Time Complexity)和空间复杂度(Space Complexity)之分。

算法在计算机上执行运算,需要一定的存储空间存放描述算法的程序和算法所需的数据,计算机完成运算任务需要一定的时间。根据不同的算法写出的程序放在计算机上运算时,所需要的时间和空间是不同的。算法的复杂度是对算法运算所需时间和空间的一种度量。

对于任意给定的问题,设计出复杂度尽可能低的算法是在设计算法时考虑的一个重要目标。当给定的问题已有多种算法时,选择其中复杂度最低者,这是在选用算法时应遵循的一个重要准则。算法的复杂度分析对算法的设计或选用有着重要的指导意义和实用价值。

算法的复杂度与所解决问题的规模有关。一般用一个整数 n 作为表示问题规模的量。例如,排序问题中 n 为排序元素个数;图的问题中 n 是图的顶点数;矩阵中的 n 为矩阵的阶数等。

一般把时间复杂度和空间复杂度分开,并分别用 T 和 S 来表示。算法的时间复杂度一般表示为 $T(n)$。算法的空间复杂度一般表示为 $S(n)$。其中 n 是问题的规模(输入的大小)。

1.2.1　时间复杂度

算法的时间复杂度是指执行算法所需要的时间。一般来说,计算机算法是问题规模 n 的函数 $f(n)$,算法的时间复杂度也因此记作 $T(n)=O(f(n))$。因此,问题的规模 n 越大,$f(n)$ 和 $T(n)$ 就越大,算法执行时间的增长率与 $f(n)$ 的增长率正相关,$O(f(n))$ 称为渐进时间复杂度(Asymptotic Time Complexity)。

1. 复杂度的渐近性态

定义 1.1 设算法的执行时间为 $T(n)$，如果存在 $T^*(n)$，使得

$$\lim_{n \to \infty} \frac{T(n) - T^*(n)}{T(n)} = 0$$

则称 $T^*(n)$ 是 $T(n)$ 当 $n \to \infty$ 时的渐近性态，或称 $T^*(n)$ 为算法 A 当 $n \to \infty$ 的渐近复杂度，因为在数学上，$T^*(n)$ 是 $T(n)$ 当 $n \to \infty$ 时的渐近表达式。直观上，$T^*(n)$ 是 $T(n)$ 中略去低阶项所留下的主项，所以它无疑比 $T(n)$ 来得简单。比如，当 $T(n) = 3n^2 + 4n\log_2 n + 7$ 时，$T^*(n)$ 的一个答案是 $3n^2$，显然 $3n^2$ 比 $3n^2 + 4n\log_2 n + 7$ 简单许多。

由于当 $n \to \infty$ 时 $T(n)$ 渐近于 $T^*(n)$，这样有理由用 $T^*(n)$ 来替代 $T(n)$ 作为算法 A 在 $n \to \infty$ 时复杂度的度量。而且 $T^*(n)$ 明显地比 $T(n)$ 简单，这种替代明显地是对复杂度分析的一种简化。分析算法的复杂度的目的在于比较求解同一问题的两个不同算法的效率。当要比较的两个算法的渐近复杂度的阶不相同时，只要能确定出各自的阶，就可以判定哪一个算法的效率高。这时渐近复杂度分析只要关心 $T^*(n)$ 的阶就够了，不必关心包含在 $T^*(n)$ 中的常数因子。所以，常常对 $T^*(n)$ 的分析进一步简化，即假设算法中用到的所有不同的元运算各执行一次所需要的时间都是一个单位时间。

2. 运行时间的上界（O）

在一般情况下，当输入规模大于或等于某个阈值 n_0 时，算法运行时间的上界是某个正常数的 $g(n)$ 倍，就称算法的运行时间至多是 $O(g(n))$。

定义 1.2 令 n 为自然数集合，$\mathbf{R}^+$ 为正实数集合。函数 $f(n) \in \mathbf{R}^+$ 和 $g(n) \in \mathbf{R}^+$，若存在自然数 n_0 和正常数 c，使得对所有的 $n \geqslant n_0$，都有 $f(n) \leqslant cg(n)$，就称函数 $f(n)$ 的阶至多是 $O(g(n))$。因此，如果存在 $\lim_{n \to \infty} f(n)/g(n)$，则

$$\lim_{n \to \infty} \frac{f(n)}{g(n)} \neq \infty, \quad \text{蕴含着 } f(n) = O(g(n))$$

这个定义表明 $f(n)$ 的增长最多像 $g(n)$ 的增长那样快。这时称 $O(g(n))$ 是 $f(n)$ 的上界。

按照 O 符号的定义，容易证明它有如下运算规则：

(1) $O(f) + O(g) = O(\max(f, g))$；

(2) $O(f) + O(g) = O(f + g)$；

(3) $O(f) \cdot O(g) = O(f \cdot g)$；

(4) $O(cf(n)) = O(f(n))$，其中 c 是一个正常数；

(5) 如果 $g(n) = O(f(n))$，则 $O(f) + O(g) = O(f)$；

(6) $f = O(f)$。

常见的时间复杂度按数量级递增排列依次为：常数 $O(1)$、对数阶 $O(\log_2 n)$、线性阶 $O(n)$、线性对数阶 $O(n\log_2 n)$、平方阶 $O(n^2)$、立方阶 $O(n^3)$、…、k 次方阶 $O(n^k)$、指数阶 $O(2^n)$。显然，时间复杂度为指数阶 $O(2^n)$ 的算法效率极低，当 n 值稍大时就无法应用。

3. 运行时间的下界（Ω）

在一般情况下，当输入规模等于或大于某个阈值 n_0 时，算法运行时间的下界是某一个

正常数的 $g(n)$ 倍,就称算法的运行时间至少是 $\Omega(g(n))$。

定义 1.3　令 n 为自然数集合,$\mathbf{R}^+$ 为正实数集合。函数 $f(n) \in \mathbf{R}^+$ 和 $g(n) \in \mathbf{R}^+$,若存在自然数 n_0 和正常数 c,使得对所有的 $n \geqslant n_0$,都有 $f(n) \geqslant cg(n)$,就称函数 $f(n)$ 的阶至少是 $\Omega(g(n))$。因此,如果存在 $\lim_{n\to\infty} f(n)/g(n)$,则

$$\lim_{n\to\infty} \frac{f(n)}{g(n)} \neq 0, \quad 蕴含着\ f(n) = \Omega(g(n))$$

这个定义表明一个算法的运行时间增长至少像 $g(n)$ 那样快。它被广泛地用来表示解一个特定问题的任何算法的时间下界。

例如,在 n 个大小不同、顺序零乱的数据中,寻找一个最小的数据,至少需要 $n-1$ 次比较操作,它的阶是 $\Omega(n)$。

4. 运行时间的准确界(Θ)

在一般情况下,如果输入规模等于或大于某个阈值 n_0,算法的运行时间以 $c_1 g(n)$ 为其下界,以 $c_2 g(n)$ 为其上界($0 < c_1 \leqslant c_2$),就认为该算法的运行时间是 $\Theta(g(n))$。Θ 读作 theta(英文)。

定义 1.4　令 n 为自然数集合,$\mathbf{R}^+$ 为正实数集合。函数 $f(n) \in \mathbf{R}^+$ 和 $g(n) \in \mathbf{R}^+$,若存在自然数 n_0 和两个正常数 $0 < c_1 \leqslant c_2$,使得对所有的 $n \geqslant n_0$,都有

$$c_1 g(n) \leqslant f(n) \leqslant c_2 g(n)$$

就称函数 $f(n)$ 的阶是 $\Theta(g(n))$,如图 1-1 所示。因此,如果存在 $\lim_{n\to\infty} f(n)/g(n)$,则

$$\lim_{n\to\infty} \frac{f(n)}{g(n)} = c, \quad 蕴含着\ f(n) = \Theta(g(n))$$

其中,c 是大于 0 的常数。

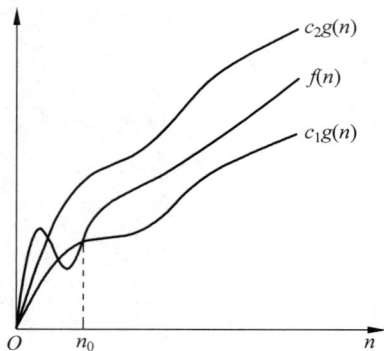

图 1-1　运行时间的准确界示意图

示例 1.1　设 $f(n) = 10n^2 + 20n$,则有:
$$f(n) = O(n^2)$$
$$f(n) = \Omega(n^2)$$
$$f(n) = \Theta(n^2)$$

示例 1.2　设 $f(n) = a_k n^k + a_{k-1} n^{k-1} + \cdots + a_1 n + a_0 (a_k > 0)$,则有:
$$f(n) = O(n^k)$$
$$f(n) = \Omega(n^k)$$
$$f(n) = \Theta(n^k)$$

由此可见,复杂度的渐近表示可以简洁地表示出复杂度的数量级别。

一般在考虑算法的运算时间时有两种方法:最坏时间复杂度和平均时间复杂度。**最坏时间复杂度**是指最坏情况下的时间复杂度;**平均时间复杂度**是指所有可能的输入数据均以等概率出现的情况下,算法的期望运行时间。

平均时间复杂度考虑的是同样的 n 值时各种可能的输入,取它们运算时间的平均值。粗看起来似乎平均时间复杂度更合理,其实不然,因为考虑所有可能的输入时,数学上分析起来很困难,有时甚至是不可能的。而且各种可能性出现的概率也不一定相同。一般不作

特别说明时,讨论的时间复杂度均是最坏时间复杂度。对于实际应用问题,考虑最坏的情况更为重要。最坏时间复杂度是算法在任何输入数据上运行时间的上界,从而保证了算法的运行时间不会更长。

例如,在顺序查找算法中,最坏时间复杂度为 $T(n)=O(n)$,它表示对于任何输入数据,该算法的运行时间都不可能大于 $O(n)$。

示例 1.3 检索问题的顺序查找算法。

以元素的比较作为基本操作,考虑成功检索的情况。最好情况下的时间复杂度为 $\Theta(1)$;最坏情况下的时间复杂度为 $\Theta(n)$;在等概率前提下,平均情况下的时间复杂度为 $\Theta(n)$。

示例 1.4 直接插入排序算法。

以元素的比较作为基本操作。最好情况下的时间复杂度为 $\Theta(n)$;最坏情况下的时间复杂度为 $\Theta(n^2)$;在等概率前提下,平均情况下的时间复杂度为 $\Theta(n^2)$。

1.2.2 空间复杂度

算法的空间复杂度是指算法需要消耗的内存空间。空间复杂度的计算和表示方法与时间复杂度类似,一般都用复杂度的渐近性来表示。同时间复杂度相比,空间复杂度的分析要简单得多。

根据算法执行过程中对存储空间的使用方式,可以把对算法的空间复杂度分析分成两种:静态分析和动态分析。

(1)静态分析。一个算法静态使用的存储空间,称为静态空间。静态分析的方法比较容易,只要求出算法中使用的所有变量的空间,再折合成多少空间存储单位即可。

(2)动态分析。一个算法在执行过程中,必须以动态方式分配的存储空间是指在算法执行过程中分配的空间,称为动态空间。动态空间主要是存储中间结果或操作单元所占用的空间。

算法的空间复杂度一般也以数量级的形式给出。

当一个算法的空间复杂度为一个常量,即不随被处理数据量 n 的大小而改变时,可表示为 $O(1)$;当一个算法的空间复杂度与 $\log_2 n$ 成正比时,可表示为 $O(\log_2 n)$;当一个算法的空间复杂度与 n 呈线性比例关系时,可表示为 $O(n)$。

若形参为数组,则只需要为它分配一个存储由实参传送来的一个地址指针的空间,即一个机器字长空间;若形参为引用方式,则只需要为其分配存储一个地址的空间,用它来存储对应实参变量的地址,以便由系统自动引用实参变量。

对于一个算法,其时间复杂度和空间复杂度往往是相互影响的。当追求一个较好的时间复杂度时,可能会使空间复杂度的性能变差,即可能导致占用较多的存储空间;反之,当追求一个较好的空间复杂度时,可能会使时间复杂度的性能变差,即可能导致占用较长的运行时间。算法的所有性能之间都存在着或多或少的相互影响。因此,当设计一个算法时,要综合考虑算法的各项性能,如算法的使用频率、算法处理的数据量大小、算法描述语言的特性、算法运行的机器系统环境等各方面的因素,才能够设计出比较好的算法。

算法的时间复杂度和空间复杂度合称为算法的复杂度。

1.3   大学生程序设计竞赛概述

ACM(Association for Computing Machinery,国际计算机学会)国际大学生程序设计竞赛(简称 ACM-ICPC)是由国际计算机界具有悠久历史的权威性组织 ACM 主办,是世界上公认的规模最大、水平最高、参与人数最多的大学生程序设计竞赛,其宗旨是使大学生能通过计算机充分展示自己分析问题和解决问题的能力。

在赛事的早期,冠军多为美国和加拿大的大学获得。而进入 20 世纪 90 年代后期以来,俄罗斯和其他一些东欧国家的大学连夺数次冠军。来自中国的上海交通大学代表队在2002 年美国夏威夷的第 26 届、2005 年上海的第 29 届和 2010 年哈尔滨的第 34 届全球总决赛上三夺冠军。这也是目前为止亚洲大学在该竞赛上取得的最好成绩。赛事的竞争格局已经由最初的北美大学一枝独秀演变成目前的亚欧对抗的局面。

中国大陆地区的高校从 1996 年开始承办 ACM-ICPC 亚洲区预选赛。前六届在中国大陆地区仅设上海赛区,由上海大学承办。2002 年分设北京和西安赛区,分别由清华大学和西安交通大学承办。2003 年设北京和广州赛区,分别由清华大学和中山大学承办。2004 年设北京和上海赛区,分别由北京大学和上海交通大学举办。2005 年分设北京、杭州、成都赛区,分别由北京大学、浙江大学和四川大学承办。2006 年分设上海、北京、西安三个赛区,分别由上海大学、清华大学和西安电子科技大学承办。

ACM-ICPC 以团队的形式代表各学校参赛,每队由 3 名队员组成。每名队员都必须是在校学生,有一定的年龄限制,并且最多可以参加 2 次全球总决赛和 5 次区域选拔赛。比赛期间,每队使用 1 台计算机在 5 小时内使用 C、C++、Pascal 或 Java 中的一种语言编写程序解决 7～11 个问题。程序完成之后提交裁判运行,运行的结果会判定为正确或错误两种并及时通知参赛队。有趣的是,每队在正确完成一题后,组织者将在其位置上升起一只代表该题颜色的气球。最后的获胜者为正确解答题目最多且总用时最少的队伍。每道试题用时从竞赛开始到试题解答被判定为正确为止,其间每一次提交运行结果被判错误的话将被罚 20分钟,未正确解答的试题不计时。

1.4   程序设计在线测试题库

与其他编程竞赛相比,ACM-ICPC 的题目难度更大,更强调算法的高效性,不仅要解决一个指定的问题,而且必须以最佳的方式解决该问题;它涉及的知识面广,与大学计算机专业本科课程和研究生课程直接相关,如程序设计、离散数学、组合数学、数据结构和算法分析等,对数学的要求特别高。因此进行大量的在线测试练习是非常重要的。

作者编写的《ACM 大学生程序设计竞赛在线题库最新精选题解》,由清华大学出版社出版。本书从浙江大学和杭州电子科技大学的在线题库中精选了部分题目,进行分析和解答,比较详细且深入浅出地分析、讲解了解题的方法和用到的算法。精选题目的算法特征明显,具有代表性,题目类型包括基础编程与技巧、模拟算法、字符串处理、大整数运算、数据结构、搜索算法、动态规划算法、贪心算法、回溯算法、图论算法、几何和数学题。

视频讲解

1. 国内主要的在线测试题库网站

- 浙江大学(ZJU)：https://pintia.cn/problem－sets/91827364500
- 北京大学(PKU)：http://poj.org
- 杭州电子科技大学(HDU)：http://acm.hdu.edu.cn
- 洛谷：https://www.luogu.com.cn
- 力扣：https://leetcode.cn
- 虚拟平台：https://vjudge.net
- 源码公开平台：https://loj.ac

2. 国外主要的在线测试题库网站

- CodeForces：https://codeforces.com
- TopCoder：https://www.topcoder.com
- 俄罗斯乌拉尔大学(URAL)：http://acm.timus.ru
- 西班牙瓦拉杜利德大学(UVA)：http://uva.onlinejudge.org/
- 美国 USACO：http://train.usaco.org/usacogate

3. 提交代码后的反馈信息

用户提交代码之后,可以在相应的提交状态界面查看提交的结果。结果包括以下内容：

(1) Queuing 或 Waiting：程序正在等待队列中,等待编译和执行。

(2) Accepted：程序通过了所有的测试,最后的答案是正确的。

(3) Presentation Error：格式错误。说明输出是正确的,可能在什么地方多输出了一个空行或者空格,一般只要再修改一下输出就可以。

(4) Time Limit Exceed：时间超出。每道题目都有规定时间的限制,程序没有在规定时间执行完就会返回这个信息。一般需要修改输入输出的方式或者程序的算法才能通过这道题目的评测。

(5) Memory Limit Exceed：内存超出。每道题目都有规定内存的限制,程序申请了过多的内存就会返回这个错误。

(6) Wrong Answer：错误结果。这是比较常见的错误信息。说明程序算法有问题,需要修改。如果发现这个信息返回在第二个或者之后的测试案例中,那么有可能没有考虑到一些极端的情况。

(7) Compile Error：编译错误。程序没有通过编译。一般系统会给出编译错误信息,可以查找为什么没有通过编译。应该先在 IDE 中进行编译测试之后再提交到评测系统中。

(8) Runtime Error：运行时错误。一般有几种情况：数组越界、除零、空指针、堆栈溢出。出现这个信息,表示程序中存在漏洞,需要仔细查找。

数据结构和标准模板库

计算机解决一个具体问题时,首先要从具体问题中抽象出一个适当的数学模型,然后设计一个解此数学模型的算法,最后编出程序、进行测试、调整直至得到最终解答。寻求数学模型的实质是分析问题,从中提取操作对象,并找出这些操作对象之间含有的关系,然后用数学的语言加以描述。计算机算法与数据结构密切相关,算法无不依附于具体的数据结构,数据结构直接关系到算法的选择和效率。运算是由计算机来完成的,这就要求设计相应的插入、删除和修改的算法。因此,数据结构还需要给出每种结构类型所定义的各种运算的算法。

数据结构的基本理论是"数据结构"课程的主要内容。这里主要描述利用 C++标准模板库(Standard Template Library,STL)实现的基本数据结构,限于篇幅,主要讨论栈(Stack)和向量(Vector)。

STL 是 C++程序设计语言标准模板库。STL 是由 Alexander Stepanov、Meng Lee 和 David R. Musser 在惠普实验室工作时开发出来的。虽然 STL 主要出现在 C++中,但在被引入 C++之前该技术就已经存在了很长的一段时间。

STL 是所有 C++编译器和所有操作系统平台都支持的一种库,包含了很多在计算机科学领域中常用的基本数据结构和基本算法,为广大 C++程序员提供了一个可扩展的应用框架,高度体现了软件的可复用性。对所有的编译器来说,提供给 C++程序设计者的接口都是一样的。也就是说,同一段 STL 代码在不同编译器和操作系统平台上的运行结果是相同的,但是底层实现可以是不同的,使用者并不需要了解它的底层实现。使用 STL 的应用程序保证得到的实现在处理速度和内存利用方面都是高效的,因为 STL 设计者已经为用户考虑好了。使用 STL 编写的代码更容易修改和阅读。因为代码更短,很多基础工作代码已经被组件化了;使用简单,虽然内部实现很复杂。

STL 代码从广义上分为三类:algorithm(算法)、container(容器)和 iterator(迭代器),几乎所有的代码都采用了模板类和模板函数的方式,相对于传统的由函数和类组成的库来说提供了更好的代码重用机会。

2.1　栈

栈(Stack)是一种特殊的线性表,只能在某一端插入和删除。栈按照后进先出的原则存储数据,先进入的数据被压入栈底(Bottom),最后的数据在栈顶(Top),需要读数据的时候从栈顶开始弹出数据(最后一个数据被第一个读出来)。栈也称为后进先出(LIFO)表。

允许进行插入和删除操作的一端称为栈顶,另一端为栈底。栈底固定,而栈顶浮动;栈中的元素个数为 0 时称为空栈。插入一个元素称为进栈(Push),删除一个栈顶元素称为出栈(Pop)。

为了使用 STL 容器 Stack,在头文件中必须包括下面的代码:

```
# include < stack >
```

变量的定义如下:

```
stack < TYPE > StackName
```

其中,TYPE 是元素类型。容器 Stack 的成员函数如表 2-1 所示。

表 2-1　容器 Stack 的成员函数

成 员 函 数	功　　能
bool empty()	栈为空则返回 true,否则返回 false
void pop()	删除栈顶元素,即出栈
void push(const TYPE & val)	将新元素 val 进栈,使其成为栈顶的第一个元素
TYPE & top()	查看当前栈顶元素
size_type size()	返回栈中的元素数目

示例 2.1　容器 Stack 的使用。

```
stack < int > s;
s. push(1);
s. push(2);
s. push(3);
cout <<"Top: "<< s. top()<< endl;
cout <<"Size: "<< s. size()<< endl;
s. pop();
cout <<"Size: "<< s. size()<< endl;
if(s. empty()) cout <<"Is empty"<< endl;
    else  cout <<"Is not empty"<< endl;
//经典的清空栈的方法
while(!empty())s. pop();
```

运行结果如下:

```
Top: 3
Size: 3
Size: 2
Is not empty
```

在这个例子中,首先创建了一个 int 类型的 stack;然后向 stack 中添加了三个元素,并弹出了一个元素;接着检查了 stack 是否为空;最后弹出了剩余的元素。

栈具有广泛的应用场景。例如函数调用与递归,编辑器的撤销与恢复功能,表达式求值和深度优先搜索(DFS)。

下面我们举例将 Stack 应用于判断括号是否匹配、出栈序列是否合法。

(1) 假设一个表达式由英文字母(小写)、运算符(+,-,*,/)和左右圆括号构成,以"@"作为表达式的结束符。请编写一个程序检查表达式中的左右圆括号是否匹配,若匹配,则返回"YES";否则返回"NO"。假设表达式长度小于 255,左圆括号少于 20 个。

输入

一行字符串

输出

YES 或者 NO

样例输入

(25+x)*(a*(a+b+b)@

样例输出

NO

括号匹配问题的判断方法有很多,比如数组模拟,其中最方便的还是用栈来判断。扫描一遍字符串,当遇到'('的时候,压入栈;当遇到')'的时候,从栈中弹出一个'('。如果栈为空则无法弹出元素,说明不合法。最后,如果栈中还有多余的括号也不合法。

示例 2.2　利用容器 Stack 判断括号匹配的算法。

```
char x;
//用数字表示'(',处理方便,也可以直接使用字符
stack < int > s;
while (cin >> x && x!= '@')
{
    if (x == '(') s.push(1);        //'('
    else if (x == ')')              //')'时进行处理
    {
        if (s.empty())              //栈是空的
        {
            cout <<"NO";
            return 0;
        }
        s.pop();                    //括号配对
    }
}
if (!s.empty()) cout <<"NO";        //栈中还有多余的'('
else cout <<"YES";
```

算法实现源代码:Stack 判断括号匹配的算法.cpp。

(2) 已知自然数 $1,2,\cdots,n(1 \leqslant n \leqslant 100)$ 依次入栈,请判断给定序列 $C1,C2,\cdots,Cn$ 是否为合法的出栈序列。

输入

输入包含多组测试数据。

每组测试数据的第一行为整数 n，当 $n=0$ 时，输入结束。

第二行为 n 个正整数，为给定的出栈序列。

输出

对于每组输入，输出结果为一行字符串。

如给出的序列是合法的出栈序列，则输出"Yes"，否则输出"No"。

样例输入

```
5
3 4 2 1 5
5
3 5 1 4 2
0
```

样例输出

```
Yes
No
```

要判断一个给定的序列是否是合法的出栈序列，我们可以模拟火车出入站的过程。或者更一般地说，模拟栈的后进先出（LIFO）操作。我们可以使用一个辅助栈来模拟入栈和出栈操作。首先创建一个空栈 s；然后读取给定序列中的每个元素；对于每个元素，执行以下操作：压入一个正常序列的元素 i；如果辅助栈 s 不空并且栈顶元素等于当前给定的元素，则将栈内元素出栈；如果在遍历结束后，辅助栈为空，则给定的序列是合法的出栈序列；否则，它不是合法的出栈序列。

示例 2.3　利用容器 Stack 判断给定序列是否为合法出栈序列的算法。

```cpp
int n;
//循环为多测试例, 当 n = 0 时结束
while (cin >> n && n)
{
    stack < int > s;
    int a[1010] = {0};
    for (int i = 1; i <= n; i++)    //读取给定序列
        cin >> a[i];
    int k = 1;                      //给定元素编号
    for (int i = 1; i <= n; i++)
    {
        s.push(i);                  //正常序列 1, 2, …
        //如果栈不空, 且等于当前元素, 则出栈
        while(!s.empty() && s.top() == a[k])
        {
            s.pop();
            k++;                    //准备下一个元素
        }
    }
```

```
        if (s.empty()) cout <<"Yes"<< endl;      //完美顺序
        else cout <<"No"<< endl;
}
```

算法实现源代码：stack 判断合法出栈序列的算法.cpp。

2.2　向量

　　STL 容器向量(Vector)是一个动态数组,随机存取任何元素都能在常数时间完成。Vector 是一个多功能的、能够操作多种数据结构和算法的模板类和函数库。可以通过迭代器随机存取,当往其插入新的元素时,如果是在结尾插入,执行效率将会比较高,如果是在中间的某个位置插入,其插入位置之后的元素都要后移,效率就不是那么高。

　　Vector 是一个线性顺序结构,相当于数组,可以不预先指定数组的大小,并且自动扩展。在创建一个 Vector 后,它会自动在内存中分配一块连续的内存空间进行数据存储,这个大小即 capacity() 函数的返回值。当存储的数据超过分配的空间时,Vector 会重新分配一块内存块,但这样的分配是很耗时的,它要将原来的数据复制到新的内存块中,销毁原内存块中的对象(调用对象的析构函数),最后将原来的内存空间释放。

　　为了使用 STL 容器 Vector,在头文件中必须包括下面的代码：

include < vector >

　　(1) STL 容器 Vector 的构造函数和析构函数如表 2-2 所示。

表 2-2　STL 容器 Vector 的构造函数和析构函数

成　员　函　数	功　　　能
vector < TYPE > c	产生一个空 Vector,其中没有任何元素
vector < TYPE > c1(c2)	产生另一个同型 Vector 的副本(所有元素都被复制)
vector < TYPE > c(n)	利用元素的 Default 构造函数生成一个大小为 n 的 Vector
vector < TYPE > c(n, elem)	产生一个大小为 n 的 Vector,每个元素值都是 elem
c. ~vector < TYPE >()	销毁所有元素,并释放内存

其中 TYPE 是元素类型。

　　(2) STL 容器 Vector 的主要成员函数(其中函数一列是简化表示)如表 2-3 所示。

表 2-3　STL 容器 Vector 的主要成员函数

函　　　数	功　　　能
c. assign(beg, end)	将[beg, end)区间的数据赋值给 c
c. assign(n, elem)	将 n 个 elem 的复制赋值给 c
c. back()	传回最后一个数据,不检查这个数据是否存在
c. begin()	传回迭代器中的第一个数据地址
c. end()	指向迭代器中的最后一个数据地址
c. capacity()	当前已经分配的可以纳的元素个数
c. size()	返回容器中实际数据的个数
c. clear()	移除容器中的所有数据

续表

函　　数	功　　能
c. empty()	判断容器是否为空
c. erase(pos)	删除 pos 位置的数据,传回下一个数据的位置
c. erase(beg, end)	删除[beg,end)区间的数据,传回下一个数据的位置
c. insert(pos, elem)	在 pos 位置插入一个 elem 的副本,传回新数据位置
c. insert(pos, n, elem)	在 pos 位置插入 n 个 elem 数据。无返回值
c. insert(pos, beg, end)	在 pos 位置插入[beg,end)区间的数据。无返回值
c. pop_back()	删除最后一个数据
c. push_back(elem)	在尾部加入一个数据 elem
c1. swap(c2) swap(c1,c2)	将 c1 和 c2 元素互换

（3）容器 Vector 中最重要的几种操作。

```
v. size()              //返回当前的元素数量
v. empty()             //判断向量是否为空
v[n]                   //返回 v 中位置为 n 的元素
v1 = v2                //把 v1 的元素替换为 v2 元素的副本
v1 = = v2              //判断 v1 与 v2 是否相等
!=、<、<=、>、>=         //保持这些操作符的惯有含义
```

容器 Vector 在编程时经常用到,适用于元素数量变化不大、需要快速随机访问或频繁在尾部添加/删除元素的场景,是很好用的动态数组。例如,有一个数据块,第一个数是 n,表示后面有 n 个数据,接下来的一行是 n 个数据。输入样例:

```
10
12 45 - 7 64 12 35 63 23 - 12 55
```

有两种方式使用 Vector,如示例 2.4 和示例 2.5 所示。

示例 2.4　使用下标访问容器 Vector 中的数据。

```
int n;
cin >> n;
vector < int > a(n);              //注意圆括号
for (int i = 0; i < n; i++)
    cin >> a[i];
a. push_back(10);                 //数组后面可以追加数据
for (int i = 0; i <= n; i++)      //n + 1 个数据
    cout << a[i]<<" ";
cout << a. size()<< endl;         //数值为 n + 1
```

运行结果如下:

```
12 45 - 7 64 12 35 63 23 - 12 55 10
11
```

示例 2.5　使用迭代器访问容器 Vector 中的数据。

```
int n;
```

```cpp
cin >> n;
vector < int > a;                    //注意变量名后面什么都没有
int x;
for ( int i = 0; i < n; i++)
{
    cin >> x;
    a. push_back(x);                 //追加数据
}
for ( int i = 0; i < n; i++)         //使用下标引用数据
    cout << a[ i]<<" ";
cout << endl;
vector < int > :: iterator p;        //定义迭代器
for (p = a. begin(); p!= a. end(); ++p)
    cout << * p <<" ";               //使用迭代器引用数据
cout << endl;
//在 C++11 中,遍历元素更加简单方便
for (auto x:a)
    cout << x <<' ';
cout << endl;
cout << a. size()<< endl;            //元素个数是 10
a. pop_back();                       //删除尾部一个元素
cout << a. size()<< endl;            //元素个数是 9
a. clear();                          //移除容器中的所有数据
cout << a. size()<< endl;            //元素个数是 0
```

运行结果如下:

```
12 45 -7 64 12 35 63 23 -12 55
12 45 -7 64 12 35 63 23 -12 55
10
9
0
```

　　有时想开一个数组,但是却不知道应该开多大长度的数组合适,因为我们需要的数组可能会根据情况变动。这时就需要用到动态数组,即不定长数组,数组的长度是可以根据我们的需要动态改变的。以按日期排序为例,应用容器 vector 进行排序。

　　有一些日期,其格式为"DD/MM/YYYY",编程将其按日期大小排列。

输入

每行输入一个日期,格式为 DD/MM/YYYY。

输出

输出排列结果,注意日期格式对齐。

样例输入

```
31/12/2005
21/10/2003
02/12/2004
15/12/1999
22/10/2003
30/11/2005
```

样例输出

```
15/12/1999
21/10/2003
22/10/2003
02/12/2004
30/11/2005
31/12/2005
```

在这个示例中,我们首先定义一个 Date 结构体来存储日期。然后,使用容器 vector < Date > 存储给定的日期,因为不知道日期的数量,就使用动态数组来存储。在解析输入的日期字符串时,注意有'/',并将它们转换为 Date 结构体。接下来,我们使用 sort 函数和自定义的比较函数 cmp()对日期进行排序。最后,我们输出排序后的日期。

示例 2.6　使用容器 Vector 给日期排序的算法。

```cpp
struct Date
{
    int day,month,year;
};
bool cmp(Date a, Date b)
{
    if (a.year!= b.year) return a.year < b.year;
    else if (a.month!= b.month) return a.month < b.month;
    else return a.day < b.day;
}
vector < Date > v;                   //动态数组,无须考虑元素个数
//编译环境是 C++11
int main()
{
    int year,month,day;
    while(scanf("%d/%d/%d",&day,&month,&year)!= EOF)
        v.push_back({day,month,year});
    sort(v.begin(),v.end(),cmp);
    for (auto x:v)
        printf("%02d/%02d/%04d\n",x.day,x.month,x.year);
    return 0;
}
```

在本地运行时,由于没有数据输入结束标志,需要手工强行结束输入。在数据输入完毕时按 Enter 键,按 Ctrl＋Z 键,再按 Enter 键即可。

算法实现源代码:vector-按日期排序.cpp。

2.3　映射

映射(Map)和多重映射(Multimap)是基于某一类型 Key 的键集的存在,提供对 TYPE 类型的数据进行快速和高效的检索。对 Map 而言,键只是指存储在容器中的某一成员。Multimap 允许重复键值,Map 不允许。Map 和 Multimap 对象包含键和各个键有关的值,键和值的数据类型是不相同的,这与 Set 不同。Set 中的 Key 和 Value 是 Key 类型的,而

Map 中的 Key 和 Value 是一个 pair 结构中的两个分量。

　　Map 内部数据的组织是一棵红黑树(一种非严格意义上的平衡二叉树),这棵树具有对数据自动排序的功能,所以在 Map 内部所有的数据 Key 都是有序的。Map 容器中的一个元素,可通过 pair 封装成一个结构对象。Map 容器将这个 pair 对象插入红黑树,完成一个元素的添加。Map 提供一个仅使用键值进行比较的函数对象,将它传递给红黑树。可以利用红黑树的操作,将 Map 元素数据插入二叉树的正确位置,也可以根据键值进行元素的删除。

　　为了使用 STL 容器 Map,在头文件中必须包括如下代码:

```
#include <map>
```

　　(1) STL 容器 Map 的构造函数和析构函数如表 2-4 所示。

表 2-4　STL 容器 Map 的构造函数和析构函数

成 员 函 数	功　　能
map c	产生一个空的 map/multimap,其中不含任何元素
map c (op)	以 op 为排序准则,产生一个空的 map/multimap
map c1(c2)	产生某个 map/multimap 的副本,所有元素均被复制
map c (beg, end)	以区间[beg,end]内的元素产生一个 map/multimap
map c (beg, end, op)	以 op 为排序准则,利用[beg,end]内的元素生成一个 map/multimap
c.～map()	销毁所有元素,释放内存

　　为节省篇幅,这里省略元素类型 TYPE。

　　表 2-4 中的 map 可以是表 2-5 的形式。

表 2-5　表 2-4 中 map 的可选形式

map	效　　果
map < keytype, elem >	一个 map,以 less <>(operator <)为排序准则
map < keytype, elem, op >	一个 map,以 op 为排序准则
multimap < keytype, elem >	一个 multimap,以 less <>(operator <)为排序准则
multimap < keytype, elem, op >	一个 multimap,以 op 为排序准则

　　其中,keytype 为键值类型,elem 为 value 值的类型。

　　(2) STL 容器 Map 的成员函数如表 2-6 所示。

表 2-6　STL 容器 Map 的主要成员函数

成 员 函 数	功　　能
iterator begin()	返回指向第一个元素的迭代器
iterator end()	返回指向末尾(最后一个元素之后)的迭代器
void clear()	清空容器
bool empty()	如果为空则返回 true,否则返回 false
insert (pair < keytype, valuetype > &elem)	插入一个 pair 类型的元素,返回插入元素的位置
iterator insert (iterator pos, pair < keytype, valuetype > &elem)	插入一个 pair 类型的元素,返回插入元素的位置(pos 是一个提示,指出插入操作的搜寻起点。如果提示恰当,可以大大加快速度)

成 员 函 数	功　　能
void insert（iterator start，iterator end）	插入[start，end)之间的元素到容器中
void erase(iterator loc)	删除 loc 所指元素
void erase(iterator start，iterator end)	删除[start，end)之间的元素
size_type erase(const keytype &key)	删除 key 值为 value 的元素，并返回被删除元素的个数
iterator find(const key_type &key)	返回一个迭代器指向键值为 key 的元素，如果没找到就返回 end()
size_type count(const keytype &key)	返回键值等于 key 的元素的个数
size_type size()	返回元素的数量
void swap(map &from)	交换两个 map 中的元素

其中，keytype 为键值类型，elem 为 value 值的类型。

（3）元素的访问。

首先定义迭代器 iterator：

```
map < string,float >::iterator pos;
```

其中，map < string,float >表明这个迭代器的类型。该语句声明一个迭代器 pos，迭代器的角色可以看作是一种泛化的指针。

当迭代器 pos 指向 map 容器中某个元素，表达式 pos→first 获得该元素的 key；表达式 pos→second 获得该元素的 value。

示例 2.7　容器 map 的使用。

```
map < string,float,less < string >> c;       //两个">>"之间有一个空格
//模板类 make_pair()构造元素
c.insert (make_pair("Cafe",7.75));
c.insert (make_pair("Banana",1.72));
c.insert (make_pair("Pizza",30.69));
c["Wine"] = 15.66;                            //像数组一样使用
map < string,float >::iterator pos;           //定义迭代器
for(pos = c.begin(); pos!= c.end(); pos++)
    cout << pos – > first <<" "<< pos – > second << endl;
c.clear();
```

运行结果如下：

```
Banana 1.72                          //注意结果是按 key 排序的
Cafe 7.75
Pizza 30.69
Wine 15.66
```

STL 的< utility >头文件中描述了模板类 pair，用来表示一个二元组或元素对，它需要两个参数：首元素和尾元素的数据类型。

pair 模板类对象有两个成员：first 和 second，分别表示首元素和尾元素。除了直接定义一个 pair 对象，也可以调用在< utility >中定义的模板函数：make_pair()。

map 中的元素根据键(key)的值进行自动排序,且键是唯一的,便于高效查找。每个键都关联一个值(value),这个值可以是任何类型。这两大特性,使容器 map 获得了广泛的应用,下面举例说明。

(1) 在海量数据中,应用容器 map 查找出现次数最多的数。

给定 n 个正整数,找出它们中间出现次数最多的数。如果这样的数有多个,请输出其中最小的一个。

输入

第一行是整数 n(接近 10 万个数字),后面是 n 个整数(每个数字不超过 10^5)。

输出

出现次数最多的整数。如果有多个出现次数最多的数字,请输出最小的那个数字。

样例输入

```
10
12345 23456 34 1 23456 23405 345 3780 2 45678
```

样例输出

```
23456
```

要在多个出现次数最多的数字中只给出最小的那个数,使用容器 map 统计每个数字出现的次数,然后遍历这些统计信息来找到出现次数最多的数字中最小的一个。

示例 2.8 使用容器 map 实现计数排序。

```
int n,x;
cin >> n;
map < int, int > m;                    //定义计数容器
while(n--)
{
    cin >> x;
    m[x]++;                            //计数
}
int num,maxx = 0;
//编译环境是 C++11
for (auto p:m)
    if (p.second > maxx)               //第 1 次找到的,即为答案
    {
        maxx = p.second;
        num = p.first;
    }
cout << num;
```

算法实现源代码:map-出现次数最多的数.cpp。

(2) 容器 map 处理字符串的技巧。

HDU1263 题:Joe 经营着一个不大的水果店。现在他想要一份水果销售情况的明细表,这样 Joe 就可以很容易掌握所有水果的销售情况。

输入

第一行正整数 $n(0<n\leqslant 10)$ 表示有 n 组测试数据。

每组测试数据的第一行是一个整数 $m(0<m\leqslant100)$，表示有 m 次成功的交易。其后有 m 行数据，每行表示一次交易，由水果名称（小写字母组成，长度不超过 80），水果产地（小写字母组成，长度不超过 80）和交易的水果数目（正整数，不超过 100）组成。

输出

对于每一组测试数据，请输出一份排版格式正确（请分析样本输出）的水果销售情况明细表。这份明细表包括所有水果的产地、名称和销售数目的信息。水果先按产地分类，产地按字母顺序排列；同一产地的水果按照名称排序，名称按字母顺序排序。

两组测试数据之间有一个空行。最后一组测试数据之后没有空行。

样例输入

```
1
5
apple shandong 3
pineapple guangdong 1
sugarcane guangdong 1
pineapple guangdong 3
pineapple guangdong 1
```

样例输出

```
guangdong
   | ---- pineapple(5)
   | ---- sugarcane(1)
shandong
   | ---- apple(3)
```

关键是建立映射关系，即水果名称、产地和销售的数量三者的关系。我们观察题意可以发现：水果名称和销售数量是一对一关系；产地与水果名称和销售数量是一对多关系，所以一个水果名称与一个销售数量是映射，一个产地与多对水果名称和销售数量是映射，建立映射表 map < string, map < string, int > > 表达这种映射关系，key 是 string，表示产地名称，value 是 map < string, int >，表示水果名称和销售数量。

示例 2.9 使用容器 Map 实现字符串处理。

```
int n;                          //测试例数
cin >> n;
map < string, map < string, int > > fruit;
while(n -- )
{
    int m;                      //交易的数量
    cin >> m;
    fruit.clear();              //多测试例,必须清零
    string name, place;         //name - 水果名称, place - 水果产地
    int num;                    //销售数量
    while (m -- )
    {
        cin >> name >> place >> num;
        fruit[place][name] += num;   //注意:key 是产地
    }
```

```
//编译环境是C++11
for (auto i:fruit)                    //遍历产地
{
    cout << i.first << endl;
    for (auto j:i.second)             //遍历水果
        cout <<" |---- "<< j.first <<'('<< j.second <<')'<< endl;
}
cout << endl;
}
```

使用容器 map 不仅实现了归类统计,而且实现了题目要求的排序:按字典序把水果产地从小到大排序,再把相同水果产地的水果名称按字典序从小到大排。

算法实现源代码:map-水果销售统计.cpp。

2.4　列表

列表(List)是一个线性链表结构(Double-Linked Lists,双链表),它的数据由若干个结点构成,每个结点都包括一个信息块 Info(即实际存储的数据)、一个前驱指针 Pre 和一个后驱指针 Post。它无须分配指定的内存大小且可以任意伸缩,这是因为它存储在非连续的内存空间中,并且由指针将有序的元素链接起来。

由于其结构的原因,List 随机检索的性能非常不好,因为它不像 Vector 那样直接找到元素的地址,而是要从头一个一个地顺序查找,这样目标元素越靠后,它的检索时间就越长。检索时间与目标元素的位置成正比。

虽然随机检索的速度不够快,但是它可以迅速地在任意结点进行插入和删除操作。因为 List 的每个结点都保存着它在链表中的位置,插入或删除一个元素仅对最多三个元素有影响,不像 Vector 会对操作点之后所有元素的存储地址都有影响,这一点是 Vector 不可比拟的。

为了使用 STL 容器 List,在头文件中必须包括如下代码:

```
# include < list >
```

(1) STL 容器 List 的构造函数和析构函数如表 2-7 所示。

表 2-7　STL 容器 List 的构造函数和析构函数

成 员 函 数	功　　能
list (TYPE) c	产生一个空 list,其中没有任何元素
list < TYPE > c1(c2)	产生一个与 c2 同型的 list(每个元素都被复制)
list < TYPE > c(n)	产生拥有 n 个元素的 list,都以 default 构造函数初始化
list < TYPE > c(n, type)	产生拥有 n 个元素的 list,每个元素都是 type 的副本
list < TYPE > c (beg, end)	产生一个 list,并以[beg, end)区间内的元素为初始值
c. ~list < TYPE >()	销毁所有元素,释放内存

其中,TYPE 是元素类型。

(2) STL 容器 List 的主要成员函数如表 2-8 所示。

表 2-8   STL 容器 List 的主要成员函数

函　　数	功　　能
TYPE & back() TYPE & front()	返回对最后一个元素的引用 返回对第一个元素的引用
iterator begin() iterator end()	返回指向第一个元素的迭代器 返回指向末尾(最后一个元素之后)的迭代器
void clear()	清空列表
bool empty()	如果列表为空则返回 true,否则返回 false
iterator erase(iterator pos) iterator erase(iterator start, iterator end)	删除 pos 所指元素并返回下一元素迭代器 删除[start, end)的元素,并返回最后一个被删除元素的下一个元素的迭代器
iterator insert(iterator pos, const TYPE & val)	在 pos 位置插入一个值为 value 的元素并返回其迭代器,原 pos 及以后的元素后移
void insert(iterator pos, size_ type num, const TYPE & val)	在 pos 位置插入 num 个值为 value 的元素,原 pos 及以后的元素后移
void insert(iterator pos, input_iterator start, input_iterator end)	在 pos 位置插入[start, end)的元素,原 pos 及以后的元素后移
void merge(list & lst) void merge(list & lst, bool Cmpfunc) // bool Cmpfunc(Type & a, Type & b)	将列表 lst 有序地合并到原列表中,默认使用小于号进行比较插入,可指定比较函数 Cmpfunc 来对两个 TYPE 类型元素进行比较
void pop_back() void pop_front()	删除列表的最后一个元素 删除列表的第一个元素
void push_back(const TYPE & val) void push_front(const TYPE & val)	将 val 连接到列表的最后 将 val 连接到列表的头部
void remove(const TYPE & val) void remove_if(bool testfunc) // bool testfunc(TYPE & val)	删除列表中所有值为 val 的元素 用 testfunc 一元函数来判断是否删除元素,如果 testfunc 返回 true 则删除该元素
size_type size()	返回 list 中元素的数量
void reverse()	将列表的所有元素都倒转
void sort() void sort(Comp compfunc)	提供 $O(n\log_2 n)$ 的排序效率,默认使用升序排序,可以自己指定排序函数 compfunc
void swap(list & lst)	交换两个列表中的元素
void unique()	去除列表中的重复元素(离散化)

其中,TYPE 是元素类型。

示例 2.10   容器 List 的使用。

```
list < int > mylist (5,100);              //5 个 100
mylist.push_front( - 13);                 //列表头部插入
mylist.push_back (300);                   //列表尾部插入
list < int > :: iterator p = mylist.begin();
mylist.erase(p);                          //删除元素
//遍历列表输出
```

```
for (p = mylist.begin(); p!= mylist.end(); ++p)
    cout << * p <<" ";
cout << endl;
cout << mylist.size()<< endl;              //列表中元素的个数(6)
mylist.clear();                            //清空列表
```

运行结果如下：

```
100 100 100 100 100 300
6
```

容器 list 是一个功能强大且灵活的容器，特别适合于需要在序列中间频繁进行插入和删除操作的场景，下面举例说明。

洛谷 P1160 队列安排：一个学校里老师要将班上 n 个同学排成一列，他们编号为 $1\sim n$。他采取如下方法：先将 1 号同学安排进队列，这时队列中只有他一个人；$2\sim n$ 号同学依次入列，编号为 i 的同学的入列方式为：老师指定编号为 i 的同学站在编号为 $1\sim(i\text{-}1)$ 中某位同学（即之前已经入列的同学）的左边或右边；从队列中去掉 $m(m<n)$ 个同学，其他同学位置顺序不变。在所有同学按照上述方法排列完毕后，老师想知道从左到右所有同学的编号。

输入数据

第 1 行为一个正整数 $n(n\leqslant100\,000)$，表示有 n 个同学。第 $2\sim n$ 行，第 i 行包含两个整数 k,p，其中 k 为小于 i 的正整数，p 为 0 或者 1。若 p 为 0，则表示将 i 号同学插入 k 号同学的左边，p 为 1 则表示插入右边。第 $n+1$ 行为一个正整数 m，表示去掉的同学数目。接下来 m 行，每行一个正整数 x，表示将 x 号同学从队列中移去，如果 x 号同学已经不在队列中则忽略这一条指令。

输出数据

共 1 行，包含最多 n 个空格隔开的正整数，表示队列从左到右所有同学的编号。

样例输入

```
4
1 0
2 1
1 0
2
3
3
```

样例输出

```
2 4 1
```

题目要求模拟队列的入队和出队操作，并输出最终队列中同学的编号顺序。

在这个问题中，我们使用 list 容器来模拟队列。list 是一个双向链表，它支持在常数时间内进行插入和删除操作，非常适合用于模拟队列。下面是解题思路：

定义一个 list<int>类型的变量 L 来存储队列中的同学编号；接着读入同学的总数 n，并将 1 号同学加入队列中。对于每个入队的同学，读入他的位置 k 和操作 p。如果 p 为 0，表示将当前同学插入编号为 k 的同学的左边；如果 p 为 1，表示将当前同学插入编号为 k

的同学的右边,这可以通过 list 的 insert 函数来实现。

在所有同学入队后,读入需要出队的同学数目 *m*,并使用 list 的 remove 或 erase 函数将相应的同学从队列中删除。最后,遍历队列并输出每个同学的编号。

示例 2.11　容器 List 用于队列操作的算法。

```
list < int > L;
int n,m;
cin >> n;
L. push_back(1);                          //1 先放进去
int k,p;                                  //p = 0,k 的左边;p = 1,k 的右边
for (int i = 2; i < = n; i++)
{
    cin >> k >> p;                        //进入队列的方式
    //查找 k 所在的位置
    auto it = find(L. begin(),L. end(),k);
    if (p == 1) it++;                     //指针加 1,表示插入右边
    L. insert(it,i);                      //在 it 的左边插入
}
cin >> m;
while(m -- )                              //m 次删除
{
    cin >> k;
    L. remove(k);                         //如果没有 k,自动放弃
}
for (auto x:L)                            //遍历列表,编译环境是 C++11
    cout << x <<' ';
```

该算法使用 list 的 push_back、insert、remove 等函数模拟队列的入队和出队操作,并使用迭代器 it 定位要插入元素的位置。如果使用链表结构进行模拟,将会是非常麻烦的。

算法实现源代码:list 应用-队列安排. cpp。

2.5　集合

集合(Set)是一个容器,它其中所包含的元素的值是唯一的。集合中的元素按一定的顺序排列,并被作为集合中的实例。对集合这个序列可以进行查找、插入或删除序列中的任意一个元素操作,而完成这些操作的时间同这个序列中元素个数的对数成比例关系。

一个集合通过一个链表来组织,其具体实现采用了红黑树的平衡二叉树的数据结构。在插入操作和删除操作上比向量(Vector)快,但查找或添加末尾的元素时会有些慢。

多集 Multiset 中可以出现副本键,同一个值可以出现多次。

为了使用 STL 容器 Set,在头文件中必须包括如下代码:

```
# include < set >
```

(1) STL 容器 Set 的构造函数和析构函数如表 2-9 所示。

表 2-9　STL 容器 Set 的构造函数和析构函数

成 员 函 数	功 能
set c	产生一个空的 set/multiset,其中不含任何元素
set c（op）	以 op 为排序准则,产生一个空的 set/multiset
set c1(c2)	产生某个 set/multiset 的副本,所有元素均被复制
set c（beg，end）	以区间[beg,end]内的元素产生一个 set/multiset
set c（beg，end，op）	以 op 为排序准则,利用[beg,end]内的元素生成一个 set/multiset
c.～set（）	销毁所有元素,释放内存

为节省篇幅,这里省略元素类型 TYPE。

集合 Set 中所包含的元素的值是唯一的,而 Multiset 中可以出现副本键,同一个值可以出现多次。表 2-9 中的 Set 可以是如表 2-10 所示形式。

表 2-10　表 2-9 中 Set 的可选形式

Set	效 果
set < TYPE >	一个 set,以 less <>(operator <)为排序准则
set < TYPE, op >	一个 set,以 op 为排序准则
multiset < TYPE >	一个 multiset,以 less <>(operator <)为排序准则
multiset < TYPE, op >	一个 multiset,以 op 为排序准则

其中,TYPE 是元素类型。

（2）STL 容器 Set 的主要成员函数如表 2-11 所示。

表 2-11　STL 容器 Set 的主要成员函数

函 数	功 能
iterator begin（）	返回指向第一个元素的迭代器
iterator end（）	返回指向末尾(最后一个元素之后)的迭代器
void clear（）	清空 Set 容器
bool empty（）	如果为空则返回 true,否则返回 false
iterator insert(TYPE &val)	插入一个元素,返回新元素的位置
iterator insert(iterator pos, TYPE &val)	插入一个元素,返回插入元素的位置(pos 是一个提示,指出插入操作的搜寻起点。如果提示恰当,可以大大加快速度)
void insert（input_iterator start, input_iterator end ）	插入[start, end)的元素到容器中
void erase（iterator pos）	删除 pos 所指元素
void erase（iterator start, iterator end）	删除[start, end)的元素
size_type erase(const TYPE &val）	删除值为 val 的元素并返回被删除元素的个数
pair < iterator start, iterator end > equal_range(const TYPE &val)	查找 multiset 中键值等于 val 的所有元素,返回指示范围的两个迭代器,以 pair 返回
size_type count(constTYPE &val)	查找容器中值为 val 的元素的个数
iterator find(const TYPE &val)	返回一个迭代器指向键值为 val 的元素,如果没有找到就返回 end()
size_type size（）	返回元素的数量
void swap(set &object)	交换两个链表中的元素

示例 2.12　容器 Set 元素的插入和输出。

```
set < string > str;
str.insert("apple");
str.insert("orange");
str.insert("banana");
str.insert("grapes");
set < string >::iterator pos;              //定义迭代器
for (pos = str.begin(); pos!= str.end(); pos++)
    cout << * pos <<" ";
cout << endl;
str.clear();                               //清空集合元素
```

运行结果如下：

```
apple banana grapes orange              //水果名称已经排好序
```

容器 set 中的元素按照键值自动排序，排序规则由模板参数指定的比较函数决定。元素的顺序可能会随着插入和删除操作而改变。这个特性可以解决很多问题，举例说明如下。

（1）HDU2094 产生冠军：有一群人，打乒乓球比赛，两两捉对厮杀，每两个人之间最多打一场比赛。球赛的规则如下：

如果 A 打败了 B，B 又打败了 C，而 A 与 C 之间没有进行过比赛，那么就认定，A 一定能打败 C。如果 A 打败了 B，B 又打败了 C，而且，C 又打败了 A，那么 A、B、C 三者都不可能成为冠军。

根据这个规则，无须循环较量，或许就能确定冠军。你的任务就是面对一群比赛选手，在经过了若干场厮杀之后，确定是否已经实际上产生了冠军。

输入

输入含有一些选手群，每群选手都以一个整数 $n(n<1000)$ 开头，后跟 n 对选手的比赛结果，比赛结果以一对选手名字表示，前者战胜后者。如果 n 为 0，则表示输入结束。

输出

对于每个选手群，若判断出产生了冠军，则在一行中输出"Yes"，否则在一行中输出"No"。

样例输入

```
3
Alice Bob
Smith John
Alice Smith
5
a c
c d
d e
b e
a d
0
```

样例输出

```
Yes
No
```

本题是一道典型的图论问题,可以使用拓扑排序来解决。题目描述了一个群体中的成员进行两两对决,每次对决的胜者会继续参与后续的对决,直到产生一个不败的冠军。

根据题目规则,如果 A 打败了 B,B 又打败了 C,那么 A 就能打败 C。这个规则可以建立图论中的有向边,其中 A→B 和 B→C 的边,意味着可以添加一条 A→C 的边。这样,通过不断合并边,最终剩下的那个没有入度(即没有其他结点指向它的结点)的结点就是冠军。

拓扑排序是一种对有向无环图(DAG)进行排序的算法,它会产生一个线性排序,对于每一条有向边(u,v),u 在排序中都出现在 v 之前。在这个问题中,如果拓扑排序的结果只有一个结点没有前驱(即入度为 0),那么这个结点就是冠军。需要注意的是,这个算法假设输入是合理的,即不存在环,因为如果存在环,则不会产生冠军。

本题不需要我们输出谁是冠军,即不需要找到哪一个结点是入度为 0 的结点,就可以大大简化。假设所有参赛的人数为 x,所有失败的人数为 y,如果 $x-y$ 等于 1,那么意味着有一个选手没有败给任何人,因此是冠军;否则就没有产生冠军。注意在统计人数时,不能重复统计,这就恰好用到了容器 set。

示例 2.13 容器 set 的 key 不重复性的应用——产生冠军。

```cpp
int n;
while(cin >> n && n)                    //多测试例,n = 0 时结束
{
    set < string > all,loser;
    string a,b;
    while(n -- )
    {
        cin >> a >> b;                  //a -> b
        all.insert(a);                  //参与者
        all.insert(b);
        loser.insert(b);                //失败者
    }
    if(all.size() - loser.size() == 1)
        cout <<"Yes"<< endl;            //产生冠军
    else cout <<"No"<< endl;
}
```

如果是一个大环,则 $x-y$ 等于 0;如果存在森林,则 $x-y$ 大于 1,都不会产生冠军。

算法实现源代码:set-key 不重复性的应用——产生冠军.cpp。

(2) HDU2078 单词数:Lily 的好朋友 Xiaoou333 最近很闲,他想统计一篇文章里不同单词的总数。

输入

有多组数据,每组一行,每组就是一篇小文章。每篇小文章都是由小写字母和空格组成,没有标点符号,遇到♯时表示输入结束。

输出

每组只输出一个整数,其单独成行,该整数代表一篇文章里不同单词的总数。

样例输入

```
you are my friend
I love you
#
```

样例输出

```
4
3
```

虽然题目很简单,但是要注意:每行是一篇文章,采用 getline()可以实现每次读取一行。这道题需要使用容器 set 和 stringstream 类来解决。首先使用 stringstream 类将字符串分割成单词,然后使用 set 容器来存储每个单词的出现次数。

具体来说,创建一个 stringstream 类的实例 ss,然后将输入的字符串 s 传递给 ss。接着,使用 ss 的>>操作符来从 ss 中读取单词。由于>>操作符会自动忽略单词之间的空格,因此我们可以直接读取每个单词。将每个单词存储在一个 set 容器 word 中,这样就可以统计每个单词的出现次数。

示例 2.14 容器 set 的 key 不重复性的应用——统计单词数。

```
string s,x;
while(getline(cin,s))
{
    if (s == "#") break;                //结束标志
    set < string > word;
    stringstream ss(s);                 //字符串流
    while(ss >> x) word.insert(x);
    cout << word.size()<< endl;
}
```

每次从 stringstream 中读取一个单词,并将其添加到 set 中。由于 set 的特性,任何重复的单词都会被自动去除。最后,我们输出 set 的大小,即不同单词的数量。

算法实现源代码:set-key 不重复性的应用——统计单词数.cpp。

2.6 队列

队列(Queue)是一种特殊的线性表,它只允许在表的前端(Front)进行删除操作,在表的后端(Rear)进行插入操作。

为了使用 STL 容器 Queue,在头文件中必须包括如下代码:

```
# include < queue >
```

STL 容器 Queue 的主要成员函数如表 2-12 所示。

表 2-12　STL 容器 Queue 的主要成员函数

函　　数	功　　能
bool empty()	队列为空则返回 true,否则返回 false
void pop()	删除队列的一个元素
void push(const TYPE &val)	将 val 元素加入队列
size_type size()	返回当前队列中的元素数目
TYPE &back()	返回一个引用,指向队列的最后一个元素
TYPE &front()	返回队列第一个元素的引用

其中,TYPE 是元素类型。

进行插入操作的端称为队尾,进行删除操作的端称为队头。队列中没有元素时,称为空队列。在队列这种数据结构中,最先插入的元素将最先被删除;反之,最后插入的元素将最后被删除,因此队列又称为"先进先出"(First In First Out,FIFO)的线性表。

示例 2.15　容器 queue 的使用。

```
queue < int > q;
q.push(1);q.push(2);q.push(3);q.push(9);
cout << q.size()<< endl;                //返回队列元素数量(4)
cout << q.empty()<< endl;               //判断队列是否为空(非空,值是 0)
cout << q.front()<< endl;               //读取队首元素(1)
cout << q.back()<< endl;                //读取队尾元素(9)
while(q.empty()!= true)                 //所有元素出列,即删除所有元素
{
    cout << q.front()<<" ";
    q.pop();                            //删除队首元素
}
```

容器 queue 可以看作容器的容器,内部使用其他容器来存放具体数据,使得我们的数据操作只能是在头或尾进行。从尾部添加数据,从头部取数据,从而实现 FIFO 的特性。

(1) 围圈报数。

有 n 个人依次围成一圈,从第 1 个人开始报数,数到第 m 的人出列,然后从出列的下一个人开始报数,数到第 m 的人又出列,…,如此反复到所有的人全部出列为止。设 n 个人的编号分别为 $1,2,\cdots,n$,打印出列的顺序。

输入

n 和 m,$1 \leqslant n \leqslant 1000$。

输出

出列的顺序。

样例输入

4 17

样例输出

1 3 4 2

这个问题就是约瑟夫环问题(Josephus problem),是一个著名的理论问题,在计算机科学和数学领域都有广泛的应用。解决约瑟夫环问题有多种算法,其中最常见的是递归和循环链表。基本思路是将 n 个人表示为一个循环链表,然后模拟报数和出列的过程。每次报到 m 的人将被删除,然后链表继续移动,直到只剩下一个结点为止。最后剩下的结点就是最后剩下的那个人。

我们还可以使用队列来模拟。创建一个队列 q,并将所有人的编号依次加入队列。然后进入一个 while 循环,只要队列不为空,就继续报数。在每次循环中,使用一个 for 循环来报数到 $m-1$,每次都将队列首部的元素移到尾部,并出队。当报数到达 m 时,我们输出队列首部的元素(即出列者的编号),并将其出队。这个过程一直重复,直到队列为空为止。

示例 2.16 容器 queue 用于解决约瑟夫环问题。

```
int n,m;
queue < int > q;
scanf(" % d % d",&n,&m);              //n个人,第m个人出列
for(int i = 1; i < = n; i++)
    q.push(i);
while(q.size())
{
    for(int i = 1; i < m; i++)        //m-1个队首元素移到队尾
    {
        q.push(q.front());
        q.pop();
    }
    cout << q.front()<<" ";           //输出队首元素,这是第m个元素
    q.pop();                          //删除队首元素
}
```

队列在广度优先搜索(Breadth-First Search,BFS)中发挥着核心作用。广度优先搜索是一种用于遍历或搜索树或图的算法。在 BFS 中,队列用于保持待访问的结点的顺序。从根结点(或任何其他起始结点)开始,BFS 首先访问所有相邻的结点,然后对这些结点的未访问过的相邻结点进行同样的操作,以此类推。

算法实现源代码:queue 用于解决约瑟夫环问题.cpp。

(2) 洛谷 P1135 奇怪的电梯。

大楼的每一层楼都可以停电梯,而且第 i 层楼($1 \leqslant i \leqslant N$)上有一个数字 K_i($1 \leqslant K_i \leqslant N$)。电梯只有 4 个按钮:开、关、上、下。上下的层数等于当前楼层上的那个数字。当然,如果不能满足要求,相应的按钮就会失灵。例如:3 3 1 2 5 代表 K_i($K_1 = 3, K_2 = 3, \cdots$),从 1 楼开始。在 1 楼,按"上"可以到 4 楼,按"下"是不起作用的,因为没有 -2 楼。那么,从 a 楼到 b 楼至少要按几次按钮呢?

输入

输入文件共有两行,第一行为三个正整数,表示 N, a, b($1 \leqslant N \leqslant 200, 1 \leqslant a, b \leqslant N$),第二行为 N 个用空格隔开的正整数,表示 K_i。

输出

输出仅一行,即最少按键次数。若无法到达,则输出 -1。

样例输入

```
5 1 5
3 3 1 2 5
```

样例输出

```
3
```

对于任意一层楼的楼梯,在该层都有一个数字按钮,这层楼至多可以通往两层楼。

使用容器 queue 建立队列,队首元素就是当前楼层 a。然后读取每个楼层显示的数据到数组 led[]。从队首取元素,判断这个元素代表的楼层可能到达的两个楼层"是否合法"。如果合法,从队尾追加到队列之中,同时执行步数标记,又走了一步;如果不合法,舍弃。

判断循环终止条件:如果能够成功到达目标楼层 b(即某次循环到达的楼层刚好与目标层数字 b 相等),可以提前终止循环;如果所有搜索结束后,到达的楼层一直不是目标楼层数 b,那么说明无法成功到达目标楼层 b,输出 -1。

示例 2.17　容器 queue 在广度优先搜索中的应用。

```cpp
queue < int > q;
int n,a,b;                          //n是楼层数,从a楼到b楼
cin >> n >> a >> b;
int led[300];                       //每个楼层显示器上的数字
int vis[300] = {0};                 //是否到达该楼层
vis[a] = 1;
for( int i = 1; i <= n; i++)
    cin >> led[i];
q.push(a);                          //从a楼开始
while(!q.empty())
{
    int now = q.front();            //当前楼层
    q.pop();
    int down = now - led[now];      //按钮是"上"
    if(down >= 1 && !vis[down])
    {
        q.push(down);
        vis[down] = vis[now] + 1;
    }
    int up = now + led[now];        //按钮是"下"
    if(up <= n && !vis[up])
    {
        q.push(up);
        vis[up] = vis[now] + 1;
    }
    if(down == b || up == b) break; //到达b楼
}
cout << vis[b] - 1;                 //a楼本身除外
```

如果不能到达楼层 b,则 vis[b] 为 0,输出表达式的结果刚好为 -1。

算法实现源代码:queue-洛谷 P1135 奇怪的电梯.cpp。

2.7　优先队列

优先队列(Priority Queue)容器与队列一样,只能从队尾插入元素,从队首删除元素。但是它有一个特性,就是队列中最大的元素总是位于队首。所以出队时并非按照先进先出的原则进行,而是将当前队列中最大的元素出队。元素的比较规则默认按元素值由大到小排序,可以重载"<"操作符来重新定义比较规则。

如果是系统提供的能够使用小于号比较的元素类型,就可以只写元素类型;如果想用系统提供的大于号进行比较,则还需要给出存储容器和比较谓词;如果使用自定义的struct/class,则需要重载小于号运算符。

为了使用 STL 容器 Priority Queue,在头文件中必须包括如下代码:

```
# include < queue >
```

STL 容器 Priority Queue 的主要成员函数如表 2-13 所示。

表 2-13　STL 容器 Priority Queue 的主要成员函数

函　　　数	功　　　能
bool empty( )	优先队列为空则返回 true,否则返回 false
void pop( )	删除优先队列中的第一个元素
void push(const TYPE &val)	添加一个元素到优先队列中,值为 val
size_type size( )	返回当前队列中的元素数目
TYPE &top ( )	返回一个引用,指向最高优先级的元素

其中,TYPE 是元素类型。

Priority Queue 对于基本数据类型的使用,方法相对简单,模板声明带有三个参数:

```
priority_queue < Type, Container, Functional >
```

其中,Type 为数据类型,Container 为保存数据的容器,Functional 为元素比较方式。Container 必须是用数组实现的容器,比如 Vector、Deque,但不能是 List。

STL 中默认用的是 Vector,比较方式默认用 operator <,所以如果把后面两个参数省略的话,优先队列就是大顶堆(less < TYPE >),队首元素最大。

如果使用小顶堆,一般要把模板的三个参数都带进去。STL 中定义了一个仿函数 greater < TYPE >,对于基本类型,可以用这个仿函数声明小顶堆。

示例 2.18　把学生成绩从低到高输出(自定义类型)。

(1) 定义结构体。

```
struct info
{
    string name;
    float score;
    bool operator < (const info &a) const  //必须重载运算符
    {
        return a. score < score;
```

```
        }
};
```

（2）Priority Queue 的使用。

```
priority_queue < info > pq;
info in;
in.name = "Jack";                        //学生 1
in.score = 68.5;
pq.push(in);
in.name = "Bomi";                        //学生 2
in.score = 18.5;
pq.push(in);
in.name = "Peti";                        //学生 3
in.score = 90;
pq.push(in);
while(!pq.empty())
{
    cout << pq.top().name <<": "<< pq.top().score << endl;
    pq.pop();
}
```

运行结果如下：

```
Jack: 68.5
Bomi: 18.5
Peti: 90
```

算法实现源代码：priority_queue.cpp。

更多应用请参看 priority_queue-node.cpp。

Priority_queue 提供常数时间查找最大元素，对数时间删除最大元素或插入任意元素的操作。默认提供的是最大堆操作，即每次弹出的是队列中优先级最高的元素（即最大的元素）。当然，也可以自定义比较函数来实现最小堆操作。在下面的例题中，就是实现最小堆操作。

洛谷 P1090［NOIP2004 提高组］合并果子：在一个果园里，多多已经将所有的果子打了下来，而且按果子的不同种类分成了不同的堆。多多决定把所有的果子合成一堆。

每一次合并，多多可以把两堆果子合并到一起，消耗的体力等于两堆果子的重量之和。可以看出，所有的果子经过 $n-1$ 次合并之后，就只剩下一堆了。多多在合并果子时总共消耗的体力等于每次合并所耗体力之和。

假定每个果子重量都为 1，并且已知果子的种类数和每种果子的数目，你的任务是设计出合并的次序方案，使多多耗费的体力最少，并输出这个最小的体力耗费值。

例如有 3 种果子，数目依次为 1、2、9。可以先将 1、2 堆合并，新堆果子数目为 3，耗费体力为 3。接着，将新堆与原先的第三堆合并，又得到新的堆，数目为 12，耗费体力为 12。所以多多总共耗费体力是 3+12=15。可以证明 15 为最小的体力耗费值。

输入

输入包括两行，第一行是一个整数 $n(1 \leqslant n \leqslant 10000)$，表示果子的种类数。第二行包含 n 个整数，第 i 个整数 $a_i(1 \leqslant a_i \leqslant 20000)$ 是第 i 种果子的数目。

输出

输出包括一行,这一行只包含一个整数,也就是最小的体力耗费值。输入数据保证体力耗费值小于 2^{31}。

样例输入

```
3
1 2 9
```

样例输出

```
15
```

合并果子问题是一个典型的贪心算法问题,我们可以使用优先队列(priority_queue)来优化解决方案。我们有数堆果子,每次合并两堆果子都会产生这两堆果子重量之和的代价,我们的目标是使得合并所有果子所需的总代价最小。

创建一个优先队列(小根堆),将每堆果子的数量(因为每个果子重量是 1)作为结点值加入队列。这样每次从堆中取出的都是当前最小的两堆果子,合并它们后再将合并后的果子数量放回堆中,其权重为两个果子的数量之和。当队列中只剩下一个结点时,这个结点的权重就是合并所有果子所需的最小代价。因为总是优先合并数量最少的两堆果子,从而确保总代价最小。

示例 2.19　容器 priority_queue 用于合并果子的算法。

```cpp
//定义小根堆
priority_queue < int, vector < int >, greater < int > > q;
int n;
cin >> n;
int x, y;
//读取每堆果子的数量,构造优先队列
for(int i = 0; i < n; i++)
{
    cin >> x;
    q.push(x);
}
int sum = 0;
while(q.size()>1)                    //哈夫曼树算法
{
    x = q.top();                     //取出果子数量最少的两堆果子
    q.pop();
    y = q.top();
    q.pop();
    sum += x + y;                    //累加代价
    q.push(x + y);                   //合并后,放回队列中
}
cout << sum;
```

合并果子问题可以看作是哈夫曼树算法的应用,其中每次合并两堆果子(或权重)的代价是这两堆果子的重量之和,目标是使得所有果子合并成一堆时的总代价最小。

算法实现源代码:priority_queue 用于合并果子.cpp。

2.8　ZOJ1004-Anagrams by Stack

【问题描述】

如何根据一系列栈操作实现回文构词法呢？有两种栈操作方法,可以将单词 TROT 转换成 TORT。

```
[
i i i i o o o o
i o i i o o i o
]
```

i 代表入栈,o 代表出栈。对给定的单词对,编程实现栈操作,将第一个单词转换为第二个单词。

(1)有多行输入。每两行的第一行是源单词(不包括换行符),第二行是目标单词(也不包括换行符)。由文件结束符标志输入结束。

对每对单词,有多种有效方法从源单词产生目标单词,将每种方法的 i 和 o 操作排序输出,并以[ ]分隔。排序方法是字典序。每个 i 和 o 之后都有一个空格。

(2)栈操作。栈是一种数据存储方式,它有两种操作:

• Push——插入一个数据项。

• Pop——检索最近插入的数据项。

栈初始时是空栈。用字符 i 表示 Push 操作,字符 o 表示 Pop 操作。对于一个给定的单词,每个字符的出入栈顺序,有些是合法的,有些是非法的。当然不能对空栈进行出栈操作。例如,输入是 FOO,则序列:

i i o i o o　　是合法的。

i i o　　　　是不合法的。序列太短,没有构成 OOF。

i i o o o i　出栈错误(第三个 o 时,栈已空)。

合法的栈操作顺序会对一个单词重新排序。例如顺序[iioioo],就将单词 FOO 重新排列成 OOF;顺序[iiiooo]也是一样的。

输入样例

```
madam            long
adamm            short
bahama           eric
bahama           rice
```

输出样例

```
[                [
i i i i o o o i o o    ]
i i i i o o o o i o    [
i i o i o i o i o o    i i o i o i o o
i i o i o i o o i o    ]
]
[
```

```
i o i i i o o i i o o o
i o i i i o o o i o i o
i o i o i o i i i o o o
i o i o i o i o i o i o
]
```

题目来源

Zhejiang University Local Contest 2001

【算法分析】

根据题目的要求,使用栈操作来实现。

1. 数据结构

```
string a, b;              //源单词和目标单词
stack < char > build;     //构造目标字符串
vector < char > operate;  //记录出入栈操作
int length;               //字符串 a 的长度
```

2. 使用回溯算法,构造目标单词

由源单词构成目标单词时,由于入栈和出栈的方式不同,构造的方法就不同。采用完全二叉树的搜索结构,即回溯算法,能够将每一种可能性都搜索出来。为了将每种方法的 i 和 o 操作排序输出,在搜索时只要使用先搜索入栈(i),然后搜索出栈(o)的操作方法就可以。

实现代码如算法 2.1 所示。

算法 2.1 使用回溯算法,构造目标单词。

```
//形参 iPush 记录入栈操作的次数,形参 iPop 记录出栈操作的次数
void dfs(int iPush, int iPop)
{
    //当出入栈操作的次数刚好为源单词的长度时,目标单词构造完毕,输出操作序列
    if(iPush == length && iPop == length)
    {
        for(int i = 0; i < operate.size(); i ++)
            cout << operate[i] << " ";
        cout << endl;
    }
    //入栈操作
    if(iPush + 1 <= length)
    {
        build.push(a[iPush]);          //将当前字符进栈
        operate.push_back('i');        //记录入栈操作
        dfs(iPush + 1, iPop);
        build.pop();                   //恢复刚刚入栈的字符,便于下一个搜索操作
        operate.pop_back();            //恢复入栈操作
    }
    //出栈操作
    if(iPop + 1 <= iPush && iPop + 1 <= length && build.top() == b[iPop])
    {
        char tc = build.top();
        build.pop();                   //将当前字符出栈
```

```
        operate.push_back('o');          //记录出栈操作
        dfs(iPush, iPop + 1);
        build.push(tc);                  //恢复刚刚出栈的字符,便于下一个搜索操作
        operate.pop_back();              //恢复出栈操作
    }
}
```

这种先入栈后出栈的操作顺序,既保证出栈时栈不会为空,也保证输出顺序是升序。

3. 读取数据与输出结果

在 main()中,将输入命令 cin 放在 while 循环的条件判断内。读取数据正确时,cin 返回 basic_istream&;当数据读完之后,cin 的返回值为 false(隐式转换的定义在 ios.h 中),刚好作为循环的结束条件。

实现代码如算法 2.2 所示。

算法 2.2　读取输入数据,并输出结果。

```
while(cin >> a >> b)
{
    length = a.length();
    cout << "[" << endl;
    dfs(0, 0);
    cout << "]" << endl;
}
```

算法实现源代码:zju1004-Stack.cpp。

2.9　ZOJ1094-Matrix Chain Multiplication

视频讲解

【问题描述】

矩阵乘法问题是动态规划的一个典型例子。

假设要计算 $A \times B \times C \times D \times E$,其中 A、B、C、D 和 E 是矩阵。由于矩阵相乘具有结合性,所以矩阵相乘的顺序是任意的。但是,矩阵相乘时做乘法的次数,取决于所选择的矩阵相乘的顺序。

例如,矩阵 A:50×10,B:10×20,C:20×5。

计算 $A \times B \times C$ 有两种顺序,即 $(A \times B) \times C$ 和 $A \times (B \times C)$。

第一种顺序需要做乘法 15 000 次,而第二种只要 3500 次。

编程任务:根据给定的矩阵相乘的顺序,计算矩阵相乘时所需的乘法次数。

输入格式

输入分为两部分:矩阵列表和矩阵相乘的表达式列表。

输入的第一部分,第一行是一个整数 $n(1 \leqslant n \leqslant 26)$,表示矩阵数目。接着有 n 行,每行的开头是一个大写字母,是矩阵的名称,然后是两个整数,表示该矩阵的行数与列数。

输入的第二部分严格遵守下列语法(用 EBNF 表示):

```
SecondPart = Line { Line } < EOF >
Line       = Expression < CR >
Expression = Matrix | "(" Expression Expression ")"
```

```
Matrix   = "A" | "B" | "C" | ... | "X" | "Y" | "Z"
```

输出格式

对第二部分的每个表达式,输出一行:根据表达式中矩阵相乘的顺序,如果相乘时矩阵不匹配,输出"error",否则输出矩阵相乘时做乘法的次数。

输入样例

```
9                        A
A 50 10                  B
B 10 20                  C
C 20 5                   (AA)
D 30 35                  (AB)
E 35 15                  (AC)
F 15 5                   (A(BC))
G 5 10                   ((AB)C)
H 10 20                  (((((DE)F)G)H)I)
I 20 25                  (D(E(F(G(HI)))))
                         ((D(EF))((GH)I))
```

输出样例

```
0
0
0
error
10000
error
3500
15000
40500
47500
15125
```

题目来源

University of Ulm Local Contest 1996

【算法分析】

本题是根据给定的矩阵相乘的顺序,计算矩阵相乘时做乘法的次数。计算方法很简单,遇到矩阵就进栈;遇到右括号就将栈顶的两个矩阵相乘,并将结果压入栈中。

1. 数据结构

采用标准模板库的 stack 容器模拟矩阵的乘法:

```
stack < Node > array;
```

其中,Node 是表示矩阵行列数的结构体,如下所示:

```
struct Node { int row, col; };
```

用 map < > 保存矩阵参数:

```
map < char, Node > matrix;
```

其中,char 是矩阵名称的数据类型。

2. 读取输入数据

实现代码如算法 2.3 所示。

算法 2.3　读取矩阵的数据。

```
int n;                                      //矩阵的个数
char name;                                  //矩阵的名称
map < char, Node > matrix;                  //矩阵参数
//读取数据的第一部分
cin >> n;
for(int i = 0; i < n; i++)
{
    cin >> name;
    cin >> matrix[name].row >> matrix[name].col;
}
```

3. 计算每一个表达式

定义矩阵运算的表达式为:

```
string exp;
```

计算过程分为以下三种情况。

(1) 左括号：左括号不影响计算,直接跨越过去。

(2) 右括号：弹出栈顶的两个矩阵,累计这两个矩阵相乘的次数,并将新矩阵的行列数压入堆栈。

如果这两个矩阵不能相乘,则输出错误信息 error,并结束该表达式的计算。

(3) 矩阵：将该矩阵压入堆栈。

实现代码如算法 2.4 所示。

算法 2.4　计算矩阵相乘的表达式。

```
//对每一个表达式进行计算
while(cin >> exp)
{
    int i;
    int count = 0;                          //矩阵做乘法的次数
    stack < Node > array;                    //模拟矩阵的乘法
    //对表达式的每一个字符
    for(i = 0; i < exp.size(); i++)
    {
        if(exp[i] == '(')  continue;        //左括号
        //遇到右括号时,将栈顶两个矩阵相乘,再压入堆栈
        if(exp[i] == ')')
        {
            Node b = array.top();
            array.pop();
            Node a = array.top();
```

```
            array.pop();
            if(a.col != b.row)  //两个矩阵不能相乘
            {
                cout << "error" << endl;
                break;
            }
            //累计两个矩阵相乘的次数
            count += a.row * b.row * b.col;
            //将计算得到的新矩阵入栈
            Node tmp = {a.row, b.col};
            array.push(tmp);
        }
        else  array.push(matrix[exp[i]]);          //矩阵入栈
    }
    if(i == exp.size())
        cout << count << endl;
}
```

算法实现源代码：zju1094-map-stack.cpp。

2.10　ZOJ1097-Code the Tree

【问题描述】

树(即无环图)的顶点用整数 $1,2,\cdots,n$ 编号。Prufer 编码是按如下步骤构造的树：找到编号最小的叶结点(只有一条边与该顶点相连)。将该叶结点及其相连的那条边从图中删掉。同时，记下与它连接的那个结点的编号。重复上面的步骤，直到剩下最后一个结点(顺便说一下，这个数就是 n)。写下来的 $n-1$ 个数的序列，就是该树的 Prufer 编码。

编程任务：根据输入的树，计算该树的 Prufer 编码。描述树的语法规则如下：

```
T ::= "(" N S ")"
S ::= " " T S
    | empty
N ::= number
```

也就是，树的周围有括号。第一个数是根结点编号，后面跟有任意棵子树(也可能一棵也没有)，中间有一个空格。例如图 2-1 所示的树，就是输入样例中的第一行。

注意：根据上面给出的描述，树的根结点也可能就是一个叶结点。为便于说明，我们指定一些结点作为根结点。通常，我们将正在处理的树称为 unrooted tree。

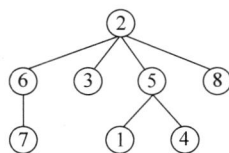

图 2-1　输入样例数据 1 的树

输入

输入包含多组测试例。每个测试例一行，按上面的规则描述一棵树。遇到 EOF 输入结束。$1\leqslant n\leqslant 50$ 。

输出

对每组测试例，输出一行，是该树的 Prufer 编码。数字之间用空格分开，行末没有空格。

输入样例

```
(2 (6 (7)) (3) (5 (1) (4)) (8))
(1 (2 (3)))
(6 (1 (4)) (2 (3) (5)))
```

输出样例

```
5 2 5 2 6 2 8
2 3
2 1 6 2 6
```

题目来源

University of Waterloo Local Contest 2001.06.02

【算法分析】

1．样例分析

对样例数据1,就是题目中的图2-1。首先找到编号最小的叶结点,编号是1;将该叶结点及所在边去掉,并记下与之相连的结点编号5,如图2-2所示。

接着找编号最小的叶结点,编号是3;将该叶结点及所在边去掉,并记下与之相连的结点编号2,如图2-3所示。

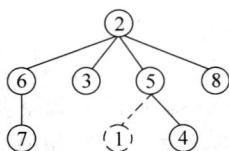

图2-2　去掉第一个叶结点1　　　　图2-3　去掉第二个叶结点3

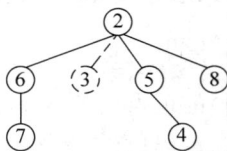

这样继续下去,就得到答案了。

本题的算法和代码参考自 University of Waterloo Local Contest 的竞赛网站。

2．数据结构

将每个结点的相邻结点建立对应关系,如表2-14所示。

表2-14　结点的相邻结点

结点编号	1	2	3	4	5	6	7	8
相邻结点	5	3 5 6 8	2	5	1 2 4	2 7	6	2

使用 C++ 标准模板库 STL 的 vector() 和 set() 函数,很容易实现表2-16的数据结构:

vector < set < int > > adj (1024, set < int >());

输入数据与结点编号的转换由函数 parse() 实现:

void parse (vector < set < int > > &adj, unsigned int p = 0)

初值 $p=0$ 表示从一行的左边第一次读取数据,才读取结点编号,还没有相邻结点编号。

对一个左括号,无论里面有什么样的数据,它总会遇到与其对应的右括号,这正好是一个递归的思想。

实现代码如算法 2.5 所示。

算法 2.5 读取数据,实现结点的数据结构。

```
void parse (vector < set < int > > &adj, unsigned int p = 0)
{
    unsigned int x;
    cin >> x;                                    //读取结点编号
    //p≠0 时,表示 p 是前面读取的结点编号
    if (p)
    { //结点的相邻是对称的
        adj[p].insert (x);
        adj[x].insert (p);
    }
    while (true)
    {
        char ch;
        cin >> ch;                               //读取括号
        if (ch == ')') break;                    //如果是')',递归返回
        parse (adj, x);                          //否则是'(',递归调用
    }
    return;
}
```

3. 实现 Prufer 编码

从表 2-14 可以看出,当某结点只有一个相邻结点时,它就是叶结点。将所有这些叶结点都放到一个优先队列中,选出结点编号最小的那个结点,输出其相邻结点的编号,就是该结点的 Prufer 编码。对于表 2-14 的样例数据,初始状态的叶结点为 1,3,4,7,8。

将这些结点都放到优先队列中自动排序,就获得了编号最小的叶结点 1,输出其相邻结点编号 5,同时将结点 5 相邻结点中的结点 1 删除。如果结点 5 只有一个结点,则进入优先队列。

优先队列:

```
priority_queue < int, vector < int >, greater < int > > leafs;
```

因为 int 是标准数据类型,直接使用 priority_queue 的默认容器 vector < TYPE >,默认排序因子为 greater < TYPE >,这是小顶堆,队首是最小元素。

实现代码如算法 2.6 和算法 2.7 所示。

算法 2.6 统计结点的个数,并将叶结点送入栈。

```
//定义优先队列 leafs
priority_queue < int, vector < int >, greater < int > > leafs;
//结点的个数
int n = 0;
//对每一个结点,判断其相邻结点的个数是否是 1(叶结点)
for (unsigned int i = 0; i < adj.size(); i++)
```

```
        if (adj[i].size())
        {
            n++;                                //统计结点的个数
            if (adj[i].size() == 1)             //是叶结点
                leafs.push (i);                 //进入优先队列
        }
```

算法 2.7　处理优先队列,并输出结果。

```
//结点是 n 个
for (int k = 1; k < n; k++)
{
    //从优先队列中的第一个结点开始
    unsigned int x = leafs.top();
    leafs.pop();
    //结点 x 的相邻结点是 p
    //注意: 数组 adj 的元素是集合,获得集合的元素要用指针
    unsigned int p =  * (adj[x].begin());
    if (k > 1)cout << " ";
    cout << p;
    //对称地在结点 p 中删除其相邻结点 x
    adj[p].erase(x);
    //如果结点 p 也成为叶结点,则进入优先队列
    if (adj[p].size() == 1)
        leafs.push (p);
}
cout << endl;
```

算法实现源代码：zju1097-Code the Tree.cpp。

2.11　ZOJ1156-Unscrambling Images

【问题描述】

四叉树通常是以紧凑的形式对数字图像进行编码。已知一个 $n \times n$ 的图像(其中 n 是 2 的幂,$1 \leqslant n \leqslant 16$),其四叉树编码的计算如下。从只有一个结点的四叉树(即根结点)开始,然后将整个图像的 $n \times n$ 正方形矩阵与该结点关联在一起。下面进行递归。

(1) 与当前结点相关联的区域中,如果每个像素都是相同的亮度 p 值,则该结点作为一个叶结点,相关联的值是 p。

(2) 否则,为当前结点增加 4 个子结点。相关联的区域分为 4 个相等的(正方形)象限,给每个象限分配一个子结点。对每个子结点递归地应用该算法。

当处理过程结束时,我们得到了一棵四叉树,其每个内部结点都有 4 个子结点。每个叶结点都有一个相关联的值,表示与该叶结点相关联区域的亮度。如图 2-4 所示,是一个示例图像和相应的四叉树编码。

假定 4 个子结点按从左至右的顺序,分别表示相关联区域的左上角、右上角、左下角和右下角的象限。

为了容易地确定四叉树的一个结点，按以下规则给每个结点编号：

(1) 根编号为 0。

(2) 如果结点的编号为 k，则其子结点从左至右的编号为 $4k+1, 4k+2, 4k+3, 4k+4$。

采用四叉树编码的图像，可以用一个密码加密如下：每当进行细分时，其 4 个分支重新排序。对每个结点，重新排序可能有所不同，但根据密码和结点编号，其顺序是完全确定的。

12	12	136	136	136	136	0	0
12	12	136	136	136	136	0	0
12	12	12	12	0	0	0	0
100	100	12	12	0	0	0	0
100	100	100	100	48	48	48	48
100	100	100	100	48	48	48	48
100	100	100	100	100	100	48	48
100	100	100	100	100	100	48	48

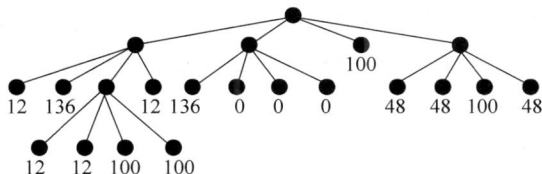

图 2-4 示例图像和相应的四叉树编码

不幸的是，有些人在编码程序中使用“保存密码”功能，并且在多个图像中使用相同的密码。通过观察精心挑选的测试图像的编码，发现使用了相同密码编码的图像，不需要密码就可以解码。在这个测试图像中，每个像素的亮度不同。图像矩阵编号从 0 到 n^2-1，从左到右、自上而下按升序排列。当 $n=16$ 时，图像编码如图 2-5 所示。

图 2-5 $n=16$ 时的图像编码

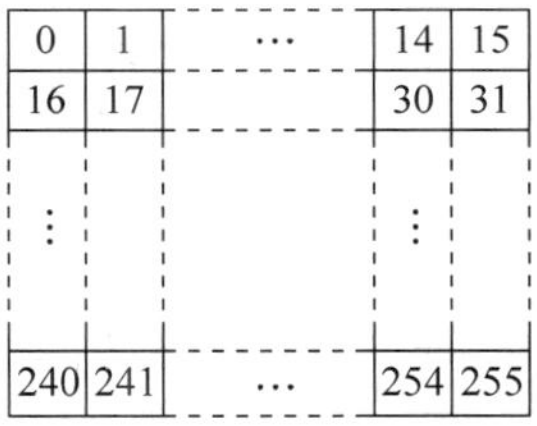

本题要求设法获取编码程序，并用它对测试图像编码。给出测试图像的四叉树编码，编写程序，对使用相同密码编码的图像进行解码。

本题包含多组测试例。多组测试例的第一行是一个整数 N，然后是一个空行，接着是 N 个输入数据块。每个数据块的格式在问题描述中给出。每个数据块之间有一个空行。

输出格式包括 N 个输出数据块，每个输出数据块之间有一个空行。

输入

输入有多个测试例。输入的第一行是一个正整数，表示测试案例数。每个测试例的第一行是 n，接着是测试图像的四叉树编码和需要解码的秘密图像的四叉树编码。每个四叉树编码的第一行是一个正整数 m，表示该树的叶结点数量。后面 m 行的格式如下：

```
k intensity
```

表示结点编号 k 是一个叶结点，相关联的亮度是 intensity。没有给出的结点是内部结点，或者不在四叉树里。可以假设亮度为 0～255。还可以假设，根据以上描述的编码算法，输出的每个四叉树编码都是有效的。

```
1                                                   //N
2                                                   //测试例数
2                                                   //n
4                                                   //测试图像的四叉树编码
1 3
```

```
2 2
3 0
4 1
4                                              //秘密图像的四叉树编码
1 23
2 123
3 253
4 40
```

输出

对每个测试例,输出测试例编号,一个空行。然后,输出解码图像的每个像素的亮度,每行对应图像中的一行。亮度的输出宽度为4,右对齐,没有多余的空格。

在测试例之间有一个空行。

输入样例

```
1   2     4      4       7
2   4     1 23   16      2 10
    1 3   2 123  5 8     3 20
    2 2   3 253  6 9     4 30
    3 0   4 40   7 13    5 41
    4 1          8 12    6 42
                 9 0     7 44
                 10 4    8 43
                 11 1
                 12 5
                 13 2
                 14 3
                 15 7
                 16 6
                 17 10
                 18 11
                 19 15
                 20 14
```

输出样例

```
Case 1
  253  40
  123  23
Case 2
  10  10  20  20
  10  10  20  20
  41  42  30  30
  43  44  30  30
```

题目来源

East Central North America 1999；*Pacific Northwest 1999*

【算法分析】

栅格数据是按网格单元的行与列排列、具有不同灰度或颜色的阵列数据。每一个单元（像素）的位置由它的行列号定义，所表示的实体位置隐含在栅格行列位置中，数据组织中的每个数据表示的物或现象的非几何属性或指向其属性的指针。一个优秀的压缩数据编码方案是：在最大限度减少计算机运算时间的基点上进行最大程度的压缩。

在栅格文件中，每个栅格只能赋予一个唯一的属性值，所以属性个数的总数是栅格文件的行数乘以列数的积。为了保证精度，栅格单元分得一般都很小，这样需要存储的数据量就相当大。但许多栅格单元与相邻的栅格单元都具有相同的值，因此使用了各式各样的数据编码技术与压缩编码技术，四叉树数据结构是其中之一。

1. 样例数据 2 分析

样例 2 是一个 4×4 的正方形矩阵，根据输入数据和题意，模拟解密过程如图 2-6 所示。

0	1	2	3
4	5	6	7
8	9	10	11
12	13	14	15

测试图像的四叉树编码 ⟹

9	11	13	14
10	12	16	15
5	6	17	18
8	7	20	19

秘密图像的四叉树编码 ⟹

10	10	20	20
10	10	20	20
41	42	30	30
43	44	30	30

(a) 原始矩阵　　　　　(b) 根据测试图像解密后的矩阵　　　　　(c) 根据秘密图像解密后的矩阵

图 2-6　样例数据 2 分析

根据测试图像的四叉树编码得到的矩阵，如图 2-6(b)所示，还要根据题目中的公式进行转换：如果结点的编号为 k，那么它的子结点，从左至右，编号为 $4k+1, 4k+2, 4k+3, 4k+4$，即 2 表示 9、10、11、12，3 表示 13、14、15、16，4 表示 17、18、19、20。

2. 数据结构

存储测试图像的四叉树编码：

```
int test[256];
```

存储秘密图像的四叉树编码：

```
int secret[400];
```

图像矩阵大小：

```
int n;
```

3. 读取测试图像的四叉树编码

测试图像的四叉树编码有 m 组。实现代码如算法 2.8 所示。

算法 2.8　读取测试图像的四叉树编码。

```
scanf("%d%d", &n, &m);
for(i = 0;i < m;i++)
{
    scanf("%d %d",&k,&intensity);
    //注意下标是 intensity,对测试图像进行解码,如图 2-6(b)所示
    test[intensity] = k;
}
```

4. 读取需要解码的秘密图像的四叉树编码

秘密图像的四叉树编码有 m 组,数组 secret 的每个单元初始化为 -1。

实现代码如算法 2.9 所示。

算法 2.9   读取秘密图像的四叉树编码。

```
scanf(" % d", &m);
memset (secret, 0xff, sizeof(secret));
for( i = 0; i < m; i++)
{
    scanf(" % d % d", &k, &intensity );
    secret[k] = intensity;
}
```

5. 对秘密图像解码,并输出解码后的图像信息

图像矩阵编号从 0 到 n^2-1,则单元格 (i,j) 的编号为 $i\times n+j$,其测试图像的编码为 $k=\text{test}(i\times n+j)$。

(1) 如果在秘密图像编码 secret(k) 中有值,说明其是叶结点,该值就是单元格 (i,j) 的图像信息。

(2) 如果在秘密图像编码 secret(k) 中没有值(-1),说明其不是叶结点,其上一层甚至更上一层才是叶结点。上升一层时,根据编号规则,$k=(k-1)/4$。

实现代码如算法 2.10 所示。

算法 2.10   对秘密图像解码,并输出解码后的图像信息。

```
for( i = 0; i < n; i++)
{
    for( j = 0; j < n; j++)
    {
        k = test[i * n + j];
        while (secret[k] == -1)              //不是叶结点时
            k = (k - 1)/4;                    //向根结点移动
        printf(" % 4d", secret[k] );
    }
    printf("\n");
}
```

算法实现源代码:zju1156-Unscrambling Images. cpp。

2.12   ZOJ1167-Trees on the Level

【问题描述】

树结构在计算机科学的许多领域都是基础知识。并行计算机 Thinking Machines' CM-5 就是基于粗树(Fat Trees)结构。

在计算机图形学中,常用到四叉树和八叉树结构。

本题要求建立和遍历二叉树。

编写程序：给出一组二叉树,实现按层遍历每棵树。本题中二叉树的每个结点都是一个正整数,并且所有的二叉树都不超过 256 个结点。

按层遍历一棵树时,同一层上所有结点的数据从左到右输出,第 k 层的结点应该在第 $k+1$ 层的结点之前输出。

例如,图 2-7 所示的二叉树按层遍历时,输出结果是：$5,4,8,11,13,4,7,2,1$。

在本题中,二叉树由一组数据对 (n,s) 表示,其中 n 表示结点的值,s 是一个字符串,表示从根结点到达此结点的路径。路径由一组 R 和 L 表示,其中 L 表示左分支,R 表示右分支。在图 2-7 中,值为 13 的结点表示为 $(13,RL)$,值为 2 的结点表示为 $(2,LLR)$,根结点表示为 $(5,)$,其中空字符串表示该结点是根。如果二叉树的每个结点,从根到结点的路径描述有且只有一个,则认为该二叉树是完整的。

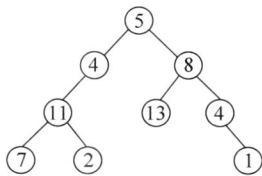

图 2-7　示例二叉树

输入

输入有多组二叉树。对每棵二叉树,都有一组数据对 (n,s),以空格分隔。每棵树由 () 表示输入结束。在左括号和右括号之间没有空格。

所有的结点都是正整数,每棵树至少有一个结点,但不超过 256 个结点。以文件结束符表示输入结束。

输出

如果二叉树的描述是完整的话,则按层输出遍历的结果。如果二叉树的描述不完整,例如,树中的某些结点没有给出,或者结点数据重复,则输出“not complete”。

输入样例

```
(11,LL) (7,LLL) (8,R)
(5,) (4,L) (13,RL) (2,LLR) (1,RRR) (4,RR) ()
(3,L) (4,R) ()
```

输出样例

```
5 4 8 11 13 4 7 2 1
not complete
```

题目来源

Zhejiang University Local Contest 2002，*Warmup*

【算法分析】

二叉树是数据结构中的基础知识,其遍历方法有前树遍历、中树遍历和后树遍历等。本题中的二叉树要求用户自己构造,然后再按层遍历。由于构造二叉树的方法不同,编程的方法就各不相同,在网站上能搜索到各种各样的代码。这里采用哈希(Hash)映射的方法,将二叉树映射为一维数组。

如图 2-8 所示,是一棵 4 层的完全二叉树的编号。从图中看出,除叶结点之外的任意结点 p,其左孩子结

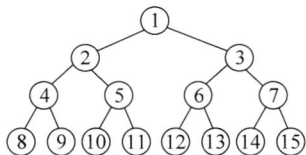

图 2-8　一棵 4 层完全二叉树的编号

点的编号是 $2p$,右孩子结点的编号是 $2p+1$。在输入数据中,刚好给出了结点的完整路径,当路径中有 L 时,就是左孩子结点;路径中有 R 时,就是右孩子结点。

图 2-8 中有一个明显的特征,其结点编号刚好是按层遍历的。因此,能够把完全二叉树映射到一维数组中。对一般的二叉树,有些结点是没有的。

对图 2-8 中的样例数据 1,二叉树映射为一维数组(tree[])后,其值如表 2-15 所示。

表 2-15　样例数据 1 的二叉树映射数组 tree

结点编号(数组下标)	1	2	3	4	5	6	7	8	9	10	11	12	13	14	15
结点数据	5	4	8	11	0	13	4	7	2	0	0	0	0	0	1

二叉树输出时,只需遍历数组,输出非零元素的值。

调用该算法时,二叉树的完整性标志 complete 的初值为 1。读取数据时,网上基本上按字符逐个读取再判断,处理比较麻烦。题目明确是数据对(n,s),使用 string 类型读取后,先使用 find()函数找到逗号的位置,然后使用 substr()函数截取相应字符串,数值 value 也是使用 string 类型,不必转换为 int 类型,处理就比较简单。

实现代码如算法 2.11 所示。

算法 2.11　二叉树的构建和遍历。

```
#define maxNode 14000
//存放二叉树
string tree[maxNode];
//二叉树的完整性标志
bool complete;

int binaryTree()
{
    string s,value,pos;
    while(cin >> s)
    {
        if (s == "()")                          //一个测试例结束
        {
            if (tree[1].length() == 0) complete = 0;
            //判断树结构是否完整(有子结点但没有父结点)
            for (int i = 2; i < maxNode && complete; i++)
                if (tree[i].length()> 0 && tree[i >> 1].length() == 0)
                    complete = 0;
            if (!complete) cout <<"not complete"<< endl;
            else
            {
                cout << tree[1];                //在 UVA 上,行末不能有空格
                for (int i = 2; i < maxNode; i++)
                    if (tree[i].length()> 0)cout <<' '<< tree[i];
                cout << endl;
            }
            return 1;
        }
        //返回值为目标字符的位置,没有找到时返回 npos
```

```
        int comma = s.find(",");
        //第二个参数为字符个数,而不是下标值
        value = s.substr(1,comma - 1);
        //去掉','和末尾')'两个字符
        pos = s.substr(comma + 1,s.length() - comma - 2);
        if (pos.length() == 0)
        {
            tree[1] = value;
            continue;
        }
        int p = 1;                              //构造二叉树
        for (int i = 0; i < pos.length(); i++)
            if (pos[i] == 'L') p *= 2;
            else p = p * 2 + 1;
        if (tree[p].length()> 0) complete = 0;  //重复结点
        tree[p] = value;
    }
    return 0;                                   //文件结束时,s 为空
}
```

因为是多测试例,在主函数中,需要每次都初始化:

```
while (1) {
    complete = true;
    for (int i = 0; i < maxNode; i++)
        tree[i].clear();
    if (!binaryTree()) break;
}
```

算法实现源代码:zju1167-new-Trees on the Level. cpp。

2. 13 ZOJ1016-Parencodings

【问题描述】

令 $S=s_1s_2s_3\cdots s_{2n}$,这是一个符合规范的括号字符串。可以采用两种方式对 S 编码:

- 一个整数序列 $P=p_1p_2\cdots p_n$,其中 p_i 是字符串 S 中第 i 个右括号前左括号的个数(记为 P 序列)。
- 一个整数序列 $W=w_1w_2\cdots w_n$,其中 w_i 是字符串 S 中第 i 个右括号往左数遇到和它相匹配的左括号时经过的左括号个数(记为 W 序列)。

编码示例:

```
S(((()()())))
P - sequence 4 5 6 6 6 6
W - sequence 1 1 1 4 5 6
```

编程任务:对于一个符合规范的括号字符串,将其 P 序列转化为 W 序列。

输入

第一行是一个整数 $t(1\leqslant t\leqslant 10)$,是测试例的个数,接下来就是测试例的数据。每个测试例的第一行是一个整数 $n(1\leqslant n\leqslant 20)$,第二行是一个符合规范的括号字符串的 P 序列,

包含 n 个整数,用空格隔开。

输出

与测试例对应,刚好有 t 行。对每个测试例,输出 n 个整数,是与 P 序列对应的 W 序列。

输入样例

```
2
6
4 5 6 6 6 6
9
4 6 6 6 6 8 9 9 9
```

输出样例

```
1 1 1 4 5 6
1 1 2 4 5 1 1 3 9
```

题目来源

Asia 2001, Tehran（Iran）

【算法分析】

使用栈操作能够很好地将 P 序列转换为 W 序列。

本题如果完全用栈模拟操作,会比较烦琐,参见代码 zju1016-stack.cpp。如果采用栈和括号匹配本身的规律进行计算,会比较简单。样例1的 P 序列是 4 5 6 6 6 6,对应的括号是 ((((()()())))),我们对左括号按顺序编号,则其编号为 1 2 3 4 6 8。这是我们看到完整的括号,才计算出来的编号。而事实上,我们是边读取 P 编码边计算编号的。

使用数组 a 保存 P 编码,令位置前缀编码 pre=0,当前位置为 k,其值为 $k=\text{pre}+a[i]-a[i-1]+1$。对 $a[1]=4$,当前位置 k 为5。这时其左边有4个左括号,我们将 1 2 3 4 压入栈。第一个右括号应该与编号为4的左括号匹配,令 W 编码为变量 ans,其值为 ans=$(k-\text{st.top()}+1)/2=(5-4+1)/2=1$,公式 $k-\text{st.top()}+1$ 就是当前位置与左括号之间的序号差值,因为括号是成对出现的,所以除以2。表2-16是样例数据1的演算过程。

表 2-16　样例数据 1 的演算过程

P 序列	前缀编码 pre	当前位置 k	栈序列 st	W 序列值 ans
4	0	5	1 2 3 4	1
5	5	7	1 2 3 6	1
6	7	9	1 2 3 8	1
6	9	10	1 2 3	4
6	10	11	1 2	5
6	11	12	1	6

算法 2.12　将 P 序列转换为 W 序列的算法。

```
//对每个测试例,执行下列算法
int n,a[100] = {0};
```

```
cin >> n;                                          //P 编码的个数
for(int i = 1; i <= n; i++)
    cin >> a[i];
stack < int > st;                                  //保存左括号编号的堆栈
int pre = 0;                                        //前缀,即上一个 P 编码
for(int i = 1; i <= n; i++)
{
    int k = pre + a[i] - a[i-1] + 1;               //当前位置
    //新增的左括号编号入栈
    for(int j = pre + 1; j < k; j++)
        st.push(j);
    //计算 W 编码,因括号是成对出现的,所以除以 2
    int ans = (k - st.top() + 1)/2;
    cout << ans << ' ';                             //' '中间有一个空格
    pre = k;                                        //当前位置成为前一个位置
    st.pop();                                       //该左括号已经匹配
}
cout << endl;
```

算法实现源代码：zju1016-new.cpp。

2.14　ZOJ1944-Tree Recovery

【问题描述】

Little Valentine 非常喜欢画二叉树。她喜爱的游戏是用大写字母作为结点构造随机的二叉树。图 2-9 是她画的一棵二叉树。

她想把这些二叉树留给下一代欣赏,对每棵二叉树记录两个字符串:先序遍历(根,左子树,右子树)和中序遍历(左子树,根,右子树)。例如图 2-9 的这棵树,先序遍历是DBACEGF,中序遍历是 ABCDEFG。

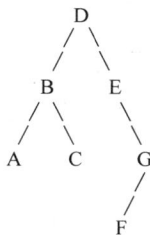

她想有了这样一对字符串,以后重建这棵树时,其信息就足够了(但是她没有试过)。

多年以后的今天,她再来看看这些字符串,觉得的确能够重建这些树,是因为在同一棵树中,她没有使用相同的字母。

但是,手工构建这些树,显然是非常乏味的。

现在她请你帮忙,编写一个程序完成这项工作。

输入

输入有多组测试例。

图 2-9　一棵二叉树

每组测试例占一行,是树的先序和中序字符串,表示一棵二叉树的先序遍历和中序遍历。两个字符串中的大写字母都是不相同的(所以不会超过 26 个字符)。

输出

对每个测试例,恢复 Little Valentine 的二叉树,输出该树的后序遍历(左子树,右子树,根)。

输入样例

DBACEGF ABCDEFG

BCAD CBAD

输出样例

ACBFGED

CDAB

题目来源

University of Ulm Local Contest 1997

【算法分析】

本题是关于二叉树遍历的问题。

已知先序遍历和中序遍历,能够唯一地确定后序遍历。若已知后序遍历和中序遍历,也能够唯一地确定先序遍历。但是已知先序遍历和后序遍历,并不能够唯一地确定中序遍历。在 ZOJ 题库中就有一道这方面的题目:Pre-Post-erous!。

表 2-17 是二叉树遍历的三种递归算法定义。

表 2-17 二叉树遍历的三种递归算法定义

先序遍历的递归算法定义	中序遍历的递归算法定义	后序遍历的递归算法定义
若二叉树非空,则依次执行如下操作: ① 访问根结点; ② 先序遍历左子树; ③ 先序遍历右子树	若二叉树非空,则依次执行如下操作: ① 中序遍历左子树; ② 访问根结点; ③ 中序遍历右子树	若二叉树非空,则依次执行如下操作: ① 后序遍历左子树; ② 后序遍历右子树; ③ 访问根结点

以第一组测试数据为例,其先序遍历为 DBACEGF,中序遍历为 ABCDEFG,则后序遍历为 ACBFGED。

根据算法定义,先序遍历的第一个字符为根结点,然后用这个字符在中序遍历中查找根结点所在的位置,记为 iPos,这样中序遍历就被划分成左右两个部分,如图 2-10 所示。

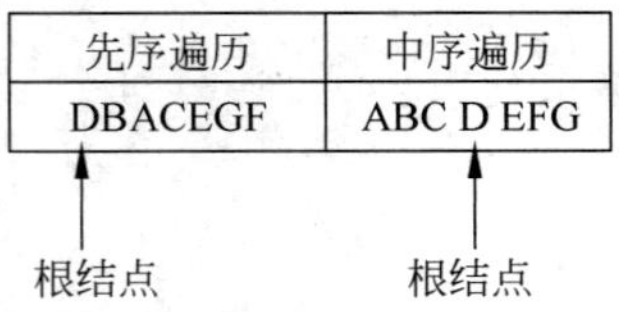

先序遍历	中序遍历
DBACEGF	ABC D EFG

根结点   根结点

图 2-10 由先序遍历和中序遍历
计算后序遍历

在中序遍历中明显看到,左边的 ABC 就是左子树,右边的 EFG 就是右子树。接下来就根据先序遍历 BAC 和中序遍历 ABC 计算其后序遍历,根据先序遍历 EGF 和中序遍历 EFG 计算其后序遍历。显然这是一个递归的过程。

后序遍历存放在字符串 strPost 中,它刚好是递归返回时所有先序遍历的根结点。

实现代码如算法 2.13 所示。

算法 2.13 已知先序遍历和中序遍历,求后序遍历。

```
string strPost;                              //存放后序遍历
void PostOrder(string pre, string in)
{
    //中序遍历算法中根结点的位置
    int iPos;
    if(pre == "" || in == "") return;
    //在中序遍历算法中定位根结点
```

```
iPos = in.find(pre[0]);
//由左子树的先序遍历和中序遍历来求后序遍历
PostOrder(pre.substr(1, iPos), in.substr(0, iPos));
//由右子树的先序遍历和中序遍历来求后序遍历
PostOrder(pre.substr(iPos + 1), in.substr(iPos + 1));
//后序遍历刚好是递归返回时所有先序遍历的根结点
strPost += pre[0];
}
```

算法 2.13 中使用了子串函数：

```
string substr(int pos = 0, int n = npos) const;
```

返回从 pos 开始的 n 个字符组成的字符串。如果省略 n，则返回从 pos 开始到字符串末尾的字符。例如 s="Hello World!"，则 s.substr(6)是"World!"。

算法实现源代码：zju1944.cpp。

【分析提高】

已知中序遍历和后序遍历，求先序遍历的算法，如算法 2.14 所示。

算法 2.14 已知中序遍历和后序遍历，求先序遍历的算法。

```
string strPre;                                    //存放先序遍历
void PreOrder(string in, string post)
{
    //中序遍历算法中根结点的位置
    long iPos;
    if(in == "" || post == "") return;
    //在中序遍历中定位根结点.注意,后序遍历中根结点在最后
    iPos = in.find(post[post.size() - 1]);
    //先序遍历刚好是所有后序遍历的根结点
    strPre += post[post.size() - 1];
    //由左子树的中序遍历和后序遍历来求先序遍历
    PreOrder(in.substr(0, iPos), post.substr(0, iPos));
    //由右子树的中序遍历和后序遍历来求先序遍历
    PreOrder(in.substr(iPos + 1, in.size() - iPos - 1),
             post.substr(iPos, post.size() - iPos - 1));
}
```

2.15 ZOJ2104-Let the Balloon Rise

【问题描述】

比赛又开始了。看见到处都是气球升起，多激动啊！告诉你一个秘密：裁判正在非常开心地猜测哪一题最受欢迎。当比赛结束时，他们统计每种颜色气球的数量就知道结果了。

今年他们决定把这令人愉快的工作交给你。

输入

输入有多组测试例。

对每个测试例，第一个数字是 $N(0 < N < 1000)$，表示气球的数量。接下来 N 行，每行是一个气球的颜色，由小写字母构成的字符串表示，长度不超过 15 个。

当 $N = 0$ 时，表示输入结束。

输出

对每个测试例输出一行,表示最受欢迎的题目的气球颜色。

输入样例

```
5                          3
green                      pink
red                        orange
blue                       pink
red                        0
red
```

输出样例

```
red
pink
```

【算法分析】

本题要求输出颜色数最多的气球颜色,题目保证只有一种颜色数最多(答案是唯一的)。

本题比较适合用标准模板库(STL)的容器 map(),key 为颜色,当同一种颜色重复出现时,让 value 计数,然后将 value 值最大的那个 key 输出即可。

实现代码如算法 2.15 所示。

算法 2.15　利用 map()容器,统计每种颜色气球的数量,并输出气球数量最多的气球颜色。

```cpp
int n;                              //气球的数量
while (cin >> n && n)
{
    //key用于表示气球颜色,value用于表示对应的气球数量
    map < string, int > Balloon;
    string s;                       //气球的颜色
    for (int i = 0; i < n; i++)
    {
        cin >> s;
        Balloon[s]++;               //统计该颜色的气球数量
    }
    //统计哪一种颜色气球的数量最多
    int iMax = 0;
    string who;
    for (auto x:Balloon)
        if (iMax < x.second)
        {
            iMax = x.second;
            who = x.first;
        }
    cout << who << endl;
}
```

算法实现源代码:zju2104-Let the Balloon Rise.cpp。

上机练习题

浙江大学在线题库（由于 ZOJ 题目很多，这里只列出了部分题目，仅供参考）：

STL 类型	题　目　编　号	
Stack	1061-Web Navigation 1151-Word Reversal 1190-Optimal Programs 1259-Rails 1267-Mapping the Route 1423-(Your)((Term)((Project))) 1635-Directory Listing	1985-Largest Rectangle in a Histogram 1986-Bridging Signals 2238-Code 2529-A＋B in Hogwarts 2954-Hanoi Tower 2991-Flipping Burned Pancakes 3354-Do it is Being Flooded
Vector	1174-Skip Letter Code 1204-Additive equations 1227-Free Candies 1409-Communication System 1705-Exchange Rates 1857-Fire Station 2029-The Intervals 2526-FatMouse and JavaBean Ⅱ	2613-Auction 2897-Desmond's Ambition 3201-Tree of Tree 3225-Maze 3309-Search New Posts 3412-Special Special Judge Ⅱ 3427-Array Slicing 3467-3D Knight Moves
Map	1038-T9 1109-Language of FatMouse 1576-Marriage is Stable 1610-Count the Colors 1902-Hay Points	2613-Auction 2971-Give Me the Number 3309-Search New Posts 3354-Do it is Being Flooded 3467-3D Knight Moves
List	1181-Word Amalgamation 1201-Inversion 1596-Hamming Problem 1635-Directory Listing 1655-Transport Goods	1665-Rational Irrationals 2339-Hyperhuffman 3195-Design the City 3309-Search New Posts 3427-Array Slicing
Set	1083-Frame Stacking 1217-Eight 1319-Black Box 1505-Solitaire 1711-Sum It Up 1825-Compound Words 1900-Forests	2421-Recaman's Sequence 2589-Circles 2747-Paint the Wall 2835-Magic Square 3059-Die Board Game 3230-Solving the Problems 3397-Change the Major

续表

STL 类型	题 目 编 号	
Queue	1060-Sorting It All Out	2416-Open the Lock
	1103-Hike on a Graph	2770-Burn the Linked Camp
	1344-A Mazing Problem	3172-Extend 7-day Vacation
	1671-Walking Ant	3190-Resource Archiver
	1788-Quad Trees	3228-Searching the String
	2008-Invitation Cards	3321-Circle
	2031-Song List	3348-Schedule
	2411-Link Link Look	3408-Gao
Priority Queue	1161-Gone Fishing	2849-Attack of Panda Virus
	1538-Cipher	3026-Twirling Robot
	2212-Argus	3230-Solving the Problems
	2326-Tangled in Cables	3410-Layton's Escape
	2724-Windows Message Queue	3416-Balanced Number
	2750-Idiomatic Phrases Game	3433-Gu Jian Qi Tan

杭州电子科技大学在线题库(由于 HDU 题目很多,这里只列出了部分题目,仅供参考):

STL 类型	题 目 编 号	
Stack	1022-Train Problem Ⅰ	1702-ACboy needs your help again!
	1237-简单计算器	1870-愚人节的礼物
	1515-Anagrams by Stack	3328-Flipper
Vector	1113-Word Amalgamation	3823-Prime Friend
	1181-变形课	4288-Coder
	1257-最少拦截系统	4557-非诚勿扰
	2648-Shopping	4841-圆桌问题
	2871-Memory Control	4858-项目管理
Map	1004-Let the Balloon Rise	1908-Double Queue
	1029-Ignatius and the Princess Ⅳ	2112-HDU Today
	1075-What Are You Talking About	4022-Bombing
	1263-水果	4302-Holedox Eating
	1719-Friend	4585-Shaolin
List	1671-Phone List	4286-Data Handler
Set	1272-小希的迷宫	4268-Alice and Bob
	1466-计算直线的交点数	4277-USACO ORZ
	2072-单词数	4302-Holedox Eating
	4020-Ads Proposal	4585-Shaolin
	4022-Bombing	4631-Sad Love Story
	4252-A Famous City	4879-ZCC Loves March

续表

STL 类型	题 目 编 号	
Queue 和 Priority Queue	1026-Ignatius and the Princess Ⅰ	1896-Stones
	1043-Eight	2680-Choose the Best Route
	1053-Entropy	3371-Connect the Cities
	1142-A Walk Through the Forest	4006-The KTH Great Number
	1180-诡异的楼梯	4114-Disney's FastPass
	1242-Soundex Indexing	4261-Estimation
	1387-Team Queue	4302-Holedox Eating
	1429-胜利大逃亡(续)	4370-0 or 1
	1456-Transportation	4441-Queue Sequence
	1509-Windows Message Queue	4725-The Shortest Path in Nya Graph
	1535-Invitation Cards	4857-逃生
	1596-Find the Safest Road	4873-Invade the Mars
	1873-看病要排队	5040-Instrusive

递归与分治策略

任何一个可以用计算机求解的问题所需的计算时间都与其规模 n 有关。问题的规模越小,越容易直接求解,解题所需的计算时间也越少。例如,对于 n 个元素的排序问题,当 $n=1$ 时,不需要任何计算;$n=2$ 时,只要作一次比较即可排好序;$n=3$ 时,只要作 3 次比较即可……当 n 较大时,问题就不那么容易处理了。要想直接解决一个规模较大的问题,有时是相当困难的。分治策略的设计思想是,将一个难以直接解决的大问题,分割成一些规模较小的相同问题,以便各个击破,分而治之。

如果原问题可分割成 k 个子问题($1<k\leqslant n$),且这些子问题都可解,并可利用这些子问题的解求出原问题的解,这种分治法就是可行的。由分治法产生的子问题往往是原问题的较小模式,这就为使用递归技术提供了方便。在这种情况下,反复应用分治手段,可以使子问题与原问题的类型一致而其规模却不断缩小,最终使子问题缩小到很容易直接求出其解。由此自然导致递归算法的产生。分治与递归像一对孪生兄弟,经常同时应用在算法设计之中,并由此产生了许多高效算法。

3.1 递归算法

程序直接或间接调用自身的编程技巧称为递归算法。

递归是一个过程或函数在其定义或说明中又直接或间接调用自身的一种方法,它通常把一个大型复杂的问题层层转换为一个与原问题相似的规模较小的问题来求解。递归策略只需少量的程序就可以描述出解题过程所需要的多次重复计算,大大地减少了程序的代码量。

递归的能力在于用有限的语句来定义对象的无限集合。用递归思想写出的程序往往十分简洁易懂。

一般来说,递归需要有边界条件、递归前进段和递归返回段。当边界条件不满足时,递归前进;当边界条件满足时,递归返回。注意:在使用递归策略时,必须有一个明确的递归结束条件,称为递归出口,否则将无限进行下去(死锁)。

递归算法一般用于解决三类问题:

(1) 数据的定义是按递归定义的。例如 Fibonacci(斐波那契)函数。

(2) 问题的解法按递归算法实现,例如回溯算法。

(3) 数据的结构形式是按递归定义的,例如树的遍历、图的搜索。

递归算法的缺点:递归算法解题的运行效率较低。在递归调用过程中,系统为每一层的返回点、局部变量等开辟了栈来存储。递归次数过多容易造成栈溢出等。

递归算法是解决问题的一种最自然且合乎逻辑的方式,利用递归算法不需花费太多的精力就能够解决问题,但是程序的执行效率可能会变差。在这种情况下,通常把递归算法转换为非递归算法,例如模拟算法或者递推算法。

3.1.1 斐波那契数列

斐波那契数列是意大利数学家列昂纳多·斐波那契(Leonardo Fibonacci,1170—1240)首先研究的一种递归数列,它的每一项都等于前两项之和。此数列的前几项为 1,1,2,3,5。在生物数学中,许多生物现象都会呈现出斐波那契数列的规律。斐波那契数列相邻两项的比值趋近于黄金分割数。斐波那契数也以密码的方式出现在诸如《达·芬奇密码》等影视作品中。其递归定义为:

$$F(n) = \begin{cases} 1 & (n=0,1) \\ F(n-1)+F(n-2) & (n>1) \end{cases}$$

这是一个递归关系式。当 $n>1$ 时,这个数列的第 n 项的值是它前面两项之和。它用两个较小的自变量函数值定义一个较大的自变量函数值,所以需要两个初始值 $F(0)$ 和 $F(1)$。

算法 3.1 斐波那契数列的递归算法。

```
int fib(int n)
{
    if (n<=1) return 1;
    return fib(n-1) + fib(n-2);
}
```

显然,该算法的效率非常低,因为重复递归的次数太多。

通常采用递推算法进行改进。

算法 3.2 斐波那契数列的递推算法。

```
int fib[50];                  //采用数组保存中间结果
void fibonacci(int n)
{
    fib[0] = 1;
    fib[1] = 1;
    for (int i=2; i<=n; i++)
        fib[i] = fib[i-1] + fib[i-2];
}
```

在整数(int)范围内,可以计算的最大数 $n=46$；在长整数(long long)范围内,可以计算的最大数 $n=92$。

斐波那契数列的非递归定义：

$$F(n)=\frac{1}{\sqrt{5}}\left[\left(\frac{1+\sqrt{5}}{2}\right)^{n}-\left(\frac{1-\sqrt{5}}{2}\right)^{n}\right]$$

类似地,勒让德多项式的递推关系式如下：

$$P_n(x)=\begin{cases}1 & (n=0)\\ x & (n=1)\\ ((2n-1)xP_{n-1}(x)-(n-1)P_{n-2}(x))/n & (n>1)\end{cases}$$

3.1.2　集合的全排列问题

设 $R=\{r_1,r_2,\cdots,r_n\}$ 是要进行排列的 n 个元素,显然一共有 $n!$ 种排列。令 $R_i=R-\{r_i\}$。集合 X 中元素的全排列记为 $\mathrm{perm}(X)$,则 $(r_i)\mathrm{perm}(X)$ 表示在全排列 $\mathrm{perm}(X)$ 的每一个排列前加上前缀 r_i 得到的排列。R 的全排列可归纳定义如下：

当 $n=1$ 时,$\mathrm{perm}(R)=(r)$,其中 r 是集合 R 中唯一的元素；

当 $n>1$ 时,$\mathrm{perm}(R)$ 由 $(r_1)\mathrm{perm}(R_1),(r_2)\mathrm{perm}(R_2),\cdots,(r_n)\mathrm{perm}(R_n)$ 构成。

依此递归定义,可设计产生 $\mathrm{perm}(R)$ 的递归算法3.3。

算法3.3　全排列问题的递归算法(回溯算法)。

```
//产生元素 k～m 的全排列,作为前 k-1 个元素的后缀
void Perm(int list[], int k, int m)
{
    //构成了一次全排列,输出结果
    if(k == m)
    {
        for(int i = 0; i <= m; i++)
            cout << list[i]<<" ";
        cout << endl;
    }
    else
        //在数组 list 中,产生元素 k～m 的全排列
        for(int j = k; j <= m; j++)
        {
            swap(list[k],list[j]);
            Perm(list,k + 1,m);
            swap(list[k],list[j]);
        }
}
```

例如,数组 list[]={1, 2, 3, 4, 5, 6},则调用 Perm(list,0,3)就是产生元素 1～4 的全排列。全排列的结果如表 3-1 所示。算法实现源代码：perm.cpp。

一般情况下,$k<m$。该算法将 $list[k:m]$ 中的每一个元素分别与 $list[k]$ 中的元素交换,然后递归地计算元素 $list[k+1:m]$ 的全排列,并将计算结果作为 $list[0:k]$ 的后缀。

算法 3.3 中,函数 swap() 是标准库函数,用于交换两个元素的值。

表 3-1　Perm(list,0,3) 的排列结果

$r_1=1$ 的排列	$r_2=2$ 的排列	$r_3=3$ 的排列	$r_4=4$ 的排列
1 2 3 4	2 1 3 4	3 2 1 4	4 2 3 1
1 2 4 3	2 1 4 3	3 2 4 1	4 2 1 3
1 3 2 4	2 3 1 4	3 1 2 4	4 3 2 1
1 3 4 2	2 3 4 1	3 1 4 2	4 3 1 2
1 4 3 2	2 4 3 1	3 4 1 2	4 1 3 2
1 4 2 3	2 4 1 3	3 4 2 1	4 1 2 3

3.1.3　整数划分问题

整数划分问题是算法中的经典命题之一。所谓整数划分,是指把一个正整数 n 表示成一系列正整数之和:

$$n = n_1 + n_2 + \cdots + n_k \quad (\text{其中},n_1 \geqslant n_2 \geqslant \cdots \geqslant n_k \geqslant 1, k \geqslant 1)$$

正整数 n 的这种表示称为正整数 n 的划分。正整数 n 的不同划分个数称为正整数 n 的划分数,记作 $p(n)$。例如,正整数 6 有如下 11 种不同的划分,所以 $p(6)=11$。

```
6
5+1
4+2, 4+1+1
3+3, 3+2+1, 3+1+1+1
2+2+2, 2+2+1+1, 2+1+1+1+1
1+1+1+1+1+1
```

如果 $\{n_1,n_2,\cdots,n_i\}$ 中的最大加数 s 不超过 m,即 $s=\max(n_1,n_2,\cdots,n_i) \leqslant m$,则称它为属于 n 的一个 m 划分。我们记 n 的 m 划分的个数为 $f(n,m)$。该问题就转化为求 n 的所有划分个数 $f(n,n)$。可以建立 $f(n,m)$ 的递归关系如下:

(1) $f(1,m)=1,m \geqslant 1$。当 $n=1$ 时,无论 m 的值为多少($m>0$),只有一种划分,即 1 个 1。

(2) $f(n,1)=1,n \geqslant 1$。当 $m=1$ 时,无论 n 的值为多少($n>0$),只有一种划分,即 n 个 1:

$$n = \overbrace{1+1+\cdots+1}^{n \uparrow}$$

(3) $f(n,m)=f(n,n),m \geqslant n$。最大加数 s 实际上不能超过 n。例如,$f(3,5)=f(3,3)$。

(4) $f(n,n)=1+f(n,n-1)$。正整数 n 的划分是由 $s=n$ 的划分和 $s \leqslant n-1$ 的划分构成的。例如,$f(6,6)=1+f(6,5)$。

(5) $f(n,m)=f(n,m-1)+f(n-m,m),n>m>1$。正整数 n 的最大加数 s 不大于 m 的划分,是由 $s=m$ 的划分和 $s \leqslant m-1$ 的划分组成的。

例如,$f(6,4)=f(6,3)+f(2,4)=f(6,3)+f(2,2)$,如表 3-2 所示:

表 3-2 $f(6,4)$ 分解示例

$f(6,4)=9$	$f(6,3)=7$	$f(2,2)=2$
4+2,4+1+1 3+3,3+2+1,3+1+1+1 2+2+2,2+2+1+1,2+1+1+1+1 1+1+1+1+1+1	3+3,3+2+1,3+1+1+1 2+2+2,2+2+1+1,2+1+1+1+1 1+1+1+1+1+1	4+2,4+1+1 (实际上是 2 的划分)

综合以上递归关系,给出计算 $f(n,m)$ 的递归公式如下:

$$f(n,m)=\begin{cases} 1 & (n=1,m=1) \\ f(n,n) & (n<m) \\ 1+f(n,n-1) & (n=m) \\ f(n,m-1)+f(n-m,m) & (n>m>1) \end{cases}$$

计算 $f(n,m)$ 的递归函数代码如算法 3.4 所示。

正整数 n 的划分数 $p(n)=f(n,n)$。

算法 3.4(1)   正整数 n 的划分算法。

```
int split(int n, int m)
{
    if(n==1||m==1) return 1;
    else if (n<m) return split(n,n);
    else if(n==m) return split(n,n-1)+1;
    else return split(n,m-1)+split(n-m,m);
}
```

算法实现源代码:split.cpp。

由于重复搜索太多,简单的递归算法非常耗时。采用记忆式搜索,就是使用数组保存中间结果,以空间换时间,效率就会提高很多,如算法 3.4(2)所示。

算法 3.4(2)   正整数 n 的划分算法——采用记忆式搜索。

```
int s[110][110];
int split(int n, int m)
{
    if (s[n][m]) return s[n][m];          //查找已有结果
    int x = 0;
    if(n==1||m==1) x=1;
    else if (n<m) x=split(n,n);
    else if(n==m) x=split(n,n-1)+1;
    else x=split(n,m-1)+split(n-m,m);
    s[n][m]=x;                            //保存当前结果
}
```

算法实现源代码:split-记忆式搜索.cpp。

3.2   分治策略

分治策略是对于一个规模为 n 的问题,若该问题可以很容易地解决(比如说规模 n 较小)则直接解决,否则将其分解为 k 个规模较小的子问题,这些子问题互相独立且与原问题

的形式相同。递归地求解这些子问题,然后将各子问题的解合并来得到原问题的解。

3.2.1　分治策略的基本步骤

分治策略在每一层递归上都有三个步骤。

(1) 分解:将原问题分解为若干个规模较小,相互独立,与原问题形式相同的子问题。

(2) 解决:若子问题规模较小而容易被解决则直接求解,否则递归地求解各个子问题。

(3) 合并:将各个子问题的解合并为原问题的解。

分治策略的算法设计模式如算法 3.5 所示。

算法 3.5　分治策略的算法设计模式。

```
Divide_and_Conquer(P)
{
    if (|P|<= n0 ) return adhoc(P);
    divide P into smaller substances P1,P2, …,Pk;
    for (i = 1; i < = k; k + + )
        yi = Divide – and – Conquer(Pi)          //递归解决 Pi
    Return merge(y1,y2, …,yk)                     //合并子问题
}
```

其中,$|P|$ 表示问题 P 的规模;n_0 为一阈值,表示当问题 P 的规模不超过 n_0 时,问题已容易直接解出,不必再继续分解。adhoc(P)是该分治策略中的基本子算法,用于直接解小规模的问题 P。当 P 的规模不超过 n_0 时,直接用算法 adhoc(P)求解。算法 merge(y_1,y_2,…,y_k)是该分治策略中的合并子算法,用于将 P 的子问题 P_1,P_2,…,P_k 的解 y_1,y_2,…,y_k 合并为 P 的解。

分治策略的合并步骤是算法的关键所在。有些问题的合并方法比较明显,有些问题的合并方法比较复杂,或者是有多种合并方案,或者是合并方案不明显。究竟应该怎样合并,没有统一的模式,需要具体问题具体分析。

根据分治策略的分割原则,原问题应该分为多少个子问题才较适宜? 各个子问题的规模应该怎样才最为适当? 这些问题很难予以肯定的回答。但人们从大量实践中发现,在用分治策略设计算法时,最好使子问题的规模大致相同。换句话说,将一个问题分成大小相等的 k 个子问题的处理方法是行之有效的。许多问题可以取 $k=2$。这种使子问题规模大致相等的做法是出自一种平衡(Balancing)子问题的思想,它几乎总是比子问题规模不等的做法要好。

3.2.2　分治策略的适用条件

分治策略能解决的问题一般具有以下几个特征:

(1) 该问题的规模缩小到一定的程度就可以很容易地解决。

(2) 该问题可以分解为若干个规模较小的相同问题,即该问题具有最优子结构的性质。

(3) 利用该问题分解出的子问题的解可以合并为该问题的解。

(4) 该问题所分解出的各个子问题是相互独立的,即子问题之间不包含公共的子子问题。

上述第 1 个特征是绝大多数问题都可以满足的,因为问题的计算复杂度一般是随着问

题规模的增加而增加;第 2 个特征是应用分治策略的前提,它也是大多数问题可以满足的,此特征反映了递归思想的应用;第 3 个特征是关键,能否利用分治策略完全取决于问题是否具有第 3 个特征,如果具备了第 1 个和第 2 个特征,而不具备第 3 个特征,则可以考虑贪心算法或动态规划算法;第 4 个特征涉及分治策略的效率,如果各子问题是不独立的,则分治策略要做许多不必要的工作,重复地求解公共的子问题,此时虽然可以使用分治策略,但一般用动态规划法较好。

3.2.3　二分搜索算法

二分搜索算法是运用分治策略的典型例子。

给定 n 个元素的数组 $a[0:n-1]$,需要在这 n 个元素中找出一个特定元素 x。

首先对 n 个元素进行排序,可以使用 C++标准模板库函数 sort()。

比较容易想到的是用顺序搜索方法,逐个比较 $a[0:n-1]$ 中的元素,直至找到元素 x 或搜索遍整个数组后确定 x 不在其中。因此在最坏的情况下,顺序搜索方法需要 $O(n)$ 次比较。二分搜索技术充分利用了 n 个元素已排好序的条件,采用分治策略的思想,在最坏情况下用 $O(\log_2 n)$ 时间完成搜索任务。

二分搜索算法的基本思想是将 n 个元素分成个数大致相同的两半,取 $a[n/2]$ 与 x 比较。如果 $x=a[n/2]$,则找到 x,算法终止。如果 $x<a[n/2]$,则只要在数组 a 的左半部分继续搜索 x。如果 $x>a[n/2]$,则我们只要在数组 a 的右半部分继续搜索 x。

由此得到利用分治策略在有序表中查找元素的算法,如算法 3.6 所示。

算法 3.6　二分搜索算法。

```
//数组 a[]中有 n 个元素,假定下标从 0 开始,已经按升序排序,待查找的元素为 x
template < class Type >
int BinarySearch(Type a[ ],const Type& x,int n)
{
    int left = 0;                            //左边界
    int right = n - 1;                       //右边界
    while(left < = right)
    {
        int middle = (left + right)/2;       //中点
        if (x = = a[middle]) return middle;  //找到 x,返回数组中的位置
        if (x > a[middle]) left = middle + 1;
            else right = middle - 1;
    }
    return - 1;                              //未找到 x
}
```

每执行一次算法的 while 循环,待搜索数组的大小减小一半。在最坏情况下,while 循环被执行了 $O(\log_2 n)$ 次。循环体内运算需要 $O(1)$ 时间,因此整个算法在最坏情况下的时间复杂度为 $O(\log_2 n)$。

例如,在有序表{7,14,17,21,27,31,38,42,46,53,75}中查找值为 21 时,初始状态如图 3-1 所示。此时 $n=11$,right$=n-1=10$,注意下标是从 0 开始的。

第一次查找时,middle$=5$,$a[5]=31\neq x$,而且 $a[5]>x$。显然,待查找的 x 在数组的左半

下标	0	1	2	3	4	5	6	7	8	9	10
数值	7	14	17	21	27	31	38	42	46	53	75

↑ left   ↑ middle   ↑ right

图 3-1 二分搜索算法的初始状态

部分。此时,改变区间的右边界 right＝middle－1＝5－1＝4,然后在 $a[0..4]$ 中查找即可。

3.2.4 循环赛日程表

设有 $n=2^k$ 个运动员要进行网球循环赛。现要设计一个满足以下要求的比赛日程表:

(1) 每个选手必须与其他 $n-1$ 个选手各赛一次;

(2) 每个选手一天只能参赛一次;

(3) 循环赛在 $n-1$ 天内结束。

请按此要求将比赛日程表设计成有 n 行和 $n-1$ 列的一个表。在表中的第 i 行第 j 列处填入第 i 个选手在第 j 天所遇到的选手,其中 $1 \leqslant i \leqslant n$, $1 \leqslant j \leqslant n-1$。

按分治策略,可以将所有的选手分为两半,则 n 个选手的比赛日程表可以通过 $n/2$ 个选手的比赛日程表来决定。递归地用这种一分为二的策略对选手进行划分,直到只剩下两个选手时,比赛日程表的制定就变得很简单。这时只要让这两个选手进行比赛就可以了。

图 3-2(c)是 8 个选手的比赛日程表。其中左上角与左下角的两小块分别为选手 1～4 和选手 5～8 前 3 天的比赛日程。据此,将左上角小块中的所有数字按其相对位置抄到右下角,又将左下角小块中的所有数字按其相对位置抄到右上角,这样就分别安排好了选手 1～4 和选手 5～8 在后 4 天的比赛日程。依此思想容易将这个比赛日程表推广到具有任意多个选手的情形。

图 3-2 比赛日程表

(a) 2 个选手　　(b) 4 个选手　　(c) 8 个选手

我们得到利用分治策略安排循环赛日程表的算法,如算法 3.7 所示。

算法 3.7 循环赛日程表的算法。

```
//当 k=6 时,2^6=64,矩阵元素的输出宽度定义为 3;
//当 k>6 时,数组 a[] 的大小 MAX 和矩阵元素的输出宽度都需要调整
#define MAX 100
int a[MAX][MAX];
```

```
//实现方阵的备份
//源方阵的左上角顶点坐标(fromx,fromy),行列数为 r
//目标方阵的左上角顶点坐标(tox,toy),行列数为 r
void Copy(int tox, int toy, int fromx, int fromy, int r)
{
    for (int i = 0; i < r; i++)
        for (int j = 0; j < r; j++)
            a[tox + i][toy + j] = a[fromx + i][fromy + j];
}


//构造循环赛日程表,选手的数量 n = 2^k
void Table(int k)
{
    int i, r;
    int n = 1 << k;
    //构造正方形表格的第一行数据
    for (i = 0; i < n; i++)
        a[0][i] = i + 1;
    //采用分治策略,构造整个循环赛日程表
    for (r = 1; r < n; r <<= 1)
        for (i = 0; i < n; i += 2 * r)
        {
            Copy(r, r + i, 0, i, r);          //图 3-3(b)中的①
            Copy(r, i, 0, r + i, r);          //图 3-3(b)中的②
        }
}
```

比赛日程表的分治策略实现如图 3-3 所示。

算法实现源代码：round-robin.cpp。

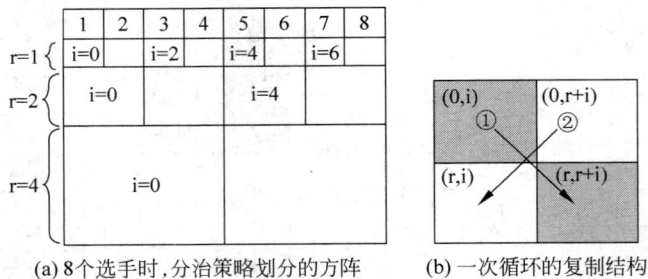

(a) 8个选手时,分治策略划分的方阵　　　(b) 一次循环的复制结构

图 3-3　比赛日程表的分治策略实现

3.2.5　半数集问题

给定一个自然数 n,由 n 开始可以依次产生半数集 $set(n)$ 中的数,如下所示：

(1) $n \in set(n)$。

(2) 在 n 的左边加上一个自然数,但该自然数不能超过最近添加的数的一半。

(3) 按此规则进行处理,直到不能再添加自然数为止。

例如,$set(6) = \{6,16,26,126,36,136\}$。半数集 $set(6)$ 中有 6 个元素。

注意,半数集是多重集,里面有相同的元素。范围 n 越大,重复的元素越多。如果 $n \leqslant 200$,请参考百度文库:半数单集问题。

对于给定的自然数 n,编程计算半数集 set(n) 中的元素个数。

输入

数据有多行,给出整数 $n(0 < n < 1000)$。

输出

每个数据都输出 1 行,给出半数集 set(n) 中的元素个数。

输入样例

6
23

输出样例

6
74

【算法分析】

设 set(n) 中的元素个数为 $f(n)$,则显然有:

$$f(n) = 1 + \sum_{i=1}^{n/2} f(i)$$

以数字 12 为例,如表 3-3 所示:

表 3-3　数字 12 的半数集示例

第一次半数集	112	212	312	412	512	612
忽略原始数字 12	1	2	3	4	5	6
第二次及其后的分解		12	13	14 24,124	15 25,125	16 26,126 36,136

递归算法的设计,如算法 3.8 所示。

算法 3.8　计算半数集问题的递归算法。

```
int comp(int n)
{
    int ans = 1;
    if (n > 1) for(int i = 1;i < = n/2;i++)
        ans += comp(i);
    return ans;
}
```

上述算法中显然有很多重复的子问题计算。使用数组存储已计算过的结果,避免重复计算,可以明显改进算法的效率。改进后的算法如算法 3.9 所示。

算法 3.9　计算半数集问题的递归算法——记忆式搜索。

```
int a[1001];
```

```
int comp(int n)
{
    int ans = 1;
    if(a[n]> 0)return a[n];                    //已经计算
    for(int i = 1;i <= n/2;i++)
        ans += comp(i);
    a[n] = ans;                                //保存结果
    return ans;
}

//主函数 main( )中数据的读取与调用
int n;
while(cin >> n)
{
    memset(a,0,sizeof(a));
    a[1] = 1;
    cout << comp(n)<< endl;
}
```

算法实现源代码：Halfnumber.cpp。

半数单集问题,请参考代码：半数单集问题.cpp。

3.2.6 整数因子分解

大于 1 的正整数 n 可以分解为：$n = x_1 \times x_2 \times \cdots \times x_m$。

例如,当 $n = 12$ 时,共有 8 种不同的分解式：

$$12 = 12$$
$$12 = 6 \times 2$$
$$12 = 4 \times 3$$
$$12 = 3 \times 4$$
$$12 = 3 \times 2 \times 2$$
$$12 = 2 \times 6$$
$$12 = 2 \times 3 \times 2$$
$$12 = 2 \times 2 \times 3$$

对于给定的正整数 n,编程计算 n 共有多少种不同的分解式。

输入

数据有多行,给出正整数 $n(1 \leqslant n \leqslant 2\,000\,000\,000)$。

输出

每个数据输出 1 行,是正整数 n 的不同的分解式数量。

输入样例

12

35

输出样例

8

3

【算法分析】

对 n 的每个因子递归搜索,如算法 3.10 所示。

算法 3.10　整数因子分解的算法。

```
int total;                               //定义为全局变量
void solve(int n)
{
    if (n == 1) total++;                 //获得一个分解
    else for (int i = 2; i <= n; i++)
        if (n % i == 0) solve(n/i);
}


//主函数 main()中数据的读取与调用
int n;
while(scanf(" % d",&n)!= EOF)
{
    total = 0;
    solve(n);
    printf(" % d\n",total);
}
```

算法实现源代码：factorization.cpp。

当 $n=12$ 时,整数因子分解的递归过程如图 3-4 所示。

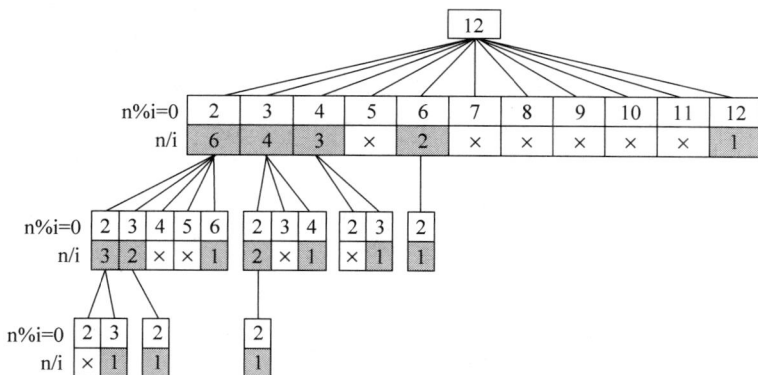

图 3-4　当 $n=12$ 时,整数因子分解的递归过程

3.2.7　取余运算

【问题描述】

输入三个正整数 a,p,k,求 $a^p \% k$ 的值。

输入

输入有多组测试例。对每组测试例,都有三个正整数 $a,p,k(0<a,p,k \times k<2^{32})$。

输出

对每组测试例都输出 1 行,是 $a^p \% k$ 的值。

视频讲解

输入样例

```
2 10 9
3 18132 17
```

输出样例

```
7
13
```

【算法分析】

由于数据的规模很大,如果直接计算,不仅需要采用高精度,而且时间复杂度很大。例如,$10^{25}\%7=3$,但 10^{25} 超出了整数的表示范围,不能直接计算。此问题的特点是 k 在整数(int)范围内,因此结果必然在整数(int)范围内。

模运算有如下运算规则:

$$(a \times b)\%n = (a\%n \times b\%n)\%n \tag{3.1}$$

$$a^b\%n = ((a\%n)^b)\%n \tag{3.2}$$

根据公式(3.2),$10^{25}\%7 = (10\%7)^{25}\%7 = 3^{25}\%7$,显著降低了 a 的值。

根据公式(3.1),$3^{25}\%7 = (3 \times 3^{12} \times 3^{12})\%7 = (3 \times 3^{12}\%7 \times 3^{12}\%7)\%7$,显著降低了 p 的值。

因此,得到如下递推公式:

$$a^p\%k = \begin{cases} a\%k & (p=1) \\ (a \times a^{p-1}\%k)\%k & (p \text{ 是奇数}) \\ ((a \times a)\%k)^{p/2}\%k & (p \text{ 是偶数}) \end{cases}$$

该递推公式体现了分治策略的应用,将一个大的指数 p 逐渐减小,同时对运算过程的中间结果不断进行模运算,降低中间结果的数字大小,避免了使用高精度运算。

通常将该算法称为快速幂算法。

利用递推公式实现取余运算,如算法 3.11 所示。

算法 3.11 利用递推公式实现取余运算的算法。

```cpp
//计算 a^p % k 的值
//为了防止运算过程中的溢出,采用 64 位整数,在 C++ 环境中是 long long
int mod(__int64 a, __int64 p, __int64 k)
{
    if (p == 1) return a % k;
    if (p % 2) return mod(a % k, p-1, k) * a % k;    //p是奇数
    else return mod((a * a) % k, p/2, k);            //p是偶数
}

//主函数 main() 中数据的读取与调用
unsigned a, p, k;
while (scanf("%u%u%u",&a,&p,&k)!= EOF)
    printf("%d\n", mod(a, p, k));
```

算法实现源代码:moduloArithmetic.cpp。

3.3　ZOJ1633-Big String

【问题描述】

设 $A=$ "^__^"(4 个字符)，$B=$ "T.T"(3 个字符)，然后以 AB 为基础，构造无限长的字符串。重复规则如下：

（1）把 A 接在 B 的后面构成新的字符串 C。例如，$A=$ "^__^"，$B=$ "T.T"，则 $C=BA=$ "T.T^__^"。

（2）令 $A=B$，$B=C$，如上例所示，则 $A=$ "T.T"，$B=$ "T.T^__^"。

编程任务：给出此无限长字符串中的第 n 个字符。

输入

输入有多组测试例。每个测试例只有一个整数 $n(1 \leqslant n \leqslant 2^{63}-1)$。

输出

对每个测试例输出一行，是此无限长字符串中的第 n 个字符(序号从 1 开始)。

输入样例

```
1
2
4
8
```

输出样例

```
T
.
^
T
```

题目来源

Zhejiang University Local Contest 2003

【算法分析】

本题看起来很简单，字符串的组合也很有规律，有的同学就试图研究叠加后的字符串规律。结果发现，叠加后的字符串虽然有规律，但是与输入的数据 n 之间没有直接的联系。

1. 从字符串的长度研究字符串生成规律

```
a = strlen("^__^")      → a = 4
b = strlen("T.T")       → b = 3
c = strlen("T.T^__^")   → c = 7
```

再按照题目给定的步骤重复，很容易发现，这正是以 a,b 为基数的斐波那契数列。

对于输入的正整数 n，它位于经过若干次按斐波那契数列的规律叠加后的字符串中。无论它如何叠加，该位置的字符总是在字符串 C 中。本题就变成给定一个正整数 n，求出小于 n 的最大斐波那契数，n 与该斐波那契数的差正是该字符在字符串 C 中的位置。

输出时要注意，字符串的位置是从 0 开始编号的，所以用这个差值当下标时需要减去 1。

2. 算法优化

由于 n 最大可达 $2^{63}-1$,对于输入的每个 n,都去计算小于 n 的最大斐波那契数显然是非常浪费时间的。解决的办法是预先把在 $2^{63}-1$ 范围内的所有斐波那契数求出来,放到一个数组中。经过测算,该斐波那契数列最多为 86 项,第 86 项的斐波那契数约为 6.02×10^{18},而 $2^{63}-1$ 约为 9.22×10^{18},如算法 3.12 所示。

算法 3.12 利用斐波那契数列计算无限长字符串第 n 个字符的算法

```
#define LEN 88
string base = "T.T^__^";
//将斐波那契数列在 2^63-1 之内的数全部计算出来
long long int f[LEN];
f[0] = 7; f[1] = 10;
for(int i = 2; i < LEN; i++)
    f[i] = f[i-1] + f[i-2];
long long int n;
while(cin >> n)
{
    //对于每一个 n,减去小于 n 的最大斐波那契数
    while(n > 7)
    {
        int i = 0;
        while (i < LEN && f[i] < n)
            i++;
        n -= f[i-1];
    }
    //n 中剩下的值,就是该字符在 base 中的位置
    cout << base[n-1] << endl;
}
```

算法实现源代码:zju1633-Big String.cpp。

3.4 洛谷 P1182 数列分段 Section II

对于给定的一个长度为 N 的正整数数列 $A_{1\sim N}$,现要将其分成 $M(M\leqslant N)$ 段,并要求每段连续,且每段和的最大值最小。

关于最大值最小:例如数列 4 2 4 5 1 要分成 3 段。

将其如下分段:[4 2][4 5][1]

第一段和为 6,第 2 段和为 9,第 3 段和为 1,和最大值为 9。

将其如下分段:[4][2 4][5 1]

第一段和为 4,第 2 段和为 6,第 3 段和为 6,和最大值为 6。

并且无论如何分段,最大值不会小于 6。所以要分成 3 段,每段和的最大值最小为 6。

输入格式

第 1 行包含两个正整数 N,M。

第 2 行包含 N 个非负整数 A_i,含义如题目所述。

输出格式

一个正整数,即每段和最大值最小为多少。

输入样例

```
5 3
4 2 4 5 1
```

输出样例

```
6
```

【算法分析】

要将一个长度为 N 的正整数数列分成 M 段,并要求每段连续,同时使得每段和的最大值最小,我们可以使用二分搜索结合贪心策略来解决。

目标是找到一个分割点,使得分割后的每段和尽可能均衡。为此,我们可以使用二分搜索来找到一个合适的阈值 x,使得所有段的和都不超过 x。

贪心策略的部分在于,我们总是尝试将尽可能多的数放入当前段,直到和超过 x 为止,然后开始一个新的段。这样可以确保我们尽可能减少段的数量,同时保持每段和不超过 x。

下面是一个使用二分搜索和贪心策略来解决这个问题的算法,如算法 3.13 所示。

算法 3.13 使用二分搜索和贪心策略解决数列分段的算法。

```cpp
int n,m,a[100005],ans;
//采用贪心策略,验证阈值 x 是否合适
bool check(int x)
{
    int cnt = 0,num = 0;
    for(int i = 1; i <= n; i++)
    {
        if(cnt + a[i] <= x) cnt += a[i];        //尽可能多
        else cnt = a[i],num++;                   //新增加一段
    }
    return num >= m;
}
//在主函数 int main()中
scanf("%d%d",&n,&m);
int left = 0,r;
for(int i = 1; i <= n; i++)
{
    scanf("%d",&a[i]);
    left = max(left,a[i]);                       //左边界是数列的最大值
    r += a[i];                                    //右边界是数列的和
}
while(left <= r)                                  //二分算法找阈值
{
    int mid = left + r >> 1;
    if(check(mid)) left = mid + 1;
    else r = mid - 1;
}
cout << left;
```

check 函数检查是否可以将数组 a 分成 M 段,每段和不超过 x。对于每个二分搜索中的阈值 x,我们需要遍历整个数列来确定是否可以将数列分割成 M 段,每段和不超过 x。这个遍历过程的时间复杂度是 $O(N)$,因为我们只需要一次遍历就可以确定是否满足条件。

如果考虑二分搜索中的每次迭代都进行这样的一次遍历,那么总的时间复杂度将是 $O(N\log(\text{sum}))$,其中 sum 是数列所有元素的总和。这是因为二分搜索的每次迭代都可能触发一次 $O(N)$ 的遍历。

算法实现源代码: P1182 数列分段 Section II.cpp。

3.5　洛谷 P1824 进击的奶牛

农夫 John 建造了一个有 $N(2 \leqslant N \leqslant 10^5)$ 个隔间的牛棚,这些隔间分布在一条直线上,坐标是 $x_1, \cdots, x_N(0 \leqslant x_i \leqslant 10^9)$。

他的 $C(2 \leqslant C \leqslant N)$ 头奶牛不满于隔间的位置分布,它们为牛棚里其他奶牛的存在而愤怒。为了防止奶牛之间互相打斗,农夫 John 想把这些奶牛安置在指定的隔间,所有奶牛中相邻两头的最近距离越大越好。那么,这个最大的最近距离是多少呢?

输入格式

第 1 行:两个用空格隔开的数字 N 和 C。

第 $2 \sim N+1$ 行:每行一个整数,表示每个隔间的坐标。

输出格式

输出只有一行,即相邻两头奶牛最大的最近距离。

输入样例

```
5 3
1 2 8 4 9
```

输出样例

```
3
```

题目给的坐标是无序的,我们需要排序,如样例数据排序后是 1 2 4 8 9。只有 3 头奶牛,分别放在 1 4 9,则相邻两头奶牛最大的最近距离是 3。

【算法分析】

使用二分搜索算法寻找相邻两头奶牛之间的最大最近距离是一种有效的方法,特别是当知道最大最近距离的可能范围时,二分搜索可以在对数时间内获得最优解。二分搜索需要数据是有序的,就需要先对坐标排序。

在二分搜索中,需要定义一个搜索范围,比如最小可能距离 l 为 0 和最大可能距离 r 为所有隔间的跨度。然后,不断将搜索范围一分为二,计算中间值 mid,并检查是否存在一种奶牛的排列方式,使得所有相邻两头奶牛之间的距离都不小于 mid。

在 check() 函数中,因为想向右收缩,所以应该是给定的 x 可以装下更多的奶牛,这就要用到贪心策略。贪心策略是指在左手边第一个,必须安排一头奶牛,这样才能使得隔间利用最大化! 其他的奶牛,看看两个隔间之间的距离是不是大于或等于 x,满足条件就意味着能够安排一头奶牛。变量 sum 是当前阈值 x 时安排奶牛的数量,每次安排完一头奶牛就计数一次,最终判断 sum 是否大于或等于奶牛数 C。

计算相邻两头奶牛之间的最大最近距离的二分＋贪心的算法,如算法 3.14 所示。

算法 3.14 计算相邻两头奶牛之间的最大最近距离的二分＋贪心的算法。

```
int n,c;                         //n - 隔间的数量,c - 奶牛的数量
int cow[1000001];                //隔间坐标
bool check(int x)
{
    int right = cow[1] + x;      //贪心策略,必须使用第 1 隔间
    int sum = 1;                 //已经使用 1 个隔间
    for(int i = 2; i <= n; i++)
        if(cow[i] >= right)      //必须使用新的隔间
        {
            sum++;
            right = cow[i] + x;
        }
    return sum >= c;
}
//在主函数 int main()中
cin >> n >> c;
for(int i = 1; i <= n; i++)
    cin >> cow[i];               //隔间坐标
sort(cow + 1,cow + 1 + n);       //对坐标排序
//应用二分搜索,快速获取最优值
int l = 0,r = cow[n] - cow[1];
while(l <= r)
{
    int mid = (l + r)/2;
    if(check(mid)) l = mid + 1;
    else r = mid - 1;
}
cout << r << endl;
```

二分搜索的搜索空间就是隔间的跨度 D,二分搜索将搜索空间逐渐缩小,每次迭代都将搜索空间减半。因此,二分搜索的时间复杂度是 $O(\log D)$。但是每一次搜索,都需要检查阈值 x 是否合适。检查函数 check()采用贪心策略,每一步都尝试放置奶牛以最大化与已放置的奶牛之间的距离。贪心算法需要遍历所有隔间,时间复杂度是 $O(N)$,其中 N 是隔间的数量。当我们将二分搜索和贪心算法结合起来时,总体时间复杂度是 $O(N\log D)$。这是因为对于每次二分搜索中的不同距离,我们都运行一次贪心算法来检查该距离是否可行。

算法实现源代码:P1824 进击的奶牛.cpp。

3.6 洛谷 P1873-砍树

伐木工人 Mirko 需要砍 Mm 长的木材。他有一个漂亮的新伐木机,可以快速地砍伐树木。不过,他只被允许砍伐一排树。Mirko 设置一个高度参数 H(m),伐木机升起一个巨大的锯片到高度 H,并锯掉所有树比 Hm 高的部分(当然,树木不高于 Hm 的部分保持不变),Mirko 就得到树木被锯下的部分。例如,如果一排树的高度分别为 20、15、10 和 17,Mirko 把锯片升到 15m 的高度,切割后树木剩下的高度将是 15m、15m、10m 和 15m,而他

将从第 1 棵树得到 5m,从第 4 棵树得到 2m,共得到 7m 木材。

Mirko 非常关注生态保护,所以他不会砍掉过多的木材。这也是他尽可能高地设定伐木机锯片的原因。请帮助他找到伐木机锯片的最大的整数高度 H,使得他能得到的木材至少为 Mm。换句话说,如果再升高 1m,他将得不到 Mm 木材。

输入格式

第 1 行 2 个整数 N 和 M,N 表示树木的数量,M 表示需要的木材总长度。

第 2 行 N 个整数表示每棵树的高度。

输出格式

1 个整数,表示锯片的最高高度。

输入样例

```
4 7
20 15 10 17
```

输出样例

```
15
```

【算法分析】

Mirko 想要通过设置一个高度参数 H 来锯掉所有比 H 高的树的部分,从而得到树木被锯下的部分。我们可以考虑二分搜索来确定最佳的 H 值,使得锯下的部分长度在满足 M 的情况下最少。这里的关键是确定一个搜索范围,即最小高度 l 和最大高度 r,在这个范围内进行二分搜索。

每次迭代中,我们计算阈值 x,然后模拟锯木过程,计算锯下部分的总长度 sum。根据这个结果,我们调整搜索范围,继续搜索。如果提高砍树的高度 x,逐渐增加时,砍下的木材数量逐渐下降。这样,当 x 上升到某个确定的高度时,砍下的木材数量将少于需要的值 M,此时高度 H 减 1 的位置就是所求答案。本题 M 的数据范围比较大,求和时 sum 需要用到 long long 类型。

利用二分搜索求解的算法,如算法 3.15 所示。

算法 3.15 利用二分搜索求解的算法。

```
int n,m;                         //n-树木的数量,m-需要的木材总长度
int h[1000010];
bool check(int x)
{
    long long sum = 0;           //树木被锯下部分的长度和
    for(int i = 1; i <= n; i++)
        if(x < h[i]) sum += h[i] - x;
    return sum >= m;
}
//在主函数 int main()中
cin >> n >> m;
int r = 0,l = 1;                 //初始边界
for(int i = 1; i <= n; i++)
{
```

```
    cin >> h[i];
    r = max(r,h[i]);                    //r 为树木的最大高度
}
while(l <= r)
{
    int mid = (l + r)/2;
    if(check(mid)) l = mid + 1;
    else r = mid - 1;
}
cout << l - 1;
```

二分搜索算法的时间复杂度是 $O(\log H_{\max})$，其中 $H_{\max}$ 是所有树中的最大高度。在这个问题中，搜索范围由树的最小高度和最大高度决定。因此，二分搜索可以在对数时间内快速逼近最佳的 H 值。但是每一次搜索，都需要检测，而检测的时间复杂度是 $O(n)$，其中 n 是树木的数量。因此该算法的时间复杂度是 $O(n\log H_{\max})$。

算法实现源代码：P1873-砍树.cpp。

3.7 洛谷 P1908 逆序对

在 vjudge.net 中搜索"逆序对"，会找到很多资源。

最近，TOM 老猫查阅到一个人类称为"逆序对"的东西，这东西是这样定义的：对于给定的一段正整数序列，逆序对就是序列中 $a_i > a_j$ 且 $i < j$ 的有序对。知道这个概念后，他们就比赛谁先算出给定的一段正整数序列中逆序对的数目。注意序列中可能有重复数字。

输入格式

第一行，一个数 n，表示序列中有 n 个数。

第二行 n 个数，表示给定的序列。序列中每个数字不超过 10^9。

输出格式

输出序列中逆序对的数目。

输入样例

```
6
5 4 2 6 3 1
```

输出样例

```
11
```

【算法分析】

使用归并排序来计算逆序对的数量是一个很好的方法，因为归并排序是稳定排序。在归并排序的过程中，我们不断将数组分为两半，分别排序，然后再合并两个有序数组。在归并排序的过程中，当合并两个有序子数组时，我们可以计算出跨越这两个子数组的逆序对数量。

为了计算逆序对，我们可以在合并两个已排序子数组时做如下操作。

（1）初始化一个计数器 ans 为 0，用于记录逆序对的数量。

定义两个指针 i 和 j，分别指向两个子数组的第一个元素。

（2）比较两个指针所指向的元素：

如果第一个子数组的元素 $a[i]$ 大于第二个子数组的元素 $a[j]$，那么 $a[i]$ 与 $a[j]$ 及其后面的所有元素都会构成逆序对。因此，将 $j-k$（其中 k 是归并数组的最后位置，或者是 $mid-i+1$）加到 ans 上，并将 j 向后移动一位。

如果 $a[i]$ 小于或等于 $a[j]$，将 i 向后移动一位。

（3）重复上述步骤，直到其中一个子数组的所有元素都被处理完。

（4）将剩余的子数组中的元素直接复制到结果数组中。

使用归并排序计算逆序对的数量的算法如算法 3.16 所示。

算法 3.16　使用归并排序计算逆序对的数量的算法。

```
long long ans = 0;                        //逆序对数
int a[500010],b[500010];                  //数组 a 是原始数据
//使用归并排序计算逆序对的数量
void merge(int l, int r)
{
    if (l == r) return;
    int mid = l + r >> 1;
    merge(l,mid), merge(mid + 1,r);
    int i = l, j = mid + 1, k = l;
    while(i <= mid &&j <= r)
    {
        if (a[i]> a[j])                   //产生逆序对
        {
            b[k++] = a[j++];
            //或者 ans += mid - i + 1
            ans += j - k;                 //累加逆序对的距离
        }
        else b[k++] = a[i++];
    }
    while (i <= mid) b[k++] = a[i++];
    while (j <= r) b[k++] = a[j++];
    for (int i = l; i <= r; i++)
        a[i] = b[i];
}
//在主函数 int main()中
int n;
cin >> n;
for (int i = 0; i < n; i++) cin >> a[i];
merge(0,n - 1);
cout << ans << endl;
```

这个算法的时间复杂度是 $O(n\log n)$，其中 n 是序列的长度。这是因为归并排序本身的时间复杂度就是 $O(n\log n)$，而在合并过程中计算逆序对的操作也是线性的。

算法实现源代码：P1908 逆序对.cpp。

上机练习题

汉诺塔类的题目

浙江大学 ZOJ	1239-Hanoi Tower Troubles Again! 2338-The Towers of Hanoi Revisited 2954-Hanoi Tower
北京大学 POJ	1920-Towers of Hanoi 3572-Hanoi Towers 3601-Tower of Hanoi 1958-Strange Towers of Hanoi

斐波那契数列类的题目

浙江大学 ZOJ	1828-Fibonacci Numbers 2060-Fibonacci Again 2672-Fibonacci Subsequence
杭州电子科技大学 HDOJ	1021-Fibonacci Again 1250-Hat's Fibonacci 1316-How Many Fibs? 1568-Fibonacci 1588-Gauss Fibonacci 1708-Fibonacci String 1848-Fibonacci Again and Again 2018-母牛的故事 2070-Fibonacci Number 2814-Interesting Fibonacci 2855-Fibonacci Check-up 3054-Fibonacci 3117-Fibonacci Numbers 3306-Another Kind of Fibonacci 3509-Buge's Fibonacci Number Problem 4099-Revenge of Fibonacci 4786-Fibonacci Tree

由于在线题目很多,这里只列出了部分题目,仅供参考。

动 态 规 划

1. 动态规划算法的基本思想

动态规划算法通常用于求解具有某种最优性质的问题。在这类问题中,可能会有许多可行解。每一个解都对应于一个值,我们希望找到具有最优值的解。动态规划算法与分治策略类似,其基本思想也是将待求解问题分解成若干个子问题,先求解子问题,然后从这些子问题的解得到原问题的解。与分治策略不同的是,适合用动态规划求解的问题,经分解得到的子问题往往不是互相独立的。若用分治策略来解这类问题,则分解得到的子问题数目太多,有些子问题被重复计算了很多次。如果我们能够保存已解决的子问题的答案,而在需要时再找出已求得的答案,这样就可以避免大量的重复计算,节省时间。可以用一个表来记录所有已解的子问题的答案。不管该子问题以后是否被用到,只要它被计算过,就将其结果填入表中。这就是动态规划法的基本思路。具体的动态规划算法多种多样,但它们具有相同的填表格式。

2. 设计动态规划算法的步骤

(1) 找出最优解的性质,并刻画其结构特征。

(2) 递归地定义最优值(写出动态规划方程)。

(3) 以自底向上的方式计算出最优值。

(4) 根据计算最优值时得到的信息,构造一个最优解。

步骤(1)～(3)是设计动态规划算法的基本步骤。在只需要求出最优值的情形中,步骤(4)可以省略,步骤(3)中记录的信息也较少;若需要求出问题的一个最优解,则必须执行步骤(4),步骤(3)中记录的信息必须足够多,以便构造最优解。

3. 动态规划问题的特征

动态规划算法的有效性依赖于问题本身所具有的两个重要性质:最优子结构性质和子问题重叠性质。

(1) 最优子结构:当问题的最优解包含其子问题的最优解时,称该问题具有最优子结构性质。

（2）子问题重叠：在用递归算法自顶向下解问题时，每次产生的子问题并不总是新问题，有些子问题被反复计算多次。动态规划算法正是利用了这种子问题的重叠性质，对每一个子问题都只解一次，而后将其解保存在一个表格中，在以后尽可能多地利用这些子问题的解。

4.1　矩阵连乘积问题

$m \times n$ 矩阵 A 与 $n \times p$ 矩阵 B 相乘需耗费 $O(mnp)$ 的时间。我们把 mnp 作为两个矩阵相乘所需时间的测量值。现在假定要计算三个矩阵 A、B 和 C 的乘积，有两种方式计算此乘积。在第一种方式中，先用 A 乘以 B 得到矩阵 D，然后 D 乘以 C 得到最终结果，这种乘法的顺序可写为 $(AB)C$。类似地，第二种方式写为 $A(BC)$。尽管这两种不同的计算顺序所得的结果相同，但时间消耗会有很大的差距。例如：

$$A = \begin{pmatrix} 2 & 5 & 6 \\ 1 & 4 & 3 \end{pmatrix}, \quad B = \begin{pmatrix} 2 & 6 \\ 4 & 2 \\ 7 & 5 \end{pmatrix}, \quad C = \begin{pmatrix} 1 & 5 & 6 & 8 \\ 3 & 3 & 2 & 1 \end{pmatrix}$$

（1）对第一种方案 $(AB)C$，计算 $D = AB$。

$$D = AB = \begin{pmatrix} 2\times2+5\times4+6\times7 & 2\times6+5\times2+6\times5 \\ 1\times2+4\times4+3\times7 & 1\times6+4\times2+3\times5 \end{pmatrix} = \begin{pmatrix} 66 & 52 \\ 39 & 29 \end{pmatrix}$$

其乘法运算的次数为 $2\times3\times2=12$。

计算 DC：

$$DC = \begin{pmatrix} 66 & 52 \\ 39 & 29 \end{pmatrix} \begin{pmatrix} 1 & 5 & 6 & 8 \\ 3 & 3 & 2 & 1 \end{pmatrix} = \begin{pmatrix} 222 & 486 & 500 & 580 \\ 126 & 282 & 292 & 341 \end{pmatrix}$$

其乘法运算次数为 $2\times2\times4=16$。

乘法运算的次数的总计算量为 $12+16=28$。

（2）对第二种方案 $A(BC)$，计算 $D = BC$。

$$D = BC = \begin{pmatrix} 2\times1+6\times3 & 2\times5+6\times3 & 2\times6+6\times2 & 2\times8+6\times1 \\ 4\times1+2\times3 & 4\times5+2\times3 & 4\times6+2\times2 & 4\times8+2\times1 \\ 7\times1+5\times3 & 7\times5+5\times3 & 7\times6+5\times2 & 7\times8+5\times1 \end{pmatrix} = \begin{pmatrix} 20 & 28 & 24 & 22 \\ 10 & 26 & 28 & 34 \\ 22 & 50 & 52 & 61 \end{pmatrix}$$

其乘法运算的次数为 $3\times2\times4=24$。

计算 AD：

$$AD = \begin{pmatrix} 2 & 5 & 6 \\ 1 & 4 & 3 \end{pmatrix} \begin{pmatrix} 20 & 28 & 24 & 22 \\ 10 & 26 & 28 & 34 \\ 22 & 50 & 52 & 61 \end{pmatrix} = \begin{pmatrix} 222 & 486 & 500 & 580 \\ 126 & 282 & 292 & 341 \end{pmatrix}$$

其乘法运算的次数为 $2\times3\times4=24$。

乘法运算的次数的总计算量为 $24+24=48$，比第一种方案多出一倍。

可见，不同方案的乘法运算量可能相差很悬殊。

给定 n 个矩阵 $\{A_1, A_2, \cdots, A_n\}$，其中 A_i 与 A_{i+1} 是可乘的，$i=1,2,\cdots,n-1$。考查这 n 个矩阵的连乘积 $A_1 A_2 \cdots A_n$。

视频讲解

由于矩阵乘法满足结合律,故计算矩阵的连乘积可以有许多不同的计算次序。这种计算次序可以用加括号的方式来确定。若一个矩阵连乘积的计算次序完全确定,即该连乘积已完全加括号,则可以依此次序反复调用 2 个矩阵相乘的标准算法计算出矩阵连乘积。完全加括号的矩阵连乘积可递归地定义为:

(1) 单个矩阵是完全加括号的;

(2) 矩阵连乘积 A 是完全加括号的,则 A 可表示为 2 个完全加括号的矩阵连乘积 B 和 C 的乘积并加括号,即 $A = BC$。

每一种完全加括号的方式对应于一个矩阵连乘积的计算次序,这决定着计算矩阵连乘积所需要的计算量。

例如,矩阵连乘积 $A_1 A_2 A_3 A_4$ 有 5 种不同的完全加括号的方式:

$$(A_1(A_2(A_3A_4)))$$
$$(A_1((A_2A_3)A_4))$$
$$((A_1A_2)(A_3A_4))$$
$$((A_1(A_2A_3))A_4)$$
$$(((A_1A_2)A_3)A_4)$$

矩阵 A 和矩阵 B 可乘的条件是矩阵 A 的列数等于矩阵 B 的行数。若 A 是一个 $p \times q$ 矩阵,B 是一个 $q \times r$ 矩阵,则计算其乘积 $C = AB$ 是一个 $p \times r$ 的矩阵,需要进行 pqr 次乘法运算。

为了说明在计算矩阵连乘积时加括号方式对整个计算量的影响,我们考查矩阵连乘积 $A_1 A_2 A_3 A_4$ 的 5 种不同的完全加括号方式的计算工作量。假定矩阵的维数如表 4-1 所示。

表 4-1　假定矩阵的维数(1)

矩阵	A_1	A_2	A_3	A_4
行列数	50×10	10×40	40×30	30×5

5 种不同的完全加括号方式的计算工作量,如表 4-2 所示。

表 4-2　矩阵连乘积 $A_1 A_2 A_3 A_4$ 的 5 种完全加括号方式的计算量

序号	完全加括号的方式	乘法运算的计算工作量
1	$(A_1(A_2(A_3A_4)))$	10 500
2	$(A_1((A_2A_3)A_4))$	16 000
3	$((A_1A_2)(A_3A_4))$	36 000
4	$((A_1(A_2A_3))A_4)$	34 500
5	$(((A_1A_2)A_3)A_4)$	87 500

例如完全加括号方式 2:

(1) (A_2A_3) 的数乘次数为 $10 \times 40 \times 30 = 12\,000$。

(2) $((A_2A_3)A_4)$ 的数乘次数为 $10 \times 30 \times 5 = 1500$。

(3) $(A_1((A_2A_3)A_4))$ 的数乘次数为 $50 \times 10 \times 5 = 2500$。

所以总计算工作量是 16 000。

从表 4-1 看出,第 5 种完全加括号方式的计算工作量是第 1 种完全加括号方式的 8 倍多。

由此可见,在计算矩阵连乘积时,加括号方式(即计算次序)对计算量有很大的影响。于是,自然提出矩阵连乘积的最优计算次序问题,即对于给定的相继 n 个矩阵 $\{A_1, A_2, \cdots, A_n\}$(其中矩阵 A_i 的维数为 $p_{i-1} \times p_i, i = 1, 2, \cdots, n$),如何确定计算矩阵连乘积 $A_1 A_2 \cdots A_n$ 的计算次序(完全加括号方式),使得依此次序计算矩阵连乘积需要的数乘次数最少。

在利用动态规划解决矩阵连乘积之前,很容易想到穷举搜索法。这种方法列举出所有可能的完全加括号方式,计算出每一种完全加括号方式相应需要的数乘次数,从中找出一种数乘次数最少的完全加括号方式。这样计算的工作量太大,不是一个有效的算法。

设 $P(n)$ 表示 n 个矩阵可能的完全加括号方式的方案数。当 $n = 1$ 时,只有一个矩阵,即只有一种完全加括号方式计算矩阵的连乘积。当 $n \geqslant 2$ 时,可以先在第 k 个和第 $k+1$ 个矩阵之间将原矩阵序列分为两个矩阵子序列,$k = 1, 2, \cdots, n-1$;然后分别对这两个矩阵子序列完全加括号,得到原矩阵序列的一种完全加括号方式。因此,可得关于 $P(n)$ 的递归式如下:

$$
P(n) = \begin{cases} 1 & (n = 1) \\ \displaystyle\sum_{k=1}^{n-1} P(k) P(n-k) & (n \geqslant 2) \end{cases}
$$

解此递归方程,可知 $P(n)$ 实际上是 Catalan 数,即 $P(n) = C(n-1)$,其中:

$$
C(n) = \frac{1}{n+1} \binom{2n}{n} = \Omega \left(\frac{4^n}{n^{3/2}} \right)
$$

所以 $P(n)$ 是随 n 的增长呈指数级增长的。因此,穷举搜索法不是一个有效的算法。

4.1.1 分析最优解的结构

动态规划算法的第一步是寻找最优子结构。

利用最优子结构,就可以根据子问题的最优解构造出原问题的一个最优解。对于矩阵连乘积问题,用记号 $A[i, j]$ 表示对乘积 $A_i A_{i+1} \cdots A_j$ 求值的结果,其中 $i \leqslant j$。如果这个问题是非平凡的,即 $i < j$,则对乘积 $A_i A_{i+1} \cdots A_j$ 的任何完全加括号方式都将乘积在 A_k 与 A_{k+1} 之间分开,此处 k 是 $i \leqslant k < j$ 之内的一个整数。对某个 k 值,首先计算矩阵 $A_i A_{i+1} \cdots A_k$ 和 $A_{k+1} A_{k+2} \cdots A_j$,然后把它们相乘就得到最终乘积 $A[i, j]$。这样,对乘积 $A_i A_{i+1} \cdots A_j$ 的完全加括号方式的代价就是计算 $A_i A_{i+1} \cdots A_k$ 和 $A_{k+1} A_{k+2} \cdots A_j$ 的代价之和,再加上两者相乘的代价。

当 $i = 1, j = n$ 时,就是计算整个矩阵 $A_1 A_2 \cdots A_n$,即 $A[1, n]$。

这个问题的最优子结构如下:假设 $A_i A_{i+1} \cdots A_j$ 的一个最优完全加括号方式把乘积在 A_k 与 A_{k+1} 之间分开,则对 $A_i A_{i+1} \cdots A_j$ 最优完全加括号方式的子链 $A_i A_{i+1} \cdots A_k$ 的完全加括号方式必须是 $A_i A_{i+1} \cdots A_k$ 的一个最优完全加括号方式。为什么呢?如果对 $A_i A_{i+1} \cdots A_k$ 有一个代价更小的完全加括号方式,那么把它替换到 $A_i A_{i+1} \cdots A_j$ 的最优完全加括号方式中,就会产生 $A_i A_{i+1} \cdots A_j$ 的另一种完全加括号方式,而它的代价小于最优代价:产生了矛盾。类似的观察也成立,即 $A_i A_{i+1} \cdots A_j$ 的最优完全加括号方式的子链

$A_{k+1}A_{k+2}\cdots A_j$ 的完全加括号方式,必须是 $A_{k+1}A_{k+2}\cdots A_j$ 的一个最优完全加括号方式。

利用所得到的最优子结构,就可以根据子问题的最优解来构造原问题的一个最优解。已经看到,一个矩阵连乘积问题的非平凡实例的任何解法都需要分割乘积,而且任何最优解都包含子问题实例的最优解。所以,可以把问题分割为两个子问题(最优完全加括号方式 $A_iA_{i+1}\cdots A_k$ 和 $A_{k+1}A_{k+2}\cdots A_j$),寻找子问题实例的最优解,然后合并这些子问题的最优解,构造一个矩阵连乘积问题实例的一个最优解。必须保证在寻找一个正确的位置来分割乘积时,我们已经考虑过所有可能的位置,从而确保已检查过解是最优的一个。

因此,矩阵连乘积计算次序问题的最优解包含着其子问题的最优解。这种性质称为最优子结构性质。问题的最优子结构性质是该问题可用动态规划算法求解的显著特征。

4.1.2　建立递归关系

设计动态规划算法的第二步是递归地定义最优解。

对于矩阵连乘积的最优计算次序问题,我们定义计算 $A[i,j]$($1\leqslant i\leqslant j\leqslant n$)所需要的最少次数为 $m[i][j]$,则原问题的最优解就是 $m[1][n]$。

当 $i=j$ 时,则问题是平凡的,矩阵链只包含一个矩阵 $A[i,j]=A_i$,无须作任何计算,因此 $m[i][j]=0,i=1,2,\cdots,n$。

当 $i<j$ 时,可利用最优子结构性质计算 $m[i][j]$。假设 $A_iA_{i+1}\cdots A_j$ 的最优完全加括号方式在 A_k 与 A_{k+1} 之间分开,其中 $i\leqslant k<j$。因此 $m[i][j]$ 就等于计算子乘积 $A[i,k]$ 和 $A[k+1,j]$ 的代价,再加上两个矩阵相乘的代价。由于每个矩阵 A_i 的维数为 $p_{i-1}\times p_i$,则

$$m[i][j]=m[i][k]+m[k+1][j]+p_{i-1}p_kp_j$$

这个递归公式假设已知 k 的值,而实际上我们并不知道。不过,k 的位置只有 $j-i$ 种可能,即 $k=i,i+1,\cdots,j-1$。最优完全加括号方式必然是其中之一的 k 值,故只需逐个检查这些值以找到最优值。这样,$m[i][j]$ 可以递归地定义为:

$$m[i][j]=\begin{cases}0 & (i=j)\\ \min_{i\leqslant k<j}\{m[i][k]+m[k+1][j]+p_{i-1}p_kp_j\} & (i<j)\end{cases}$$

$m[i][j]$ 给出了子问题的最优解,即计算 $A[i,j]$ 所需要的最少数乘次数。同时还确定了计算 $A[i,j]$ 的最优次序中的断开位置 k,在该处分裂乘积 $A_iA_{i+1}\cdots A_j$ 后可得到最优完全加括号方式。定义数组 $s[i][j]$ 保存 k 值,在计算出最优值 $m[i][j]$ 后,可递归地由 $s[i][j]$ 构造出相应的最优解。

4.1.3　计算最优值

设计动态规划算法的第三步是计算最优值。

根据计算 $m[i][j]$ 的递归式,容易写一个递归算法计算 $m[1][n]$。如果简单地递归计算将耗费指数级计算时间,与穷举搜索法的效率差不多。

注意到在递归计算过程中,不同的子问题个数只有 $\Theta(n^2)$ 个。事实上原问题只有相当少的子问题。每一对满足 $1\leqslant i\leqslant j\leqslant n$ 的 (i,j) 对应一个问题,则不同子问题的总个数为:

$$\binom{n}{2}+n=\Theta(n^2)$$

　　显然,在递归计算时,许多子问题被重复计算多次。子问题重叠这一性质,也是该问题可以用动态规划算法求解的又一显著特征。

　　使用动态规划算法解此问题,可以依据其递归式以自底向上的方式进行计算。在计算过程中,保存已经解决的子问题的答案。每个子问题都只计算一次,而在后面需要时只要简单查一下,可以避免大量的重复计算,最终得到多项式时间的算法。

　　算法 4.1 是计算矩阵连乘积的动态规划算法。假设矩阵 A_i 的维数为 $p_{i-1} \times p_i$, $i=1$, $2,\cdots,n$, 存储于数组 p 中。算法除了输出最优值数组 m 外,还输出记录最优断开位置的数组 s。

算法 4.1　计算矩阵连乘积的动态规划算法。

```
#define NUM 101
int p[NUM];
int m[NUM][NUM];
int s[NUM][NUM];
void MatrixChain(int n)
{
    for (int i = 1; i <= n; i++)
        m[i][i] = 0;                         //r = 1
    //r 表示矩阵链的长度
    for (int r = 2; r <= n; r++)
        for (int i = 1; i <= n - r + 1; i++)
        {
            int j = i + r - 1;
            //计算初值,从 i 处断开
            m[i][j] = m[i + 1][j] + p[i - 1] * p[i] * p[j];
            s[i][j] = i;
            for (int k = i + 1; k < j; k++)
            {
                int t = m[i][k] + m[k + 1][j] + p[i - 1] * p[k] * p[j];
                if (t < m[i][j]) {m[i][j] = t; s[i][j] = k;}
            }
        }
}
```

　　算法实现源代码: MatrixChain.cpp。

　　算法 MatrixChain() 首先计算 $m[i][i]=0$, $i=1,2,\cdots,n$, 即矩阵 m 对角线上的元素。然后根据递推式,按矩阵链长度 r 递增的方式依次计算 $m[i][i+1]=0$, $i=1,2,\cdots,n-1$ (矩阵链长度 r 为 2); $m[i][i+2]=0$, $i=1,2,\cdots,n-2$ (矩阵链长度 r 为 3); $\cdots$。在计算 $m[i][j]$ 时,只用到已经计算出的 $m[i][k]$ 和 $m[k+1][j]$, $i \leqslant k < j$。

　　假设要计算矩阵连乘积 $A_1 A_2 A_3 A_4 A_5 A_6$,其中各矩阵的维数如表 4-3 所示。

表 4-3　各矩阵的维数(2)

矩阵	A_1	A_2	A_3	A_4	A_5	A_6
行列数	50×10	10×40	40×30	30×5	5×20	20×15

数组 p 的值如表 4-4 所示。

表 4-4 数组 p 的值的表示形式

下标	0	1	2	3	4	5	6
值	50	10	40	30	5	20	15

如图 4-1 所示，从对角线 1 开始，到斜线 6 为止，以斜线方式填写这张三角形表。对角线 1 只包括 1 个矩阵，用 0 填充；斜线 2 由两个连续矩阵相乘的耗费来填充；其余斜线根据上面的递推式和先前存储在表中的值填充。为了填充斜线 r（矩阵链长度）上的单元格，我们要利用存储在斜线 $1,2,\cdots,r-1$ 中的值。$r=6$ 时，表示 6 个矩阵相乘的最小耗费，这就是我们所要计算的结果。

数组m	r=1	r=2	r=3	r=4	r=5	r=6
i=1	m[1,1]	m[1,2]	m[1,3]	m[1,4]	m[1,5]	m[1,6]
i=2		m[2,2]	m[2,3]	m[2,4]	m[2,5]	m[2,6]
i=3			m[3,3]	m[3,4]	m[3,5]	m[3,6]
i=4				m[4,4]	m[4,5]	m[4,6]
i=5					m[5,5]	m[5,6]
i=6						m[6,6]

图 4-1 矩阵连乘积的计算顺序

计算结果的数组 m 如图 4-2(a)所示，数组 s 如图 4-2(b)所示。

数组m	r=1	r=2	r=3	r=4	r=5	r=6
i=1	0	20 000	27 000	10 500	15 500	15 750
i=2	0	0	12 000	8000	9000	10 250
i=3	0	0	0	6000	10 000	10 500
i=4	0	0	0	0	3000	3750
i=5	0	0	0	0	0	1500
i=6	0	0	0	0	0	0

(a) 数组m

数组s	j=1	j=2	j=3	j=4	j=5	j=6
i=1	0	1	1	1	4	4
i=2	0	0	2	2	4	4
i=3	0	0	0	3	4	4
i=4	0	0	0	0	4	4
i=5	0	0	0	0	0	5
i=6	0	0	0	0	0	0

(b) 数组s

图 4-2 示例矩阵的计算结果

例如，计算 $m[2][5]$ 的过程如下：

$$m[2][5]=\min\begin{cases}m[2][2]+m[3][5]+p_1p_2p_5=0+10\,000+10\times40\times20=18\,000\\ m[2][3]+m[4][5]+p_1p_3p_5=12\,000+3000+10\times30\times20=21\,000\\ m[2][4]+m[5][5]+p_1p_4p_5=8000+0+10\times5\times20=9000\end{cases}$$

所以 $m[2][5]=9000$。

且 $k=4$，所以 $s[2][5]=4$。

算法 MatrixChain()的主要计算量取决于程序中对 r、i 和 k 的三重循环。循环体内的计

算次数为 $O(1)$，而三重循环的总计算次数为 $O(n^3)$。因此该算法的计算时间上界为 $O(n^3)$。算法所占用的空间显然为 $O(n^2)$。由此可见，动态规划算法比穷举搜索法要有效得多。

4.1.4 构造最优解

动态规划算法的最后一步是构造问题的最优解。

算法 MatrixChain() 已经记录了构造最优解所需要的全部信息。在数组 s 中保存了最优断开位置：令单元 $s[i][j]$ 的值为 k，表示计算矩阵 $A[i,j]$ 的最佳方式应在矩阵 A_k 与 A_{k+1} 之间断开，即最优的加括号方式应为 $(A[i,k])(A[k+1,j])$。因此，从 $s[1][n]$ 中的数值可知计算 $A[1,n]$ 的最优加括号方式为：

$$(A[1,s[1][n]])(A[s[1][n]+1,n])$$

而 $(A[1,s[1][n]])$ 的最优的加括号方式为：

$$(A[1,s[1][s[1][n]]])(A[s[1][s[1][n]]+1,s[1][n]])$$

同理，可以确定 $(A[s[1][n]+1,n])$ 的最优的加括号方式在 $s[s[1][n]+1][n]$ 处断开…，最终可以确定 $A[1,n]$ 的最优完全加括号方式，即构造出问题的一个最优解。

算法 4.2 是按算法 4.1 的 MatrixChain() 计算出的数组 s，输出计算 $A[i,j]$ 的最优计算次序。

算法 4.2 计算矩阵连乘积最优解的递归算法。

```
void TraceBack(int i, int j)
{
    if(i == j) printf("A % d", i);
    else
    {
        printf("(");
        TraceBack(i,s[i][j]);
        TraceBack(s[i][j]+1,j);
        printf(")");
    }
}
```

要输出 $A[1,n]$ 的最优完全加括号方式，只要调用 TraceBack$(1,n)$。对于上面所举的例子，通过调用 TraceBack$(1,6)$，即可输出最优计算次序 $((A_1(A_2(A_3A_4)))(A_5A_6))$。

算法 4.2 的输出结果如下：

```
((A1(A2(A3A4)))(A5A6))
```

4.2 动态规划算法的基本要素

从计算矩阵连乘积最优计算次序的动态规划算法可以看出，该算法的有效性依赖于问题本身所具有的两个重要性质：最优子结构性质和子问题重叠性质。从一般意义上讲，问题所具有的这两个重要性质是该问题可用动态规划算法求解的基本要素。这对在设计求解具体问题的算法时是否选择动态规划算法具有指导意义。

视频讲解

4.2.1　最优子结构

设计动态规划算法的第一步通常是要刻画最优解的结构。当问题的最优解包含其子问题的最优解时,称该问题具有最优子结构性质。问题的最优解子结构性质提供了该问题可用动态规划算法求解的重要线索。

在矩阵连乘积最优计算次序问题中注意到,若 $A_1A_2\cdots A_n$ 的最优完全加括号方式在 A_k 和 A_{k+1} 之间将矩阵链断开,则由此确定的子链 $A_1A_2\cdots A_k$ 和 $A_{k+1}A_{k+2}\cdots A_n$ 的完全加括号方式也最优,即该问题具有最优解子结构性质。在分析该问题的最优子结构性质时,所用的方法具有普遍性。

在动态规划算法中,利用问题的最优子结构性质,以自底向上的方法递归地从子问题的最优解逐步构造出整个问题的最优解,使我们能在相对小的子问题空间中考虑问题。例如,在矩阵连乘积最优计算次序问题中,子问题空间由矩阵链的所有不同子链组成。所有不同子链的个数为 $\Theta(n^2)$,因而子问题空间的规模为 $\Theta(n^2)$。

4.2.2　重叠子问题

可用动态规划算法求解的问题应具备的另一基本要素是子问题的重叠性质。在用递归算法自顶向下解此问题时,每次产生的子问题并不总是新问题,有些子问题被反复计算多次。动态规划算法正是利用了这种子问题的重叠性质,对每个子问题只解一次,而后将其解保存在一个表格中,当再次需要解此子问题时,只是简单地用常数时间查看一下结果。通常,不同的子问题个数随输入问题的大小呈多项式增长。因此,用动态规划算法通常只需多项式时间,从而得到较高的解题效率。

考虑计算矩阵连乘积最优计算次序时,利用递归式直接计算 $A[i,j]$ 的递归算法,如算法 4.3 所示。算法实现源代码:RecurveMatrixChain.cpp。

算法 4.3　计算矩阵连乘积的递归算法。

```
int Recurve(int i, int j)
{
    if (i == j) return 0;
    int u = Recurve(i, i) + Recurve(i + 1,j) + p[i - 1] * p[i] * p[j];
    s[i][j] = i;
    for (int k = i + 1; k < j; k++)
    {
        int t = Recurve(i, k) + Recurve(k + 1,j) + p[i - 1] * p[k] * p[j];
        if (t < u) { u = t; s[i][j] = k;}
    }
    m[i][j] = u;
    return u;
}
```

使用算法 4.3 计算 $A[1,4]$ 的递归树如图 4-3 所示。

从图 4-3 中可以看出,许多子问题被重复计算了。

由此可以看出,在解某个问题的直接递归算法所产生的递归树中,相同的子问题反复出现,并且不同子问题的个数又相对减少时,用动态规划算法是有效的。

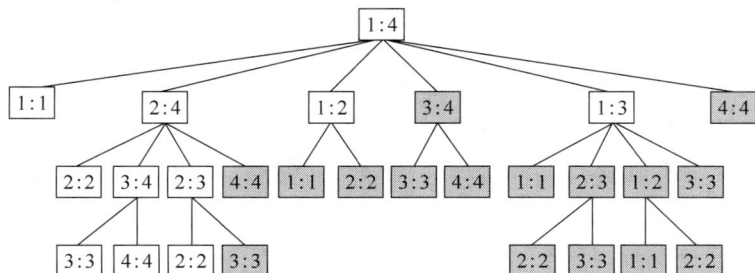

图 4-3 计算 $A[1,4]$ 的递归树

4.2.3 备忘录方法

备忘录方法是动态规划算法的变形。与动态规划算法一样,备忘录方法用一个表格保存已解决的子问题的答案,再碰到该子问题时,只要简单地查看该子问题的解答,而不必重新求解。与动态规划算法不同的是,备忘录方法采用的是自顶向下的递归方式,而动态规划算法采用的是自底向上的非递归方式。可以看到,备忘录方法的控制结构与直接递归方法的控制结构相同,区别仅在于备忘录方法为每个解过的子问题都建立了备忘录,以备需要时查看,避免了相同子问题的重复求解。

备忘录方法为每个子问题建立一个记录项,初始化时,该记录项存入一个特殊的值,表示该子问题尚未求解。在求解过程中,对碰到的每个子问题,首先查看其相应的记录项。若记录项中存储的是初始化时存入的特殊值,则表示该子问题是第一次遇到,此时需要对该子问题进行求解,并把得到的解保存在其相应的记录项中,以备以后查看。若记录项中存储的已不是初始化时存入的特殊值,则表示该子问题已被求解过,其相应的记录项中存储的是该子问题的解。此时,只要从记录项中取出该子问题的解即可,不必重新计算。

算法 4.4 是解矩阵连乘积最优计算次序问题的备忘录方法。

算法实现源代码:lookupMatrixChain.cpp。

算法 4.4 计算矩阵连乘积的备忘录算法。

```
int LookupChain(int i, int j)
{
    if (m[i][j]> 0) return m[i][j];
    if (i == j) return 0;
    int u = LookupChain(i,i) + LookupChain(i + 1,j) + p[i - 1] * p[i] * p[j];
    s[i][j] = i;
    for (int k = i + 1; k < j; k++)
    {
        int t = LookupChain(i,k) + LookupChain(k + 1,j) + p[i - 1] * p[k] * p[j];
        if (t < u) { u = t; s[i][j] = k;}
    }
    m[i][j] = u;
    return u;
}
```

与动态规划算法 MatrixChain() 一样,备忘录算法 LookupChain() 用数组 m 的单元

$m[i][j]$ 来记录子问题 $A[i,j]$ 的最优值。在调用 LookupChain() 之前,数组 m 要清零,表示相应于 $A[i,j]$ 的子问题还未被计算。在调用 LookupChain() 时,若 $m[i][j]>0$,则表示 $m[i][j]$ 中存储的是所要求子问题的计算结果,直接返回此结果即可。否则与直接递归算法一样,自顶向下地递归计算,并将计算结果存入 $m[i][j]$ 后返回。因此,LookupChain() 总能正确返回 $m[i][j]$ 的值,但仅在它第一次被调用时计算,以后的调用就直接返回计算结果。

与动态规划算法一样,备忘录算法 LookupChain() 耗时 $O(n^3)$。事实上,共有 $O(n^2)$ 个备忘记录项 $m[i][j]$,$i=1,2,\cdots,n$,$j=i,i+1,\cdots,n$,这些记录项的初始化耗费 $O(n^2)$ 时间。每个记录项只填入一次,每次填入时,不包括填入其他记录项的时间,耗费时间 $O(n)$。因此,LookupChain() 填入 $O(n^2)$ 个记录项总共耗费 $O(n^3)$ 计算时间。由此可见,使用备忘录算法的计算时间与动态规划算法的时间复杂度一致,都是 $O(n^3)$。

综上所述,矩阵连乘积的最优计算次序问题可以用自顶向下的备忘录算法或自底向上的动态规划算法在 $O(n^3)$ 时间内求解。这两个算法都利用了子问题重叠性质,总共有 $\Theta(n^2)$ 个不同的子问题。对每个子问题,两种方法都只解一次,并记录答案,再碰到该子问题时,不重新求解,而简单地取用已得到的答案。这节省了计算量,提高了算法的效率。当子问题空间中的部分子问题不必求解时,用备忘录方法则较有利,因为从其控制结构可以看出,该方法只解那些确实需要求解的子问题。

4.3　最长公共子序列

最长公共子序列(Longest Common Subsequence,LCS)算法是一种非常基础的算法,其主要作用是找出两个序列中最长的公共子序列,广泛应用于图形相似处理、媒体流的相似比较、计算生物学等方面。生物学家常常利用该算法进行基因序列比对,由此推测序列的结构、功能和演化过程。目前人们对 LCS 问题已经做了大量的研究工作。

定义 4.1　子序列:对给定序列 $X=\{x_1,x_2,\cdots,x_m\}$ 和序列 $Z=\{z_1,z_2,\cdots,z_k\}$,Z 是 X 子序列当且仅当存在一个严格递增下标序列 $\{i_1,i_2,\cdots,i_k\}$,使得对于所有 $j=1,2,\cdots,k$,有 $z_j=x_{i_j}(1\leqslant i_j\leqslant m)$。

定义 4.2　公共子序列:给定两个序列 X 和 Y,当另一个序列 Z 既是 X 的子序列又是 Y 的子序列时,称 Z 是序列 X 和 Y 的公共子序列。

定义 4.3　最长公共子序列:给定序列 X、Y 和 Z,称 Z 为 X 和 Y 的最长公共子序列是指 Z 是 X 和 Y 的公共子序列,且对于 X 和 Y 的任意公共子序列 W,都有 $|W|\leqslant|Z|$。

最长公共子序列问题就是在序列 X 和 Y 的公共子序列中查找长度最长的公共子序列。最长公共子序列往往不止一个。

例如,$X=(A,B,C,B,D,A,B)$,$Y=(B,D,C,A,B,A)$,则 $Z=(B,C,B,A)$,$Z_1=(B,C,A,B)$,$Z_2=(B,D,A,B)$,均属于 LCS(X,Y),即 X,Y 的最长公共子序列有 3 个。

4.3.1　最长公共子序列的结构

解最长公共子序列问题时最容易想到的算法是穷举搜索法,即对 X 的每一个子序列,检查它是否也是 Y 的子序列,从而确定它是否为 X 和 Y 的公共子序列,并且在检查过程中选出最长的公共子序列。X 的所有子序列都检查过后即可求出 X 和 Y 的最长公共子序列。X 的每个子序列相应于下标序列 $\{1,2,\cdots,m\}$ 的一个子序列。因此,共有 2^m 个不同的子序列,从而穷举搜索法需要指数时间。

事实上,最长公共子序列问题具有最优子结构性质,因此有如下定理:

定理(LCS 的最优子结构性质) 设序列 $X=\{x_1,x_2,\cdots,x_m\}$ 和 $Y=\{y_1,y_2,\cdots,y_n\}$ 的一个最长公共子序列 $Z=\{z_1,z_2,\cdots,z_k\}$,则

(1) 若 $x_m=y_n$,则 $z_k=x_m=y_n$,且 Z_{k-1} 是 X_{m-1} 和 Y_{n-1} 的最长公共子序列;

(2) 若 $x_m\neq y_n$,且 $z_k\neq x_m$,则 Z 是 X_{m-1} 和 Y 的最长公共子序列;

(3) 若 $x_m\neq y_n$,且 $z_k\neq y_n$,则 Z 是 X 和 Y_{n-1} 的最长公共子序列。

其中,$X_{m-1}=\{x_1,x_2,\cdots,x_{m-1}\}$,$Y_{n-1}=\{y_1,y_2,\cdots,y_{n-1}\}$,$Z_{k-1}=\{z_1,z_2,\cdots,z_{k-1}\}$。

证明:(1) 用反证法。若 $z_k\neq x_m$,则 $\{z_1,z_2,\cdots,z_k,x_m\}$ 是 X 和 Y 的长度为 $k+1$ 的公共子序列。这与 Z 是 X 和 Y 的一个最长公共子序列矛盾。因此,必有 $z_k=x_m=y_n$。由此可知 Z_{k-1} 是 X_{m-1} 和 Y_{n-1} 的一个长度为 $k-1$ 的公共子序列。若 X_{m-1} 和 Y_{n-1} 有一个长度大于 $k-1$ 的公共子序列 W,则将 X_m 加在其尾部将产生 X 和 Y 的一个长度大于 k 的公共子序列,此为矛盾。所以 Z_{k-1} 是 X_{m-1} 和 Y_{n-1} 的一个最长公共子序列。

(2) 由于 $z_k\neq x_m$,Z 是 X_{m-1} 和 Y 的一个公共子序列。若 X_{m-1} 和 Y 有一个长度大于 k 的公共子序列 W,则 W 也是 X 和 Y 的一个长度大于 k 的公共子序列。这与 Z 是 X 和 Y 的一个最长公共子序列矛盾,所以 Z 是 X_{m-1} 和 Y 的一个最长公共子序列。

(3) 与(2)的证明类似。

这个定理告诉我们,两个序列的最长公共子序列包含这两个序列的前缀的最长公共子序列。因此,最长公共子序列问题具有最优子结构性质。

4.3.2 子问题的递归结构

由最长公共子序列问题的最优子结构性质可知,要找出 X 和 Y 的最长公共子序列,可以按以下方式递归地进行:

(1) 当 $x_m=y_n$ 时,找出 X_{m-1} 和 Y_{n-1} 的最长公共子序列,然后在其尾部加上 $x_m(=y_n)$,即可得 X 和 Y 的一个最长公共子序列。

(2) 当 $x_m\neq y_n$ 时,必须解两个子问题,即找出 X_{m-1} 和 Y 的一个最长公共子序列及 X 和 Y_{n-1} 的一个最长公共子序列。这两个公共子序列中较长者为 X 和 Y 的一个最长公共子序列。

由此递归结构容易看到,最长公共子序列问题具有子问题重叠性质。例如,在计算 X 和 Y 的最长公共子序列时,可能要计算出 X 和 Y_{n-1} 及 X_{m-1} 和 Y 的最长公共子序列。而这两个子问题都包含一个公共子问题,即计算 X_{m-1} 和 Y_{n-1} 的最长公共子序列。

与矩阵连乘积最优计算次序问题类似,我们来建立子问题的最优值的递归关系。用 $c[i][j]$ 记录序列 X_i 和 Y_j 的最长公共子序列的长度。其中 $X_i=\{x_1,x_2,\cdots,x_i\}$,$Y_j=\{y_1,y_2,\cdots,y_j\}$。当 $i=0$ 或 $j=0$ 时,X_i 和 Y_j 的最长公共子序列为空,故 $c[i][j]=0$。其他情况下,由定理可建立递归关系如下:

$$c[i][j]=\begin{cases}0 & (i=0,j=0)\\ c[i-1][j-1]+1 & (i,j>0;\ x_i=y_i)\\ \max\{c[i][j-1],c[i-1][j]\} & (i,j>0;\ x_i\neq y_i)\end{cases}$$

4.3.3　计算最优值

直接利用递归式容易写出计算 $c[i][j]$ 的递归算法,但其计算时间是随输入长度呈指数增长的。由于在所考虑的子问题空间中,总共只有 $\Theta(mn)$ 个不同的子问题,因此,用动态规划算法自底向上地计算最优值能提高算法的效率。

计算最长公共子序列长度的动态规划算法 LCSLength() 以序列 X 和 Y 作为输入。

算法 4.5 是计算最长公共子序列的动态规划算法。

算法 4.5　计算最长公共子序列的动态规划算法。

```
#define NUM 1000
int c[NUM][NUM];                            //LCS 的长度
int b[NUM][NUM];                            //LCS 的位置
string x,y;
int m,n;                                    //给定字符串长度
void LCSLength()
{
    //根据递推公式构造数组 c
    for (i = 1; i <= m; i++)
    for (j = 1; j <= n; j++)
    {
        if (x[i] == y[j])
            {c[i][j] = c[i-1][j-1] + 1; b[i][j] = 1; }      //↖
        else if (c[i-1][j] >= c[i][j-1])
            {c[i][j] = c[i-1][j]; b[i][j] = 2; }            //↑
        else { c[i][j] = c[i][j-1]; b[i][j] = 3; }          //←
    }
}
```

算法实现源代码:LCS.cpp。

输出两个数组 $c[0\cdots m][0\cdots n]$ 和 $b[1\cdots m][1\cdots n]$。数组 c 用来记录最长公共子序列的长度,$c[i][j]$ 表示 X_i 与 Y_j 的最长公共子序列的长度,$b[i][j]$ 记录 $c[i][j]$ 的值是由哪一个子问题的解得到的,这在构造最长公共子序列时要用到。X 和 Y 的最长公共子序列的长度记录于 $c[m][n]$ 中。

每个数组单元的计算耗费 $O(1)$ 时间,所以算法 LCSLength() 耗时 $O(mn)$ 时间。

我们给出一个具体的例子说明 LCSLength() 算法的执行过程。

例如,$X=\{A,B,C,B,D,A,B\}$,$Y=\{B,D,C,A,B,A\}$。可以看到,它有两个长度为 4 的最长公共子序列"BDAB"和"BCBA"。

利用算法 4.5 计算出二维数组 c 的结果,如图 4-4(a)所示;二维数组 b 的结果,如图 4-4(b)所示,其中"↖"表示数字 1,"↑"表示数字 2,"←"表示数字 3,以便直观地表示搜索的过程。

		0	1	2	3	4	5	6
	y_i		B	D	C	A	B	A
0	x_i	0	0	0	0	0	0	0
1	A	0	0	0	0	1	1	1
2	B	0	1	1	1	1	2	2
3	C	0	1	1	2	2	2	2
4	B	0	1	1	2	2	3	3
5	D	0	1	2	2	2	3	3
6	A	0	1	2	2	3	3	4
7	B	0	1	2	2	3	4	4

(a) 数组c:LCS长度计算

		0	1	2	3	4	5	6
	y_i		B	D	C	A	B	A
0	x_i							
1	A		↑	↑	↑	↖	←	↖
2	B		↖	←	←	↑	↖	←
3	C		↑	↑	↖	←	↑	↑
4	B		↖	↑	↑	↑	↖	←
5	D		↑	↖	↑	↑	↑	↑
6	A		↑	↑	↑	↖	↑	↖
7	B		↖	↑	↑	↑	↖	↑

(b) 数组b:LCS字符的搜索过程

图 4-4　算法 LCS 的计算过程示例

4.3.4　构造最长公共子序列

由算法 LCSLength()计算得到的数组 b 可用于快速构造序列 X 和 Y 的最长公共子序列。首先从 $b[m][n]$开始，沿着表格中箭头所指的方向在数组 b 中搜索。当数组 $b(b[i][j]=1)$中遇到“↖”时，表示 X_i 与 Y_j 的最长公共子序列是由 X_{i-1} 与 Y_{j-1} 的最长公共子序列在尾部加上 x_i 得到的子序列；当数组 $b(b[i][j]=2)$中遇到“↑”时，表示 X_i 与 Y_j 的最长公共子序列和 X_{i-1} 与 Y_j 的最长公共子序列相同；当数组 $b(b[i][j]=3)$中遇到“←”时，表示 X_i 与 Y_j 的最长公共子序列和 X_i 与 Y_{j-1} 的最长公共子序列相同。

算法 4.6 是实现根据数组 b 的内容打印出 X_i 和 Y_j 的最长公共子序列。通过调用算法 LCS(int i,int j,char x[])，便可打印出序列 X 和 Y 的最长公共子序列。

算法 4.6　构造最长公共子序列的递归算法。

```
void LCS(int i, int j)
{
    if (i == 0 || j == 0) return;
    if (b[i][j] == 1){
       LCS(i - 1, j - 1);
       printf(" %c", x[i]);
    }
    else if (b[i][j] == 2) LCS(i - 1, j, x);
    else LCS(i, j - 1, x);
}
```

算法中只构造出最长公共子序列的一种解，从 $i=7,j=6$ 开始，因为在算法 4.5 中，当 $c[i-1][j]=c[i][j-1]$时，执行 $c[i][j]=c[i-1][j]$，因此算法构造出的最长公共子序列是“BCBA”；若算法改为 $c[i][j]=c[i][j-1]$，$b[i][j]=2$ 时，则构造出另一个最长公共子序列“BDAB”。

在算法 LCS 中，每一次递归调用使 i 或 j 减 1，因此算法的计算时间为 $O(m+n)$。

算法 LCSLength()还可以进一步改进。例如数组 $c[i][j]$的值仅由 $c[i-1][j-1]$、$c[i][j-1]$和 $c[i-1][j]$中的一个值确定，只需要计算最长公共子序列的长度，则一次只需要表 c 的两行：正在计算的一行和前一行，只保存这两行以降低渐近空间的要求。

4.4　最大子段和

给定由 n 个整数(可能有负数)组成的序列 $a_1, a_2, \cdots, a_n$,要在这 n 个数中选取相邻的一段 $a_i, a_{i+1}, \cdots, a_j (1 \leqslant i \leqslant j \leqslant n)$,使其和最大,并输出最大的和。当所有整数均为负整数时,定义最大子段和为 0。依此定义,所求的最优值为:

$$\max_{1 \leqslant i \leqslant j \leqslant n} \left\{ 0, \ \max \sum_{k=i}^{j} a_k \right\}$$

例如,当 $\{a_1, a_2, \cdots, a_8\} = \{1, -3, 7, 8, -4, 12, -10, 6\}$ 时,最大子段和为 $\sum_{k=3}^{6} a_k = 23$。

令 $b[j] = \max_{1 \leqslant i \leqslant j} \left\{ \sum_{k=i}^{j} a[k] \right\}, 1 \leqslant j \leqslant n$,则所求的最大子段和为

$$\max_{1 \leqslant i \leqslant j \leqslant n} \sum_{k=i}^{j} a[k] = \max_{1 \leqslant j \leqslant n} \left\{ \max_{1 \leqslant i \leqslant j} \left\{ \sum_{k=i}^{j} a[k] \right\} \right\} = \max_{1 \leqslant j \leqslant n} \{ b[j] \}$$

根据 $b[j]$ 的定义,当 $b[j-1] > 0$ 时,$b[j] = b[j-1] + a[j]$,否则 $b[j] = a[j]$。因此可得计算 $b[j]$ 的动态规划递归式:

$$b[j] = \max\{ b[j-1] + a[j], a[j] \}, \quad 1 \leqslant j \leqslant n$$

算法 4.7 是实现计算最大子段和的动态规划算法。显然,算法 4.7 只需要 $O(n)$ 的计算时间和 $O(n)$ 的空间。

算法实现源代码:MaxSum-dp.cpp。

算法 4.7　计算最大子段和的动态规划算法。

```
# define NUM 1001
int a[NUM];
int MaxSum(int n)
{
    int sum = 0;
    int b = 0;
    for (int i = 1;i <= n;i++)
    {
        if (b > 0) b += a[i]; else b = a[i];
        if (b > sum) sum = b;
    }
    return sum;
}
```

算法 4.7 能计算出最大子段和的最优值,但是没有给出最优解。下面构造最优解。

令 besti 和 bestj 为最大子段和 sum 的起始位置和结束位置;在当前位置 i,如果 $b[i-1] \leqslant 0$ 时,在取 $b[i] = a[i]$ 的同时,保存该位置 i 到变量 begin 中,显然:

(1) 当 $b(i-1) \leqslant 0$ 时,begin $= i$,新的起始边界。

(2) 当 $b(i) \geqslant$ sum 时,besti $=$ begin,bestj $= i$。获得更大的子段和,更新左右边界。

算法 4.8 给出了计算最大子段和的动态规划算法的最优解。在调用 MaxSum() 时,对应形参 int &besti 和 int &bestj 的实参变量应初始化为 0。

算法实现源代码：MaxSum-Best.cpp。

算法 4.8　计算最大子段和的动态规划算法的最优解。

```
#define NUM 1001
int a[NUM];
int MaxSum(int n, int &besti, int &bestj)
{
    int sum = 0;
    int b = 0;
    //当 b[i-1]≤0 时,记录 b[i]=a[i]的位置
    int begin = 0;
    for (int i = 1;i <= n;i++)
    {
        if (b > 0) b += a[i];
        else {b = a[i];begin = i;}              //更新到最新的位置
        if (b > sum)
        {
            sum = b;
            //得到新的最优值时,更新左右边界
            besti = begin;
            bestj = i;
        }
    }
    return sum;
}
```

样例数据$\{1,-3,7,8,-4,12,-10,6\}$的计算过程,如表 4-5 所示。

表 4-5　样例数据的计算结果

i	1	2	3	4	5	6	7	8
a[i]	1	-3	7	8	-4	12	-10	6
b	1	-2	7	15	11	23	13	19
sum	1	1	7	15	15	23	23	23
besti	1	1	3	3	3	3	3	3
bestj	1	1	3	4	4	6	6	6

与最大子段和问题密切相关的是最大子矩阵和的问题：给定一个 m 行 n 列的整数矩阵 A,试求矩阵 A 的一个子矩阵,使其各元素之和为最大,即计算：

$$\max_{\substack{1\leqslant i_1\leqslant i_2\leqslant m \\ 1\leqslant j_1\leqslant j_2\leqslant n}}\left\{\sum_{i=i_1}^{i_2}\sum_{j=j_1}^{j_2}a[i][j]\right\}$$

最大子矩阵和问题是最大子段和问题的推广,详细介绍请参考 zju1074-To the Max。

4.5　0-1 背包问题

给定一个物品集合 $s=\{1,2,3,\cdots,n\}$,物品 i 的质量为 w_i,其价值为 v_i,背包的容量为 W,即最大载质量不超过 W。在限定的总质量 W 内,如何选择物品,才能使得物品的总价值

最大？在商业、组合数学、计算复杂度理论、密码学和应用数学等领域中，经常遇到相似的问题。

如果物品不能被分割，即物品 i 要么整个地选取，要么不选取；不能将物品 i 装入背包多次，也不能只装入部分物品 i，则该问题称为 0-1 背包问题（Knapsack Problem）。如果物品可以拆分，则问题称为背包问题，适合使用贪心算法。

为了便于分析，下面假定所有物品的质量、价值和 W 都是正整数。0-1 背包问题就是找到一个物品子集 $s' \in s$，使得 $\max \sum\limits_{i \in s'} v_i$，且 $\sum\limits_{i \in s'} w_i \leqslant W$。

假设 x_i 表示物品 i 装入背包的情况，$x_i = 0, 1$。当 $x_i = 0$ 时，表示物品没有装入背包；当 $x_i = 1$ 时，表示把物品装入背包。根据问题的要求，则有：

约束方程：$\sum\limits_{i=1}^{n} w_i x_i \leqslant W$

目标函数：$\max \sum\limits_{i=1}^{n} v_i x_i$

因此，问题就归结为找到一个满足上述约束方程，并使目标函数达到最大的解向量：

$$\boldsymbol{X} = \{x_1, x_2, \cdots, x_n\}, \quad x_i \in \{0, 1\}$$

4.5.1　递归关系分析

0-1 背包问题具有最优子结构性质。设所给 0-1 背包问题的子问题为：

$$\max \sum_{k=i}^{n} v_k x_k$$

$$\sum_{k=i}^{n} w_k x_k \leqslant j$$

其中，$x_k \in \{0, 1\}$，$i \leqslant k \leqslant n$ 的最优值为 $p(i, j)$，即 $p(i, j)$ 是背包容量为 j，可选物品为 i，$i+1, \cdots, n$ 时 0-1 背包问题的最优值。建立计算 $p(i, j)$ 的递归式如下：

$$p(i, j) = \begin{cases} \max\{p(i+1, j), p(i+1, j-w_i) + v_i\} & (j \geqslant w_i) \\ p(i+1, j) & (0 \leqslant j < w_i) \end{cases}$$

$$p(n, j) = \begin{cases} v_n & (j \geqslant w_n) \\ 0 & (0 \leqslant j < w_n) \end{cases}$$

"将前 i 个物品放入容量为 j 的背包中"这个子问题，转换为只考虑物品 i 的策略（装入或不装入）的问题。

（1）$p(i+1, j)$：不装入物品 i，也可能物品 i 无法装入（$0 \leqslant j < w_i$），背包的容量 j 不变。问题就转换为"前 $i+1$ 个物品放入容量为 j 的背包中"的子问题；

（2）$p(i+1, j-w_i) + v_i$：装入物品 i（$j \geqslant w_i$），则新增价值 v_i，但背包容量变为 $j - w_i$。问题就转换为"前 $i+1$ 个物品放入容量为 $j - w_i$ 的背包中"的子问题；

（3）对最后一个物品 n，如果 $j \geqslant w_n$，则肯定装入，获得价值 v_n；如果 $0 \leqslant j < w_n$，则无法装入，获得的价值为 0。

递推算法的示意图如图 4-5 所示。

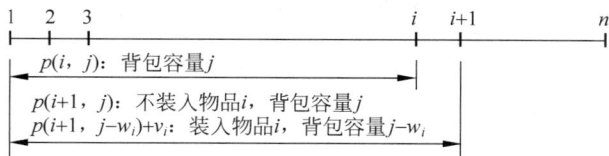

图 4-5 0-1 背包问题的动态规划算法示意图

4.5.2 算法实现

算法 4.9 给出了计算 0-1 背包问题的动态规划算法。

算法 4.9 计算 0-1 背包问题的动态规划算法。

```
# define NUM 110                                        //物品数量的上限
# define CAP 1500                                       //背包容量的上限
int w[NUM];                                             //物品的质量
int v[NUM];                                             //物品的价值
int p[NUM][CAP];                                        //用于递归的数组
//形参 c 是背包的容量 W,n 是物品的数量
void knapsack(int c, int n)
{
    for( int j = w[n]; j <= c; j++)
        p[n][j] = v[n];
    for( int i = n - 1; i > 1; i -- )                   //计算递推式
    {
        jMax = min(w[i] - 1,c);
        for( int j = 0; j <= jMax; j++)
            p[i][j] = p[i + 1][j];
        for(int j = w[i]; j <= c; j++)
            p[i][j] = max(p[i + 1][j], p[i + 1][j - w[i]] + v[i]);
    }
    p[1][c] = p[2][c];                                  //计算最优值
    if (c >= w[1])
        p[1][c] = max(p[1][c], p[2][c - w[1]] + v[1]);
}
```

算法实现源代码：knapsack.cpp。

根据算法 4.9，$p[1][c]$ 给出了所要求的 0-1 背包问题的最优值。

例如，背包的容量为 4，要装入 4 个物品，它们的质量分别为 2、1、3 和 2，价值分别为 12、10、20 和 15，如表 4-6 所示。

表 4-6 背包的数据

物品编号	1	2	3	4
质量 W	2	1	3	2
价值 v	12	10	20	15

使用算法 4.9 进行计算，得到数组 p 的值如表 4-7 所示。

表 4-7　样例数据的动态规划计算结果

n	0	1	2	3	4	5
1	0	0	0	0	0	37
2	0	10	15	25	30	35
3	0	0	15	20	20	35
4	0	0	15	15	15	15

其最优值为 $p[1][5]=37$。

相应的最优解,由算法 4.10 给出。

算法 4.10　计算 0-1 背包问题的最优解。

```
//形参数组 x 是解向量
void traceback( int c, int n, int x[ ])
{
    for(int i = 1; i < n; i++)
    {
        if (p[i][c] == p[i+1][c]) x[i] = 0;
        else { x[i] = 1; c -= w[i]; }
    }
    x[n] = (p[n][c])? 1:0;
}
```

如果 $p[1][c]=p[2][c]$,则 $x_1=0$,否则 $x_1=1$。当 $x_1=0$ 时,由 $p[2][c]$ 继续构造最优解;当 $x_1=1$ 时,由 $p[2][c-w_1]$ 继续构造最优解。以此类推,可构造出相应的最优解:

$$\{x_1,x_2,\cdots,x_n\}$$

上例的最优解为 $\{1,1,0,1\}$。

算法时间复杂度分析:从算法 4.9 中的 knapsack()可以看出,主要是计算数组 p 的时间,其时间复杂度为 $O(nw)$。计算解向量的算法 4.10 中的 traceback(),是一维数组,时间复杂度为 $O(n)$。

如果不需要计算最优解,则编程要简单得多。变量的定义同算法 4.9,核心代码如下:

```
int W,n;
while (scanf(" % d", &W) && W)
{
    scanf(" % d", &n);
    for (int i = 1; i <= n; i++)
        scanf(" % d % d", &w[i], &v[i]);
    memset (p, 0, sizeof(p));
    for (int i = 1; i <= n; i++)
        for (int c = W; c > 0; c -- )
            if (w[i]<= c) p[i][c] = max(p[i-1][c],p[i-1][c-w[i]] + v[i]);
            else p[i][c] = p[i-1][c];
    printf(" % d\n",p[n][W]);                          //输出最优值
}
```

算法实现源代码:0-1 背包问题-二维数组.cpp。

由于 $p[i]$ 只与 $p[i-1]$ 有关,可以使用滚动数组存储中间结果,核心代码如下:

```
int W,n;
while (scanf(" % d", &W) && W)
{
    scanf(" % d", &n);
    for (int i = 1; i <= n; i++)
        scanf(" % d % d", &w[i], &v[i]);
    memset (p, 0, sizeof(p));
    //设 p(c)表示质量不超过 c 公斤的最大价值
    for (int i = 1; i <= n; i++)
        for (int c = W; c >= w[i]; c--)
            if (p[c-w[i]]+v[i]>p[c])
                p[c] = p[c-w[i]]+v[i];
    printf(" % d\n",p[W]);                              //输出最优值
}
```

算法实现源代码：0-1 背包问题--一维数组.cpp。

4.6 最长单调递增子序列

设 $L\{a_1,a_2,\cdots,a_n\}$ 是 n 个不同的实数序列，L 的递增子序列是这样一个子序列：

$L'=\{a_{k1},a_{k2},\cdots,a_{km}\}$，其中 $k_1<k_2<\cdots<k_m$，且 $a_{k1}\leqslant a_{k2}\leqslant\cdots\leqslant a_{km}$。求最大的 m 值。

设辅助数组 b，定义 $b[i]$ 表示以 $a[i]$ $(1\leqslant i\leqslant n)$ 为结尾的最长递增子序列的长度，则序列 L 的最长递增子序列的长度为：$\max_{1\leqslant i\leqslant n}\{b[i]\}$。

显然 $b[i]$ 满足最优子结构性质，可得状态转移方程如下：

$$\begin{cases} b[1]=1 \\ b[i]=\max_{\substack{1\leqslant k<i \\ a[k]\leqslant a[i]}}\{b[k]\}+1 \quad (i\leqslant i\leqslant n) \end{cases}$$

该状态转移方程表示在 $a[i]$ 前面找到满足 $a[k]\leqslant a[i]$ $(1\leqslant k<i)$ 的最大 $b[k]$，则以 $a[i]$ 为结尾的最长递增子序列的长度就是 $b[k]+1$。

算法 4.11 给出了计算最长递增子序列的算法。

算法 4.11 计算最长递增子序列的动态规划算法。

```
#define NUM 100
int a[NUM];                                             //序列 L
int LIS_n2(int n)
{
    int b[NUM] = {0};                                   //辅助数组 b
    int i,j;
    b[1] = 1;
    int max = 0;                                        //数组 b 的最大值
    for (i =2;i <= n; i++)
    {
        int k = 0;
        for (j=1; j<i; j++)
            if (a[j]<= a[i] && k<b[j]) k = b[j];
```

```
        b[i] = k + 1;
        if (max < b[i]) max = b[i];
    }
    return max;
}
```

算法实现源代码：LIS_n2.cpp。

假设序列 L 为 $\{65,158,170,155,239,300,207,389\}$，计算过程如表 4-8 所示。

表 4-8 样例序列 L 的动态规划计算结果

下标	1	2	3	4	5	6	7	8
数组 a	65	158	170	155	239	300	207	389
数组 b	1	2	3	2	4	5	4	6

最长递增子序列的长度，就是数组 b 的最大值 6。

算法 4.11 使用了二重循环，计算时间复杂度为 $O(n^2)$。

4.7 数字三角形问题

如图 4-6(a)所示的数字三角形，从顶部出发，在每一结点可以选择向左走或者向右走，一直走到底层。试设计一个算法，计算从三角形的顶至底的一条路径，使该路径经过的数字总和最大。

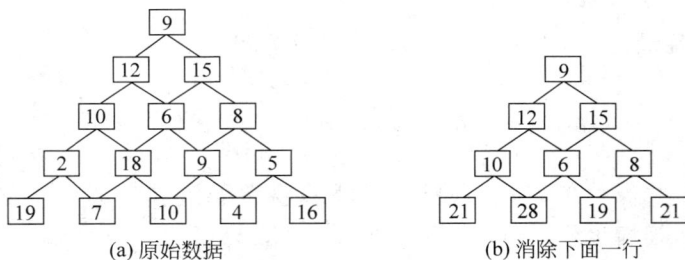

(a) 原始数据   (b) 消除下面一行

图 4-6 数字三角形示例

本题若采用贪心算法就无法找到真正的最大和。当从顶部向下时，路径上的数字和为：

$$9 + 15 + 8 + 9 + 10 = 51$$

当从底部向上时，路径上的数字和为：

$$19 + 2 + 10 + 12 + 9 = 52$$

而真正的最大和为：

$$9 + 12 + 10 + 18 + 10 = 59$$

从数字三角形的特点来看，不难发现解决问题的阶段划分应该是自下而上逐层决策。不同于贪心算法的是，动态规划算法是逐层递推的。例如，从底部向上递推一层时，结果如图 4-6(b)所示。使用数组 tri 存储数字三角形，三角形的最左边存储在数组的第 0 列，以此类推，如表 4-9 所示。

表 4-9　数字三角形的存储结构

数组 tri	0	1	2	3	4
0	9				
1	12	15			
2	10	6	8		
3	2	18	9	5	
4	19	7	10	4	16

因此状态转移方程如下：

$$\mathrm{tri}[i][j] = \mathrm{tri}[i][j] + \max\{\mathrm{tri}[i+1][j], \mathrm{tri}[i+1][j+1]\}$$

其中 $i = n-2, n-3, \cdots, 0, 0 \leqslant j \leqslant i$。

算法 4.12 给出了计算数字三角形问题的算法。

算法 4.12　计算数字三角形问题的动态规划算法。

```
int n;
scanf(" % d", &n);
int tri[100][100];
for (int i = 0; i < n; i++)                          //读取数据
    for (int j = 0; j <= i; j++)
        scanf(" % d", &tri[i][j]);
for (int i = n - 2; i >= 0; i--)                     //自底向上递推
    for (int j = 0; j <= i; j++)
        tri[i][j] += max(tri[i + 1][j], tri[i + 1][j + 1]);
printf(" % d\n", tri[0][0]);
```

算法实现源代码：Triangle.cpp。

4.8　ZOJ1027-Human Gene Functions

视频讲解

【问题描述】

众所周知，可以认为人类基因是一个基因序列，包含四种核苷酸，分别用 A、C、T 和 G 四个字母简单地表示。生物学家对鉴别人类基因并确定它们的功能很感兴趣，因为这对诊断人类疾病和开发新药很有用。

本节的任务是编写一个程序，按以下规则比较两个基因并确定它们的相似程度。如果程序算法高效，就会作为基因数据库的检索功能之一。

给出两个基因 AGTGATG 和 GTTAG，它们有多相似呢？测量两个基因相似度的一种方法称为对齐。使用对齐方法，可以在基因的适当位置插进空格，让两个基因的长度相等，然后根据基因分值矩阵（见表 4-10）计算分数。

例如，给 AGTGATG 插入一个空格，就得到 AGTGAT－G；给 GTTAG 插入三个空格，就得到－GT－－TAG。空格用减号（－）表示。现在两个基因一样长，把这两个字符串对齐：

```
AGTGAT-G
-GT--TAG
```

表 4-10   基因分值矩阵

基因	A	C	G	T	—
A	5	−1	−2	−1	−3
C	−1	5	−3	−2	−4
G	−2	−3	5	−2	−2
T	−1	−2	−2	5	−1
—	−3	−4	−2	−1	*

*号表示空格对空格是不允许的。

对齐以后,有四个基因是相配的:第二位的 G,第三位的 T,第六位的 T 和第八位的 G。根据下列基因分值矩阵,每对匹配的字符都有相应的分值。

上面对齐的字符串分值是$(−3)+5+5+(−2)+(−3)+5+(−3)+5=9$。

当然还有其他的对齐方式。下面是另一种对齐方式(不同数量的空格插进不同的位置):

```
AGTGATG
-GTTA-G
```

这种对齐方式的分值是$(−3)+5+5+(−2)+5+(−1)+5=14$,它比前一个要好。其实这种对齐方式是最优的,没有其他的方式能得到更高的分值了,所以这两个基因的相似度是 14。

输入

输入数据有 T 组测试例,在第一行给出测试例个数(T)。每个测试例有两行,每行有一个表示基因长度的整数和一个基因序列。每个基因序列的长度大于 1 但不超过 100。

输出

输出每个测试例的相似度,每行一个。

输入样例

```
2
7 AGTGATG
5 GTTAG
7 AGCTATT
9 AGCTTTAAA
```

输出样例

```
14
21
```

题目来源

Asia 2001, Taejon (South Korea)

【算法分析】

在衡阳市第八中学信息学奥赛论坛(已关闭)中,管理员转载有 LeeMars 的算法,下面的描述参考该算法。

1. 数据结构

基因分值矩阵的表示:

$$\text{int score}[5][5] = \{\{5,-1,-2,-1,-3\},$$
$$\{-1,5,-3,-2,-4\},$$
$$\{-2,-3,5,-2,-2\},$$
$$\{-1,-2,-2,5,-1\},$$
$$\{-3,-4,-2,-1,0\}\};$$

原矩阵的下标是'A''C''G''T'和'一',有很多程序采用 switch 语句转换,这里采用 m 数组转换:

```
char m[128];
```

只使用其中 5 个单元:$m['A']=0$;$m['C']=1$;$m['G']=2$;$m['T']=3$;$m['-']=4$。
两个基因使用字符串表示:

```
string s1,s2;
```

类似于最长公共子序列的算法,在字符串前面加空格,下标从 1 开始。

2. 动态规划算法的实现

本题类似于最长公共子序列(LCS)问题,详细描述请参考 4.3 节最长公共子序列。
使用数组 gene 记录动态规划过程中产生的中间结果:

```
#define NUM 101
int gene[NUM][NUM];
```

gene$[i][j]$ 表示基因子串 s1$[1\cdots i]$ 和 s2$[1\cdots j]$ 的分值,根据题意有下列关系。
(1) s1 取第 i 个字母,s2 取'一':

```
m1 = gene[i-1][j] + score[m[s1[i]]][4];
```

(2) s1 取'一',s2 取第 j 个字母:

```
m2 = gene[i][j-1] + score[4][m[s2[j]]];
```

(3) s1 取第 i 个字母,s2 取第 j 个字母:

```
m3 = gene[i-1][j-1] + score[m[s1[i]]][m[s2[j]]];
```

则 gene$[i][j]=\max(m1,m2,m3)$,最终结果在 gene[first][second]单元中。
边界条件就是当 i 或 j 为 0 时,分两种情况考虑。
数组 gene 是全局变量,gene[0][0]自然是 0。
(1) 当 $i=0$ 时,即为数组 gene 的第 0 行,表示只有字符串 s2,没有字符串 s1 的情况。此时,对应字符串 s2 每个位置的分值,就是从字符串起始位置开始的每个字符与空格对齐的分值之和:gene$(0,i)=\sum$gene$(0,j)$,$1\leqslant j\leqslant i$。
(2) 当 $j=0$ 时,即为数组 gene 的第 0 列,表示只有字符串 s1,没有字符串 s2 的情况。此时,对应字符串 str1 每个位置的分值,就是从字符串起始位置开始的每个字符与空格对齐的分值之和：$gene(j,0) = \sum gene(i,0), 1 \leqslant i \leqslant j$。 程序实现如算法 4.13 所示。

算法 4.13　计算两个基因相似度的算法。

```
string s1,s2;
int first,second;
cin >> first >> s1;                              //第 1 个基因信息
cin >> second >> s2;                             //第 2 个基因信息
s1 = ' ' + s1, s2 = ' ' + s2;                   //下标从 1 开始
//计算动态规划算法的边界条件
for(int i = 1; i <= second; i++)
    gene[0][i] = gene[0][i-1] + score[4][m[s2[i]]];
for(int i = 1; i <= first; i++)
    gene[i][0] = gene[i-1][0] + score[m[s1[i]]][4];
//求解最优值
int m1,m2,m3;
for(int i = 1; i <= first; i++)
    for(int j = 1; j <= second ; j++)
    {
        m1 = gene[i-1][j] + score[m[s1[i]]][4];
        m2 = gene[i][j-1] + score[4][m[s2[j]]];
        m3 = gene[i-1][j-1] + score[m[s1[i]]][m[s2[j]]];
        gene[i][j] = max(m1,max(m2,m3));
    }
printf(" %d\n",gene[first][second]);
```

其中 '一' 在数组 score 中的下标为 4；字符串 s1、s2 中的字符通过 m 数组转换。最优值在 gene[first][second]中。

算法实现源代码：zju1027-Human Gene Functions-string. cpp。

对于样例数据 1,当 DP 结束时,数组 gene 的值如表 4-11 所示。

表 4-11　样例数据 1 的数组 gene

基因		s2	G	T	T	A	G
	下标	0	1	2	3	4	5
s1	0	0	−2	−3	−4	−7	−9
A	1	−3	−2	−3	−4	1	−1
G	2	−5	2	1	0	−1	6
T	3	−6	1	7	6	3	5
G	4	−8	−1	5	5	4	8
A	5	−11	−4	2	4	10	8
T	6	−12	−5	1	7	9	8
G	7	−14	−7	−1	5	7	14

4.9　ZOJ1074-To the Max

【问题描述】

有一个包含正数和负数的二维数组。一个子矩阵是指在该二维数组里,任意相邻的下标是 1×1 或更大的子数组。一个子矩阵的和是指该子矩阵中所有元素的和。本题中把具

有最大和的子矩阵称为最大子矩阵。

例如,如下数组的最大子矩阵位于左下角,其和为 15。

0	-2	-7	0
9	2	-6	2
-4	1	-4	1
-1	8	0	-2

输入

输入是 $N \times N$ 个整数的数组。第一行是一个正整数 N,表示二维方阵的大小。接下来是 N^2 个整数(由空格和换行隔开)。该数组的 N^2 个整数是以行序给出的。也就是说,先是第一行的数,由左到右;然后是第二行的数,由左到右,等等。

N 可能达到 100,数组元素的范围是 $[-127, 127]$。

输出

输出是最大子矩阵的和。

输入样例

```
4
 0  -2  -7   0
 9   2  -6   2
-4   1  -4   1
-1   8   0  -2
```

输出样例

```
15
```

题目来源

Greater New York 2001

【算法分析】

本题直接模拟是要超时的,需要使用动态规划算法。其算法的详细描述,请读者阅读参考文献[1]中第 3 章和第 4.4 节的有关最大子段和问题与动态规划算法的推广内容。

设数组 b 表示数组 a 的 $i \sim j (0 \leqslant i \leqslant j \leqslant n-1)$ 行,对应列元素的和,如图 4-7 所示。

然后对数组 b 计算最大子段和,这就将二维动态规划问题转换为一维动态规划问题。递推表达式参见 4.4 节最大子段和。程序实现如算法 4.14 所示。

数组a	0	1	2	$\cdots$	$n-1$
第i行	a_{i0}	a_{i1}	a_{i2}	$\cdots$	$a_{1,n-1}$
$\vdots$	$\vdots$	$\vdots$	$\vdots$	$\vdots$	$\vdots$
第j行	a_{j0}	a_{j1}	a_{j2}	$\cdots$	$a_{j,n-1}$

数组b	b_0	b_1	b_2	$\cdots$	b_{n-1}

图 4-7 二维数组的动态规划算法示意图

算法 4.14 计算最大子矩阵和的动态规划算法。

```
int max = - 32767;                                    //最大子矩阵的和( - ∞)
for(i = 0; i < n; i++)
{
    //使用数组 b 将二维动态规划问题转换为一维动态规划问题
    memset(b, 0, sizeof(b));
    for(j = i; j < n; j++)
    {
        //求最大子段和的动态规划算法
        int sum = 0;
        for(k = 0; k < n; k++)
        {
            //采用累加的方法求和
            b[k]  += a[j][k];
            sum  += b[k];
            //前面的子段和 < 0,丢弃,然后重新开始
            if(sum < b[k]) sum  = b[k];
            if(sum > max) max  = sum;
        }
    }
}
printf(" % d\n",max);
```

算法 4.14 有三重循环,算法的时间复杂度为 $O(n^3)$。

算法实现源代码:zju1074-To the Max. c。

4.10　ZOJ1107-FatMouse and Cheese

视频讲解

【问题描述】

FatMouse 在城市里储藏了一些奶酪。可以认为城市是一个边长为 n 的正方形网格:每个格子的位置标号是 (p,q),$0 \leqslant p < n$,$0 \leqslant q < n$。在每个格子里有一个洞,FatMouse 储藏了 0~100 块奶酪。现在它要享受美餐了。

FatMouse 从位置 $(0,0)$ 开始吃。吃完所到之处的奶酪之后,它将沿水平或垂直方向继续前进。问题是有只叫作 Top Killer 的猫守在它的洞穴附近。为了避免被 Top Killer 抓到,每次它最多只能跑 k 个网格。更糟糕的是:每吃完一处奶酪之后,FatMouse 就变得胖一些。为了得到充足的能量到达下一站,它必须去一个比现在洞穴中的奶酪更多的位置。

给出 n、k 及每个网格中奶酪的块数。计算 FatMouse 在胖得不能动之前,它最多能吃多少块奶酪。

输入

有多组测试数据。每组测试数据包括:

第一行是 1~100 的两个整数:n 和 k

接下来 n 行,每行 n 个数:第一行是位置 $(0,0)$、$(0,1)$、…、$(0,n-1)$ 奶酪的块数;下一行是位置 $(1,0)$、$(1,1)$、…、$(1,n-1)$ 奶酪的块数,等等。

输入以一对 -1 结束。

输出

对每组测试数据输出一行,是 FatMouse 吃的奶酪块数。

输入样例

```
3 1
1 2 5
10 11 6
12 12 7
-1 -1
```

输出样例

```
37
```

题目来源

Zhejiang University Training Contest 2001

【算法分析】

为了说明方便,将题目从(0,0)开始的坐标改成从(1,1)开始的坐标。题目中给出一个 $n \times n$ 的网格,FatMouse 在网格(1,1)处。它每次在同一个方向上最多可以移动 k 步,而且每次所到网格上的数字都要比上一次网格上的数字大。累计 FatMouse 所经过的网格上的数字输出即可。

1. 数据结构

网格的大小和每次最多移动的步数:

```
int n, k;
```

网格矩阵,其值是该位置保存的奶酪数量:

```
int grid[101][101];
```

向四个方向深度优先搜索时,对应的坐标增量:

```
int d[4][2] = {{1,0},{-1,0},{0,-1},{0,1}};
```

2. 记忆式搜索

记忆式搜索算法也称为备忘录方法,是动态规划算法的变形,它使用二维数组保存已经解决的子问题的答案,在下次需要解决此子问题时,只要简单地查看该子问题的解答,而不必重新计算。使用数组 cheese 保存已经计算的结果,初始时应全部清 0:

```
int cheese[101][101];
```

实现记忆式搜索的函数是:

```
int memSearch(int x, int y)
```

其中形参(int x,int y)是当前的搜索位置。

从 FatMouse 当前的位置开始,每次向四周移动一步,直到移动 k 步为止。在每次移动时,判断下一步是不是在网格内,下一个位置奶酪的数量是不是比当前多,并且到下一个位置所获得的奶酪总数是不是比当前位置多。

程序实现如算法 4.15 所示。

算法 4.15 记忆式搜索的动态规划算法。

```
int n;                                  //网格的大小
int k;                                  //每次最多移动的步数
int grid[105][105];                     //保存奶酪数量的网格矩阵
int cheese[105][105];                   //用于记忆式搜索,保存中间搜索结果
//向四个方向深度优先搜索时,对应的坐标增量
int d[4][2] = {{1,0},{-1,0},{0,-1},{0,1}};

//实现记忆式搜索,形参是当前的搜索位置
int memSearch(int x,int y)
{
    int i,j;
    //FatMouse 吃掉奶酪的最优值
    int max = 0;
    //如果该单元格已经得到最优值(其值大于 0),表示已经搜索过,直接读取结果
    if (cheese[x][y]>0) return cheese[x][y];
    //从当前位置开始,向四个方向搜索
    for (i = 0; i < 4; i++)
        //在同一个方向上,每次让 FatMouse 前进 1 步,直到 k 步
        for (j = 1; j <= k; j++)
        {
            //下一步的坐标值
            int tx = x + d[i][0] * j;
            int ty = y + d[i][1] * j;
            //如果下一步是有效的,且下一步奶酪的数量比当前多
            if(tx >= 0 && tx < n && ty >= 0 && ty < n
                && grid[x][y] < grid[tx][ty])
            {
                //更新最优值
                int temp = memSearch(tx,ty);
                if (max < temp) max = temp;
            }
        }
    //获得当前位置的最优值
    cheese[x][y] = max + grid[x][y];
    return cheese[x][y];
}
```

算法实现源代码:zju1107-FatMouse and Cheese-new. cpp。

在主函数中调用时,起始位置是(0,0),即调用函数的格式是:memSearch(0,0)。最优值也是在数组 cheese 的(0,0)单元,即 cheese[0][0]。

4.11　ZOJ1108-FatMouse's Speed

视频讲解

【问题描述】

FatMouse 相信:长得越胖的老鼠跑得越快。为了证明这是不对的,你需要搜集老鼠的数据。在这些数据中选取一个尽可能大的子集,从而发现随着体重的增长,速度在下降。

输入

输入一群老鼠的资料,每只老鼠占一行。到达文件结尾时,输入结束。

每只老鼠的数据都是一对整数:第一个表示它的体重(克),第二个表示它的速度(cm/s),两个整数的范围是1~10 000。每组测试数据最多包含1000只老鼠的信息。

任意两只老鼠均有可能体重相同,或速度相同,甚至体重和速度都相同。

输出

你的程序应该输出一系列数据;第一行是数字 n;接着有 n 行,每行是一个正整数(每个代表一只老鼠)。如果这 n 个整数是 $m[1]$,$m[2]$,…,$m[n]$,则必须满足 $W[m[1]]<W[m[2]]<…<W[m[n]]$ 和 $S[m[1]]>S[m[2]]>…>S[m[n]]$。为了确保答案是正确的,$n$ 应该尽可能大。

所有的不等式都严格遵守约束:质量一定严格地逐渐增加,速度一定严格地逐渐减少。可能有多种正确输出,你的程序只需输出其中一个。

本题为 *Special Judge*。

输入样例

```
6008 1300
6000 2100
500 2000
1000 4000
1100 3000
6000 2000
8000 1400
6000 1200
2000 1900
```

输出样例

```
4
4
5
9
7
```

题目来源

Zhejiang University Training Contest 2001

【算法分析】

本题要求对一群老鼠的资料进行整理,在所有数据中找出一个最大的子集,确保质量一定严格地逐渐增加,速度一定严格地逐渐减少。

因为有两个序列方向,直接应用最长单调递增子序列算法是不行的。对数据进行预处理,首先按质量升序,质量相同时按速度降序,然后对速度序列应用最长单调递增子序列算法。

1.样例分析

在按质量升序,质量相同时按速度降序排列后的结果如表 4-12 所示。

表 4-12　样例数据排序之后的结果

序号	质量(weight)	速度(speed)	原序列编号(id)
1	500	2000	3
2	1000	4000	4
3	1100	3000	5
4	2000	1900	9
5	6000	2100	2
6	6000	2000	6
7	6000	1200	8
8	6008	1300	1
9	8000	1400	7

可以看出,满足要求的序列最大长度是 4。

在序号 5、6 和 7 的位置,三个质量都是 6000,只能取一个速度。

在长度为 4 的情况下,显然答案有多组,所以是 Special Judge:

① 4,5,2,1

② 4,5,2,7

③ 4,5,6,1

④ 4,5,6,7

⑤ …

2. 数据结构

采用结构体表示老鼠的资料:

```
struct mouse {
    int weight, speed, id;              //老鼠的质量、速度和编号
} mice[1001];
```

老鼠的实际数量用变量 n 表示。

3. 排序算法的实现

采用 STL 库函数的 sort()排序:

```
sort(mice, mice + n, cmp);
```

其中 cmp 是排序因子。在排序因子函数中,只需要对质量 weight 按升序排序,无须对速度 speed 排序,如算法 4.16 所示。

算法 4.16　排序因子。

```
bool cmp(const mouse a, const mouse b)
{
    return a.weight < b.weight;         //按质量升序
}
```

4. 最长单调递增子序列算法的实现

有关最长单调递增子序列算法,请参考 4.6 节。

实现时需要两个辅助数组。

（1）数组 count 存储构造到第 $i(1 \leqslant i < n)$ 个老鼠时，序列的最大长度。

int count[1001] = {0};

对样例数据，数组 count 的值如表 4-13 所示。

表 4-13　样例数据数组 count 的值

序号	1	2	3	4	5	6	7	8	9
值	1	1	2	3	3	3	4	4	4

相同的数字很多，由此知道为什么答案不是唯一的了。

（2）数组 path 存储构造到第 $i(1 \leqslant i < n)$ 个老鼠时，序列的前驱。

int path[1001] = {0};

对样例数据，数组 path 的值如表 4-14 所示。

表 4-14　样例数据数组 path 的值

序号	1	2	3	4	5	6	7	8	9
前驱	0	0	2	3	3	3	4	4	4
原序号	3	4	5	9	2	6	8	1	7

最长单调递增子序列算法的实现，如算法 4.17 所示。

算法 4.17　最长单调递增子序列算法。

```
//下面是针对排序后的数组
//存储构造到第 i(1≤i<n)个老鼠时,序列的最大长度
int count[1001] = {0};
//存储构造到第 i(1≤i<n)个老鼠时,序列的前驱
int path[1001] = {0};
count[1] = 1;
for(int i = 2; i < n; i++)
{
    for(int j = 1; j < i; j++)
        if mice[i].weight > mice[j].weight
            && mice[i].speed < mice[j].speed
            &&(count[i] < count[j])      //得到了更长的序列
            {
                count[i] = count[j];
                path[i] = j;              //记录前驱
            }
    count[i]++;
}
//查找最大的序列长度
int max = 0;                             //最大长度
int pos;                                //最大长度元素所在位置
for(int i = 1; i < n; i++)
    if(count[i] > max)
```

```
        {
            max = count[i];
            pos = i;
        }
//输出最大长度
printf("%d\n", max);
```

5. 输出子序列的序号

首先查找最大的序列长度,也就是在数组 count 中查找最大值 max,并记录该最大值所在的位置 pos。有了位置 pos,在数组 path 中递归输出就可以了。如果当前位置是 pos,则前一个位置是 path[pos]。采用递归算法,刚好确保按从前往后的顺序输出。

输出子序列序号算法的实现,如算法 4.18 所示。

算法 4.18   输出子序列序号的算法。

```
void output(int path[ ], int pos)
{
    if(pos == 0) return;
    output(path, path[pos]);
    printf("%d\n", mice[pos].id);
}
```

算法实现源代码:zju1108-FatMouse's Speed-sort.cpp。

4.12   ZOJ1163-The Staircases

【问题描述】

一个好奇的小孩有 N 块砖,他要用这 N 块砖建造不同的楼梯。楼梯各个台阶的砖块数可以不同,但必须严格地递减,所以不允许有相同砖块数的楼梯台阶。每个楼梯至少包含两个台阶,并且每个台阶至少包含一块砖。如图 4-8 所示,是 11 块砖和 5 块砖的楼梯。

图 4-8   11 块砖和 5 块砖的楼梯

编程任务:读取砖块数 N,输出 Q。Q 指使用 N 块砖能够建造的不同的楼梯数目。

输入

数字 N,每个一行,N 在 3 和 500 之间。数字 0 表示输入结束。

输出

数字 Q,每个一行。

输入样例

3

5
0

输出样例

1
2

题目来源

Zhejiang University Local Contest 2002，Warmup

【算法分析】

本题是求整数 N 分解问题。将整数 N 分解成两个及以上不重复的整数，其分法有多少种。比较流行的解法是使用动态规划算法和生成函数的方法。

将问题看作一个经典的搭积木问题模型。用 i 块积木搭成 j 排，每排的积木数不同。相当于 i 块积木堆成最高一排不超过 $j-1$ 块积木的方案数，及 $i-j$ 块积木堆成最高一排不超过 $j-1$ 块积木的方案数。可以得到递推式：

$$f[i,j]=f[i,j-1]+f[i-j,j-1] \quad (1 \leqslant j \leqslant i \leqslant 500)$$

$f[i,j]$ 表示 i 块积木堆成最高一排不超过 j 块积木的方案数，边界条件是 $f[0,0]=1$。答案是 $f[N,N]-f[0,0]=f[N,N]-1$。

当 $N=1\sim10$ 时，数组 f 的值如表 4-15 所示。

动态规划算法的程序实现，如算法 4.19 所示。

算法 4.19　求整数 N 分解的动态规划算法。

```
#define MAXN 501
long long f[MAXN][MAXN];

int main()
{
    int n;
    //将 MAXN 以内的整数划分全部计算出来
    f[0][0] = 1;
    for (int i = 0; i < MAXN; ++i)
    {
        for (int j = 1; j <= i; ++j)
            //i 块积木堆成最高一排不超过 j 块积木的方案数
            f[i][j] = f[i][j-1] + f[i-j][j-1];
        //j > i 时,令 j = i
        for (int j = i+1; j < MAXN; ++j)
            f[i][j] = f[i][i];
    }
    while (cin >> n && n)
        cout << f[n][n] - 1 << endl;
    return 0;
}
```

算法实现源代码：zju1163-The Staircases-DP.cpp。

表 4-15　当 $N=1\sim10$ 时数组 f 的值

N	0	1	2	3	4	5	6	7	8	9	10
0	1	1	1	1	1	1	1	1	1	1	1
1	0	1	1	1	1	1	1	1	1	1	1
2	0	0	1	1	1	1	1	1	1	1	1
3	0	0	1	2	2	2	2	2	2	2	2
4	0	0	0	1	2	2	2	2	2	2	2
5	0	0	0	1	2	3	3	3	3	3	3
6	0	0	0	1	2	3	4	4	4	4	4
7	0	0	0	0	2	3	4	5	5	5	5
8	0	0	0	0	1	3	4	5	6	6	6
9	0	0	0	0	1	3	5	6	7	8	8
10	0	0	0	0	1	3	5	7	8	9	10

【其他算法】

这里介绍生成函数算法的实现。在离散数学的母函数中,有关于这方面内容的介绍。

将整数 N 分解成两个及以上不重复的整数,借助于生成函数,对于一个数 x,$1\leqslant x\leqslant N$,x 或者不出现,或者只出现一次。生成函数为:

$$G(x)=(1+x)(1+x^2)(1+x^3)\cdots(1+x^n)$$

$G(x)$ 的展开式中 x^n 的系数就是各个不重复的整数拆分问题。其中要减掉 $1\times x^n$ 的这种拆分情况,也就是最终结果 x^n 的系数减 1 就是本题要求的答案。例如,当 $n=3$ 时,我们知道只有一种楼梯,第一列是 1,第二列是 2。生成函数为 $G(x)=(1+x)(1+x^2)(1+x^3)$,乘出来的结果中 x^3 项的系数减 1 就是答案。注意观察构成 x^3 项的系数,分别是 $x\times x^2$ 和 x^3,前者表示把 3 拆分成 $1+2$(答案),后者表示把 3 拆分成 $0+3$(只有 1 列,舍弃,即减 1)。

当 $N=1\sim10$ 时,数组 f 的值就是表 4-15 中对角线上的值。

生成函数算法的程序实现,如算法 4.20 所示。注意内循环的顺序不能从小到大,例如 $i=1$ 时,$f[1]+=f[0]$,$f[2]+=f[1]$,但此时的 $f[1]$ 已经被改变了。

算法 4.20　求整数 N 分解的生成函数算法。

```
#define MAXN 501
long long f[MAXN];

int main()
{
    int n;
    memset(f, 0, sizeof(f));
    //将 500 以内的整数划分全部计算出来
    f[0] = 1;
    for (int i = 1; i < MAXN; i++)
        for (int j = MAXN - 1; j >= i; j--)        //注意内循环的顺序不能从小到大
            f[j] += f[j - i];
    while (scanf(" % d", &n) && n)
        cout << f[n] - 1 << endl;
    return 0;
}
```

算法实现源代码:zju1163-生成函数算法.c。

4.13　ZOJ1196-Fast Food

【问题描述】

沿着高速公路,有很多家 McBurger 快餐连锁店。最近他们决定沿着高速公路建几个仓库,每一个仓库都建在一家快餐店旁边,以便给快餐店提供配料。当然,这些仓库所在的位置应使得快餐店与其指定的仓库之间的平均距离是最短的。请编写程序,计算建造仓库的最优位置和最优数量。

为了使问题描述更为准确,McBurger 的管理者提出了以下规范:

给定沿着高速公路 n 个快餐店的位置 $d_1 < d_2 < d_3 < \cdots < d_n$,$n$ 为整数(这些距离是从公司总部开始测量的,公司总部也位于该高速公路上)。另外,给定参数 $k(k \leq n)$,是要建立的仓库数目。

这 k 个仓库将建立在 k 个不同的快餐店旁边。将每个快餐店都指定给最近的仓库,从指定的仓库得到供给。为了尽量减少运输费用,距离的总和 sum 的定义如下:

$$\sum_{i=1}^{n} \mid d_i - (\text{position of depot serving restaurant } i) \mid$$

要求总和 sum 必须尽可能小。

编程任务:计算这 k 个仓库的位置,使得距离的总和 sum 最小。

输入

输入有多个快餐连锁店的描述。对每个描述,第一行都是两个整数 n 和 k,满足 $1 \leq n \leq 200, 1 \leq k \leq 30, k \leq n$。接下来 n 行,每行一个整数,是每个快餐店的位置 d_i(升序)。

当一个测试例的 $n = k = 0$ 时,表示输入结束,该测试例不需要处理。

输出

对每一个快餐连锁店,首先输出快餐连锁店的编号,在下一行输出距离的总和 sum。

每个测试例之后,都输出一个空行。

输入样例

```
6 3
5
6
12
19
20
27
0 0
```

输出样例

```
Chain 1
Total distance sum = 8
```

题目来源

Southwestern Europe 1998

【算法分析】

该题对原题进行了简化：去掉了原题中要求输出仓库的位置，及仓库所服务的快餐店范围。如果读者希望了解这项内容，可参考该网站上的标程。

1. 样例分析

样例的完整数据，参考自原题的输出样例：

```
Depot 1 at restaurant 2 serves restaurants 1 to 3
Depot 2 at restaurant 4 serves restaurants 4 to 5
Depot 3 at restaurant 6 serves restaurant 6
Total distance sum = 8
```

结果如图 4-9 所示。

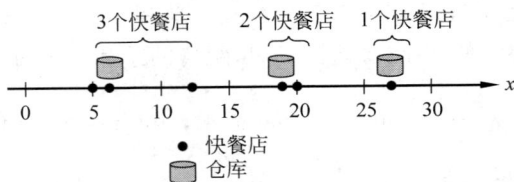

图 4-9　样例数据中快餐店和仓库的位置

2. 数据结构

饭店的数量是 n，仓库的数量是 k。沿高速公路 n 个快餐店的位置，定义为数组：

```
int d[202];
```

3. 动态规划算法的实现

在任意两个快餐店之间建一个仓库时，这两个快餐店之间所有的快餐店与该仓库的距离，都定义为数组 cost：

```
int cost[202][202];
```

由一个仓库推算到 k 个仓库时，所有快餐店与这些仓库的距离和，都定义为数组 dis：

```
int dis[205][205];
```

（1）计算数组 cost。

$$\text{cost}[i][j] = \sum_{m=i}^{j} \left| d(m) - d\left(\frac{i+j}{2}\right) \right| \quad (1 \leqslant i, j \leqslant n)$$

式中，$d\left(\dfrac{i+j}{2}\right)$ 是仓库所在的位置。

对样例数据，数组 cost 的值如表 4-16 所示。例如，cost(3,5)表示在快餐店 3 和 5 之间，建立一个仓库，位置是快餐店 4，设图 4-11 中快餐店 3 到 4 的距离是 7，快餐店 4 到 5 的距离是 1，那么总的距离是 8，则 cost(3,5)=8。

表 4-16 样例数据数组 cost 的值

i	j					
	1	2	3	4	5	6
1	0	1	7	20	28	43
2	0	0	6	13	21	29
3	0	0	0	7	8	16
4	0	0	0	0	1	8
5	0	0	0	0	0	7
6	0	0	0	0	0	0

（2）计算数组 dis。

首先将数组的元素周期律初始化为∞：

```
memset(dis, 1, sizeof(dis));
```

将 int 型数据的 4 个字节定义为 1，即 0x01010101，是 16843009，作为∞。

只建一个仓库时，存在关系：

```
dis[1][i] = cost[1][i]   (1≤i≤n)
```

表示快餐店 1 与快餐店 i（$1 \leqslant i \leqslant n$）之间建一个仓库时的距离和。

$\mathrm{dis}(i,j)$ 表示前 i 个仓库与前 j 个快餐店之间的最小距离，建立递推关系：

$$\mathrm{dis}[i][j] = \min_{m=i-1}^{m<j} \big[\mathrm{dis}[i-1][m] + \mathrm{cost}[m+1][j]\big] \quad (2 \leqslant i \leqslant k, i \leqslant j \leqslant n)$$

公式表示，前 m（$i-1 \leqslant m < j$，因为快餐店的数量肯定不小于仓库的数量）个快餐店使用已经建立的 $i-1$ 个仓库，距离的和是 $\mathrm{dis}(i-1,m)$；在快餐店 $m+1$ 和 j 之间再建立一个仓库，距离的和是 $\mathrm{cost}(m+1,j)$，搜索 m 的最优位置，其几何意义如图 4-10 所示。

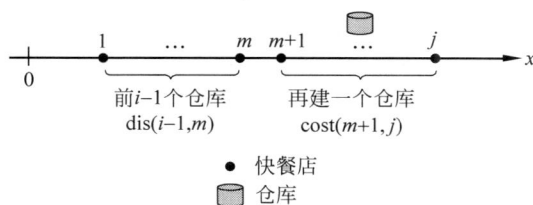

图 4-10 动态规划的几何意义

最优值在 $\mathrm{dis}[k][n]$ 中。

对样例数据，数组 dis 的值如表 4-17 所示。

表 4-17 样例数据数组 dis 的值

k	n					
	1	2	3	4	5	6
1	0	1	7	20	28	43
2	∞	0	1	7	8	15
3	∞	∞	0	1	2	8

表 4-21 中左下角的∞表示不可能存在的情况。最优值在右下角 dis[3][6]＝8。
动态规划算法的程序实现,如算法 4.21 所示。

算法 4.21　计算连锁快餐店仓库位置的动态规划算法。

```
//沿高速公路 n 个快餐店的位置
int d[202];
//n 是饭店的数量,k 是仓库的数量
int n,k;
int cost[202][202];
int dis[205][205];
int number = 1;                              //测试例编号
while(cin >> n >> k && n)
{
    for(int i = 1; i <= n; i++)
        scanf(" % d",&d[i]);
    //计算数组 cost:在任意两个饭店中间建一个仓库时,
    //该两个饭店之间的所有饭店与该仓库的距离和
    for(int i = 1; i <= n; i++)
        for(int j = 1; j <= n; j++)
        {
            int temp = (i + j)/2;
            cost[i][j] = 0;
            for(int m = i; m <= j; m++)
                cost[i][j] += abs(d[m] - d[temp]);
        }
    memset(dis, 1, sizeof(dis));
    for(int i = 1; i <= n; i++)
        dis[1][i] = cost[1][i];
    for(int i = 2; i <= k; i++)
        for(int j = i; j <= n; j++)
            for(int m = i - 1; m < j; m++)
                dis[i][j] = min(dis[i][j],dis[i - 1][m] + cost[m + 1][j]);
    printf("Chain % d\nTotal distance sum = % d\n\n",
            number++, dis[k][n]);
}
```

算法实现源代码:zju1196-Fast Food.cpp。

4.14　ZOJ1234-Chopsticks

【问题描述】

在中国,饭桌上人们通常用一双筷子吃饭。但是李先生有点不同,他用三根筷子:一双筷子,再加上一根特别长的筷子,通过刺穿食物来获得大块的食物。正如你所猜到的,两根短筷子应尽可能一样长,而另外那根筷子的长度并不重要,只要它是最长的就可以了。为便于说明问题,令三根筷子的长度分别为 $A,B,C(A \leqslant B \leqslant C)$,$(A-B)^2$ 是这套筷子的"方差"。

12 月 2 日是李先生的生日,他邀请 K 个人参加生日宴会,介绍他用筷子的方法。他需

要 $k+8$ 套这样的筷子(他自己和妻子,他的小儿子和小女儿,他的父母亲,岳父和岳母以及 K 位客人)。可是李先生突然发现筷子的长度都不一样! 所以他必须凑够 $k+8$ 套筷子,而且要每组筷子的方差总和最小。

输入

输入的第一行是一个整数 $T(1{\leqslant}T{\leqslant}20)$,是测试例数量。对每个测试例,第一行都是两个整数 $K,N(0{\leqslant}K{\leqslant}1000,3K+24{\leqslant}N{\leqslant}5000)$,分别表示客人数和筷子数,接着一行是 N 个正整数 $L_i(1{\leqslant}L_i{\leqslant}32\,000)$,按升序排列,表示筷子的长度。

输出

对每个测试例,都输出一行,是每组筷子方差总和的最小值。

输入样例

```
1
1 40
1 8 10 16 19 22 27 33 36 40 47 52 56 61 63 71 72 75 81 81 84 88 96 98
103 110 113 118 124 128 129 134 134 139 148 157 157 160 162 164
```

输出样例

```
23
```

题目来源

OIBH Reminiscence Programming Contest

【算法分析】

通过样例分析,我们看到不能按升序简单地选择每组筷子。如果按普通的方法暴力搜索,由于 K 和 N 都比较大,容易超时。使用动态规划算法,能够获得很高的计算效率。

1. 样例分析

样例数据中,只有1位客人,40根筷子。加上8位亲属,需要9套筷子。采用表4-18的组合,每组筷子的方差总和是23。

我们注意到,对第3组筷子,特别长的那根筷子长度是75,而不是71。其他组也有这种情况,说明简单地按升序选择每组筷子是不行的。

表 4-18　样例数据的计算结果

成员	1	2	3	4	5	6	7	8	9
组合	8	19	61	71	81	96	128	134	157
	10	22	63	72	81	98	129	134	157
	16	27	75	88	84	103	148	139	160
方差	4	9	4	1	0	4	1	0	0

2. 动态规划算法的实现

从样例看出,要使每组筷子方差总和的值最小,一对短筷子的长度应该是相邻的一组数,然后在所有剩下的数字里面,依次挑选第三个数,比当前这对筷子长就行了。

假定一维数组 stick[] 表示筷子的长度,二维数组 $f[i][j]$ 表示前 $i(1{\leqslant}i{\leqslant}n)$ 根筷子里取 $j(1{\leqslant}j{\leqslant}k,i{\geqslant}3{\times}j)$ 套筷子时方差的最小值,初值 $f[i][j]{=}\infty$。初始定义如下:

```
const int N = 5010;
int f[N][1010];
```

原始数据是升序的,如果按升序挑选,很难保证第 3 根筷子是最长的。如果数据是降序的,我们选取方差值最小的相邻两根筷子时,前面挑选剩下的筷子就是最长的。因此,数组 stick 在读取数据时是逆序的,如算法 4.22 所示。

算法 4.22 将原始数据逆序,读入数组 stick 的算法。

```
int k,n,stick[N];
cin >> k >> n;
k += 8;
//注意:倒过来输入,dp 时保证第 3 根最长
for(int i = n; i >= 1; i-- )
    scanf(" %d",&stick[i]);
```

根据前面的定义,我们只要选择满意的筷子即可。至于第 3 根筷子,由于原始数据是逆序的,自然满足是最长的需求。令相邻两根筷子的差值 $p = \text{stick}[i] - \text{stick}[i-1]$,则状态转移方程:$f[i][j] = \min(f[i-1][j], f[i-2][j-1] + p \times p), i \geqslant 3 \times j$,即第 i 根筷子不取,其方差与前 $i-1$ 根筷子中取 j 套时的方差是一样的;或者取第 i 和 $i-1$ 根筷子,方差为前 $i-2$ 根筷子中取 $j-1$ 套时的方差,再加上新的方差 $p \times p$,如算法 4.23 所示。

算法 4.23 计算每组筷子方差总和最优值的动态规划算法。

```
for(int i = 1; i <= n; i++)
{
    f[i][0] = 0;
    for(int j = 1; j <= k; j++)
    {
        if(i < 3 * j) break;            //不够取 j 套筷子
        int p = stick[i] - stick[i-1];
        f[i][j] = min(f[i-1][j],f[i-2][j-1] + p * p);
    }
}
printf(" %d\n",f[n][k]);                //最优值
```

算法实现源代码:zju1234-Chopsticks-new.cpp。

4.15 ZOJ3211 Dream City

Javaman 正在参观梦想之城,看到了一院子的金币树。院子里有 n 棵树,从 1 开始编号。第一天,每棵树上都有 a_i 金币$(i=1,2,3,\cdots,n)$。令人惊讶的是,如果不砍伐,每棵树每天都能长出 b_i 个新金币。从第一天开始,Javaman 可以选择每天砍一棵树来获得上面的所有金币。由于他最多可以在梦想之城待 m 天,他总共最多可以砍 m 棵树,如果他决定一天不砍,他以后就不能再砍任何树了。(换句话说,从第一天起,他只能连续砍伐 m 天或更少!)

给定 n,m,a_i 和 $b_i(i=1,2,3,\cdots,n)$,计算 Javaman 可以获得金币的最大数量。

输入

有多个测试例。第一行输入包含一个整数 $T(T \leqslant 200)$,表示测试用例的数量,接下来

是 T 个测试用例。

每个测试例包含 3 行：第一行是 2 个正整数 n 和 $m(0{\leqslant}m{\leqslant}n{\leqslant}250)$。第二行是 n 个正整数，表示 a_i；第三行是 n 个正整数，表示 b_i。$(0{\leqslant}a_i,b_i{\leqslant}100,i=1,2,3,\cdots,n)$

输出

对于每个测试例，在一行中输出结果。

输入样例

```
2
2 1
10 10
1 1
2 2
8 10
2 3
```

输出样例

```
10
21
```

【算法分析】

本题是结合了排序和动态规划的经典问题。题目描述这样一个场景，在 Dream City 的院子里有 n 棵金币树，每棵树上起初有 a_i 个金币，然后每天能产生 b_i 个金币。一个人有 m 天的时间，每天可以选择砍下一棵树，同时得到树上的金币。目标是找出如何砍树能获得最多的金币。

1. 样例分析

样例 1 只有 1 天，砍 1 棵树得 10 个金币。样例 2，第一天砍树 1 得金币 8，第二天砍树 2 得金币 10+3，总共获得 21 个金币。

首先根据每棵树的增长系数进行排序，然后使用动态规划计算最多能获得的金币数。

2. 贪心算法的实现

首先，我们注意到每棵树的初始金币数量 a_i 对最终结果的影响是固定的，因为无论我们何时砍下这棵树，都能获得 a_i 个金币。然而，每棵树的增长系数 b_i 则不同，它决定了如果我们延迟砍下这棵树，我们能获得更多的金币。因此，一个直观的思路是优先砍下增长系数 b_i 较小的树，以便让增长系数较大的树有更多的时间生长，从而积累更多的金币，所以我们需要根据 b_i 对所有的树进行排序。

贪心算法的程序实现如算法 4.24 所示。

算法 4.24　贪心算法的程序实现。

```
const int maxn = 300;
struct node
{
    int a,b;                        //初始金币数量 ai,增长系数 bi
} tree[maxn];
int dp[maxn];                       //滚动数组,实现动态规划算法
```

```
//按照增长系数排序
bool cmp(node a,node b)
{
    return a.b<b.b;
}
```

3. 动态规划算法的实现

我们使用动态规划来求解问题,它正是背包的模型。定义一个二维数组 $dp[i][j]$,表示前 i 棵树砍到第 j 天能获得的最多金币数。初始时,$dp[0][j]=0$,表示没有树可砍时无法获得金币。然后,我们根据状态转移方程来填充 dp 数组。对于每棵树,我们有两种选择:砍下这棵树,或者不砍。如果我们选择砍下这棵树,那么我们能获得的金币数是树上的初始金币数加上这棵树在剩余天数内能生长的金币数。如果我们选择不砍这棵树,那么我们获得的金币数就是前一棵树在 j 天内的最多金币数。因此,状态转移方程为:

$$dp[i][j]=\max(dp[i-1][j],dp[i-1][j-1]+a[i]+b[i]\times(j-1))$$

其中,$a[i]$ 和 $b[i]$ 分别是第 i 棵树的初始金币数和增长系数。

其状态转移方程与背包的完全一样,只与前一个状态有关,因此可以使用滚动数组:

$$dp[j]=\max(dp[j],dp[j-1]+a[i]+b[i]\times(j-1))$$

最后,$dp[m]$ 就是我们的答案,即所有 n 棵树中,在 m 天内每天砍下一棵树能够获得的最多金币数。动态规划算法的程序实现如算法 4.25 所示。

算法 4.25   计算最多能获得的金币数的动态规划算法。

```
int n,m;
cin>>n>>m;
for(int i=1; i<=n; i++)
    cin>>tree[i].a;                //初始金币数量 ai
for(int i=1; i<=n; i++)
    cin>>tree[i].b;                //增长系数
sort(tree+1,tree+1+n,cmp);         //排序
memset(dp,0xaf,sizeof(dp));
dp[0]=0;
for(int i=1; i<=n; i++)
    for(int j=m; j>=1; j--)        //逆循环,防止数据覆盖
        dp[j]=max(dp[j],dp[j-1]+tree[i].a+tree[i].b*(j-1));
printf("%d\n",dp[m]);
```

算法实现源代码:ZOJ3211 Dream City.cpp。

4.16   ZOJ3956 Course Selection System

Marjar 大学的课程选择系统中,有 n 门课程。第 i 门课程由两个值描述:幸福感 H_i 和学分 C_i。如果学生选择 m 门课程 x_1、x_2,$\cdots$,x_m,那么他这学期的舒适度定义如下:

$$\left(\sum_{i=1}^{m}H_{x_i}\right)^2-\left(\sum_{i=1}^{m}H_{x_i}\right)\times\left(\sum_{i=1}^{m}C_{x_i}\right)-\left(\sum_{i=1}^{m}C_{x_i}\right)^2$$

Edward 是 Marjar 大学的一名学生,他想选择一些课程(也可以不选择任何课程,那么

他的舒适度为 0),以最大限度地提高他的舒适度。

输入

有多个测试例。第一行输入是一个整数 T,表示测试例的数量。对于每个测试例:

第一行是一个整数 $n(1 \leqslant n \leqslant 500)$,是课程的数量。

接下来的 n 行,每一行都包含两个整数 H_i 和 $C_i(1 \leqslant H_i \leqslant 10\,000, 1 \leqslant C_i \leqslant 100)$。

此问题包含较大的 I/O 文件,建议使用更快的 I/O 方法,例如 scanf/printf 而不是 cin/cout。

输出

对每个测试例,输出一个表示最大舒适度的整数。

输入样例

```
2
3
10 1
5 1
2 10
2
1 10
2 10
```

输出样例

```
191
0
```

【算法分析】

本题是一道关于选课系统的动态规划问题。在这个问题中,有 n 门课程可供选择,每门课程都有一个 H 值($1 \leqslant H \leqslant 10\,000$)和一个 C 值($1 \leqslant C \leqslant 100$),每门课程只能选一次。目标是选择一些课程(不限课程数),使得给定公式的值最大。

1. 样例分析

对测试例 1,$(10+5)^2 - (10+5) \times (1+1) - (1+1)^2 = 191$

对测试例 2,每个 C_i 都大于 H_i,无论选择哪一门课程,表达式的值都小于 0,所以无法选择课程。

2. 动态规划算法的实现

解决这个问题的关键在于理解并优化目标函数。令

$$x = \left(\sum_{i=1}^{m} H_{x_i} \right)^2, \quad c = \left(\sum_{i=1}^{m} C_{x_i} \right)^2$$

则原式成为 $y = x^2 - xc - c^2$

原问题就成为选择适当的整数 H_i 和 C_i,使函数的值 y 最大。

首先,我们注意到 x 必须比 c 大,否则该式恒为负。然后,我们可以将 c 固定为常数,这样目标函数就变成了关于 x 的二次函数。由于 $x > c$,x 在对称轴右边,因此对于一个固定的 c,x 越大越好。

　　这个问题可以通过动态规划来解决,特别像是 0-1 背包问题的变种。定义一个二维数组 $dp[i][j]$,其值表示在考虑前 i 门课程,且 c 值的和为 j 的情况下,能够得到 x 的最大值。然后,我们可以通过迭代填充这个数组来找到最优解。状态转移方程为:

$$dp[i][j] = \max(dp[i-1][j], dp[i-1][j-c]+h)$$

　　与 0-1 背包一样,其状态只与 $i-1$ 有关,可以使用滚动数组实现:

$$dp[j] = \max(dp[j], dp[j-c]+h)$$

　　这个方程表示在学分总和为 j 时,我们可以不选择第 i 门课程,也可以选择第 i 门课程(如果 $j \geq c$),此时需要在学分总和为 $j-c$ 时的最大幸福感基础上加上 h。因为 c 不超过 100,则背包的容量不超过 $100 \times n$。

　　初始化时,我们设 $dp[0]=0$,因为学分总和为 0 时,幸福感也为 0。

　　在遍历所有课程后,我们将得到一个 dp 数组,其中的每个值 $dp[j]$ 表示学分总和为 j 时能够得到的最大幸福感。为了找到目标函数 f 的最大值,我们需要遍历所有可能的学分总和 j,计算 f 的值,并记录下最大值。动态规划算法的程序实现如算法 4.26 所示。

　　算法 4.26　计算课程选择最大舒适度的动态规划算法。

```
int n;
cin >> n;
int dp[110 * 500] = {0};
int h,c;                          //幸福感和学分
for(int i = 1; i <= n; ++i)
{
    scanf("%d%d",&h,&c);
    //每个 c 不超过 100,则背包总容量不超过 100×n
    for(int j = n * 100; j >= c; --j)
        dp[j] = max(dp[j],dp[j-c] + h);
}
//遍历所有可能学分总和的幸福感,计算函数 f 的最大值
long long res = 0;
for(int i = 0; i <= n * 100; ++i)
    res = max(res,1LL * dp[i] * dp[i] - 1LL * dp[i] * i - 1LL * i * i);
cout << res << endl;
```

　　这段代码首先读取课程数量 n 和每门课程的幸福感 h_i 以及学分 c_i,然后使用动态规划计算所有可能的学分总和对应的最大幸福感。接着,它遍历所有可能学分总和的幸福感,计算目标函数 f 的值,并找到最大值。最后,输出目标函数 f 的最大值。

　　总的来说,本题是一个富有挑战性的问题,需要深入理解问题背景,掌握动态规划的基本思想,并灵活运用数学知识和编程技巧来解决。

　　算法实现源代码:ZOJ3956 Course Selection System.cpp。

4.17　洛谷 P2758 编辑距离

　　设 A 和 B 是两个字符串。我们要用最少的字符操作次数,将字符串 A 转换为字符串 B。这里所说的字符操作共有以下三种。

　　(1) 删除一个字符。

（2）插入一个字符。

（3）将一个字符改为另一个字符。

对任意两个字符串 A 和 B，计算出将字符串 A 变换为字符串 B 所用的最少字符操作次数。

输入

第一行为字符串 A；第二行为字符串 B；字符串 A 和 B 的长度均小于 2000。

输出

只有一个正整数，为最少字符操作次数。

样例输入

sfdqxbw

gfdgw

样例输出

4

【算法分析】

这是一个经典的动态规划问题，通常被称为"编辑距离"或"Levenshtein 距离"。

其算法与经典的最长公共子序列算法相似。

1. 样例分析

为了减少编辑操作，最好保留两个字符串中对应的相同字符。

字符串 1 的第 1 个字符 s→g，第 4 个字符 q→g，删除第 5,6 个字符 xb。经过 4 步操作，字符串 1 就修改成字符串 2。

2. 动态规划算法的实现

为了计算将字符串 A 转换为字符串 B 所需的最少字符操作次数，使用一个二维数组 $dp[i][j]$，表示将 A 的前 i 个字符转换为 B 的前 j 个字符所需的最少操作次数。

状态转移方程如下：

（1）如果 $A[i] = B[j]$，即两个字符串的当前字符相同，则不需要任何操作，$dp[i][j] = dp[i-1][j-1]$。

（2）如果 $A[i] \neq B[j]$，则我们可以选择以下三种操作之一：

① 删除 A 的第 i 个字符：$dp[i][j] = dp[i-1][j] + 1$。

② 在 A 的第 i 个位置插入 B 的第 j 个字符：$dp[i][j] = dp[i][j-1] + 1$。

③ 将 A 的第 i 个字符替换为 B 的第 j 个字符：$dp[i][j] = dp[i-1][j-1] + 1$。

在这三种操作中，我们选择最小的操作次数，即 $dp[i][j] = \min(dp[i-1][j], dp[i][j-1], dp[i-1][j-1]) + 1$。

（3）初始条件为：

当 j 为 0 时，$dp[i][0] = i$，需要删除 A 的所有字符才能将其转换为空字符串。

当 i 为 0 时，$dp[0][j] = j$，需要在 A 的空字符串中插入 B 的所有字符。

最后，$dp[m][n]$ 就是我们要找的结果，其中 m 和 n 分别是字符串 A 和 B 的长度。

计算最少字符操作次数的动态规划算法如算法 4.27 所示。

算法 4.27 计算最少字符操作次数的动态规划算法。

```
//定义数据结构
int f[2005][2005];
char s1[2005],s2[2005];

//在主函数 main()中
cin >> s1 + 1 >> s2 + 1;                      //注意:下标 + 1
int m = strlen(s1 + 1);                       //从下标 1 开始计数
int n = strlen(s2 + 1);
//DP,类似于最长公共子串
for (int i = 1; i <= m; i++)
    for(int j = 1; j <= n; j++)
    {
        f[i][0] = i, f[0][j] = j;         //边界值
        if(s1[i] == s2[j]) f[i][j] = f[i-1][j-1];  //无须修改
        //删除、插入和改变
        else f[i][j] = min(min(f[i-1][j],f[i][j-1]),f[i-1][j-1]) + 1;
    }
cout << f[m][n] << endl;
```

算法实现源代码:洛谷 P2758 编辑距离.cpp。

4.18　洛谷 P1130 红牌

某地临时居民想获得长期居住权就必须申请拿到红牌。获得红牌的过程是相当复杂的,一共包括 n 个步骤。每一个步骤都由政府的某个工作人员负责检查你所提交的材料是否符合条件。为了加快进程,每一步政府都派了 m 个工作人员来检查材料。为了体现"公开政府"的政策,政府部门把每一个工作人员处理一个申请所花的天数都对外界公开。

为了防止所有申请人都到效率高的工作人员那里去申请,这 $m \times n$ 个工作人员被分成 m 个小组。每一组在每一步都有一个工作人员。申请人可以选择任意一个小组也可以更换小组。但是更换小组是很严格的,一定要在相邻两个步骤之间来更换,而不能在某一步骤已经开始但还没结束的时候提出更换,并且也只能从原来的小组 i 更换到小组 $i+1$,当然从小组 m 可以更换到小组 1。对更换小组的次数没有限制。

你的任务是求出完成申请所花的最少天数。

输入

第一行是两个正整数 n 和 m,表示步数和小组数。接下来有 m 行,每行 n 个正整数,第 $i+1$ 行的第 j 个数表示小组 i 完成第 j 步所花的天数(不超过 1 000 000,$n < 1800$,$m < 1200$)。

输出

一个正整数,为完成所有步所需的最少天数。

样例输入

```
4 3
2 6 1 8
```

```
3 6 2 6
4 2 3 6
```

样例输出

```
12
```

【算法分析】

因为只能是相邻两个步骤之间进行更换,还可以从小组 m 更换到小组 1,实际上是数字三角形问题的扩展版,而且小组是环形的。数字三角形是从上往下递推的,本题是从矩阵的左边往右边递推的。为了更方便递推,将矩阵转置,这样也就从上往下递推。

1. 样例分析

样例是 3 个小组,每个小组 4 个步骤,工作天数分别如下。

小组 1:2,6,1,8

小组 2:3,6,2,6

小组 3:4,2,3,6

我们可以选择小组 1 来完成整个过程,花费时间是 $2+6+1+8=17$ 天;可以从小组 2 开始第一步,第二步更换到小组 3,第三步更换到小组 1,第四步再到小组 2,这样时间花费是 $3+2+1+6=12$ 天。可以发现没有比这样效率更高的选择。

2. 动态规划算法的实现

本题可以看作是数字三角形问题的扩展版,因为只能在相邻两个步骤之间来更换。由于申请人可以在任意时刻更换小组,并且小组是环形的,因此矩阵的边界在某种意义上是相连的。然而,对于动态规划来说,我们通常希望处理的问题具有明确的边界条件,以便能够正确地构建状态转移方程。

将矩阵转置是一个很好的策略,因为它允许我们从上到下递推,这与数字三角形问题中的递推方向一致。转置后,我们可以定义一个二维数组 dp,其中 $dp[i][j]$ 表示第 i 行第 j 列位置的最优天数。我们可以得到状态转移方程:

$$dp[i][j]=\min(dp[i-1][j],dp[i-1][j-1])+a[i][j]$$

代表状态从上方或左上方传递过来时取最小值。注意当 $j=0$ 时,把最后一列数据复制到最左边,$dp[i-1][0]=dp[i-1][m]$,实现环形的选择路径。

计算完成申请红牌所花最少天数的动态规划算法如算法 4.28 所示。

算法 4.28 计算完成申请红牌所花最少天数的动态规划算法。

```
//定义数据结构
#define N 2020
int a[N][N],dp[N][N],n,m;
//在主函数 main()中
scanf("%d %d",&n,&m);
//纵向读入数据,实现转置
for(int i=1; i<=m; i++)            //m 个小组
    for(int j=1; j<=n; j++)        //n 步
        scanf("%d",&a[j][i]);      //注意下标顺序
for(int i=1; i<=n; i++)
{
```

```
//将小组 M 的天数复制到小组 1 的前面,实现环形
dp[i-1][0] = dp[i-1][m];
for(int j=1; j<=m; j++)
    dp[i][j] = min(dp[i-1][j],dp[i-1][j-1]) + a[i][j];
}
printf("%d\n", *min_element(dp[n]+1,dp[n]+m));
```

算法实现源代码:洛谷 P1130 红牌.cpp。

4.19 洛谷 P1063 能量项链

在 Mars 星球上,每个 Mars 人都随身佩戴着一串能量项链。在项链上有 N 颗能量珠。能量珠是一颗有头标记与尾标记的珠子,这些标记对应着某个正整数。对于相邻的两颗珠子,前一颗珠子的尾标记一定等于后一颗珠子的头标记。如果前一颗能量珠的头标记为 m,尾标记为 r,后一颗能量珠的头标记为 r,尾标记为 n,则聚合后释放的能量为 $m \times r \times n$(Mars 单位),新产生的珠子的头标记为 m,尾标记为 n。

Mars 人就用吸盘夹住相邻的两颗珠子,通过聚合得到能量,直到项链上只剩下一颗珠子为止。显然,不同的聚合顺序得到的总能量是不同的,请设计一个聚合顺序,使一串项链释放出的总能量最大。

输入

第一行是一个正整数 $n(4 \leqslant n \leqslant 100)$,表示项链上珠子的个数。

第二行是 n 个正整数,所有的数均不超过 1000。第 i 个数为第 i 颗珠子的头标记($1 \leqslant i \leqslant n$),当 $i < n$ 时,第 i 颗珠子的尾标记应该等于第 $i+1$ 颗珠子的头标记。第 n 颗珠子的尾标记应该等于第 1 颗珠子的头标记。

至于珠子的顺序,可以这样确定:将项链放到桌面上,不要出现交叉,随意指定第一颗珠子,然后按顺时针方向确定其他珠子的顺序。

输出

输出一个正整数(int 范围),为一个最优聚合顺序所释放的总能量。

样例输入

```
4
2 3 5 10
```

样例输出

```
710
```

【算法分析】

本题是一个经典的区间动态规划问题。在这个问题中,项链由 n 颗珠子组成,每颗珠子都有头标记和尾标记,这些标记都是正整数。聚合相邻的两颗珠子会释放能量,释放的能量等于第一颗珠子头标记和尾标记的乘积,再乘以后一颗珠子尾标记的值之积。目标是找到一种聚合顺序,使得项链释放的总能量最大。

1. 样例分析

设 $N=4$,4 颗珠子的头标记与尾标记依次为 (2,3)(3,5)(5,10)(10,2)。我们用记号

⊕表示两颗珠子的聚合操作,$j \oplus k$ 表示第 j,k 两颗珠子聚合后所释放的能量。则第 4、1 两颗珠子聚合后释放的能量为:$(4 \oplus 1) = 10 \times 2 \times 3 = 60$。

这一串项链可以得到最优值的一个聚合顺序所释放的总能量为

$$(((4 \oplus 1) \oplus 2) \oplus 3) = 10 \times 2 \times 3 + 10 \times 3 \times 5 + 10 \times 5 \times 10 = 710。$$

2. 动态规划算法的实现

这个问题可以通过动态规划来解决。我们定义一个二维数组 dp,其中 $dp[l][r]$ 表示合并区间 $[l,r]$ 内珠子所能得到的最大能量。我们可以通过遍历所有可能的区间,并利用已经计算出的子区间的最大能量来更新 $dp[l][r]$ 的值。具体的动态规划转移方程为:

$$dp[l][r] = \max(dp[l][k] + dp[k][r] + a[l] * a[k] * a[r]),其中 l \leqslant k < r$$

注意公式中是 $dp[k][r]$ 而不是 $dp[k+1][r]$,因为结点 k 既是前面珠子的尾标记,也是后面珠子的头标记。最后,我们遍历所有的 $dp[i][i+n]$,$1 \leqslant i \leqslant n$,其中 n 是珠子的数量,找到其中的最大值,即为所求的最大能量。

使一串项链释放出的总能量最大的动态规划算法,如算法 4.29 所示。

算法 4.29 计算一串项链释放出的总能量最大的动态规划算法。

```
int n,a[210],dp[210][210] = {0};
cin >> n;
for(int i = 1; i <= n; i++)
{
    cin >> a[i];
    a[i + n] = a[i];                  //将环形变换成链形
}
//区间模板
for(int len = 2; len <= n; len++)         //区间长度
    for(int l = 1; l + len <= 2 * n; l++)  //区间左边
    {
        int r = l + len;              //区间右边
        for(int k = l + 1; k < r; k++)     //断点
            dp[l][r] = max(dp[l][r], dp[l][k] + dp[k][r] + a[l] * a[k] * a[r]);
    }
int ans = 0;
for(int i = 1; i <= n; i++)
    ans = max(ans,dp[i][i + n]);        //区间(i,i + n)
cout << ans;
```

这个问题的关键在于理解聚合操作的能量计算方式,以及如何利用动态规划的思想来找到最优的聚合顺序,展示了动态规划在处理最优化问题时的强大能力。

算法实现源代码:洛谷 P1063 能量项链.cpp。

4.20 洛谷 P2016 战略游戏

Bob 喜欢玩电脑游戏,特别是战略游戏。但是他经常无法找到快速玩过游戏的方法。

现在他有座古城堡,古城堡的路形成一棵树。他要在这棵树的结点上放置最少数目的士兵,使得这些士兵能够瞭望到所有的路。

注意: 某个士兵在一个结点上时,与该结点相连的所有边都将能被瞭望到。

请编一个程序,给定一棵树,帮 Bob 计算出他最少要放置的士兵数。

输入

第一行一个整数 n,表示树中结点的数目。

接下来 n 行,每行描述每个结点信息,依次为:一个整数 i,代表该结点标号,一个自然数 k,代表后面有 k 条无向边与结点 i 相连。接下来 k 个整数,分别是每条边的另一个结点标号 $r_1 r_2 \cdots r_k$,表示 i 与这些点间各有一条无向边相连。

对于一个 n 个结点的树,结点标号在 0 到 $n-1$ 之间,在输入数据中每条边只出现一次。保证输入是一棵树。

输出

输出仅包含一个数,为所求的最少士兵数。

样例输入

```
4
0 1 1
1 2 2 3
2 0
3 0
```

样例输出

```
1
```

【算法分析】

本题是一个经典的树状动态规划问题。在这个问题中,给定一棵包含 n 个结点的无根树,目标是在树的结点上放置最少数量的守卫,使得每个边至少被一个守卫观察到。换句话说,每个边的两端结点中至少有一个结点上放有守卫。

1. 样例分析

样例的图结构如图 4-11 所示。显然,在结点 1 放置一个士兵,其他结点就一览无余。

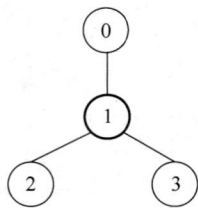

图 4-11 样例的图结构

2. 动态规划算法的实现

存储树结构的方法有很多,如邻接矩阵,邻接表,链式前向星。链表比较麻烦,使用比较少。本题结点数不超过 1500 个,采用邻接表比较合适。

对于每个结点,有两种选择:放置守卫或不放置守卫。每个守卫只能观察到与其直接相连的边。因此,如果某个结点不放守卫,那么它的所有子结点都必须放置守卫。反之,如果某个结点放置了守卫,那么它的子结点可以选择放置或不放置守卫。

为了解决这个问题,需要定义一个状态方程,例如 $f[i][2]$,其中 i 表示当前结点的编号,2 表示两种状态:0 表示该结点不放守卫,1 表示该结点放守卫。$f[i][0]$ 表示以 i 为根结点的子树中,结点 i 不放守卫且满足条件的最少守卫数量;$f[i][1]$ 表示以 i 为根结点的子树中,结点 i 放守卫且满足条件的最少守卫数量。状态转移方程为

$$f[x][0] = \sum f[y][1],\text{其中 } y \text{ 为 } x \text{ 的子结点}$$

$$f[x][1] = 1 + \sum \min(f[y][0], f[y][1])$$

然后,根据状态转移方程进行计算:对于结点 x,如果 x 不放守卫,那么它的所有子结点 y 都必须放守卫,因此 $f[x][0]$ 等于所有子结点 y 的 $f[y][1]$ 之和。如果 x 放守卫,那么它的子结点 y 可以放守卫也可以不放守卫,因此 $f[x][1]$ 等于所有子结点 y 的 $f[y][0]$ 和 $f[y][1]$ 中的较小值之和。

最终,整棵树的最少守卫数量就是根结点的 $f[1][0]$ 和 $f[1][1]$ 中的较小值,其中第 1 个下标 1 是树的根结点,如算法 4.30 所示。

算法 4.30　计算最少要放置的士兵数的动态规划算法。

```cpp
const int maxn = 1510;
int f[maxn][2];
vector < int > G[maxn];              //存储邻接表
//x 是当前结点,fa 是前缀结点
void dfs(int x, int fa)
{
    f[x][1] = 1;                     //放一个士兵
    //遍历 x 的相邻结点
    for(int i = 0; i < G[x].size(); i++)
    {
        int to = G[x][i];
        if(to == fa) continue;       //搜过了
        dfs(to, x);
    }
    //采用动态规划计算结点 x 是否放置士兵的最优值
    for(int i = 0; i < G[x].size(); i++)
    {
        int to = G[x][i];
        if(to == fa) continue;       //已经计算
        f[x][0] += f[to][1];
        f[x][1] += min(f[to][0], f[to][1]);
    }
}
```

在主函数中,需要实现图的存储,调用 DFS 函数,并输出结果,如算法 4.31 所示。

算法 4.31　图的存储算法,函数调用等。

```cpp
int n;                               //树结点数
cin >> n;
int num, k;                          //结点编号,邻居的数量
for(int i = 1; i <= n; i++)
{
    scanf("%d%d", &num, &k);
    num++;                           //让结点编号从 1 开始
    for(int i = 1; i <= k; i++)
    {
        int y;                       //邻居的编号
```

```
            scanf(" % d",&y);
            y++;                              //从 1 开始编号
            G[num].push_back(y);              //无向图
            G[y].push_back(num);
        }
    }
    dfs(1,0);
    printf(" % d\n",min(f[1][0],f[1][1]));
```

算法实现源代码：洛谷 P2016 战略游戏.cpp。

4.21　洛谷 P1352　没有上司的舞会

某大学有 n 个职员，编号为 $1,2,\cdots,n$。他们之间有从属关系，也就是说他们的关系就像一棵以校长为根的树，父结点就是子结点的直接上司。

现在有个周年庆宴会，宴会每邀请来一个职员都会增加一定的快乐指数 r_i，但是如果某个职员的直接上司来参加舞会，那么这个职员就无论如何也不肯来参加舞会。

请你编程计算，邀请哪些职员可以使快乐指数最大，求最大的快乐指数。

输入格式

输入的第一行是一个整数 n。

接下来一行，是 n 个整数，第 i 个整数表示 i 号职员的快乐指数 r_i。

后面 $n-1$ 行，每行输入一对整数 (l,k)，代表 k 是 l 的直接上司。

输出格式

输出一行一个整数代表最大的快乐指数。

输入样例

```
7
1 1 1 1 1 1 1
1 3
2 3
6 4
7 4
4 5
3 5
```

输出样例

```
5
```

【算法分析】

与 POJ2342 是同一道题目。本题是一道典型的树状动态规划(Tree DP,通常称为树形动态规划)问题。题目描述一个公司的员工关系网络,这个网络形成了一个树状结构,其中每个员工都有一个快乐指数,而每个员工不能和他的直接上司同时参加舞会。问题是要找出一种安排,使得参加舞会的员工的快乐指数总和最大。因为树状结构的特点,我们可以使用树状动态规划来解决问题。

1. 样例分析

样例的图结构如图 4-12 所示。因为每个参加晚会的人都不希望在晚会中见到他的直接上司，只要结点 3、4 不参加舞会，其他结点都可以参加，参会就是 5 人。

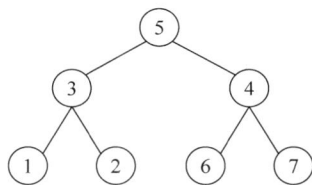

图 4-12 样例的图结构

2. 动态规划算法的实现

在这个问题中，我们可以为每个员工定义两个状态：参加舞会的最大快乐值和不参加舞会的最大快乐值。然后，我们需要根据员工与其子结点之间的关系，写出状态转移方程。参加舞会的最大快乐值（记为 $f[u][1]$）和不参加舞会的最大快乐值（记为 $f[u][0]$），其中 u 代表员工的编号。状态转移方程如下。

（1）如果员工 u 选择参加舞会（$f[u][1]$）：

员工 u 的快乐值必须被计入总和，但是员工 u 的所有直接下属都不能参加舞会，因此只考虑他们不参加舞会的最大快乐值：$f[u][1] = r[u] + \sum f[v][0]$，其中 v 是员工 u 的直接下属。

（2）如果员工 u 选择不参加舞会（$f[u][0]$）：

员工 u 的快乐值不被计入总和，但是员工 u 的所有直接下属可以自由选择参加或不参加舞会，因此需要考虑他们参加和不参加舞会的最大快乐值中的较大值：$f[u][0] = \sum \max(f[v][0], f[v][1])$，其中 v 是员工 u 的直接下属。

计算参加舞会员工的快乐指数总和最大动态规划，如算法 4.32 所示。

算法 4.32 计算参加舞会员工的快乐指数总和的动态规划算法。

```
vector < int > G[6010];              //存储图结构
int f[6010][2];
int r[6010];                         //员工的快乐指数
int boss[6010];                      //员工之间的关系
void dfs(int u)
{
    for(int j = 0; j < G[u].size(); j++)
    {
        int v = G[u][j];             //相邻员工
        dfs(v);
        f[u][0] += max(f[v][1],f[v][0]);
        f[u][1] += f[v][0];
    }
    f[u][1] += r[u];                 //计入员工 u 的快乐值
}
```

在主函数中，需要实现图的存储；从根结点（boss[i]=0）开始，调用 DFS 遍历整个树状结构，并输出该结点的最大快乐值，如算法 4.33 所示。

算法 4.33 图的存储，调用 DFS 遍历整个树状结构算法。

```
int n,u,v;
cin >> n;                            //员工数
for(int i = 1; i <= n; i++)
    scanf(" % d",&r[i]);            //员工的快乐指数
```

```
while(cin >> u >> v)
{
    G[v].push_back(u);
    boss[u] = v;                        //员工关系
}
for(int i = 1; i <= n; i++)
    if(boss[i] == 0)                    //根结点
    {
        dfs(i);
        printf(" % d",max(f[i][1],f[i][0]));
        break;
    }
```

因为根结点没有上司,所以它可以自由选择参加或不参加舞会,取二者的最大快乐值。

算法实现源代码:洛谷 P1352 没有上司的舞会.cpp。

4.22　洛谷 P1122 最大子树和

一株奇怪的花卉,上面共连有 n 朵花,共有 $n-1$ 条枝干将花儿连在一起,并且未修剪时每朵花都不是孤立的。每朵花都有一个"美丽指数",该数越大说明这朵花越漂亮,也有"美丽指数"为负数的,说明这朵花看着都让人恶心。所谓"修剪",是指去掉其中的一条枝条,这样一株花就成了两株,扔掉其中一株。经过一系列修剪之后,还剩下最后一株花(也可能是一朵)。通过一系列修剪(也可以什么都不修剪),使剩下的那株花卉上所有花朵的"美丽指数"之和最大。

输入

第一行一个整数 $n(1 \leqslant n \leqslant 16\,000)$。表示原始的那株花卉上共 n 朵花。

第二行有 n 个整数,第 i 个整数表示第 i 朵花的美丽指数。

接下来 $n-1$ 行,每行两个整数 a,b 表示存在一条连接第 a 朵花和第 b 朵花的枝条。

输出

一个数,表示一系列修剪之后所能得到的"美丽指数"之和的最大值。保证绝对值不超过 $2\,147\,483\,647$。

样例输入

```
7
-1 -1 -1 1 1 1 0
1 4
2 5
3 6
4 7
5 7
6 7
```

样例输出

```
3
```

【算法分析】

本题是一道经典的树状动态规划问题。在这个问题中,我们有一棵树,每个结点都有一个权值(可以为正也可以为负)。目标是找到一棵树中的一个子树,使得该子树所有结点的权值和最大。

1. 样例分析

样例的图结构如图 4-13 所示。树的中间结点 4,5,6 和 7 构成的子树,其结点之和 3 是最大的,而其他结点都是负数。

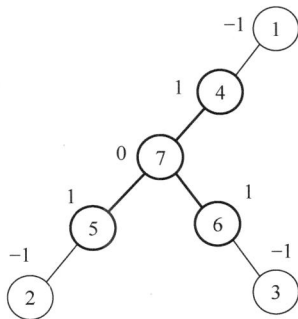

图 4-13 样例的图结构

2. 动态规划算法的实现

解决最大子树和这个问题,基本思想是定义一个状态数组 f,其中 $f[u]$ 表示以第 u 个结点为根的子树最大权值和。然后,使用深度优先搜索(DFS)遍历树的所有结点,并更新 f 数组的值。具体的状态转移方程是:

$$f[u] = w[u] + \sum_{f[v] > 0} f[v]$$

最优值是 $\max(f[u])$。

对于每个结点 u,我们遍历它的所有子结点 v,并更新 $f[u]$ 的值。

(1)如果 $f[v] > 0$,则将 $f[v]$ 加到 $f[u]$ 上,因为这会增大以 u 为根的子树的最大权值和。

(2)如果 $f[v] \leqslant 0$,就不将其加到 $f[u]$ 上,因为这会减小或保持以 u 为根的子树的最大权值和不变。

在 DFS 遍历的过程中,我们需要保留每个结点的父结点信息 fa,以便正确地更新 f 数组。计算最大子树和的动态规划算法如算法 4.34 所示。

算法 4.34 计算最大子树和的动态规划算法。

```
int w[16005],f[16005];          //数组 w 是每朵花的美丽指数
vector < int > G[16005];         //图结构
//u 是当前结点,fa 是前缀结点
void dfs(int u,int fa)
{
    f[u] = w[u];                  //f 初始值,留下第 u 朵花
    for(int i = 0; i < G[u].size(); i++)
    {
        int v = G[u][i];
        if(v!= fa)                //没有搜到过
        {
            dfs(v,u);             //u 成为前缀结点
            if(f[v]> 0) f[u] += f[v];   //优化
        }
    }
}
```

在主函数中,需要实现图的存储;从根结点 1 开始调用 DFS 遍历整个树状结构。最后

我们遍历 f 数组,找到其中的最大值,即为所求的最大子树和,并输出该结点的最大子树和值,如算法 4.35 所示。

算法 4.35   图的存储,调用 DFS 遍历整个树状结构,查找最大子树和的算法。

```
int n;
cin >> n;
for(int i = 1; i <= n; i++)
    scanf("%d",&w[i]);                //每朵花的美丽指数
int u,v;
for(int i = 1; i < n; i++)
{
    scanf("%d %d",&u,&v);
    G[u].push_back(v);
    G[v].push_back(u);                //无向图
}
dfs(1,0);
//最大子树和可能有负值
int ans = -1 << 30;
for(int i = 1; i <= n; i++)
    ans = max(ans,f[i]);
printf("%d",ans);
```

需要注意的是,这个问题可能存在多个解,即可能有多个子树的和都是最大的。但是题目只要求我们输出最大的和,而不需要输出具体的子树结构。

这个问题的时间复杂度是 $O(n)$,其中 n 是树中结点的数量,因为我们只需要遍历树的所有结点一次来填充数组 f。这是一个相当高效的算法,可以处理包含大量结点的树。

算法实现源代码:洛谷 P1122 最大子树和.cpp。

4.23   洛谷 P2014 选课

在大学里每个学生为了达到一定的学分,必须从很多课程里选择一些课程来学习。有些课程必须在某些课程之前学习,如高等数学总是在其他课程之前学习。现在有 n 门功课,每门课都有学分,每门课有一门或没有直接先修课(若课程 a 是课程 b 的先修课,即只有学完课程 a 才能学习课程 b)。一个学生要从这些课程里选择 m 门课程学习,问他能获得的最多学分是多少?

输入格式

第一行有两个整数 n,m。($1 \leqslant n, m \leqslant 300$)

接下来 n 行,每行是两个整数 k 和 s,k 表示该门课的直接先修课,s 表示该门课的学分。若 $k = 0$ 表示没有直接先修课($1 \leqslant k \leqslant n, 1 \leqslant s \leqslant 20$)。

输出格式

一个整数,是选择 m 门课程的最多学分。

输入样例

```
7 4
2 2
0 1
```

```
0 4
2 1
7 1
7 6
2 2
```

输出样例

13

【算法分析】

选课是一个典型的树状依赖背包问题。在这个问题中,学生需要选择一些课程来学习,每门课程有一定的学分,并且有些课程需要在修读其他课程后才能选择。目标是在满足所有依赖关系的前提下,最大化所选课程的学分总和。

1. 样例分析

样例的图结构如图 4-14 所示。子树结点 2-7-6 和另一棵树结点 3,其结点之和 13 是最大的,且满足直接先修课关系。

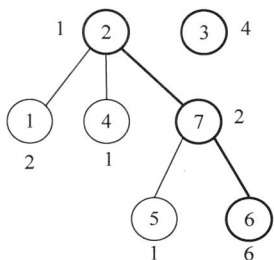

图 4-14 样例的图结构

2. 动态规划算法的实现

解题思路通常使用动态规划,具体来说是树状依赖背包问题的解法。这个问题中,我们可以将课程视为结点,依赖关系视为边,从而构建一棵课程依赖树,使用邻接表存储树的结构。每个结点(课程)有一个权值(学分),我们需要在满足树状依赖关系的前提下,选择一部分结点使得权值和最大。

由题意可知,最终这些课程构成一个森林(样例就是两棵树),我们不妨将 0 号结点看作所有树的根,其学分为 0,这样我们将森林转换为一棵树来处理。

设 $f[u][j]$ 表示以 u 号结点为根,允许选 j 门课程的子树的最多学分。

遍历结点 u 的每个孩子 v,计算状态转移方程:
$$f[u][j] = \max_{1 \leq k < j} \{f[u][j], f[u][j-k] + f[v][k]\}$$

即对于当前结点 u 有 j 的容量、选取 k 的容量给 v 子树得到的最多学分。

对于每个孩子 v 而言,容量 j 应当从最大递减逆序枚举,因为需要保证 $f[u][j-k]$ 的最优解不是来源于 v 子树。

从根结点开始,递归地求解每个子树的最多学分。对于每个结点,遍历其所有子结点,并考虑选择或不选择该子结点的情况,更新当前结点的最多学分数组 f。递归完成后,根结点的最多学分在 $f[0][m]$ 中。

选择 m 门课程获得最多学分的动态规划算法如算法 4.36 所示。

算法 4.36 计算最多学分的动态规划算法。

```cpp
const int N = 1010;
vector<int> G[N];          //邻接表
int n,m;                   //总课程数,选修课程的门数
int a[N];                  //每门课程的学分
int f[N][N];
```

```
//当前结点 u
void dfs(int u)
{
    f[u][1] = a[u];                     //选择当前课程 u
    //遍历以结点 u 为根的子树
    for (int i = 0; i < G[u].size(); i++)
    {
        int v = G[u][i];                //子结点
        dfs(v);
        //注意是逆循环,类似于 0-1 背包,防止数据覆盖
        for (int j = m; j >= 1; j--)
            for (int k = 1; k < j; k++)
                f[u][j] = max(f[u][j],f[u][j-k]+f[v][k]);
    }
}
```

在主函数中,需要实现图的存储;从根结点 0 开始调用 DFS 遍历整个树状结构。选择 m 门课程获得最多学分,在 $f[0][m]$ 中,如算法 4.37 所示。

算法 4.37   图的存储,调用 DFS 遍历整个树状结构,输出最多学分的算法。

```
cin >> n >> m;
m++;                                    //包括根结点 0
int u;
for (int i = 1; i <= n; i++)
{
    scanf("%d %d",&u,&a[i]);            //先修课,学分
    G[u].push_back(i);                  //构建邻接表,i 是 u 的孩子
}
dfs(0);
printf("%d",f[0][m]);
```

这个问题是一个典型的树状动态规划问题,通过构建课程的依赖关系图,并将其转换为树状结构,然后利用动态规划的方法来解决。

算法实现源代码:洛谷 P2014 选课.cpp。

4.24   洛谷 P2015 二叉苹果树

有一棵苹果树,如果树枝有分叉,一定是分二叉(就是说没有只有 1 个儿子的结点)
这棵树共有 n 个结点(叶结点或者树枝分叉点),编号为 $1 \sim n$,树根编号一定是 1。
现在这棵树枝条太多,需要剪枝。但是一些树枝上长有苹果。
给定需要保留的树枝数量,求出最多能留住多少个苹果。

输入

第 1 行 2 个数,n 和 $q(1 \leqslant q \leqslant n, 1 < n \leqslant 100)$。$n$ 表示树的结点数,q 表示要保留的树枝数量。接下来 $n-1$ 行描述树枝的信息。每行 3 个整数,前两个是它连接的结点编号,第 3 个数是这根树枝上苹果的数量。每根树枝上的苹果数量不超过 30 000 个。

输出

输出一个整数,最多能留住的苹果的数量。

样例输入

```
5 2
1 3 1
1 4 10
2 3 20
3 5 20
```

样例输出

```
21
```

【算法分析】

本题是一个典型的树状动态规划问题。题目描述了一棵苹果树,其树枝如果分叉则一定是分为两叉,且整棵树共有 n 个结点(包括叶结点和树枝分叉点),每个结点都有一个唯一的编号从 1 到 n,树根的编号是 1。我们需要通过给定的树枝信息,以及需要保留的树枝数量 q,求解最多能留住的苹果数量。

1．样例分析

样例的图结构如图 4-15 所示。因为只能剪枝,则必须保留根结点,只能保留 $1-3$ 和 $3-2$,或者 $1-3$ 和 $3-5$ 两个树枝。不能把结点 1,4 给剪枝,而留下结点 2,3 和 5。

2．动态规划算法的实现

对于这个问题,我们可以使用树状动态规划来解决。树状动态规划的应用体现在通过自底向上的方式,逐步求解以每个结点

图 4-15　样例的图结构

为根的子树中在保留一定数量结点时能够得到的最大苹果数。将每个结点都看作一个子树的根,而树状动态规划正是利用这种结构特性来高效解决问题。

我们定义一个二维数组 $f[u][j]$,其中 u 表示当前考虑的结点,j 表示当前结点下保留的树枝数量。$f[u][j]$ 的值表示在以 u 为根的子树中,保留 j 条树枝能够得到的最大苹果数量。状态转移方程为:

$$f[u][j] = \max_{0 \leqslant k < j} (f[u][j],\ f[v][k] + f[u][j-k-1] + w[u][v]);$$

公式中,$f[v][k]$ 是以孩子结点 v 为根的子树中,保留 k 条树枝能够得到的最大苹果数量,$f[u][j-k-1]$ 是以 u 为根的子树中,保留 $j-k-1$ 条树枝能够得到的最大苹果数量,$w[u][v]$ 是树枝 $u-v$ 上的苹果数量。为什么要减 1 呢?因为至少要留一条树枝给当前结点 u。我们需要考虑的是从根结点到叶结点的路径上的树枝数量,而每个结点(除叶结点)至少需要一条树枝来连接到它的子结点。

使用深度优先搜索(DFS)来遍历整棵树,对于每个结点,我们考虑它的所有子结点,并尝试保留不同数量的树枝,从而更新 f 数组的值。这是一个 0-1 背包问题,因为在 0-1 背包问题中,我们要获取最大的利益和,并且背包有体积限制。递推时需要采用逆循环,因为它保证在计算 $f[u][j]$ 时,仍然是基于之前子问题的最优解,还没有被当前循环更新。这样可以确保动态规划中的"无后效性"原则,即当前状态只与前一个或多个状态有关,而不受后续状态更新的影响。当 DFS 遍历完整个树后,$f[1][q]$ 的值就是我们要求的答案,即最多

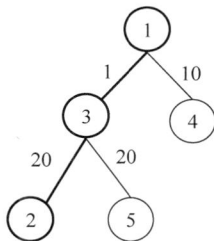

能留住的苹果数量,如算法 4.38 所示。

　　算法 4.38　计算最多能留住的苹果数量的动态规划算法。

```
#define N 110
vector < int > G[N];                      //邻接表
int f[N][N],w[N][N];
int vis[N];                               //访问标志
int n,q;
void dfs(int u)                           //当前结点 u
{
    vis[u] = 1;
    //遍历孩子结点,其实只有 2 个
    for(int i = 0; i < G[u].size(); i++)
    {
        int v = G[u][i];
        if(vis[v]) continue;
        vis[v] = 1;                       //标记为访问
        dfs(v);
        //0 - 1 背包算法.逆循环是防止数据覆盖
        for(int j = q; j >= 1; j-- )
            for(int k = j - 1; k >= 0; k-- )
                f[u][j] = max(f[u][j], f[v][k] + f[u][j-k-1] + w[u][v]);
    }
}
```

　　在主函数中,需要实现图的存储;从根结点 1 开始调用 DFS 遍历整个树状结构。最多能留住的苹果的数量在 $f[1][q]$ 中,如算法 4.39 所示。

　　算法 4.39　图的存储,调用 DFS 遍历整个树状结构,并输出结果。

```
cin >> n >> q;                            //n - 结点数,q - 保留的树枝数量
int a,b,c;
for(int i = 1; i < n; i++)
{
    scanf("%d%d%d",&a,&b,&c);
    w[a][b] = c;
    w[b][a] = c;
    G[a].push_back(b);                    //无向图
    G[b].push_back(a);
}
dfs(1);
printf("%d",f[1][q]);
```

　　算法实现源代码:洛谷 P2015 二叉苹果树.cpp。

上机练习题

　　浙江大学在线题库(由于 ZOJ 题目很多,这里只列出了部分题目,仅供参考):

1022-Parallel Expectations	1136-Multiple
1025-Wooden Sticks	1200-Mining
1094-Matrix Chain Multiplication	1245-Triangles

1249-Pushing Boxes	1666-Square Coins
1250-Always On the Run	1695-True Liars
1276-Optimal Array Multiplication Sequence	1713-Haiku Review
1303-Jury Compromise	1717-The Secret Number
1346-Comparing Your Heroes	1731-Supermarket
1353-Unimodal Palindromic Decompositions	1733-Common Subsequence
1366-Cash Machine	1736-Binary Polynomials
1368-BOAT	1738-Lagrange's Four-Square Theorem
1387-Decoding Morse Sequences	1743-Concert Hall Scheduling
1424-Painting A Board	1756-Robots
1425-Crossed Matchings	1757-Bright Bracelet
1428-Magazine Delivery	1787-Tiling Up Blocks
1446-Hyper-Prime Expression	1792-Gap Punishment Aligment Problem
1449-Maximum Sum	1800-Decorations
1454-Employment Planning	1819-Rhyme Schemes
1459-String Distance and Transform Process	1853-The Brick Stops Here
1462-Team Them Up!	1864-Old Wine Into New Bottles
1463-Brackets Sequence	1877-Bridge
1470-How Many Trees?	1880-Tug of War
1474-Counter Strike	1893-A Multiplication Game
1475-Ranklist	1913-Euclid's Game
1483-Robots	1918-Ferry Loading Ⅱ
1484-Minimum Inversion Number	1925-Dumb Bones
1490-Satellite Antenna	1953-Advanced Fruits
1499-Increasing Sequences	1983-Fold
1503-One Person "The Price is Right"	1985-Largest Rectangle in a Histogram
1512-Water Treatment Plants	1986-Bridging Signals
1515-Square Lottery	1988-Gladiators
1520-Duty Free Shop	1991-Prison Rearrangement
1521-Not Too ConvexHull	1995-Spiderman
1524-Supermarket	2002-Copying Books
1539-Lot	2014-Piggy-Bank
1540-Censored!	2025-I-Keyboard
1551-Cricket Field	2042-Divisibility
1554-Folding	2058-The Archaeologist's Trouble Ⅱ
1563-Pearls	2059-The Twin Towers
1567-Restaurant	2067-White Rectangles
1571-Hexagon Mystery	2068-Chopsticks
1579-Bridge	2069-Greatest Least Common Multiple
1602-Multiplication Puzzle	2081-Mission Impossible
1607-Varacious Steve	2089-Learn to Write
1611-Traveling in Solar System	2096-Door to Secret
1629-Counting Triangles	2115-Dangerous Pattern
1638-Greedy Island	2118-Christopher's Rainy Day
1642-Match for Bonus	2127-Zuma
1651-Parts Process	2136-Longest Ordered Subsequence

2142-Light The Square	2527-Series
2144-Sending Gift	2536-Best Balance
2156-Charlie's Change	2547-Tri Tiling
2180-City Game	2561-Order-Preserving Codes
2189-Exact Change Only	2563-Long Dominoes
2202-Alphacode	2565-Cracking SSH
2206-Roll Playing Games	2568-Counting Triangulations
2213-Fun Game	2581-Tour
2224-Square	2591-DVD
2227-Minimax Triangulation	2598-Yet Another Digit
2242-Huffman's Greed	2604-Little Brackets
2244-Land Division Tax	2621-Instructions
2254-Island Country	2624-Popo's Lamps
2255-Best Editor	2625-Rearrange Them
2264-Confusing Login Names	2626-Polygon Game
2271-Chance to Encounter a Girl	2641-Exploring Pyramids
2278-Fight for Food	2642-Feel Good
2280-Key to Freedom	2667-Joke with Turtles
2281-Way to Freedom	2673-Hexagon and Rhombic Dominoes
2283-Challenge of Wisdom	2683-Marathon
2284-Inversion Number	2685-UNISON
2297-Survival	2692-Dialing Dice
2319-Beautiful People	2702-Unrhymable Rhymes
2337-Non Absorbing DFA	2710-Two Pipelines
2338-The Towers of Hanoi Revisited	2711-Regular Words
2341-Quantization Problem	2734-Exchange Cards
2349-Mix and Build	2739-Color Quantization
2353-Special Experiment	2744-Palindromes
2354-Elevator Stopping Plan	2745-01-K Code
2366-Weird Dissimilarity	2758-Subtitle
2372-Work Reduction	2771-Get Out of the Glass
2374-Marbles on a Tree	2780-Margaritas on the River Walk
2397-Tian Ji-The Horse Racing	2800-Any Fool Can Do It
2398-Islands and Bridges	2802-Help the Problem Setter
2401-Zipper	2822-Sum of Different Primes
2402-Lenny's Lucky Lotto Lists	2845-The Best Travel Design
2414-Index of Prime	2852-Deck of Cards
2422-Terrible Sets	2860-Breaking Strings
2424-Game of Connections	2869-Halls
2444-Bundling	2872-Binary Partitions
2498-Software Company	2882-Nested Dolls
2501-A Mini Locomotive	2884-Moogle
2521-LED Display	2889-Vacation Rentals
2522-Fellowship Activity	

第5章

贪 心 算 法

在求最优解问题的过程中,依据某种贪心标准,从问题的初始状态出发,直接去求每一步的最优解,通过若干次的贪心选择,最终得出整个问题的最优解,这种求解方法就是贪心算法。从贪心算法的定义可以看出,贪心算法并不是从整体上考虑问题,它所做出的选择只是在某种意义上的局部最优解,而由问题自身的特性决定了该题运用贪心算法可以得到最优解。贪心算法所做的选择可以依赖于以往所做过的选择,但既不依赖于将来的选择,也不依赖于子问题的解,因此贪心算法与其他算法相比具有一定的速度优势。如果一个问题可以同时用几种方法解决,贪心算法应该是最好的选择之一。

当一个问题具有最优子结构性质和贪心选择性质时,贪心算法通过一系列的选择来得到一个问题的解。它所做的每一个选择都是在当前状态下具有某种意义的最好选择,即贪心选择,并且每次贪心选择都能将问题化简为一个更小的与原问题具有相同形式的子问题。尽管贪心算法对许多问题不能总是产生整体最优解,但对诸如最短路径问题、最小生成树问题,以及哈夫曼编码问题等具有最优子结构和贪心选择性质的问题却可以获得整体最优解,而且所给出的算法一般比动态规划算法更加简单、直观和高效。

5.1 活动安排问题

活动安排问题就是要在所给的活动集合中选出最大的相容活动子集合,是可以用贪心算法有效求解的很好例子。该问题要求高效地安排一系列争用某一公共资源的活动。贪心算法提供了一个简单、漂亮的方法使得尽可能多的活动能兼容地使用公共资源。

设有 n 个活动的集合 $E=\{1,2,\cdots,n\}$,其中每个活动都要求使用同一资源,如演讲会场等,而在同一时间内只有一个活动能使用这一资源。每个活动 i 都有一个要求使用该资源的起始时间 s_i 和一个结束时间 f_i,且 $s_i < f_i$。如果选择了活动 i,则它在半开时间区间 $[s_i,f_i)$ 内占用资源。若区间 $[s_i,f_i)$ 与区间 $[s_j,f_j)$ 不相交,则称活动 i 与活动 j 是相容的。也就是说,当 $s_i \geq f_j$ 或 $s_j \geq f_i$ 时,活动 i 与活动 j 相容。活动安排问题就是要在所给

的活动集合中选出最大的相容活动子集合。

为了编程方便,我们把活动的起始时间和结束时间定义为结构体:

```
struct action{
    int s;                          //起始时间
    int f;                          //结束时间
    int index;                      //活动的编号
}a[1000];
```

其中数组 a 是活动的集合 E。

然后按活动的结束时间升序排序: $a[1].f \leqslant a[2].f \leqslant \cdots \leqslant a[n].f$。排序比较因子:

```
bool cmp(const action &a, const action &b)
{
    return a.f < b.f;
}
```

使用标准模板库函数排序(下标 0 未用):

```
sort(a + 1, a + n + 1, cmp);
```

计算活动安排问题的贪心算法,如算法 5.1 所示。

算法 5.1　计算活动安排问题的贪心算法。

```
int n;
//形参数组 b 用来记录被选中的活动
void GreedySelector(bool b[])
{
    b[1] = true;                    //第 1 个活动是必选的
    int pre = 1;
    //记录最近一次加入到集合 b 中的活动
    for( int i = 2; i < = n; i++)
        if (a[i].s > = a[pre].f)
        {
            b[i] = true;
            pre = i;
        }
}
```

算法实现源代码: actionArrangement. cpp。

活动 i 在集合 b 中,当且仅当 $b[i]$ 的值为 true。变量 pre 用来记录最近一次加入集合 b 中的活动。算法 greedySelector 首先选择活动 1,并将 pre 初始化为 1,然后依次检查活动 i 是否与当前已经选择的所有活动相容。若相容则将活动 i 加入已选择活动的集合 b 中,否则放弃,继续检查下一活动与集合 b 中活动的相容性。

例如有 11 个活动,其开始时间和结束时间如表 5-1 所示,并按结束时间升序排列。

表 5-1　样例数据(11 个活动)

i	1	2	3	4	5	6	7	8	9	10	11
$a[i].s$	1	3	0	5	3	5	6	8	8	2	12
$a[i].f$	4	5	6	7	8	9	10	11	12	13	14
b	1	0	0	1	0	0	0	1	0	0	1

由于输入的活动按完成时间升序排列,所以算法 greedySelector 每次总是选择具有最早完成时间的相容活动加入集合 b 中。直观上,按这种方法选择相容活动为未安排活动留下尽可能多的时间。该算法的贪心选择意义是使剩余的可安排时间段极大化,以便安排尽可能多的相容活动。

算法 5.1 的计算过程,如图 5-1 所示。

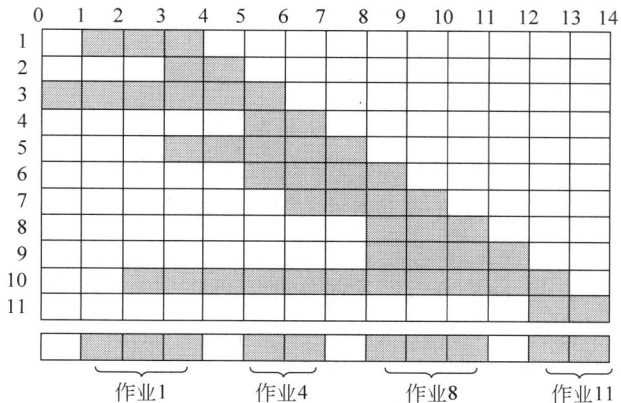

图 5-1   活动安排问题的几何意义

在主函数中,读取数据,排序并调用函数 GreedySelector(),最后输出结果,如算法 5.2 所示。

算法 5.2   计算活动安排问题的主函数。

```
scanf(" % d",&n);
bool b[1000] = {0};
for(int i = 1; i <= n; i++)
{
    cin >> a[i].s >> a[i].f;
    a[i].index = i;
}
sort(a + 1, a + n + 1, cmp);
GreedySelector(b);                      //数组 b 是局部变量
cout << a[1].index;
for(int i = 2; i <= n; i++)
    if(b[i]) printf(", % d",a[i].index);
```

当输入的活动已按结束时间升序排列,算法只需 $O(n)$ 的时间来安排 n 个活动,使最多的活动能相容地使用公共资源。如果所给出的活动未按升序排列,可用 $O(n\log_2 n)$ 时间重排。

贪心算法并不总能求得问题的整体最优解。但对于活动安排问题,贪心算法 greedySelector 却总能求得整体最优解,即它最终所确定的相容活动集合 b 的规模最大。这个结论可以用数学归纳法证明,请参考文献[3]。

5.2   贪心算法的理论基础

贪心算法是一种在每一步选择中都采取在当前状态下最好或最优的选择,从而希望得到结果是最好或最优的算法。贪心算法是一种能够得到某种度量意义下的最优解的分级处理方法,通过一系列的选择来得到一个问题的解,而它所做的每一次选择都是当前状态下某种意义的最好选择,即贪心选择。即希望通过问题的局部最优解来求出整个问题的最优解。这种算法是一种很简洁的方法,对许多问题它能产生整体最优解,但不能保证总是有效,因为它不是对所有问题都能得到整体最优解,只能说其解必然是最优解的很好近似值。

利用贪心算法解题,需要解决两个问题:

(1) 该题是否适合用贪心算法求解;

(2) 如何选择贪心标准,以得到问题的最优/较优解。

5.2.1 贪心选择性质

贪心选择性质是指所求问题的整体最优解可以通过一系列局部最优的选择,即贪心选择来达到。这是贪心算法可行的第一个基本要素,也是贪心算法与动态规划算法的主要区别。

(1) 在动态规划算法中,每步所做的选择往往依赖于相关子问题的解,因而只有在解出相关子问题后才能做出选择。

(2) 在贪心算法中,仅在当前状态下做出最好选择,即局部最优选择。然后再解出这个选择后产生的相应的子问题。贪心算法所做的贪心选择可以依赖于以往所做的选择,但不依赖于将来所做的选择,也不依赖于子问题的解。

正是由于这种差别,动态规划算法通常以自底向上的方式解各个子问题,而贪心算法则通常以自顶向下的方式进行,以迭代的方式做出相继的贪心选择,每做一次贪心选择就将所求问题简化为规模更小的子问题。

对于一个具体问题,要确定它是否具有贪心选择性质,必须证明每一步所做的贪心选择最终导致问题的整体最优解。首先考察问题的一个整体最优解,并证明可修改这个最优解,使其以贪心选择开始。做了贪心选择后,原问题简化为规模更小的类似子问题。然后,用数学归纳法证明,通过每一步做贪心选择,最终可得到问题的整体最优解。证明贪心选择后的问题简化为规模更小的类似子问题的关键在于利用该问题的最优子结构性质。

5.2.2 最优子结构性质

当一个问题的最优解包含其子问题的最优解时,称此问题具有最优子结构性质。运用贪心算法在每一次转化时都取得了最优解。问题的最优子结构性质是该问题可用贪心算法或动态规划算法求解的关键特征。贪心算法的每一次操作都对结果产生直接影响,而动态规划算法则不是。贪心算法对每个子问题的解决方案都做出选择,不能回退;动态规划算法则会根据以前的选择结果对当前进行选择,有回退功能。动态规划算法主要运用于二维或三维问题,而贪心算法一般是一维问题。

5.2.3 贪心算法的求解过程

使用贪心算法求解问题应该考虑如下几个方面:

(1) 候选集合 A:为了构造问题的解决方案,有一个候选集合 A 作为问题的可能解,即问题的最终解均取自于候选集合 A。

(2) 解集合 S:随着贪心选择的进行,解集合 S 不断扩展,直到构成满足问题的完整解。

（3）解决函数 solution：检查解集合 S 是否构成问题的完整解。

（4）选择函数 select：即贪心策略，这是贪心算法的关键，它指出哪个候选对象最有希望构成问题的解，选择函数通常和目标函数有关。

（5）可行函数 feasible：检查解集合中加入一个候选对象是否可行，即解集合扩展后是否满足约束条件。

贪心算法的一般流程，如算法 5.3 所示。

算法 5.3 贪心算法的一般流程。

```
//A 是问题的输入集合即候选集合
Greedy(A)
{
    S = { };                        //初始解集合为空集
    while (not solution(S))         //集合 S 没有构成问题的一个解
    {
        x = select(A);             //在候选集合 A 中做贪心选择
        if feasible(S, x)          //判断集合 S 中加入 x 后的解是否可行
            S = S + {x};
            A = A - {x};
    }
    return S;
}
```

5.3 背包问题

给定一个载重量为 M 的背包，考虑 n 个物品，其中第 i 个物品的质量为 w_i，价值为 $v_i(1 \leqslant i \leqslant n)$，要求把物品装满背包，且使背包内的物品价值最大。有两类背包问题（根据物品是否可以分割），如果物品不可以分割，称为 0-1 背包问题（见 4.5 节）；如果物品可以分割，则称为背包问题，就是本节讨论的内容。

假设 x_i 是物品 i 装入背包的部分（$0 \leqslant x_i \leqslant 1$），当 $x_i = 0$ 时表示物品 i 没有被装入背包；当 $x_i = 1$ 时表示物品 i 被全部装入背包。根据问题的要求，该问题可形式化描述为：

$$\max \sum_{i=1}^{n} p_i x_i, \quad \text{s.t.} \quad \sum_{i=1}^{n} w_i x_i = M$$

其中，$0 \leqslant x_i \leqslant 1$。注意，背包刚好装满。

假设背包的容量是 50，有 3 个物品，如表 5-2 所示。

表 5-2 背包问题的 3 个物品

n	1	2	3
质量	10	20	30
价值	60	100	120
性价比	6	5	4

有 3 种方法来选取物品：

（1）当作 0-1 背包问题，采用动态规划算法，如图 5-2(b) 所示，获得最优值 220；

(2) 当作 0-1 背包问题,采用贪心算法,按性价比从高到低的顺序选取物品,获得最优值 160,如图 5-2(c)所示。由于物品不可分割,剩下的空间 20,没有相应的物品可以装入而白白浪费。

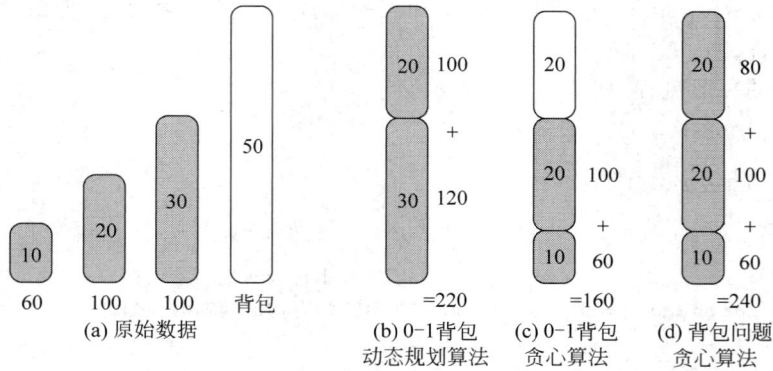

图 5-2　背包问题与 0-1 背包问题的比较

(3) 当作背包问题,采用贪心算法,按性价比从高到低的顺序选取物品,获得最优值 240,如图 5-2(d)所示。由于物品可以分割,剩下的空间 20,装入物品 3 的一部分,而获得了更好的性能。

从上面的分析可知,贪心算法对 0-1 背包问题不能得到最优解。当物品按性价比递减排序后,应用贪心算法可以得到最优解。该结论的证明,可以阅读参考文献[9]。

为了方便计算,建立如下的数据结构,表示物品的参数:

```
struct bag{
    int w;                      //物品的质量
    int v;                      //物品的价值
    double c;                   //性价比
}a[1001];                       //存放物品的数组
```

排序因子(按性价比降序):

```
bool cmp(bag a, bag b){
    return a.c > b.c;
}
```

使用标准模板库函数排序(最好使用 stable_sort()函数,在性价比相同时保持输入的顺序):

```
sort(a, a + n, cmp);
```

按性价比排序后,背包问题的贪心算法如算法 5.4 所示。

算法 5.4　计算背包问题的贪心算法。

```
//形参 n 是物品的数量,c 是背包的容量 M,数组 a 是按物品的性价比降序排序
double knapsack(int n, double c)
{
    double cleft = c;               //背包的剩余容量
    int i = 0;
```

```
    double b = 0;                     //获得的价值
    //当背包还能完全装入物品 i
    while(i < n && a[i].w < cleft)
    {
        cleft -= a[i].w;
        b += a[i].v;
        i++;
    }
    //装满背包的剩余空间
    if (i < n) b += 1.0 * a[i].v * cleft/a[i].w;
    return b;
}
```

算法实现源代码：Knapsack.cpp。

如果要获得解向量 $X = \{x_1, x_2, \cdots, x_n\}$，则需要在数据结构中加入物品编号：

```
struct bag{
    int w;
    int v;
    double x;                         //装入背包的量,0≤x≤1
    int index;                        //物品编号
    double c;                         //性价比
}a[1001];
```

获得解向量时，背包问题的贪心算法如算法 5.5 所示。

算法 5.5　计算背包问题的贪心算法，同时得到解向量。

```
double knapsack(int n, double c)
{
    double cleft = c;
    int i = 0;
    double b = 0;
    while(i < n && a[i].w <= cleft)
    {
        cleft -= a[i].w;
        b += a[i].v;
        //物品原先的序号是 a[i].index, 全部装入背包
        a[a[i].index].x = 1.0;
        i++;
    }
    if (i < n)
    {
        a[a[i].index].x = 1.0 * cleft/a[i].w;
        b += a[a[i].index].x * a[i].v;
    }
    return b;
}
```

算法实现源代码：Knapsack-best.cpp。

5.4　最优装载问题

有一批集装箱要装上一艘载重量为 c 的轮船,其中集装箱 i 的重量为 w_i。最优装载问题要求确定在装载体积不受限制的情况下,将尽可能多的集装箱装上轮船。

该问题的形式化描述为:

$$\max \sum_{i=1}^{n} x_i, \quad s.t. \quad \sum_{i=1}^{n} w_i x_i \leqslant c$$

其中 $x_i \in \{0,1\}, 1 \leqslant i \leqslant n$。

输入

本题有多组数据。对于每组数据,第 1 行有两个数据:第 1 个数据是轮船的载重量 c(在整数范围内),第 2 个数据是集装箱的数量 $n(1 \leqslant n \leqslant 100)$。第 2 行有 n 个整数 $w_1, w_2, \cdots, w_n$,整数之间用一个空格分开,这 n 个整数依次表示这 n 个集装箱的重量 $(1 \leqslant w_i \leqslant 100, i=1, 2, \cdots, n)$。

输出

对每组数据,输出轮船在装载体积不受限制的情况下,最多能装载的集装箱数以及集装箱的编号。如果一个集装箱也装不进,就输出"No answer!"。

输入样例

```
50 3
40 10 40
37 5
10 30 24 35 40
25 3
30 40 50
```

输出样例

```
2
1 2
2
1 3
No answer!
```

【算法分析】

最优装载问题可用贪心算法求解。采用重量最轻者先装的贪心选择策略,可以得到装载问题的最优解。表示集装箱的数据结构如下:

```
struct load {
    int index;                    //集装箱编号
    int w;                        //集装箱质量
}box[1001];
```

排序因子(按集装箱的质量升序):

```
bool cmp(load a, load b) {
```

```
    return a.w < b.w;
}
```

使用标准模板库函数排序(box[0]未使用):

```
stable_sort(box, box + n + 1, cmp);
```

这是稳定排序函数,当质量相同时,保持输入数据原来的顺序。

最优装载问题的贪心算法如算法 5.6 所示。

算法 5.6　最优装载问题的贪心算法。

```
//输入数据和数组初始化
while (scanf("%d%d", &c, &n)!= EOF)
{
    memset(box, 0, sizeof(box));
    memset(x, 0, sizeof(x));
    for (int i = 1; i <= n; i++)
    {
        scanf("%d", &box[i].w);
        box[i].index = i;
    }
    //按集装箱的质量升序排序
    stable_sort(box, box + n + 1, cmp);
    if (box[1].w > c) {
        printf("No answer!\n");
        continue;
    }
    //贪心算法的实现,质量最轻者先装载
    int i;
    for (i = 1; i <= n && box[i].w <= c; i++)
    {
        x[box[i].index] = 1;
        c -= box[i].w;
    }
    //输出装载的集装箱数量
    printf("%d\n",i-1);
    //输出装载的集装箱编号
    for (i = 1; i <= n; i++)
        if (x[i]) printf("%d  ", i);
    printf("\n");
}
```

本题只要求集装箱的数量尽可能地多,没有要求集装箱的质量是尽可能地大。如果使用回溯算法,还可以使集装箱的质量尽可能地大。

算法实现源代码:Loading.cpp。

5.5　单源最短路径

给定带权有向图 $G=(V,E)$,其中每条边的权是非负实数。另外,还给定 V 中的一个顶点,称为源。现在要计算从源到所有其他各顶点的最短路长度,这里路的长度是指路上各边权之和。这个问题通常称为单源最短路径问题(Single-Source Shortest Paths)。

如图 5-3 所示,就是要计算源点 v_1 到其他各个顶点的最短距离,并输出相应的路径。

输入

本题有多组数据。

第 1 行有两个数据 n 和 m,其中 n 表示结点的个数,m 表示路径的数目。

接下来有 m 行,每行都有 3 个数据 s、t 和 edge,其中 s 表示路径的起点,t 表示路径的终点,edge 表示该路径的长度。

当 $n=0,m=0$ 时,输入数据结束。

图 5-3　带权有向图 G

输出

源点(统一规定为顶点 v_1,虽然其他顶点也是可以的)到所有其他各顶点的最短路径长度。

接下来有 $n-1$ 行,是从各个顶点(按升序)回到源点的路径。

输入样例

```
5 7
1 2 10
1 4 25
1 5 80
2 3 40
3 5 10
4 3 20
4 5 50
0 0
```

输出样例

```
10 45 25 55
2 <-- 1
3 <-- 4 <-- 1
4 <-- 1
5 <-- 3 <-- 4 <-- 1
```

【算法分析】

Dijkstra 算法是解单源最短路径问题的一个贪心算法。其基本思想是,设置顶点集合 S 并不断地做贪心选择来扩充这个集合。一个顶点属于集合 S 当且仅当从源点到该顶点的最短路径长度已知。初始时,S 中仅含有源点。设 u 是 G 的某一个顶点,把从源点到 u 且中间只经过 S 中顶点的路径称为从源点到 u 的特殊路径,并用数组 dist 记录当前每个顶点所对应的最短特殊路径长度。Dijkstra 算法每次从 $V-S$ 中取出具有最短特殊路径长度的顶点 u,将 u 添加到 S 中,同时对数组 dist 做必要的修改。一旦 S 包含了所有 V 中顶点,dist 就记录了从源点到所有其他顶点之间的最短路径长度。

Dijkstra 算法的实现如算法 5.7 所示。

算法 5.7　计算单源最短路径问题的 Dijkstra 算法。

```
#define NUM 100
#define maxint 10000
```

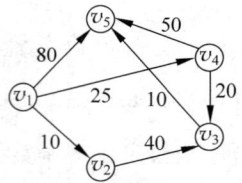

```
//顶点个数 n,源点 v,有向图的邻接矩阵为 c
//数组 dist 保存从源点 v 到每个顶点的最短特殊路径长度
//数组 prev 保存每个顶点在最短特殊路径上的前一个结点
void dijkstra(int n, int v, int dist[], int prev[], int c[][NUM])
{
    int i,j;
    bool s[NUM];                        //集合 S
    //初始化数组
    for(i = 1; i <= n; i++)
    {
        dist[i] = c[v][i];
        s[i] = false;
        if (dist[i]> maxint) prev[i] = 0;
        else prev[i] = v;
    }
    //初始化源结点
    dist[v] = 0;
    s[v] = true;
    for(i = 1; i < n; i++)              //其余顶点
    {
        //在数组 dist 中寻找未处理结点的最小值
        int tmp = maxint;
        int u = v;
        for(j = 1; j <= n; j++)
            if(!(s[j]) && (dist[j]< tmp))
            {
                u = j;
                tmp = dist[j];
            }
        s[u] = 1;                       //结点 u 加入 S 中
        //利用结点 u 更新数组 dist
        for(j = 1; j <= n; j++)
            if(!(s[j]) && c[u][j]< maxint)
            {
                //newdist 为从源点到该点的最短特殊路径
                int newdist = dist[u] + c[u][j];
                if (newdist < dist[j])
                {
                    //修正最短距离
                    dist[j] = newdist;
                    //记录 j 的前一个结点
                    prev[j] = u;
                }
            }
    }
}
```

算法实现源代码：ShortestPaths.cpp。

如图 5-3 所示的有向图 G，邻接矩阵 c 的内容如表 5-3 所示。一对顶点(v_i,v_j)没有直接相连的边时，$c[i][j]=\infty$。数组 $dist[i]$ 表示从源点到顶点 v_i 的最短特殊路径长度。

表 5-3　有向图 G 的邻接矩阵

行/列	1	2	3	4	5
1	∞	10	∞	25	80
2	∞	∞	40	∞	∞
3	∞	∞	∞	∞	10
4	∞	∞	20	∞	50
5	∞	∞	∞	∞	∞

对图 5-3 所示的有向图 G,应用 Dijkstra 算法计算从源顶点 v_1 到其他顶点间最短路径的过程,如表 5-4 所示。

表 5-4　从源顶点 v_1 到其他顶点的数组 dist 值和最短路径的求解过程

迭代	S	u	dist[2]	dist[3]	dist[4]	dist[5]
初值	{1}	—	10	∞	25	80
$i=1$	{1,2}	2	10	50 (v_1,v_2,v_3)	25	80
$i=2$	{1,2,4}	4	10	45 (v_1,v_4,v_3)	25	75 (v_1,v_4,v_5)
$i=3$	{1,2,4,3}	3	10	45	25	55 (v_1,v_4,v_3,v_5)
$i=4$	{1,2,4,3,5}	5	10	45	25	55

下面分析 Dijkstra 算法的运行时间:代码的核心部分是一个双循环,所以算法时间复杂度是 $O(n^2)$。人们可能只希望找到从源点到某一特定终点的最短路径,其实这与求源点到其他所有顶点的最短路径一样复杂,其时间复杂度也是 $O(n^2)$。

根据算法 5.5 中数组 prev 保存的信息,可以输出相应的最短路径。算法中数组 prev[i] 记录从源点到顶点 i 的最短路径上 i 的前一个顶点。数组 prev 的初值为 0,表示没有前一个结点。

在 Dijkstra 算法中更新最短路径长度时,只要 dist[u]+c[u][i]<prev[i] 时,就置 prev[i]=u。当 Dijkstra 算法终止时,就可以根据数组 prev 找到从源点到顶点 i 的最短路径上每个顶点的前一个顶点,从而找到从源点到顶点 i 的最短路径。

图 5-3 中有向图的数组 prev 如表 5-5 所示。例如,要找出 v_1 到 v_5 的最短路径,根据 prev[5]=3 得到其前一个结点是 3,prev[3]=4 得到其前一个结点是 4,prev[4]=1 得到其前一个结点是 1,因此最短路径为 (v_1,v_4,v_3,v_5)。

表 5-5　有向图 G 的数组 prev

结点	1	2	3	4	5
父结点	0	1	4	1	3

获得最短路径的算法如算法 5.8 所示。

算法 5.8　根据数组 prev 计算单源最短路径的算法。

```
void traceback(int v, int i, int prev[])
{
    cout << i <<"<-- ";
    i = prev[i];
    if(i!= v) traceback(v,i,prev);
    if(i == v) cout << i << endl;
}
```

如果要获得源点 v_1 到所有其他顶点的最短路径,使用迭代算法更方便,如算法 5.9 所示。

算法 5.9 根据数组 prev 计算源点 v_1 到所有其他顶点最短路径的迭代算法。

```
for(int j = 2; j <= n; j++)
{
    printf(" % d",j);
    int t = prev[j];
    while (t!= 1)
    {
        printf("<-- % d",t);
        t = prev[t];
    }
    printf("<-- 1\n");
}
```

5.6 最小生成树

设 $G=(V,E)$ 是无向连通带权图,即一个网络。对图中每一条边 (u,v) 的权为 $c[u][v]$,表示连通 u 与 v 的代价。如果 G 的子图 T 是一棵包含 G 的所有顶点的树,则称 T 为 G 的生成树。生成树上各边权的总和称为该生成树的耗费。在 G 的所有生成树中,耗费最小的生成树称为 G 的最小生成树:

$$\min\left\{\sum_{(u,v)\in T} c[u][v]\right\}$$

如图 5-4 所示,显示各条边的权值。粗线的边为最小生成树的边,其各边的权值之和为 37。最小生成树不是唯一的,用边 (a,h) 替代边 (b,c) 构成另外一棵最小生成树,其各边的权值之和也是 37。

网络最小生成树在实际中有广泛的应用。例如,在设计通信网络时,用图的顶点表示城市,用边 (u,v) 的权 $c[u][v]$ 表示建立城市 u 与城市 v 之间的通信线路所需要的费用,则最小生成树就给出了建立通信网络的最经济的方案。

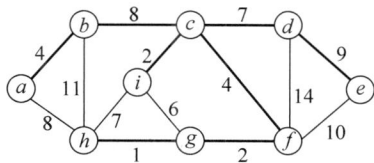

图 5-4 一个连通图的最小生成树

5.6.1 最小生成树的性质

用贪心算法设计策略可以设计出构造最小生成树的有效算法。构造最小生成树的

Prim 算法和 Kruskal 算法都是应用贪心算法设计策略的例子。这两个算法做贪心选择的方式不同,它们都利用了下面的最小生成树性质。

设 $G=(V,E)$ 是连通带权图,U 是 V 的真子集。如果 $(u,v)\in E$,且 $u\in U,v\in V-U$,且在所有这样的边中,(u,v) 的权 $c[u][v]$ 最小,那么一定存在 G 的一棵最小生成树,它以 (u,v) 为其中一条边。这个性质有时也称为 MST(Minimum Spanning Tree)性质。

可以用反证法证明。假设 G 的任何一棵最小生成树都不包含 (u,v)。设 T 是连通图的一棵最小生成树,当将边 (u,v) 加入 T 中时,由生成树的定义,T 中必存在一条包含 (u,v) 的回路。另一方面,由于 T 是生成树,则在 T 上必存在另一条回路 (u',v'),其中 $u'\in U,v'\in V-U$,且 u' 和 u 之间,v' 和 v 之间均有路径相通,如图 5-5 所示。

删除边 (u',v'),便可消除上述回路,同时得到另一棵生成树 T'。因为 $c[u][v]\leqslant c[u'][v']$,则 T' 的代价不高于 T,于是 T' 是包含 (u,v) 的一棵最小生成树,这与假设矛盾。

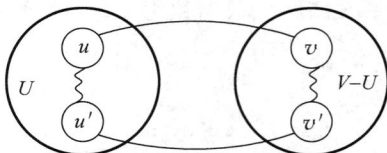

图 5-5　含边 (u,v) 的回路

5.6.2　Prim 算法

设 $G=(V,E)$ 是连通带权图,$V=\{v_1,v_2,\cdots,v_n\}$。

构造 G 的最小生成树的 Prim 算法基本思想是:

首先置 $S=\{v_1\}$。重复执行下列操作:只要 S 是 V 的真子集,就做如下贪心选择——选取满足条件 $v_i\in S,v_j\in V-S$,且 $c[i][j]$ 是最小的边,将顶点 v_j 添加到 S 中。这个过程一直进行到 $S=V$ 时为止,且选取到的所有边恰好构成 G 的一棵最小生成树,如算法 5.10所示。

算法 5.10　构成最小生成树的 Prim 算法描述。

```
define NUM 1000
void Prim( int n, int c[ ][NUM])
{
    T = φ;                       //生成树边的集合
    S = {v₁};                    //生成树顶点的集合
    while (S!= V)
    {
        (vᵢ,vⱼ) = vᵢ∈S 且 vⱼ∈V-S 的最小权边;
        T = T∪{(vᵢ,vⱼ)};
        S = S∪{vⱼ}
    }
}
```

算法结束时,T 中包含 G 的 $n-1$ 条边,S 中包含 G 的 n 个顶点。

例如,对于图 5-6(a)所示的无向连通带权图,按 Prim 算法选取边的过程如图 5-6(b)~(f)所示。

对于构成最小生成树的 Prim 算法,还应当考虑如何有效地找出满足条件 $v_i\in S,v_j\in V-S$,且 $c[i][j]$ 是最小的边 (v_i,v_j)。设无向连通带权图的邻接矩阵为数组 c,一对顶点

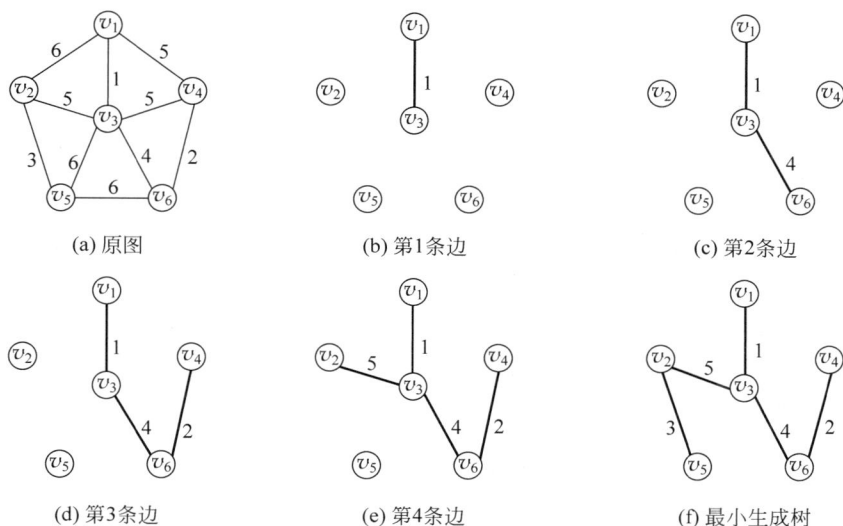

图 5-6　使用 Prim 算法构造最小生成树的过程

(v_i, v_j) 没有直接相连的边时，$c[i][j] = \infty$。

采用两个数组 closest 和 lowcost 实现这个目标。对于每一个 $v_j \in V - S$，closest$[j]$ 是 v_j 在 S 中的邻接顶点，它与 v_j 在 S 中的其他邻接顶点 v_k 比较，有：

$$c[j][\text{closest}[j]] \leqslant c[j][k], \quad \text{lowcost}[j] = c[j][\text{closest}[j]]$$

在 Prim 算法的执行过程中，先找出 $V - S$ 中使 lowcost 值最小的顶点 v_j，然后根据数组 closest 选取边 $(v_j, \text{closest}[j])$，最后将 v_j 添加到 S 中。然后根据 v_j 对 closest 和 lowcost 做必要的修改，如算法 5.11 所示。

算法 5.11　使用 Prim 算法构成最小生成树。

```
# define NUM 1000
# define maxint 10000000              //表示 ∞
//形参 n 为顶点的个数,数组 c 为无向连通带权图的邻接矩阵
void Prim (int n, int c[][NUM])
{
    int lowcost[NUM];                 //类似于算法 5.6 中的 dist 数组
    int closest[NUM];                 //类似于算法 5.6 中的 prev 数组
    bool s[NUM] = {false};
    //初始化数组
    for (int i = 1; i <= n; i++)
    {
        lowcost[i] = c[1][i];
        closest[i] = 1;
        s[i] = false;
    }
    //从顶点 v₁ 开始
    s[1] = true;
    //处理其余 n - 1 个顶点
    for (int i = 1; i < n; i++)
```

```
    {
        //在未处理的结点集中,找最小边权的结点 vj
        int min = maxint;
        int j = 1;
        for(int k = 2; k <= n; k++)
            if((lowcost[k] < min) && (!s[k]))
            {
                min = lowcost[k];
                j = k;
            }
        //一条边(vj,closest[j])
        printf("%d %d\n", closest[j], j);
        //加入结点 vj
        s[j] = true;
        //根据结点 vj,更新数组 lowcost 和 closest
        for(int k = 2; k <= n; k++)
            if((c[j][k] < lowcost[k]) && (!s[k]))
            {
                lowcost[k] = c[j][k];
                closest[k] = j;
            }
    }
}
```

算法实现源代码：MST-Prim.cpp。

下面分析 Prim 算法的运行时间：代码的核心部分是一个双循环,所以算法的时间复杂度是 $O(n^2)$。该算法与图中的边数无关,因此适用于计算边稠密的最小生成树。而 Kruskal 算法恰恰相反,它的计算时间复杂度为 $O(e\log_2 e)$(其中 e 为图中边的数量),因此相对于 Prim 算法,Kruskal 算法更适合于计算边稀疏的最小生成树。

5.6.3 Kruskal 算法

设 $G=(V,E)$ 是连通带权图,$V=\{v_1,v_2,\cdots,v_n\}$。

Kruskal 算法构造 G 的最小生成树的基本思想是：首先将 G 的 n 个顶点看成 n 个孤立的连通分量,将所有的边按权从小到大排序。然后从第一条边开始,依边权递增的顺序查看每一条边,并按下述方法连接两个不同的连通分量。当查看到第 i 条边 (u,v) 时,如果端点 u 和 v 分别是当前两个不同的连通分量 T_1 和 T_2 中的顶点时,就用边 (u,v) 将 T_1 和 T_2 连接成一个连通分量,然后继续查看第 $i+1$ 条边；如果端点 u 和 v 在当前的同一个连通分量中,就直接再查看第 $i+1$ 条边。这个过程一直进行到只剩下一个连通分量时为止,该连通分量就是 G 的一棵最小生成树。

例如,图 5-7(b)~(f)所示是按照 Kruskal 算法构造 G 的最小生成树的过程。开始时,每个顶点都是一棵树。

采用抽象数据类型并查集的基本运算,可以很方便地实现 Kruskal 算法。

视频讲解

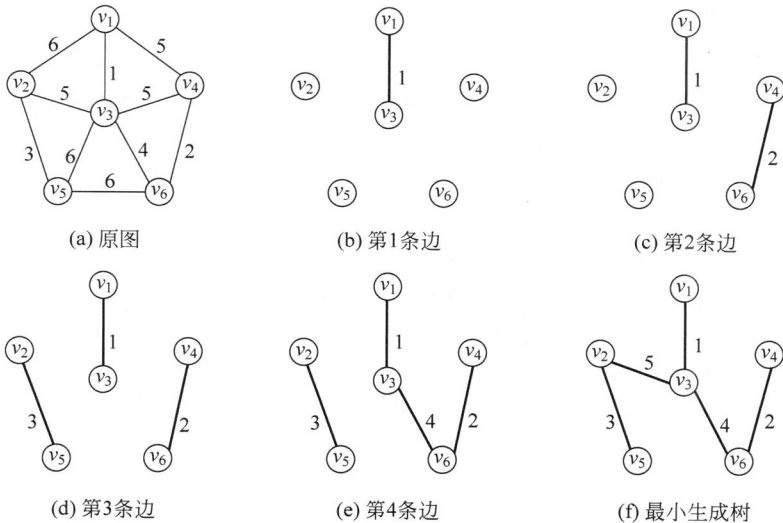

(a) 原图　　(b) 第1条边　　(c) 第2条边
(d) 第3条边　　(e) 第4条边　　(f) 最小生成树

图 5-7　使用 Kruskal 算法构造最小生成树的过程

（1）建立边的数据结构。

```
#define N 1000
struct graph
{
    int u,v,cost;                      //顶点 u 与顶点 v 的边权是 cost
    void set(int a,int b,int w){u = a,v = b,cost = w;}
};
graph d[N * (N + 1)/2];
```

对于有 n 个顶点的图，其边的数量 $e \leqslant n(n+1)/2$。

假设有 m 条边，每条边的描述是 $\{v,w,edge\}$，表示顶点 v 与顶点 w 的边权是 edge，则可以按如下方式构造边集合 d：

```
int i;
int v,w,edge;
for (i = 0; i < m; i++)
{
    scanf("%d%d%d", &v, &w, &edge);
    d[i].set(v,w,edge);
}
```

（2）按边权 cost 的递增顺序排序。
排序因子：

```
int cmp(graph x,graph y)
{
    if (x.cost < y.cost) return true;
    return false;
}
```

使用 C++标准模板库函数排序：

```
sort(d, d + m, cmp);
```

（3）应用并查集的基本运算，实现 Kruskal 算法构造 G 的最小生成树。

并查集是一种树型的数据结构，用于处理一些不相交集合（Disjoint Sets）的合并及查询问题。常常在使用中以森林来表示。

① 查找一个元素所在的集合。查找一个元素所在的集合，只要找到这个元素所在集合的祖先。

先设置一个数组 Father[x]，表示 x 的"父亲"的编号，即可转换为寻找两个元素的最久远祖先是否相同，可以采用递归实现，如算法 5.12 所示。

算法 5.12　查找一个元素所在集合的算法。

```
int father[N];
int Find( int x)
{
    if (father[x] == - 1) return x;
    return father[x] = Find(father[x]);
}
```

② 合并两个不相交集合。合并两个不相交集合的方法就是，找到其中一个集合最久远的祖先，将另外一个集合最久远的祖先指向它，如算法 5.13 所示。

算法 5.13　合并两个不相交集合的算法。

```
bool Union( int x, int y)
{
    //判断两个元素是否属于同一集合,只要看它们所在集合的祖先是否相同
    x = Find(x);
    y = Find(y);
    //祖先相同,是同一个集合
    if (x == y) return false;
    //祖先不相同,合并两个集合
    if (x > y) father[x] = y;
    if (x < y) father[y] = x;
    return true;
}
```

③ 应用并查集，实现 Kruskal 算法构造最小生成树。因为已经按边权的大小升序排序，所以最先找到满足条件的边就是最小生成树中的一条边，如算法 5.14 所示。

算法 5.14　使用 Kruskal 算法构造最小生成树。

```
memset(father, - 1, sizeof(father));
//最小生成树中边权的和
int sum = 0;
//已经找到的边数
int count = 0;
//查找每一条边
for( i = 0; i < n * (n + 1)/2; i++)
{
    //找到了一条满足条件的边
    if (Union(d[i].u, d[i].v))
```

```
    {
        printf("%d %d\n", d[i].u, d[i].v);
        sum += d[i].cost;
        ++count;
    }
    if (count == n - 1) break;
}
printf("%d\n",sum);
```

算法实现源代码：MST-Kruskal.cpp。

按边权 cost 递增排序以后，算法 5.13 使用 Kruskal 算法构造最小生成树时，count 的计数过程如表 5-6 所示。

表 5-6　使用 Kruskal 算法构造最小生成树时 count 的计数过程

i	0	1	2	3	4	5	6	7	8	9
(u,v)	(1,3)	(4,6)	(2,5)	(3,6)	(1,4)	(2,3)	(3,4)	(1,2)	(3,5)	(5,6)
cost	1	2	3	4	5	5	5	6	6	6
count	1	2	3	4		5				

对图 5-7 所示的图 G，算法 5.12 的输出结果是：

1 3
4 6
2 5
3 6
2 3
15

前 5 行刚好与图 5-7(b)～(f)对应，最后一行 15 是构成的最小生成树的边权和。与图 5-7 对应的数组 father 的值，如表 5-7 所示。其中下标表示结点，对应的数值表示该结点的父结点。

表 5-7　与图 5-7 对应的数组 father 的值

下标(结点)	1	2	3	4	5	6
父结点	−1	1	1	1	2	4

5.7　删数问题

给定 n 位正整数 a，去掉其中任意 $k \leqslant n$ 个数字后，剩下的数字按原次序排列组成一个新的正整数。对于给定的 n 位正整数 a 和正整数 k，设计一个算法，找出剩下数字组成的新数最小的删数方案。

输入

第 1 行是 1 个正整数 a，第 2 行是正整数 k。

输出

对于给定的正整数 a，编程计算删去 k 个数字后得到的最小数。

输入样例

178543
4

输出样例

13

【算法分析】

n 位数 a 可表示为 $x_1 x_2 \cdots x_i x_j x_k \cdots x_n$，要删去 k 位数，使得剩下的数字组成的整数最小。将该问题记为 T，其最优解 $A = \{x_{i1} x_{i2} x_{i3} \cdots x_{im}\}$，其中 $i_1 < i_2 < \cdots < i_m$，$m = n - k$，在删去 k 个数后剩下的数字按原次序排成的新数，其最优值记为 N。

本问题采用贪心算法求解，采用最近下降点优先的贪心策略，即 $x_1 < x_2 < \cdots < x_{i-1} < x_i$，如果 $x_{i+1} < x_i$（下降点），则删去 x_i，即得到一个新的数且这个数为 $n-1$ 位中最小的数 N_1，可表示为 $x_1 x_2 \cdots x_{i-1} x_{i+1} \cdots x_n$。显然删去 1 位数后，原问题 T 变成了对 $n-1$ 位数删去 $k-1$ 个数的新问题 T'。新问题和原问题的性质相同，只是问题规模由 n 减小为 $n-1$，删去的数字个数由 k 减少为 $k-1$。基于此种删除策略，对新问题 T'，选择最近下降点的数继续进行删除，直至删去 k 个数为止，如算法 5.15 所示。

算法 5.15　删数问题的贪心算法实现。

```cpp
string a;                          //n 位数 a
int k;
cin >> a >> k;
//如果 k≥n,数字被删完了
if(k >= a.size()) a.erase();
else while(k > 0)
{
    //寻找最近下降点
    int i;
    for(i = 0; (i < a.size() - 1) && (a[i] <= a[i + 1]); ++i);
    a.erase(i, 1);                 //删除 xi
    k--;
}
//删除前导数字 0
while(a.size() > 1 && a[0] == '0')
    a.erase(0, 1);
cout << a << endl;
```

算法实现源代码：DeleteNumber.cpp。

5.7.1　问题的贪心选择性质

对问题 T 删除最近下降点的数 x_i 后得到的 N_1 是 $n-1$ 位数中最小的数。

根据数的进制特点，对 a 按权展开后得到：

$$a = x_1 \times 10^{n-1} + x_2 \times 10^{n-2} + \cdots + x_{i-1} \times 10^{n-i+1} +$$
$$x_i \times 10^{n-i} + x_{i+1} \times 10^{n-i-1} + \cdots + x_n$$

则有：

$$N_1 = x_1 \times 10^{n-2} + x_2 \times 10^{n-3} + \cdots + x_{i-1} \times 10^{n-i} + x_{i+1} \times 10^{n-i-2} + \cdots + x_n$$

假设删去的不是 x_i 而是后面的 x_{i+1}，则有：

$$N_2 = x_1 \times 10^{n-2} + x_2 \times 10^{n-3} + \cdots + x_{i-1} \times 10^{n-i} + x_i \times 10^{n-i-1} + \cdots + x_n$$

因为有 $x_1 < x_2 < \cdots < x_{i-1} < x_i$，且 $x_{i+1} < x_i$（下降点），则有 $N_1 < N_2$。

因此删数问题满足贪心选择性质。

5.7.2 问题的最优子结构性质

在进行了贪心选择后，原问题 T 就变成了对 N_1 如何删去 $k-1$ 个数的问题 T'，是原问题的子问题。若 $A = (x_i, A')$ 是原问题 T 的最优解，则 A' 是子问题 T' 的最优解，其最优值为 N_A。

采用反证法证明：假设 A' 不是子问题 T' 的最优解，其子问题的最优解为 B'，其最优值记为 N_B，则有 $N_B < N_A$。而根据 N 的定义可知：$N = N_A + x_i \times 10^{n-i}$，而 $N_B < N_A$，因此有 $N_B + x_i \times 10^{n-i} < N_A + x_i \times 10^{n-i}$。即存在一个由数 a 删去 1 位数后得到的 $n-1$ 位数比最优值 N 更小，这与 N 为问题 T 的最优值相矛盾，则 A' 是子问题 T' 的最优值。

因此，删数问题满足最优子结构性质。

5.8 ZOJ1012-Mainframe

【问题描述】

多纳（Ronald）先生是 ACM（Agent on Computing of Mathematics，计算数学代理商）大型计算机的管理员。该代理商为一些公司承担在大型计算机上的计算工作，完成工作后获得报酬，因此大型计算机对这个代理商来说太重要了。多纳先生需要为这些在大型计算机上运行的作业安排顺序。一旦要运行某项作业，他就要检查运行该作业所需的空闲资源。如果空闲资源足够，他就为该作业分配这些资源；否则就将该作业挂起，直至有足够的资源投入运行。

刚开始他并不熟悉这项工作，把事情搞得很乱。日积月累，他就胜任这项工作了，而且他还总结了如下一套规则：

（1）大型计算机有 M 个 CPU 和 N 大小的内存空间可供分配。

（2）对等待运行的作业有一个等待队列。可以假定这个队列足够长，能够存放所有等待运行的作业。

（3）假定作业 J_i 需要 A_i 个 CPU 和 B_i 的内存空间，在时间 T_i 到达等待队列，需要在时间 U_i 之前完成。成功运行后，代理商可以获得 V_i（美元）的报酬；如果能在规定的时间之前完成，则每小时还可以额外获得 W_i（美元）的奖金；如果工期拖延，则每小时赔偿 X_i（美元）。例如，假定一项作业的报酬是 10 美元，时限 8 小时，每拖欠 1 小时罚 2 美元。如果该作业在 10 小时完成，则代理商可以获得报酬：$10 - (10-8) \times 2 = 6$ 美元。

（4）当一项作业开始后，就独占了分配给它的 CPU 和内存空间，不能同时再分配给其他的作业。当该作业运行结束后，这些资源被释放。如果资源足够多，同时可以运行多项作业。

（5）为了最大限度地发挥大型计算机的计算能力,每项作业在开始运行后刚好 1 小时就完成。你可以假定每项作业的运行时间就是 1 小时。

（6）如果有多项作业进入作业等待队列,则报酬高的作业优先。可以假定这些作业的报酬都不相等($V_i \neq V_j$)。

（7）如果某项作业的空闲 CPU 或内存空间不能满足,它就要被挂起 1 小时,也不占用任何资源。一小时后,再次为该作业检查资源,而不需要考虑等待队列里的其他作业。如果资源仍不满足要求,那就继续挂起 1 小时,把资源分配给其他在等待队列里的作业;否则,该作业将独占 CPU 和存储空间并投入运行。

（8）当多项作业挂起时,采取先来先服务的原则。

使用这些规则,多纳先生把事情安排得井井有条。现在除了日常公务外,代理商要求他根据作业列表计算收入。给定某个时间 F,计算出已经完成的作业和应该被完成的作业。对作业 J_i,如果它的时限 $U_i > F$ 并且仍未完成,就不需要统计收入。对已经完成的作业或 $U_i \leq F$ 的作业都要统计。如果工作没有完成,它不会给代理商带来报酬,但到这个时间 F 为止的罚款仍要计算。

他不会程序设计,又不想手工做,现在很不安。你可以帮助他解决这个问题吗?

输入

有多组测试例。每个测试例描述大型计算机的资源和作业列表,第一行是整数 F($0 \leq F \leq 10\,000$),表示时限;接下来的一行是三个整数 M,N 和 L($M,N,L \geq 0$),M 是机器 CPU 的数量,N 是存储空间的大小,L 是作业等待队列中作业的数量。最多有 10\,000 项作业。

后面的 L 行是作业的信息。描述作业 J_i 的数据是 7 个整数:A_i,B_i,T_i,U_i,V_i,W_i 和 X_i。A_i 和 B_i($A_i,B_i \geq 0$)指出了该作业对 CPU 和内存的需求;T_i 和 U_i 表示作业的到达时间和时限($0 \leq T_i \leq U_i$);V_i,W_i,X_i 分别是工作的报酬、奖励和罚款($V_i,W_i,X_i \geq 0$)。
一个空的测试例($F=0$)表示输入结束,该测试例无须处理。

输出

根据作业列表算总收入。对每个测试例,都输出测试例编号,一个冒号,一个空格,然后是收入。

测试例之间有一个空行。

注意:对尚未投入运行的且时限超过 F 的作业,不必统计。

输入样例

```
10
4 256 3
1 16 2 3 10 5 6
2 128 2 4 30 10 5
2 128 2 4 20 10 5
0
```

输出样例

```
Case 1: 74
```

题目来源

Asia 2001,Shanghai（Mainland China）

【算法分析】

在进行资源分配时,运用贪心策略能够获得很好的效率。

1. 样例分析

时限 $F=10$;

CPU 数量 $M=4$,存储空间 $N=256$,作业数量 $L=3$。

3 个作业的参数如表 5-8 所示。

表 5-8　样例作业的参数

作业编号	A (CPU)	B (内存空间)	T (到达时间)	U (时限)	V (报酬)	W (奖励)	X (罚款)
0	1	16	2	3	10	5	6
1	2	128	2	4	30	10	5
2	2	128	2	4	20	10	5

按规则(8)排序:先来先服务的原则,根据到达时间排序;而到达时间是一样的,按规则(7)排序:报酬高的作业优先。排序后的结果如表 5-9 所示。

表 5-9　样例作业的排序后的结果

作业编号	A (CPU)	B (内存空间)	T (到达时间)	U (时限)	V (报酬)	W (奖励)	X (罚款)
1	2	128	2	4	30	10	5
2	2	128	2	4	20	10	5
0	1	16	2	3	10	5	6

前面两项作业,在时间 2 到达,刚好有 4 个 CPU 和 256 个存储空间可用,立即投入运行,而且在时限 4 之前结束,既有报酬又有奖金(提前 1 小时)。

作业 1 收益:30+10。

作业 2 收益:20+10。

这两项作业在时间 3 运行结束,接着运行作业 3,至时间 4 结束,晚点时间 1 小时:

作业 3 收益:10-6=4。

总收益是 74。

2. 数据结构

对每项作业,使用一个结构体表示其 7 个参数:

```
#define Max 10001
struct Node{
    int a,b;              //分别为 CPU 和内存空间
    int t,u;              //分别为到达时间和时限
    int v,w,x;            //分别为报酬、奖励和罚款
```

```
};
```

对所有作业,使用数组 Job 表示:

```
Node Job[Max];
```

作业完成的状态保存到数组 Finished 中:

```
bool Finished[Max];
```

3. 作业排序

应用 sort() 函数对作业进行排序:

```
sort(Job, Job + L, cmp);
```

其中比较因子 cmp() 函数的实现:

```
bool cmp(Node a , Node b)
{
    //根据到达时间优先排序(升序)
    if (a.t!= b.t) return a.t < b.t;
    //到达时间相等时,按报酬数量降序排序
    return a.v > b.v;
}
```

4. 报酬的计算

排序之后就可以实现贪心策略了。

在统计时限 F 之前到达的所有作业,能够运行的就计酬,不能运行的就罚款。

按照排好的顺序,依次将作业投入运行,资源足够的就投入运行,资源不够的作业就等待下一个小时。由于所有作业都只需要运行 1 小时,因此在每小时开始时,资源的数量都是原始数量,如算法 5.16 所示。

算法 5.16 大型计算机作业调度问题的贪心算法实现。

```
int i,j;
int iCase = 0;                          //测试例编号
int F;                                  //统计时限
while(scanf("%d",&F) && F)
{
    iCase++;
    int Profit = 0;                     //报酬
    memset(Finished, 0, sizeof(Finished));
    //分别表示 CPU、内存空间和作业的数量
    int M,N,L;
    scanf("%d%d%d",&M, &N, &L);
    for(i = 0; i < L; i++)
        scanf("%d%d%d%d%d%d%d", &Job[i].a,
            &Job[i].b,&Job[i].t, &Job[i].u,
            &Job[i].v, &Job[i].w, &Job[i].x);
    //按函数 cmp()的要求排序
    sort(Job, Job + L, cmp);
```

```
    int count = 0;                          //统计完成作业的数量
    //在统计时限内完成 L 个作业
    for(i = 0; i < F && count < L; i++)
    {                                        //每一小时开始时,所有资源都是空闲的
        int cpu = M;
        int memory = N;
        //对所有的作业搜索一遍
        for(j = 0; j < L; j++)
        {
            //该时刻作业还没有到达
            if(Job[j].t > i) break;
            //如果作业还没有运行,并且资源足够
            if(!Finished[j] && cpu >= Job[j].a && memory >= Job[j].b)
            {
                cpu -= Job[j].a;             //占有资源
                memory -= Job[j].b;
                Finished[j] = 1;             //设置完成标志
                Profit += Job[j].v;          //计算报酬
                if(i + 1 <= Job[j].u)        //计算奖金
                    Profit += (Job[j].u - i - 1) * Job[j].w;
                else                         //计算罚款
                    Profit -= (i + 1 - Job[j].u) * Job[j].x;
                count++;                     //完成了一项作业
            }
        }
    }
    //在统计时限 F 之前到达的作业,没有运行的就要罚款
    for(i = 0; i < L; i++)
        if(!Finished[i] && Job[i].u <= F)
            Profit -= (F - Job[i].u) * Job[i].x;
    printf("Case %d: %d\n\n", iCase, Profit);
}
```

算法实现源代码：zju1012-Mainframe.cpp。

5.9 ZOJ1025-Wooden Sticks

【问题描述】

现有 n 根木棒,已知它们的长度和质量。要用一部木工机一根一根地加工这些木棒。该机器在加工过程中需要一定的准备时间,用于清洗机器,调整工具和模板。

木工机需要的准备时间如下：

(1) 第一根木棒需要 1min 的准备时间；

(2) 在加工了一根长为 l,重为 w 的木棒之后,接着加工一根长为 $l'(l \leqslant l')$,重为 $w'(w \leqslant w')$ 的木棒是不需要任何准备时间的,否则需要 1min 的准备时间。

给定 n 根木棒,你要找到最少的准备时间。例如现在有长和重分别为 $(4,9)$,$(5,2)$,$(2,1)$,$(3,5)$ 和 $(1,4)$ 的 5 根木棒,那么所需准备时间最少为 2min,顺序为 $(1,4)$,$(3,5)$,$(4,9)$,$(2,1)$,$(5,2)$。

输入

输入有多组测试例。输入数据的第一行是测试例的个数 T。

每个测试例两行：第一行是一个整数 $n(1 \leqslant n \leqslant 5000)$，表示有多少根木棒；第二行包括 $n \times 2$ 个整数，表示 $l_1, w_1, l_2, w_2, l_3, w_3, \cdots, l_n, w_n$，全部不大于 10 000，其中 l_i 和 w_i 表示第 i 根木棒的长度和质量。数据由一个或多个空格分隔。

输出

输出是以分钟为单位的最少准备时间，一行一个。

输入样例

```
3
5
4 9 5 2 2 1 3 5 1 4
3
2 2 1 1 2 2
3
1 3 2 2 3 1
```

输出样例

```
2
1
3
```

题目来源

Asia 2001，*Taejon（South Korea）*

【算法分析】

对这种资源调度问题，贪心算法能够获得很好的效率。

但本题仅仅使用贪心算法是不够的，排序之后还要使用动态规划的算法，所以在网上会有把本题归类为贪心算法和动态规划算法。

1. 数据结构

采用结构体表示木棒的信息：

```
#define maxN 5001
struct stick
{
    int l;                          //木棒的长度
    int w;                          //木棒的质量
}s[maxN];                           //存放所有木棒
int n;
```

2. 按木棒的长度使用贪心算法

利用 C++ 的标准模板库函数 sort() 实现排序：

```
sort(s, s + n, cmp);
```

排序函数 cmp() 的实现：

```
int cmp(stick a, stick b)
```

```
{
    if(a.l != b.l) return a.l < b.l;        //优先按长度排序
    return a.w < b.w;                        //长度相等时,按重量排序
}
```

对于样例数据 1,排序之后的结果如表 5-10 所示。

表 5-10　样例数据 1 排序之后的结果

下标	0	1	2	3	4
长度 l	1	2	3	4	5
质量 w	4	1	5	9	2
数组 b	1	2	1	1	2

3. 使用动态规划的方法,计算质量 w 的单调递增子序列的个数

从表 5-10 直观地看到,对质量 w,4,5 和 9 是一组,1 和 2 是一组,所以答案是 2。

用数组 b 记录质量 w 的分组序号,在表 5-10 中,4,5 和 9 的组序号是 1,1 和 2 的组序号是 2。则 $s[i].w(0 \leqslant i < n)$ 的递增子序列的分组个数为 $\max\limits_{0 \leqslant i < n}\{b[i]\}$。

$b[i]$ 满足最优子结构性质,可以递归地定义为:

$$b[0] = 1;$$
$$b[i] = \max_{\substack{0 \leqslant i < n \\ s[i].w < s[j].w}}\{b[j]\} + 1 \quad (0 \leqslant j < i)$$

该算法统计质量 w 的单调递增子序列的个数,而对每个递增子序列,并不一定是最长的。例如数据:(3170),(4155),(5239),(6300),(7240),(8241),(9369),数组 b 的值为 (1,2,1,1,2,2,1),对应数组 b 为 1 的 w 序列为 (170,239,300,369),而最长单调递增子序列是 (170,239,240,241,369)。程序实现如算法 5.17 所示。

算法 5.17　计算质量为 w 的单调递增子序列个数的动态规划实现。

```
int LIS()
{
    //数组 b 表示木棒分组的序号
    int b[maxN] = {0};
    int i, j, k;
    b[0] = 1;
    for (i = 1; i < n; i++)
    {
        //计算第 i 个木棒的分组序号
        k = 0;
        //在 i 的前面,比 s[i]大的单元中,找 b 的最大值
        for (j = 0; j < i; j++)
            if (s[i].w < s[j].w && k < b[j]) k = b[j];
        b[i] = k + 1;
    }
    //返回最大的分组值,注意 * 号
    return * max_element(b, b + n);
}
```

算法实现源代码:zju1025-sort.cpp。

既然是统计质量 w 的单调递增子序列的个数,则可以应用活动安排问题的算法,找到第一个分组;对剩下的数据继续应用活动安排问题的算法,找到第二个分组;以此类推,直到所有的质量 w 都已经安排。最后分组的数量 count 就是答案。

算法实现源代码:zju1025-Wooden Sticks-greedy.cpp。

5.10   ZOJ1076-Gene Assembly

【问题描述】

随着大量的基因组 DNA 序列数据被获得,其对于了解基因越来越重要(基因组 DNA 的一部分是负责蛋白质合成的)。众所周知,在基因组序列中,由于存在垃圾的 DNA 中断基因的编码区,真核生物(相对于原核生物)的基因链更加复杂。也就是说,一个基因被分成几个编码片段(称为外显子)。虽然在蛋白质的合成过程中,外显子的顺序是固定的,但是外显子的数量和长度可以是任意的。

大多数基因识别算法分为两步:第一步,寻找可能的外显子;第二步,通过寻找一条拥有尽可能多的外显子的基因链,尽可能大地拼接一个基因。这条链必须遵循外显子出现在基因组序列中的顺序。外显子 i 在外显子 j 的前面的条件是 i 的末尾必须在 j 开头的前面。

本题的目标:给定一组可能的外显子,找出一条拥有尽可能多的外显子链,拼接成一个基因。

输入

给出几组输入实例。每个实例的开头是基因组序列中可能的外显子数 $n(0<n<1000)$。接着的 n 行,每行是一对整数,表示外显子在基因组序列中的起始和结束位置。假设基因组序列最长为 50 000。当一行是 0 时,表示输入结束。

输出

对于每个实例,找出尽可能多的外显子链,输出链中的外显子,并占一行。假如有多条链,但外显子数相同,那么可以输出其中任意一条。

输入样例

```
6                    3                    0
340 500              705 773
220 470              124 337
100 300              453 665
880 943
525 556
612 776
```

输出样例

```
3 1 5 6 4
2 3 1
```

题目来源

South America 2001

【算法分析】

虽然本题有很多人使用动态规划算法,但最简单的算法是贪心算法,相当于只有一个资源的活动安排问题。其算法的详细描述,请读者阅读本书 5.1 节。

1. 数据结构

外显子数为 n,外显子的结构体表示:

```
struct gene {
    int start, end, pos;              //起始和结束位置,序号
}s[1000];                             //存放外显子的数组
```

2. 排序算法

按外显子的结束位置升序,排序因子:

```
bool cmp(gene a, gene b)
{
    return a.end < b.end;
}
```

程序实现如算法 5.18 所示。

算法 5.18 基因拼接问题的贪心算法实现。

```
while(cin >> n && n)
{
    //读取外显子
    for(int i = 0; i < n; i++)
    {
        s[i].pos = i + 1;
        scanf("%d%d", &s[i].start, &s[i].end);
    }
    //按外显子的结束位置升序排序
    sort(s, s + n, cmp);
    int pre = s[0].end;
    //贪心算法的实现,第一个总是有效的
    printf("%d", s[0].pos);
    for(int i = 0; i < n; i++)
        //第 i 个显子的起始位置必须大于前一个选中的显子的结束位置
        if(s[i].start > pre)
        {
            pre = s[i].end;
            printf(" %d", s[i].pos);
        }
    printf("\n");
}
```

算法实现源代码:zju1076-Gene Assembly-sort.cpp。样例数据 1 的计算结果如表 5-11 所示。

表 5-11 样例数据 1 的计算结果

原始顺序	1	2	3	4	5	6
	340 500	220 470	100 300	880 943	525 556	612 776
拼接之后的顺序	3	1	5	6	4	
	100 300	340 500	525 556	612 776	880 943	

5.11　ZOJ2109-FatMouse' Trade

FatMouse 准备了 M 磅的猫粮,打算与看守仓库的猫交换食品,仓库里存放着它喜爱的食物 JavaBean。

仓库有 n 个库房,库房 i 存放 $J[i]$ 磅 JavaBean,需要 $F[i]$ 磅猫粮予以交换。FatMouse 不需要交换库房里所有的 JavaBean,可以按比例交换。如果它支付 $F[i]×a\%$ 磅的猫粮,就可以换取 $J[i]×a\%$ 磅的 JavaBean,其中 a 是实数。

现在明确编程任务:FatMouse 最多能换取多少 JavaBean。

输入

输入包含多组测试例。对每个测试例,第一行是两个非负整数 M 和 N。接下来 N 行,每行两个非负整数 $J[i]$ 和 $F[i]$。最后一个测试例是两个 -1,不需要处理。所有的整数都不超过 1000。

输出

对每个测试例,都输出一行:是一个实数,精确到小数点后 3 位,表示 FatMouse 最多能换取的 JavaBean 数量。

输入样例

```
5 3              20   3
7 2              25   18
4 3              24   15
5 2              15   10
                 -1  -1
```

输出样例

```
13.333
31.500
```

【算法分析】

FatMouse 用 M 磅猫粮与猫换取它喜爱的食物 JavaBean。JavaBean 存储在一个仓库的 N 个库房中,而且每个库房的 JavaBean 所需要的猫粮代价是不一样的。以样例数据 1 为例,其代表的状态如表 5-12 所示。

表 5-12　样例数据 1 所代表的状态

库房号	1	2	3
存储的 JavaBean	7	4	5
所需要的猫粮代价	2	3	2

当 FatMouse 剩余的猫粮不够换取整个库房的 JavaBean 时,可以按比例换取。题目要求猫能够换取尽可能多的 JavaBean。

1. 为了使猫能够换取尽可能多的猫粮,就要计算出每个库房的性价比

定义数据结构:

```
#define N 1005
struct trade
{
    int java;              //库房中的 JavaBean
    int food;              //换取该库房 JavaBean 所需要的猫粮
    double ratio;          //用猫粮换取 JavaBean 时的性价比
}a[N];
```

对样例数据 1,猫粮换取 JavaBean 的性价比如表 5-13 所示。

表 5-13　样例数据 1 猫粮换取 JavaBean 的性价比

存储的 JavaBean	7	4	5
所需要的猫粮代价	2	3	2
性价比	3.5	1.3333	2.5

2. 按性价比排序

应该从性价比最好的库房换取,这就需要按性价比进行降序排序。排序因子:

```
bool cmp(const trade& a, const trade& b)
{
    if (a.ratio > b.ratio) return true;
    return false;
}
```

使用 C++的标准模板库函数排序:

```
sort(a, a + n, cmp);
```

3. 应用贪心算法,用猫粮换取 JavaBean

当猫粮足够多时,按库房的性价比由高到低换取;

当猫粮的量不足以换取整个库房的 JavaBean 时,则按比例换取。

程序实现如算法 5.19 所示。

算法 5.19　FatMouse 用猫粮换取 JavaBean 的贪心算法实现。

```
double beans = 0;          //换取到的 JavaBean
int catfood = 0;           //花费的猫粮
//采用贪心算法换取猫粮
//m - catfood 是当前 FatMouse 还剩下的猫粮
for (i = 0; i < n && m - catfood >= a[i].food; i++)
{
    beans += a[i].java;
    catfood += a[i].food;
}
//剩下的猫粮不够换取一个库房的 JavaBean,则按比例换取 JavaBean
if (i < n) beans += (m - catfood) * a[i].ratio;
printf("%.3lf\n", beans);
```

算法实现源代码:zju2109.cpp。

5.12　洛谷 P1717 钓鱼

[LibreOJ-10009]在一条水平路边,有 n 个钓鱼湖,从左到右编号为 $1,2,\cdots,n$。佳佳有 h 小时的空余时间,他希望利用这个时间钓到更多的鱼。他从湖 1 出发,向右走,有选择地在一些湖边停留一定的时间(是 5 分钟的倍数)钓鱼,最后在某一个湖边结束钓鱼。佳佳从第 i 个湖到第 $i+1$ 个湖需要走 $5\times t_i$ 分钟路,还测出在第 i 个湖停留,第一个 5 分钟可以钓到 f_i 条鱼,以后每再钓 5 分钟,可以钓到的鱼量减少 d_i,若减少后的鱼量小于 0,则记为 0。为了简化问题,佳佳假定没有其他人钓鱼,也没有其他因素影响他钓到期望数量的鱼。请编程求出佳佳最多能钓到的鱼的数量。

输入

第一行一个整数 n,湖的个数。

第二行一个整数 h,佳佳的空闲时间(小时)。

第三行有 n 个整数,初始鱼量 $f_1,f_2,\cdots,f_n$。

第四行有 n 个整数,递减鱼量 $d_1,d_2,\cdots,d_n$。

第五行有 $n-1$ 个整数,湖间距 $t_1,t_2,\cdots,t_{n-1}$。

输出

输出只有一行,表示佳佳最多能钓到的鱼的数量。

样例输入

```
3
1
4 5 6
1 2 1
1 2
```

样例输出

```
35
```

【算法分析】

在给定时间内从一系列鱼塘中钓到最多的鱼。每个鱼塘都有初始的鱼量,并且经过一段时间钓鱼,鱼的数量就会减少。同时,从一个鱼塘到另一个鱼塘也需要花费时间。

这个问题可以通过动态规划或者贪心算法来解决,这里采用贪心算法来实现。一个基本的思路是枚举最后停留的鱼塘,然后计算从起点到这个鱼塘所能钓到的最大鱼量。

1. 样例分析

在第 1 个湖钓 15 分钟,共钓得 4+3+2=9 条鱼;

在第 2 个湖钓 10 分钟,共钓得 5+3=8 条鱼;

在第 3 个湖钓 20 分钟,共钓得 6+5+4+3=18 条鱼。

从第 1 个湖到第 2 个湖,然后到第 3 个湖,共用时间 15 分钟,加上钓鱼时间合计 60 分钟,共得 35 条鱼,并且这是最多的数量。

2. 数据结构

对每个湖能够钓到的鱼的数量和湖的编号,构成数据对,记为 pair < int, int >。它是 C++ 标准库中的一个模板类,用于存储两个值的有序对。排序时,函数默认是按照 pair 的 first 升序排序;如果 first 值相同,那么会按照 second 进行升序排序。为了直观起见,赋予别名:

```
#define fish first              //鱼的数量
#define lake second            //湖的编号
const int maxn = 30;
int f[maxn], d[maxn], t[maxn];
```

3. 求解最多能钓到的鱼数量的贪心算法实现

题目限定了以下两个重要参数。

(1) 最后在某一个湖边 i 结束钓鱼。

假设在 i 这个湖结束钓的鱼最多,而在 i 以前可能因为钓的鱼数量不足而非最优,而它右边可能因为浪费过多时间在走路上面。这需要枚举 i 的位置。

(2) 向右走,这说明他没法走回头路。

那么结束于 i 鱼塘的路线,一定在走路上花了 $\sum_{j=1}^{i} t_j$ 分钟。

我们需要决定在每个鱼塘停留的时间,以及停止钓鱼的点。

停留的时间需要使用贪心算法:就是把时间用得尽量满,这样浪费就少,并且他钓的湖肯定是鱼最多的湖。但是,每钓完鱼后湖里的鱼数是会减少的。我们需要一个能在 $O(\log\{n\})$ 的时间复杂度内取出最大元素,然后又用这样的时间复杂度存回队列中的数据结构,这就是优先队列。

特别需要注意的是,优先队列只是维护贪心算法的工具,元素出入堆的顺序与钓鱼的顺序没有任何关系,程序实现如算法 5.20 所示。

算法 5.20 求解最多能钓到的鱼的数量的贪心算法实现。

```
int n, h;
cin >> n >> h;
h *= 12;                        //转换为以 5 分钟的单位
for(int i = 1; i <= n; i++) cin >> f[i];
for(int i = 1; i <= n; i++) cin >> d[i];
for(int i = 1; i < n; i++) cin >> t[i];
int ans = 0;                    //最多能钓到的鱼的数量
//枚举最后在 i 湖边结束钓鱼
for(int i = 1; i <= n; i++)
{
    int sum = 0, rest = h;
    priority_queue < pair < int, int > > q;
    //累计路程上的时间
    for(int j = 1; j < i; j++) rest -= t[j];
    //前 i 个湖可以钓鱼的初值
    for(int j = 1; j <= i; j++)
        q.push({f[j], j});
    //贪心算法:每次找最多鱼的湖垂钓
```

```
        for(int j = 1; j <= rest; j++)
        {
            auto now = q.top();
            q.pop();
            if(now.fish <= 0) break;
            sum += now.fish;              //累加鱼的数量
            now.fish -= d[now.lake];      //累减该湖鱼的数量
            q.push(now);
        }
        ans = max(ans,sum);              //更新最优值
    }
    printf("%d\n",ans);
```

首先读取鱼塘的数量、总时间,每个鱼塘的初始鱼量、鱼量减少速度和路程。根据贪心策略对鱼塘进行排序,排序的依据是能钓到的鱼量。

枚举最后在 i 湖边结束钓鱼所获得的鱼量:使用一个优先队列(大根堆)动态维护当前鱼量最多的鱼塘。在每次循环中,我们取出鱼量最多的鱼塘,计算在当前鱼塘能钓到的鱼量,并更新当前时间和总鱼量。然后,更新鱼塘的鱼量,重新将其加入优先队列,并随时更新最优值。算法实现源代码:洛谷 P1717 钓鱼.cpp。

5.13　洛谷 P1230 智力大冲浪

[LibreOJ 10004]小伟报名参加中央电视台的智力大冲浪节目。主持人为了表彰大家的勇气,先奖励每个参赛者 m 元。但是主持人宣布了比赛规则:比赛时间分为 n 个时段,给出很多小游戏,每个小游戏都必须在规定期限 t_i 前完成。

如果一个游戏没能在规定期限前完成,则要从奖励费 m 元中扣去一部分钱 w_i(为自然数),不同的游戏扣去的钱是不一样的。

每个游戏本身都很简单,保证每个参赛者都能在一个时段内完成,而且都必须从整时段开始。主持人只是想考考每个参赛者如何安排组织自己做游戏的顺序。作为参赛者,小伟很想赢得冠军,当然更想赢取最多的钱!

注意:比赛绝对不会让参赛者赔钱!

输入

输入共四行。

第一行为 m,表示一开始奖励给每位参赛者的钱;

第二行为 n,表示有 n 个小游戏;

第三行有 n 个数,分别表示游戏 1 到 n 的规定完成期限;

第四行有 n 个数,分别表示游戏 1 到 n 不能在规定期限前完成的扣款数。

输出

输出仅一行,表示小伟能赢取的最多的钱。

样例输入

10000
7

```
4 2 4 3 1 4 6
70 60 50 40 30 20 10
```

样例输出

```
9950
```

【算法分析】

本题是一道考查贪心算法和策略思维的题目。题目描述了一个智力挑战的场景,参赛者需要在给定的时间内完成一系列小游戏,并且每个游戏都有规定的完成时间和未完成时的罚款。参赛者的目标是最大化自己的收益,即初始奖金减去因超时未完成的罚款。

为了解决这个问题,我们需要仔细分析每个游戏的截止时间和罚款,并确定一个有效的策略来安排游戏的完成顺序。一个常见的策略是按照游戏的截止时间进行排序,并优先完成那些罚款较高且截止时间较早的游戏。这样尽量减少因超时未完成而带来的罚款损失。

1. 样例分析

最大时限是 6。到达时限 4 时,竟然有 6 个游戏。因为每个时间单元只能完成一个游戏,肯定是无法完成的。因此,到达时限 4 时,只能丢弃 2 个游戏,当然是罚款最少的两个游戏(1,30),(4,20),罚款是 50 元,获得收入是 9950 元。

2. 数据结构

通过合理的策略,安排一系列游戏的完成顺序,以最大化总收益。

我们需要优先处理罚款更高的游戏,但仅仅按照罚款从高到低排序是不够的。因为每个游戏都有一个截止时间,所以必须在满足截止时间的前提下尽量优先处理罚款高的游戏。

定义数据结构和排序因子:

```
int vis[10000];                    //安排游戏标记
struct joy
{
    int t,w;                       //截止时间和罚款
} a[10000];
//按罚款降序,罚款最多的先完成
int cmp(joy a,joy b)
{
    return a.w > b.w;
}
```

3. 求解能获得最大收益的贪心算法实现

在解决这个问题时,不仅要考虑罚款,还要考虑游戏的截止时间,才能实现最大化总收益,即最小化支付的罚款总和。解决这个问题的算法如下:

(1)将游戏按照罚款从高到低进行排序。

(2)遍历排序后的游戏列表,对于每个游戏:

从它的截止时间开始向前查找,看是否可以找到一个空闲的时间段来完成这个游戏。

如果可以找到这样的时间段,那么就在该时间段完成这个游戏,并更新当前时间。

如果找不到空闲时间段,那么说明这个游戏无法按时完成,只能支付罚款。

(3)计算总收益,即初始奖金减去支付的所有罚款。

程序实现如算法 5.21 所示。

算法 5.21　求解能获得最大收益的贪心算法实现。

```
//从下标1开始存放数据
sort(a + 1, a + n + 1, cmp);
//对每个活动 i 实现贪心算法
for(int i = 1; i <= n; i++)
{
    bool flag = false;
    //尽量接近截止期限去完成,贪心
    for(int j = a[i].t; j >= 1; j--)
        if(!vis[j])                      //找到1个时间段
        {
            vis[j] = i;                  //标记为完成
            flag = true;
            break;
        }
    //第 i 个没有完成,扣奖金
    if(!flag) m -= a[i].w;
}
cout << m << endl;
```

首先按罚款从高到低对游戏进行排序。然后使用一个布尔列表 vis 来记录每个时间段是否已经被占用。我们遍历每个游戏,并从其截止时间开始向前查找空闲时间段。如果找到了空闲时间段,我们就标记该时间段为已占用,安排该游戏。如果找不到空闲时间段,则直接扣除罚款。最后返回总收益。算法实现源代码:洛谷 P1230-智力大冲浪.cpp。

5.14　洛谷 U167571 信使

战争时期,前线有 n 个哨所,每个哨所可能会与其他若干个哨所之间有通信联系。信使负责在哨所之间传递信息,这是要花费一定时间的(以小时为单位)。指挥部设在第一个哨所。当指挥部下达一个命令后,就会派出若干个信使向与指挥部相连的哨所送信。

当一个哨所接到信后,这个哨所内的信使们也以同样的方式向其他哨所送信。直至所有 n 个哨所全部接到命令后,送信才算成功。因为准备充足,每个哨所内都安排足够的信使送达其他哨所。请编写一个程序,计算完成整个送信过程最短需要多少时间。

输入

第 1 行有两个整数 n 和 m,分别表示有 n 个哨所和 m 条通信线路。$1 \leqslant n \leqslant 100, 1 \leqslant m \leqslant 150$。接下来 m 行,每行三个整数 i、j、k,表示第 i 个和第 j 个哨所之间存在通信线路,且这条线路要花费 k 小时。

输出

输出一个整数,表示完成整个送信过程的最短时间。如果不是所有的哨所都能收到信,就输出 -1。

样例输入

```
4 4
1 2 4
2 3 7
2 4 1
3 4 6
```

样例输出

```
11
```

【算法分析】

百度输入：信使(msner)六解，可以找到有六种解法，有些算法还是高效的。

本题是计算以第一个哨所为起点，到达所有其他哨所的最短路径的最大值，由于顶点数不超过 100，边权都是正数，所以可以发挥的空间非常大，解法就很多。

既然顶点数和边数都很少，且边权都是正数，那么可以选择多种算法来求解从第一个哨所到所有其他哨所的最短路径的最大值。首先 Dijkstra 算法是一个很好的选择，因为它能够高效地找到从单个源点到所有其他顶点的最短路径，且时间复杂度相对较低。

1. 样例分析

样例数据如图 5-8 所示，到哨所 3 的路程最远，是 11 个单位。

2. 利用 Dijkstra 算法求解完成整个送信过程最短时间的贪心算法实现

要找出起点(哨所 1)到其他所有哨所之间最短路径的最大值，使用 Dijkstra 算法来找出从起点到每个哨所的最短距离。当我们遍历完所有哨所并计算出它们到起点的最短距离后，就能得到这些最短距离中的最大值。数据结构及读取原始数据，如算法 5.22 所示。

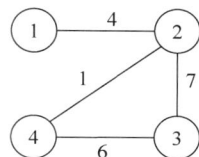

图 5-8　样例的图结构

算法 5.22　数据结构，读取原始数据。

```
int g[101][101];              //邻接矩阵
int dis[101] = {0};           //起点至每个顶点的最短距离
bool vis[101] = {0};          //标记是否计算
memset(g,1,sizeof(g));
int n,m;
int x,y,z;                    //z 是距离
cin >> n >> m;
for(int i = 1; i <= m; i++)
{
    scanf("%d%d%d",&x,&y,&z);
    g[x][y] = g[y][x] = z;    //无向图
}
```

应用 Dijkstra 算法(参看算法 5.7)，计算起点 1 到每个哨所的最短距离，然后查找最短距离的最大值，程序实现如算法 5.23 所示。

算法 5.23　求解完成整个送信过程最短时间的 Dijkstra 算法实现。

```
for (int i = 1; i < = n; i++)
    dis[i] = g[1][i];                         //初值
dis[1] = 0;
vis[1] = 1;
for(int i = 1; i < n; i++)
{
    //找最小值 minn 所在的结点 u
    int minn = 0x1010101;
    int u = 1;
    for(int j = 1; j < = n; j++)
        if(!vis[j] && minn > dis[j])
        {
            u = j;
            minn = dis[j];
        }
    vis[u] = 1;
    //利用结点 u 更新数组 dis
    for(int j = 1; j < = n; j++)
        if (!vis[j])
            dis[j] = min(dis[j],dis[u] + g[u][j]);
}
//找 dis 中的最大值
int ans = * max_element(dis + 1,dis + n + 1);
if (ans == 0x1010101)cout << - 1;          //孤立哨所
else cout << ans;
```

数组 dist 中就保存从起点到所有其他哨所的最短距离。如果 dist 数组中还有无穷大的值,说明从起点无法到达对应的哨所。算法实现源代码:信使-dijkstra.cpp。

3. 利用 SPFA 算法求解完成整个送信过程最短时间的贪心算法实现

SPFA(Shortest Path Faster Algorithm)算法是 BF(Bellman-Ford)算法的一个改进版本,它使用队列来优化松弛操作,从而在某些情况下比 BF 算法更快。该算法在处理稀疏图时通常表现良好,适用处理这个问题。

利用 SPFA 算法求解完成整个送信过程的最短时间,同样需要构建图的邻接矩阵(因为顶点数较少),然后实现 SPFA 算法来找到从指挥部(哨所1)到所有其他哨所的最长路径。由于每个哨所在收到命令后会立即向其他哨所转发,因此实际上我们寻找的是最长路径,以确保最后一个哨所也能及时收到命令。

数据结构及读取原始数据,与算法 5.22 相同。

实现 SPFA 算法,计算从指挥部(哨所1)到每个哨所的最长路径。最后我们遍历所有哨所,找出从指挥部出发的最长路径最大值,就是完成整个送信过程的最短时间,如算法 5.24 所示。

算法 5.24　求解完成整个送信过程最短时间的 SPFA 算法实现。

```
queue < int > q;
dis[1] = 0;
vis[1] = 1;                                //进队列
q.push(1);                                 //指挥部在顶点 1
```

```
while (!q.empty())
{
    int x = q.front();
    q.pop();
    vis[x] = 0;                            //不在队列中
    //因为不是邻接表,需要搜索所有的顶点
    for (int i = 1; i <= n; i++)
        if (dis[i] > dis[x] + g[x][i])
        {
            dis[i] = dis[x] + g[x][i];
            if (!vis[i])
            {
                q.push(i);
                vis[i] = 1;
            }
        }
}
//找 dis 中的最大值
int ans = * max_element(dis + 1, dis + n + 1);
if (ans == 0x1010101)cout << - 1;      //孤立哨所
else cout << ans;
```

参考代码：信使-SPFA-邻接矩阵.cpp。

4. 其他算法

（1）Floyd-Warshall 算法。

该算法是一个用于计算图中所有顶点对之间最短路径的动态规划算法。虽然这个算法会计算所有顶点对之间的最短路径,而不是仅仅从第一个哨所到其他哨所,但由于顶点数 n 较小(不超过 100),这个算法仍然是一个可行的选择。它的时间复杂度为 $O(n^3)$。对于小规模图,这个算法的运行速度是可以接受的。参考代码：信使-Floyd 算法.cpp。

（2）Bellman-Ford 算法。

该算法主要用于处理带有负权边的图,由于边权都是正数,它同样可以适用。该算法通过不断地对所有边进行松弛操作来找到最短路径。尽管其时间复杂度($O(nm)$)相对较高,但对于顶点数 n 不超过 100,边数 m 不超过 150 的图来说,这通常不是问题。参考代码：信使-Bellman-Ford 算法.cpp。

如果利用本题练习链式前向星、vector 邻接表存储方法,也是非常不错的。

5.15　HDU1863 畅通工程

省政府"畅通工程"的目标是使全省任何两个村庄间都可以实现公路交通(但不一定有直接的公路相连,只要能间接通过公路可达即可)。经过调查评估,得到了有可能建设公路的若干条道路成本。请编写程序,计算出全省畅通需要的最低成本。

输入

测试输入包含若干测试用例。

对每个测试用例,第一行给出评估的道路条数 n、村庄数目 $m(<100)$；随后的 n 行对应

村庄间道路的成本,每行给出一对正整数,分别是两个村庄的编号,以及此两村庄间道路的成本(正整数)。

为简单起见,村庄从 1 到 m 编号。当 n 为 0 时,全部输入结束。

输出

对每个测试用例,在一行里输出全省畅通需要的最低成本。

若统计数据不足以保证畅通,则输出"?"。

样例输入

```
3 3
1 2 1
1 3 2
2 3 4
1 3
2 3 2
0 100
```

样例输出

```
3
?
```

【算法分析】

本题是一个关于最小生成树的问题。题目要求构建一个交通网络,使得任意两个村庄之间都有公路连通,并且所建的公路总长度最小。这正好是一个典型的最小生成树问题,我们可以使用 Kruskal 算法来解决。

1. 样例分析

两个样例的图结构如图 5-9 所示。从图中可看出,样例 1 的最低成本是 3,而样例 2 的道路数不够,无法实现全省畅通。

2. 数据结构

本题有重复更短的边,即边的权重不是唯一的,

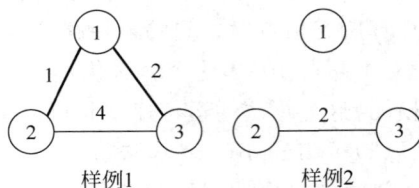

图 5-9 两个样例的图结构

那么使用 Kruskal 算法会更加直接和简单,因为它只关注边的权重,并且按照权重进行排序和选择。相比之下,Prim 算法在构建最小生成树的过程中需要仔细处理重复边的情况,以确保不会选择到权重更大的重复边。

数据结构及读取原始数据,如算法 5.25 所示。

算法 5.25 数据结构,读取原始数据。

```cpp
struct road
{
    int a,b,w;                      //w是边长
} g[100010];
int f[110];
//排序因子
bool cmp( road a, road b)
{
    return a.w < b.w;
```

```
}
//查找一个元素所在的集合
int find(int x)
{
    if(f[x] == x) return x;
    return f[x] = find(f[x]);           //路径压缩
}
```

3. 求解实现全省畅通需要的最低成本的 Kruskal 算法实现

Kruskal 算法的基本思想是从小到大选择边,每次选择一条连接两个未连通顶点的最小边,直到所有顶点都连通为止。因此我们将这些公路按照成本进行排序,并使用并查集数据结构来跟踪哪些村庄已经被连接在一起,如算法 5.26 所示。

算法 5.26 求解实现全省畅通需要最低成本的 Kruskal 算法实现。

```
int n,m;
while(cin >> n >> m && n)                //多测试例
{
    int ans = 0,cnt = 0;
    //不用担心重复的边
    for(int i = 0; i < n; i++)
        cin >> g[i].a >> g[i].b >> g[i].w;
    sort(g,g + n,cmp);
    //并查集初值
    for(int i = 1; i <= m; i++) f[i] = i;
    for(int i = 0; i < n; i++)
    {
        int x = find(g[i].a);
        int y = find(g[i].b);
        //在两个不同的树上才能加入 MST
        if(x!= y)
        {
            f[y] = x;
            ans += g[i].w;              //边长的和
            cnt++;                     //加入 MST 中的边数
        }
    }
    if(cnt == m - 1) cout << ans << endl;     //边数已经够了
    else cout <<'?'<< endl;
}
```

对所有的道路按照成本进行排序,然后遍历这些道路。如果一条道路连接的两个村庄不在同一个集合中,就将这两个村庄合并,并累加这条道路的成本。当已经连接了 $n-1$ 对村庄,就可以确保所有的村庄都是连通的,此时返回累加的成本作为结果。如果无法形成连通图(即存在孤立的村庄),则返回异常。参考代码:畅通工程-Kruskal.cpp。

5.16 洛谷 P2330 繁忙的都市

城市 C 是一个非常繁忙的大都市,城市中的道路十分拥挤,于是市长决定对其中的道路进行改造。城市中有 n 个交叉路口,有些交叉路口之间有道路相连,两个交叉路口之间最多有一条道路相连接。这些道路是双向的,且把所有的交叉路口直接或间接连接起来。每条道路都有一个分值,分值越小表示这个道路越繁忙,越需要进行改造。

但是市政府的资金有限,市长希望进行改造的道路越少越好,于是他提出下面的要求:

(1) 改造的那些道路能够把所有的交叉路口直接或间接连通起来。

(2) 在满足要求(1)的情况下,改造的道路尽量少。

(3) 在满足要求(1)、(2)的情况下,改造的那些道路中分值最大值尽量小。

作为市规划局的你,应当作出最佳的决策,选择哪些道路应当被修建。

输入

第一行有两个整数 n,m 表示城市有 n 个交叉路口,m 条道路。接下来 m 行是对每条道路的描述,u,v,c 表示交叉路口 u 和 v 之间有道路相连,分值为 c($1\leqslant n\leqslant 300,1\leqslant c\leqslant 10\,000$)。

输出

两个整数 s,max,表示你选出了几条道路,分值大的那条道路的分值是多少。

样例输入

```
4 5
1 2 3
1 4 5
2 4 7
2 3 6
3 4 8
```

样例输出

```
3 6
```

【算法分析】

本题是一个关于加权无向连通图的最小生成树问题。给定一个加权无向连通图,目标是找到一棵生成树,使得这棵生成树中所有边的权值之和最小。在这个问题中,城市的交叉路口可以看作是图的顶点,道路可以看作是图的边,道路的分值则是边的权重。常用的算法有两种:Prim 算法和 Kruskal 算法。

在 HDU1863 畅通工程中,使用 Kruskal 算法,现在使用 Prim 算法。

1. 样例分析

样例的图结构如图 5-10 所示。从图中可看出,最小生成树中分值最大的那条道路是 6。

2. 数据结构

数据结构,读取原始数据构造邻接表,如算法 5.27 所示。

算法 5.27 数据结构,读取原始数据构造邻接表。

```
int m, n;
vector < pair < int, int >> g[400];
cin >> n >> m;
int u, v, w;
```

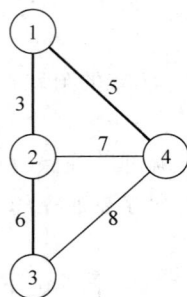
图 5-10　样例的图结构

```
//建立邻接表
for (int i = 1; i <= m; i++)
{
    cin >> u >> v >> w;
    g[u].push_back({v,w});
    g[v].push_back({u,w});
}
```

代码中 pair < int，int > 是 C++ 标准库中的一个模板类，用于存储两个值的有序对。

3. 求解最大分值的那条道路的 Prim 算法实现

将城市的交叉路口作为顶点，道路作为边，道路的分值作为边的权重，建立加权无向连通图。使用 Prim 算法找到这个图的最小生成树。然后输出最小生成树中所有边的权重的最大值，这就是需要改造的道路中分值最大的值，如算法 5.28 所示。

算法 5.28 求解最大分值的那条道路的 Prim 算法实现。

```
int dis[400];
bool vis[400] = {0};
memset(dis, 1, sizeof(dis));
dis[1] = 0;
//循环 n 次，不需要 copy 邻接矩阵的第 1 行
for (int i = 1; i <= n; ++i)
{
    //在未处理的结点集中，找最小边权的结点 k
    int k = 1, minn = 1e6;
    for (int j = 1; j <= n; j++)
        if (!vis[j] && dis[j] < minn)
        {
            k = j;
            minn = dis[j];
        }
    vis[k] = 1;
    //根据结点 k，更新数组 dis
    for (int j = 0; j < g[k].size(); j++)
    {
        int v = g[k][j].first;          //邻接点
        int w = g[k][j].second;         //边权
        if (!vis[v] && w < dis[v]) dis[v] = w;
    }
}
//找 dis 中的最大值
int mst = * max_element(dis + 1, dis + n + 1);
printf("%d %d\n", n - 1, mst);          //数据之间有空格
```

运行 Prim 算法后，得到最小生成树中的最大边权即为需要改造的道路中分值最大的值。由于题目要求改造的道路尽量少，且分值最大值尽量小，最小生成树正好满足这两个条件。参考代码：繁忙的都市-Prim.cpp。

上机练习题

浙江大学在线题库（由于 ZOJ 题目很多，这里只列出了部分题目，仅供参考）：

1117-Entropy	2425-Inversion
1161-Gone Fishing	2488-Rotten Ropes
1200-Mining	2510-Concentric Rings
1239-Hanoi Tower Troubles Again!	2521-LED Display
1307-Packets	2536-Best Balance
1360-Radar Installation	2541-Goods Transportation
1375-Pass-Muraille	2702-Unrhymable Rhymes
1409-Communication System	2710-Two Pipelines
1543-Stripies	2833-Friendship
2049-Advertisement	2921-Stock
2091-Mean of Subsequence	3116-Loan Scheduling
2229-Ride to School	3197-Google Book
2256-Mincost	3301-Make Pair
2315-New Year Bonus Grant	3410-Layton's Escape
2343-Robbers	3424-Rescue
2354-Elevator Stopping Plan	3433-Gu Jian Qi Tan
2378-Evil Straw Warts Live	3508-The War
2397-Tian Ji-The Horse Racing	

北京大学在线题库(由于 POJ 题目很多,这里只列出了部分题目,仅供参考):

1017-Packets	2240-Arbitrage
1042-Gone Fishing	2253-Frogger
1062-昂贵的聘礼	2287-Tian Ji-The Horse Racing
1065-Wooden Sticks	2313-Sequence
1125-Stockbroker Grapevine	2325-Persistent Numbers
1230-Pass-Muraille	2370-Democracy in Danger
1258-Agri-Net	2393-Yogurt Factory
1323-Game Prediction	2395-Out of Hay
1328-Radar Installation	2431-Expedition
1456-Supermarket	2485-Highways
1679-The Unique MST	2709-Painter
1716-Integer Intervals	3026-Borg Maze
1755-Triathlon	3228-Gold Transportation
1784-Huffman's Greed	3253-Fence Repair
1789-Truck History	3259-Wormholes
1797-Heavy Transportation	3262-Protecting the Flowers
1860-Currency Exchange	3522-Slim Span
1861-Network	3544-Journey with Pigs
1862-Stripies	3614-Sunscreen
1922-Ride to School	3617-Best Cow Line
2054-Color a Tree	3625-Building Roads
2209-The King	3723-Conscription

第6章

回 溯 算 法

回溯算法是一种组织搜索的一般技术,有"通用的解题法"之称,用它可以系统地搜索一个问题的所有解或任意解。

有许多问题,当需要找出它的解集或者要求回答什么解是满足某些约束条件的最佳解时,往往要使用回溯算法。可以系统地搜索一个问题的所有解或任意解,既有系统性又有跳跃性。回溯算法的基本做法是搜索,或是一种组织得井井有条的、能避免不必要搜索的穷举式搜索法。

回溯算法在问题的解空间树中,按深度优先策略,从根结点出发搜索解空间树。算法搜索至解空间树的任一结点时,先判断该结点是否包含问题的解。如果肯定不包含,则跳过对以该结点为根的子树的搜索,逐层向其祖先结点回溯;否则,进入该子树,继续按深度优先策略搜索。利用回溯算法计算问题的所有解时,要回溯到根,且根结点的所有子树都已经被搜索完成才结束。利用回溯算法求解问题的一个解时,只要搜索到问题的一个解就结束。

6.1 回溯算法的理论基础

6.1.1 问题的解空间

应用回溯算法求解时,需要明确定义问题的解空间。问题的解空间应至少包含问题的一个(最优)解。例如,对于有 n 种可选择物品的 0-1 背包问题,其解空间由长度为 n 的 0-1 向量组成,该解空间包含了对变量的所有可能的 0-1 赋值。当 $n=3$ 时,解空间为:

$$\{(0,0,0),(0,0,1),(0,1,0),(0,1,1),(1,0,0),(1,0,1),(1,1,0),(1,1,1)\}$$

定义了问题的解空间后,还应将解空间很好地组织起来,使得用回溯算法能方便地搜索解空间,通常组织成树或图的形式。例如,对于 $n=3$ 时的 0-1 背包问题,用一棵完全二叉树表示其解空间,如图 6-1 所示。

从树根到叶结点的任一路径表示解空间中的一个元素。从图 6-1 中看出,根结点 A 到叶结点 H 的路径相应于解空间中的元素 $(1,1,1)$。

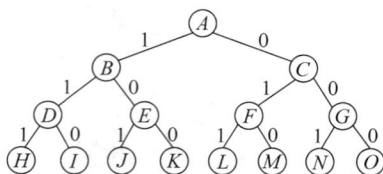

图 6-1　0-1 背包问题的解空间树

6.1.2　回溯算法的基本思想

在生成解空间树时,定义以下几个相关概念:

活结点:如果已生成一个结点而它的所有孩子结点还没有全部生成,则这个结点叫作活结点。

扩展结点:当前正在生成其孩子结点的活结点叫作扩展结点(正扩展的结点)。

死结点:不再进一步扩展或者其孩子结点已全部生成的结点就是死结点。

在确定了解空间的组织结构后,回溯从开始结点(根结点)出发,以深度优先的方式搜索整个解空间。这个开始结点成为一个活结点,同时成为当前的扩展结点。在当前的扩展结点,搜索向深度方向进入一个新的结点。这个新结点成为一个新的活结点,并成为当前的扩展结点。若在当前扩展结点处不能再向深度方向移动,则当前的扩展结点成为死结点,即该活结点成为死结点。此时回溯到最近的一个活结点处,并使得这个活结点成为当前的扩展结点。回溯算法以这样的方式递归搜索整个解空间(树),直至满足中止条件。

例 6.1　对于图 6-1 的 0-1 背包问题,假设背包容量 $C=30,w=\{16,15,15\},v=\{45,25,25\}$,其回溯搜索过程如图 6-2 所示。

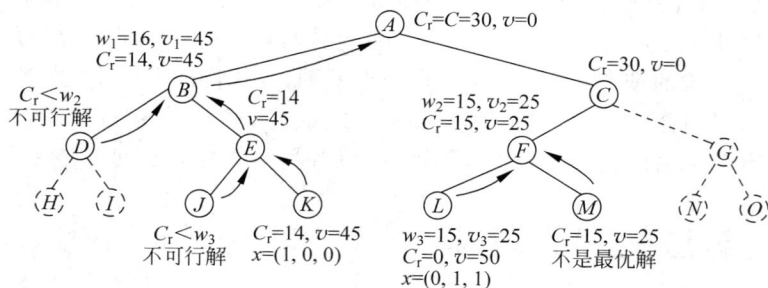

图 6-2　0-1 背包问题的回溯过程

(1) 开始时,根结点 A 是唯一的活结点,也是当前扩展结点。定义背包的剩余容量为 C_r,装入背包的总价值为 v,则 $C_r=C=30,v=0$。

(2) 扩展结点 A,可以向深度方向到达结点 B 或者 C。假设先到达 B 结点,则 $C_r=C_r-w_1=14,v=v+v_1=45$。此时 A、B 为活结点,B 成为当前扩展结点。

(3) 扩展结点 B,可以向深度方向到达结点 D 或者 E。假设先到达 D 结点,则 $C_r<w_2(15)$,结点 D 导致一个不可行解,回溯到结点 B。

(4) 再次扩展结点 B 到达结点 E。由于结点 E 不需要占用背包容量,是可行解。此时 A、B、E 是活结点,结点 E 成为新的扩展结点。

（5）扩展结点 E，可以向深度方向到达结点 J 或者 K。假设先到达 J 结点，则 $C_r<w_3$（15），结点 J 导致一个不可行解，回溯到结点 E。

（6）再次扩展结点 E 到达结点 K。由于结点 K 不需要占用背包容量，是可行解。结点 K 是叶结点，即得到一个可行解 $x=(1,0,0)$，$v=45$。

（7）结点 K 不可扩展，成为死结点，回溯到结点 E。结点 E 没有可扩展结点，成为死结点，返回到结点 B。结点 B 没有可扩展结点，成为死结点，返回到结点 A。

（8）结点 A 再次成为扩展结点，扩展结点 A 到达结点 C。由于结点 C 不需要占用背包容量，是可行解，则 $C_r=C=30$，$v=0$。此时 A、C 为活结点，C 成为当前扩展结点。

（9）扩展结点 C，可以向深度方向到达结点 F 或者 G。假设先到达 F 结点，则 $C_r=C_r-w_2=15$，$v=v+v_2=25$。此时 A、C、F 为活结点，F 成为当前扩展结点。

（10）扩展结点 F，可以向深度方向到达结点 L 或者 M。假设先到达 L 结点，则 $C_r=C_r-w_3=0$，$v=v+v_3=50$。结点 L 是叶结点，即得到一个可行解 $x=(0,1,1)$，$v=50$。

依此方式继续搜索，可搜索整个解空间树。搜索结束后，找到的最好解就是相应 0-1 背包问题的最优解。

例 6.2　旅行商问题。

旅行商问题（Traveling Salesman Problem，TSP），也称为旅行售货员问题、货担郎问题等，是组合优化中的著名难题，也是计算复杂度理论、图论、运筹学、最优化理论等领域中的一个经典问题，具有广泛的应用背景。TSP 最早在 20 世纪 20 年代由数学家兼经济学家 Karl Menger 提出。

问题的一般描述为：旅行商从 n 个城市中的某一城市出发，经过每个城市仅有一次，最后回到原出发点，在所有可能的路径中求出路径长度最短的一条。旅行商问题在军事、通信、电路板的设计、大规模集成电路、基因排序等领域具有广泛的应用。

设 $G=(V,E)$ 是一个带权图，其每一条边 $(u,v)\in E$ 的费用（权）均为正数 $w(u,v)$。目的是要找出 G 的一条经过每个顶点一次且仅经过一次的回路，即哈密顿（Hamilton）回路 $v_1,v_2,\cdots,v_n$，使回路的总权值最小，即

$$\min\left\{\sum_{i=1}^{n-1}w(v_i,v_{i+1})+w(v_n,v_1)\right\}$$

图 6-3 是一个有 4 个顶点的无向带权图。图中回路有 $(1,2,4,3,1)$，$(1,4,2,3,1)$，$(1,3,2,4,1)$ 等，其中 $(1,3,2,4,1)$ 的总权值为 25，为最优回路。

既然回路是包括所有顶点的环，我们可以选择任意一个顶点为起点（也是终点）。假设将 n 个顶点编号为 $1,2,\cdots,n$，并选择顶点 1 为起点，则每个回路被描述成顶点序列 $1,x_2,\cdots,x_n,1$，顶点序列 $x_2,\cdots,x_n$ 为顶点 $2,3,\cdots,n$ 中的一个排列，因此解空间的大小为 $(n-1)!$，解空间是一棵排列树，如图 6-4 所示。

用回溯算法找最小费用周游路线时，主要过程如下：

（1）从解空间树的根结点 A 出发，搜索至 B,C,F,L。在叶结点 L 处记录找到的周游路线 $(1,2,3,4,1)$，该周游路线的费用为 44。

（2）从叶结点 L 返回至最近活动结点 F 处。由于 F 处已没有可扩展结点，算法又返回到结点 C 处。

（3）结点 C 成为新扩展结点，由新扩展结点，算法再移至结点 G 后又移至结点 M，得到

周游路线$(1,2,4,3,1)$,其费用为51。这个费用不比已有周游路线$(1,2,3,4,1)$的费用小。因此,舍弃该结点。

(4) 算法又依次返回至结点 G,C,B。

(5) 从结点 B,算法继续搜索至结点 D,H,N。在叶结点 N 算法返回至结点 H,D,然后再从结点 D 开始继续向纵深搜索至结点 O。

(6) 依此方式算法继续搜索遍整个解空间,最终得到$(1,3,2,4,1)$是一条最小费用周游路线。

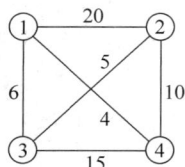

图 6-3 4 个顶点的无向带权图   图 6-4 旅行商问题的解空间树

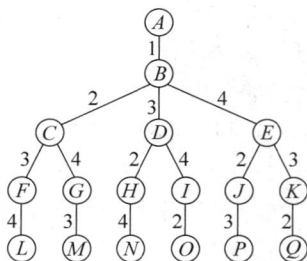

在回溯算法搜索解空间树时,通常采用两种策略(剪枝函数)避免无效搜索,以提高回溯算法的搜索效率:

(1) 用约束函数在扩展结点处减去不满足约束条件的子树;

(2) 用限界函数减去不能得到最优解的子树。

例如,求解 0-1 背包问题的回溯算法用剪枝函数剪去导致不可行解的子树。在解旅行商问题的回溯算法中,如果从根结点到当前扩展结点的部分周游路线的费用已超过当前找到的最好周游路线费用,则以该结点为根的子树中不包括最优解,就可以剪枝。综上所述,使用回溯算法解题,通常包含以下三个步骤:

(1) 针对所给问题,定义问题的解空间;

(2) 确定易于搜索的解空间结构;

(3) 以深度优先的方式搜索解空间,并且在搜索过程中用剪枝函数避免无效搜索。

6.1.3 子集树与排列树

有时问题是要从一个集合的所有子集中搜索一个集合,作为问题的解。或者从一个集合的排列中搜索一个排列,作为问题的解。回溯算法可以很方便地遍历一个集合的所有子集或者所有排列。

当问题是要计算 n 个元素的子集,以便达到某种优化目标时,可以把这个解空间组织成一棵子集树。例如,n 个物品的 0-1 背包问题相应的解空间树就是一棵子集树。这类子集树通常有 2^n 个叶结点,结点总数为 $2^{n+1}-1$。遍历子集树的任何算法,其计算时间复杂度都是 $O(2^n)$。回溯算法搜索子集树的一般算法描述,如算法 6.1 所示。

算法 6.1 回溯算法搜索子集树的伪代码。

```
//形参 t 为树的深度,根为 1
void backtrack (int t)
```

```
{
    if (t > n)
    {
        update(x);
        return;
    }
    for (int i = 0;i < = 1;i++)                    //每个结点只有两棵子树
    {
        x[t] = i;                                  //即 0/1
        if (constraint(t) && bound(t)) backtrack(t + 1);
    }
}
```

假定已经搜索到部分解 $(x_1,x_2,\cdots,x_{t-1})$，通过尝试 x_t 的一个解，然后判断扩展出的 $(x_1,x_2,\cdots,x_i)$ 是否还是一个部分解，这由约束函数 constraint(t) 和限界函数 bound(t) 决定，这两个函数通常称为剪枝函数。函数 update(x) 是更新解向量 X 的。

约束函数 constraint(t)，一般可以从问题描述中找到。

限界函数分为两种情况：计算最大值或者最小值问题。例如计算最大值问题，其上界值 bound(t) 包括从根结点到当前结点 t 的部分解的目标函数值，以及当前结点 t 到叶结点的部分解的目标函数的上界。如果当前最大目标函数值 best$\geqslant$bound(t)，说明正在搜索的结点 t 无法获得最优解，应该剪去该分支，否则继续。

当所给的问题是确定 n 个元素满足某种性质的排列时，可以把这个解空间组织成一棵排列树。排列树通常有 $n!$ 个叶结点。因此遍历排列树时，其计算时间复杂度是 $O(n!)$。例如，图 6-4 旅行商问题就是一棵排列树。回溯算法搜索排列树的一般算法描述，如算法 6.2 所示。

算法 6.2　回溯算法搜索排列树的伪代码。

```
//形参 t 为树的深度,根为 1
void backtrack (int t)
{
    if (t > n)
    {
        update(x);
        return;
    }
    for (int i = t;i < = n;i++)
    {
        //为了保证排列中每个元素不同,通过交换 x_t↔x_i 来实现
        swap(x[t], x[i]);
        if (constraint(t) && bound(t)) backtrack(t + 1);
        swap(x[t], x[i]);                              //恢复状态
    }
}
```

6.2　装载问题

给定 n 个集装箱，要装上一艘载重量为 c 的轮船，其中集装箱 i 的质量为 w_i。集装箱装载问题要求确定在不超过轮船载重量的前提下，将尽可能多的集装箱装上轮船，且集装箱

视频讲解

的质量之和最大。

由于集装箱问题是从 n 个集装箱里选择一部分集装箱,假设解向量为 $\boldsymbol{X}(x_1, x_2, \cdots, x_n)$,其中 $x_i \in \{0,1\}$,$x_i = 1$ 表示集装箱 i 装上轮船,$x_i = 0$ 表示集装箱 i 不装上轮船。

输入

输入包含多组测试例。每组测试数据:第 1 行有 2 个整数 c 和 n。c 是轮船的载重量($0 < c < 30\,000$),n 是集装箱的个数($n \leqslant 20$);第 2 行有 n 个整数 $w_1, w_2, \cdots, w_n$,整数之间用一个空格分开,分别表示 n 个集装箱的质量。

输出

对每个测试例,输出两行:第 1 行是装载到轮船的最大载重量,第 2 行是集装箱的编号。

输入样例

```
34 3
21 10 5
```

输出样例

```
31
1 2
```

【算法分析】

该问题的形式化描述为:

$$\max \sum_{i=1}^{n} w_i x_i, \quad \text{s.t.} \sum_{i=1}^{n} w_i x_i \leqslant c$$

在 5.4 节最优装载问题中,是要求不超过轮船的载重量。没有要求装载的载重量尽可能地大,而这里集装箱的质量之和最大。用回溯算法解装载问题时,其解空间是一棵子集树,与 0-1 背包问题的解空间树相同,如图 6-1 所示。

可行性约束函数可剪去不满足约束条件 $\sum_{i=1}^{n} w_i x_i \leqslant c$ 的子树。

令 $\mathrm{cw}(t)$ 表示从根结点到第 t 层结点为止装入轮船的质量,即部分解 $(x_1, x_2, \cdots, x_t)$ 的质量,$\mathrm{cw}(t)$ 计算如下:

$$\mathrm{cw}(t) = \sum_{i=1}^{t} w_i x_i$$

当 $\mathrm{cw}(t) > c$ 时,表示该子树中所有结点都不满足约束条件,可将该子树剪去。

根据问题的描述,首先定义装载问题回溯算法的数据结构,如算法 6.3(1)所示。

算法 6.3(1)　装载问题回溯算法的数据结构。

```
#define NUM 100
int n;                          //集装箱的数量
int c;                          //轮船的载重量
int w[NUM];                     //集装箱的质量数组
int x[NUM];                     //当前搜索的解向量
int r;                          //剩余集装箱的重量
int cw;                         //当前轮船的载重量
```

```
int bestw;                              //最优载重量
int bestx[NUM];                         //最优解
```

装载问题回溯算法的实现,如算法 6.3(2)所示。

算法 6.3(2)　装载问题回溯算法的实现。

```
//形参表示搜索第 t 层结点
void Backtrack(int t)
{
    //到达叶结点
    if(t > n)
    {
        if(cw > bestw)                  //更新最优解
        {
            for(int i = 1; i <= n; i++)
                bestx[i] = x[i];
            bestw = cw;
        }
        return;
    }
    //更新剩余集装箱的质量
    r -= w[t];
    //搜索左子树
    if(cw + w[t] <= c)
    {
        x[t] = 1;
        cw += w[t];
        Backtrack(t + 1);
        cw -= w[t];                     //恢复状态
    }
    //搜索右子树
    if(cw + r > bestw)
    {
        x[t] = 0;
        Backtrack(t + 1);
    }
    r += w[t];                          //恢复状态
}
```

算法实现源代码:maxLoading.cpp。

在算法 Backtrack(int t)中,当 $t>n$ 时,算法搜索至叶结点,其相应的载重量为 cw,如果 cw>bestw,则表示当前解优于当前最优解,此时应该更新最优解。

当 $t \leqslant n$ 时,当前扩展结点 Node 是子集树中的内部结点,该结点有两棵子树:

(1) 其左子树表示 $x[t]=1$ 的情形,且当 cw+$w[t] \leqslant c$ 时进入左子树,对左子树进行递归搜索。

(2) 其右子树表示 $x[t]=0$ 的情形。定义剩余集装箱的质量为 $r = \sum_{i=t+1}^{n} w_i$,则上界函

数为 $cw+r$,表示以结点 Node 为根的子树中任一结点所相应的载重量均不超过 $cw+r$,所以当 $cw+r \leqslant bestw$ 时,可将结点 Node 的右子树剪掉。在读取数据的时候,就可以初始化 r 的值,如算法 6.3(3)所示。

算法 6.3(3)   剩余集装箱的质量 r 初始化。

```
r = 0;
for( int i = 1;i <= n;i++)
{
    scanf("% d", &w[i]);
    r += w[i];
}
```

由于装载问题的子集树中叶结点的数目为 2^n,因此算法 Backtrack(int t)的计算时间复杂度为 $O(2^n)$。

6.3   0-1 背包问题

在 4.5 节已经介绍了 0-1 背包问题,给出了一个有效的动态规划算法。题目描述如下:

给定一个物品集合 $s = \{1,2,3,\cdots,n\}$,物品 i 的质量是 w_i,其价值是 v_i,背包的容量为 W,即最大载重量不超过 W。在限定的总质量 W 内,我们如何选择物品,才能使得物品的总价值最大。

输入

第一个数据是背包的容量 $c(1 \leqslant c \leqslant 800\,000\,000)$,第二个数据是物品的数量 $n(1 \leqslant n \leqslant 50)$。接下来 n 行是物品 i 的质量 w_i,其价值为 v_i。

输出

输出装入背包中物品的最大价值。

输入样例

```
50 3
10 60
30 120
20 100
```

输出样例

```
220
```

【算法分析】

本节给出 0-1 背包问题的回溯算法。在 6.1 节中,介绍了 0-1 背包问题的解空间和回溯算法的搜索过程。

令 $cw(i)$ 表示目前搜索到第 i 层已经装入背包的物品总质量,即部分解 $(x_1,x_2,\cdots,x_i)$ 的质量,$cw(i)$ 计算如下:

$$cw(i) = \sum_{j=1}^{i} x_j w_j$$

对于左子树,$x_i = 1$,其约束函数 constraint(i)为:

$$\text{constraint}(i) = \text{cw}(i-1) + w_i$$

因此,若 $\text{constraint}(i) > W$,则停止搜索左子树;否则继续搜索。

对于右子树,为了提高搜索效率,采用上界函数 $\text{Bound}(i)$ 剪枝。

令 $\text{cv}(i)$ 表示目前到第 i 层结点已经装入背包的物品价值:

$$\text{cv}(i) = \sum_{j=1}^{i} x_j v_j$$

令 $r(i)$ 表示剩余物品的总价值:

$$r(i) = \sum_{j=i+1}^{n} v_j$$

则限界函数 $\text{Bound}(i)$ 为:

$$\text{Bound}(i) = \text{cv}(i) + r(i)$$

根据问题的描述,首先定义 0-1 背包问题回溯算法的数据结构,如算法 6.4(1)所示。

算法 6.4(1)　　0-1 背包问题回溯算法的数据结构。

```
#define NUM 100
int n;                              //物品数量
int c;                              //背包容量
int cw;                             //当前重量
int cv;                             //当前价值
int r;                              //剩余重量
int bestv;                          //最优值
int w[NUM],v[NUM];                  //物品重量和价值
int x[NUM];                         //当前解向量
int bestx[NUM];                     //最优解向量
```

使用回溯算法,搜索解空间树,如算法 6.4(2)所示。

算法 6.4(2)　　0-1 背包问题回溯算法的实现。

```
//回溯算法,i 从 1 开始
void BackTrack(int t)
{
    if(t > n)
    {
        if(cv > bestv) //更新最优值和最优解
        {
            bestv = cv;
            for(int i = 1; i <= n; i++)
                bestx[i] = x[i];
        }
        return;
    }
    //不放入背包
    r -= v[t];
    if (cv + r > bestv) BackTrack(t + 1);
    r += v[t];
    //放入背包
    if(cw + w[t] <= c)
```

```
    {
        x[t] = 1;
        cw += w[t];
        cv += v[t];
        BackTrack(t + 1);
        x[t] = 0;
        cw -= w[t];
        cv -= v[t];
    }
}
```

在主函数中,读取数据,调用函数 BackTrack(),并输出结果,如算法 6.4(3) 所示。

算法 6.4(3) 主函数中的相关工作。

```
cin >> c >> n;
for(int i = 1; i <= n; i++)
    scanf("% d % d",&w[i],&v[i]), r += v[i];
BackTrack(1);
printf("% d\n",bestv);
for(int i = 1; i <= n; i++)                    //输出解向量
    if (bestx[i] == 1) cout << i <<' ';
```

程序实现源代码:Knapsack-解向量.cpp。算法时间复杂度与装载问题一样,解空间的子集树中叶结点的数目为 2^n,因此算法 backtrack(int i)的计算时间复杂度为 $O(2^n)$。

6.4 图的 m 着色问题

在图论的历史中,有一个最著名的问题:四色猜想。这个猜想说,在一个平面或球面上的任何地图能够只用四种颜色来着色,使得没有两个相邻的国家有相同的颜色。每个国家都必须由一个单连通域构成,而两个国家相邻是指它们有一段公共的边界,而不仅仅只有一个公共点。1976 年数学家通过计算机运算得到证明而成为四色定理。

每幅地图可以导出一幅图,把国家当作顶点,当相应的两个国家相邻时这两个顶点用一条线来连接。所以四色猜想是图论中的一个问题,它对图的着色理论、平面图理论、代数拓扑图论等分支的发展起到推动作用。

给定无向连通图 $G = (V,E)$ 和 m 种不同的颜色,用这些颜色为图 G 的各顶点着色,每个顶点都着一种颜色。是否有一种着色法使 G 中相邻的两个顶点有不同的颜色?

这个问题是图的 m 可着色判定问题。若一幅图最少需要 m 种颜色才能使图中每条边连接的两个顶点着不同颜色,则称这个数 m 为该图的色数。

求一幅图的色数 m 的问题称为图的 m 可着色优化问题。

编程计算:给定图 $G = (V,E)$ 和 m 种不同的颜色,找出所有不同的着色法和着色总数。

输入

第一行是顶点的个数 $n(2 \leqslant n \leqslant 10)$,颜色数 $m(1 \leqslant m \leqslant n)$。

接下来是顶点之间的相互关系:$a\ b$

表示 a 和 b 相邻。当 a,b 同时为 0 时表示输入结束。

输出

输出所有的着色方案,表示某个顶点涂某种颜色号,每个数字的后面有一个空格。

最后一行是着色方案总数。

输入样例

```
5 4
1 3
1 2
1 4
2 3
2 4
2 5
3 4
4 5
0 0
```

输出样例

```
1 2 3 4 1
1 2 3 4 3
1 2 4 3 1
1 2 4 3 4
1 3 2 4 1
1 3 2 4 2
1 3 4 2 1
    ⋮
4 3 2 1 4
Total = 48
```

样例所表示的平面图形,如图 6-5 所示,转换成的无向连通图如图 6-6 所示。

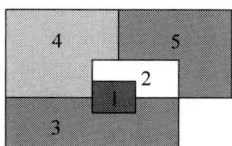

图 6-5　平面图着色问题

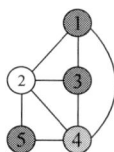

图 6-6　顶点着色问题的无向连通图

【算法分析】

对 m 种颜色编号为 $1,2,\cdots,m$,由于每个顶点都可从 m 种颜色中选择一种颜色着色,如果无向连通图 $G=(V,E)$ 的顶点数为 n,则解空间的大小为 m^n 种,解空间是非常巨大的,它是一棵 m 叉树。当 $n=3,m=3$ 时的解空间树如图 6-7 所示。

图的 m 着色问题的约束函数是相邻的两个顶点需要着不同的颜色,但是没有限界函数。

假设无向连通图 $G=(V,E)$ 的邻接矩阵为 $\boldsymbol{a}$,如果顶点 i 与 j 之间有边,则 $a[i][j]=1$;否则 $a[i][j]=0$。设问题的解向量为 $\boldsymbol{X}=(x_1,x_2,\cdots,x_n)$,其中 $x_i\in\{1,2,\cdots,m\}$,表

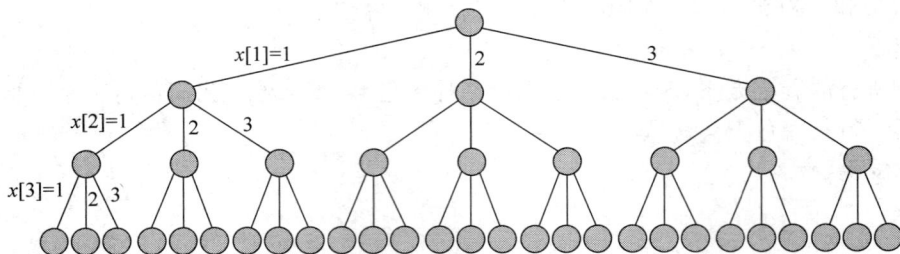

图 6-7   当 $n=3, m=3$ 时，图的 m 着色问题解空间树

示顶点 i 所着的颜色是 $x[i]$，即解空间的每个结点都有 m 个孩子。

根据问题的描述，首先定义图的 m 着色问题回溯算法的数据结构，如算法 6.5(1)所示。

算法 6.5(1)   图的 m 着色问题回溯算法的数据结构。

```
#define NUM 100
int n;                              //图的顶点数量
int m;                              //可用颜色数量
int a[NUM][NUM];                    //图的邻接矩阵
int x[NUM];                         //当前的解向量
int sum ;                           //已经找到的可 m 着色的方案数量
```

使用回溯算法，搜索图的 m 着色问题的解空间树，如算法 6.5(2)所示。

算法 6.5(2)   图的 m 着色问题回溯算法的实现。

```
//形参 t 是回溯的深度,从 1 开始
void BackTrack(int t )
{
    //到达叶结点,获得一个着色方案
    if( t > n )
    {
        sum ++ ;
        for(int i = 1; i <= n ; i++)
            printf(" % d ",x[i]);
        printf("\n") ;
        return;
    }
    //搜索当前扩展结点的 m 个孩子
    for(int i = 1; i <= m; i++)
    {
        x[t] = i;
        if( Same(t) )BackTrack(t + 1);
        x[t] = 0;
    }
}
```

在算法 BackTrack(int t)中，当 $t > n$ 时，算法搜索至叶结点，获得一个着色方案，输出该方案，且当前找到的可 m 着色的方案数量增加 1 个。

当 $t \leqslant n$ 时，当前扩展结点是解空间中的内部结点。该结点有 $x[i]=1,2,\cdots,m$ 个孩子结点，回溯算法搜索每个孩子结点，由函数 Same(int k)检查其可行性，并以深度优先搜索

的方式递归地对可行子树搜索,或者剪去不可行子树。

约束函数 Same(int k),用于检查相邻结点的着色是否一样,如算法 6.5(3)所示。

算法 6.5(3) 检查相邻结点的着色是否一样的约束函数。

```
//形参 t 是回溯的深度
bool Same( int t)
{
    int i;
    for( i = 1; i <= n; i++)
        if( (a[t][i] == 1) && (x[i] == x[t]))
            return false;
    return true;
}
```

程序实现源代码:mColoring. cpp。

在算法 BackTrack(int t)中,对每个内部结点,其子结点的一种着色是否可行,需要判断子结点的着色与相邻的 n 个顶点的着色是否相同,因此共需要耗时 $O(mn)$,而整个解空间树的内部结点数是:

$$\sum_{i=0}^{n-1} m^i$$

所以算法 BackTrack(int t)的时间复杂度是:

$$\sum_{i=0}^{n-1} \{m^i(mn)\} = nm \frac{m^n - 1}{m - 1} = O(nm^n)$$

6.5 n 皇后问题

在 $n \times n$ 格的棋盘上放置彼此不受攻击的 n 个皇后。

按照国际象棋的规则,皇后可以攻击与之处在同一行或同一列或同一斜线上的棋子。 n 皇后问题等价于在 $n \times n$ 格的棋盘上放置 n 个皇后,任何两个皇后不放在同一行或同一列或同一斜线上。

编程要求:找出一个 $n \times n$ 格的棋盘上放置 n 个皇后并使其不能互相攻击的所有方案。

输入

对每个测试例,每行都只有一个数字 $n(4 \leqslant n \leqslant 12)$。

输出

输出所有可能的放置情况,最后一行是方案总数。若无方案,则输出 no solute!

输入样例

5

输出样例

```
1 3 5 2 4        //棋盘布局如图 6-8 所示
1 4 2 5 3
2 4 1 3 5
```

图 6-8 $n=5$ 时的样例输出方案 1

```
2 5 3 1 4
3 1 4 2 5
3 5 2 4 1
4 1 3 5 2
4 2 5 3 1
5 2 4 1 3
5 3 1 4 2
Total = 10
```

【算法分析】

由于棋盘的每列只有一个皇后,所以可以用一维向量 $X=(x_1, x_2, \cdots, x_n)$,其中 $x_i \in \{1, 2, \cdots, n\}$,表示第 i 列皇后所在的行 $x[i]$,即解空间的每个结点都有 n 个孩子,因此解空间的大小为 n^n,这是一棵子集树。

根据问题的描述,定义 n 皇后问题回溯算法的数据结构,如算法 6.6(1)所示。

算法 6.6(1) n 皇后问题回溯算法的数据结构。

```
#define NUM 20
int n;                          //棋盘的大小
int x[NUM];                     //解向量
int sum;                        //当前已经找到的可行方案数
bool yes;                       //是否有方案
```

使用回溯算法,搜索 n 皇后问题的解空间树,如算法 6.6(2)所示。

算法 6.6(2) n 皇后问题回溯算法的实现。

```
//形参 t 是回溯的深度,从 1 开始
void Backtrack(int t)
{
    //到达叶结点,获得一个可行方案.累计总数,并输出该方案
    if (t > n)
    {
        sum++;
        for (int i = 1; i <= n; i++)
            printf(" %d ", x[i]);
        printf("\n");
        yes = true;                     //成功标志
        return;
    }
    for (int i = 1; i <= n; i++)
    {
        x[t] = i;
        if (Place(t)) Backtrack(t + 1);
    }
}
```

算法 Backtrack(int t)搜索解空间中第 t 层子树,因此 $t=1$ 实现对整个解空间的回溯搜索。当 $t>n$ 时,算法搜索至叶结点,获得一个新的 n 皇后互不攻击放置方案,累计方案总数并输出该方案。

当 $t \leqslant n$ 时,当前扩展结点是解空间中的内部结点,该结点有 $x[i]=1,2,\cdots,n$ 个孩子结点。对当前扩展结点的每一个孩子结点,由约束函数 Place(int t)检查其可行性,并以深度优先的方式递归地对可行子树搜索,或者剪去不可行子树,如算法 6.6(3)所示。

算法 6.6(3) 检查当前皇后位置的约束函数。

```
//形参 t 是回溯的深度
inline bool Place(int t)
{
    int i;
    for (i = 1; i < t; i++)
        if ((abs(t - i) == abs(x[i] - x[t])) || (x[i] == x[t]))
            return false;
    return true;
}
```

程序实现源代码:Queen.cpp。

由于每一列只放置一个皇后,所以不用判断合法性。对于每一行,假设已经放置到 t 列,只要判断 $x_i(i=1,2,\cdots,t-1)$ 互不相同即可。对于对角线的判断,可以看作斜率为 ± 1 的两条直线,经过两点 $(i,x[i])$ 和 $(t,x[t])$,即:

$$\text{因为} \quad \left| \frac{t-i}{x_t - x_i} \right| = 1$$

$$\text{所以} \quad |t-i| = |x_t - x_i|$$

对每一列而言,需要搜索每一个位置,相当于 n 的全排列,所以计算时间复杂度是 $O(n^n)$。

6.6 旅行商问题

旅行商问题(TSP 问题)就是一销售商从 n 个城市中的某一城市出发,不重复地走完其余 $n-1$ 个城市并回到原出发点,在所有可能的路径中求出路径长度最短的一条。

本题假定该旅行商从第 1 个城市出发。

输入

第 1 行有两个整数:$n(4 \leqslant n \leqslant 10)$ 和 $m(4 \leqslant m \leqslant 20)$,$n$ 是结点数,m 是边数。接下来 m 行,描述边的关系,每行 3 个整数:(i,j),length 表示结点 i 到结点 j 的长度是 length。

输出

输出最短路径长度所经历的结点,最短的长度。

输入样例

```
4 6
1 2 20
1 4 4
1 3 6
2 3 5
2 4 10
3 4 15
```

输出样例

```
1 3 2 4
25
```

【算法分析】

在 6.1 节例 6.2 中,介绍了旅行商问题的解空间和回溯算法的搜索过程。

旅行商问题的解空间是一棵排列树。开始时,$x=\{1,2,\cdots,n\}$,相应的排列树由 x 的全排列构成。

根据问题的描述,定义旅行商问题回溯算法的数据结构,如算法 6.7(1)所示。

算法 6.7(1)　旅行商问题回溯算法的数据结构。

```cpp
#define NUM 100
int n;                          //城市数量
int m;                          //道路数量
int a[NUM][NUM];                //城市间的距离,邻接矩阵
int x[NUM];                     //当前解向量
int bestx[NUM];                 //最优解向量
int bestc = 1 << 30;            //最优值
int cp;                         //当前路径长度
```

向量 **x** 的初始化数值如下:

```cpp
for(i = 1; i <= n; i++)
    x[i] = i;
```

使用回溯算法,搜索旅行商问题的解空间树,如算法 6.7(2)所示。

算法 6.7(2)　旅行商问题回溯算法的实现。

```cpp
//形参 t 是回溯的深度,从 2 开始
void backpack(int t)
{
    if(t > n)                               //到达叶结点,准备回家
    {
        if(a[x[n]][1] && a[x[n]][1] + cp < bestc)
        {
            bestc = a[x[n]][1] + cp;
            for(int i = 1; i <= n; i++)
                bestx[i] = x[i];
        }
        return;
    }
    //参考算法 6.2,排列树伪代码
    for(int i = t; i <= n; i++)
    {
        //有边,且当前路程小于最优值
        if(a[x[t-1]][x[i]] && cp + a[x[t-1]][x[i]] < bestc)
        {
            swap(x[t], x[i]);
            cp += a[x[t-1]][x[t]];
            backpack(t + 1);
            cp -= a[x[t-1]][x[t]];          //恢复状态
```

```
            swap(x[t],x[i]);
        }
    }
}
```

程序实现源代码：TSP.cpp。

在递归算法 Backtrack(int t)中，当 $t=n$ 时，表示已经搜索到叶结点。如果从 $x[n]$ 到起点 1 有一条边，则找到了一条旅行商最短路径的回路。此时，算法判断这条回路的费用是否优于已经找到当前最优回路的费用 bestc，如果是最优费用，则更新当前最优值 bestc 和最优解向量 bestx。

当 $t<n$ 时，当前扩展结点位于排列树的第 $t-1$ 层。图 G 中存在从顶点 $x[t-1]$ 到顶点 $x[t]$ 的边时，则构成图 G 的一条路径。如果当前费用 cp 小于当前最优费用 bestc，则进入排列树的第 t 层搜索；否则剪去相应的子树。

因为这是一棵排列树，其叶结点的个数为$(n-1)!$，每次找到一个更好的回路时需要更新向量 bestx，需要时间 $O(n)$，因此算法 Backtrack(int t)的计算时间复杂度为 $O(n!)$。

6.7　流水作业调度问题

给定 n 项作业的集合 $j=\{j_1,j_2,\cdots,j_n\}$。每一项作业 j_i 都有两道工序，分别在两台机器上完成。一台机器一次只能处理一道工序，并且工序一旦开始，就必须进行下去直到完成。每项作业必须先由机器 1 处理，然后由机器 2 处理。作业 j_i 需要机器 j 的处理时间为 $t[i][j]$，其中 $i=1,2,\cdots,n$；$j=1,2$。对于一个确定的作业调度，设 $F[i][j]$ 是作业 i 在机器 j 上的完成处理的时间，所有作业在机器 2 上完成处理的时间之和定义如下：

$$f=\sum_{i=1}^{n}f[i,2]$$

称为该作业调度的完成时间之和。由于只有两台机器，作业的处理顺序极大地影响结束时间 f。流水作业调度问题要求对于给定的 n 项作业，制定最佳作业调度方案，使其完成时间和达到最小。

输入

输入包含多组测试例。对每个测试例，第一行是一个正整数 n，作业的数量。接下来 n 行，每行两个整数 $t_{i1},t_{i2}(i=1,2,\cdots,n)$，分别表示作业 i 在机器 1 和机器 2 上的加工时间。

输出

对每个测试例，输出作业调度最小的完成时间之和 f。

输入样例

```
3
2 1
3 1
2 3
```

输出样例

```
18
```

样例作业时间的计算,如图 6-9 所示。

【算法分析】

由于每项作业都要处理,只是在机器上的处理顺序不同,因此流水作业调度问题的一个候选解是 n 项作业的一个排列。设解向量为 $\boldsymbol{X}(x_1, x_2, \cdots, x_n)$,就是确定最优解是 n 项作业(1,2,$\cdots$,n)的哪一个排列,因此解空间是一棵排列树。

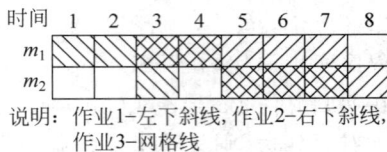

说明:作业1-左下斜线,作业2-右下斜线,作业3-网格线

图 6-9 样例作业时间计算

图 6-10 给出一个调度问题的实例,作业的每个调度方案都给出了相应的完成时间之和。

$t[i][j]$	机器 1	机器 2
j_1	2	1
j_2	3	1
j_3	2	3

(a) 作业的加工时间

调度方案	1,2,3	1,3,2	2,1,3	2,3,1	3,1,2	3,2,1
完成时间之和	19	18	20	21	19	19

(b) 各个调度方案完成时间之和

图 6-10 调度实例(3 项作业)

从图 6-10 中看出,最佳调度方案是(1,3,2)。作业 1 完成的时间是 3,作业 3 完成的时间是 7,作业 2 完成的时间是 8,其完成时间之和是 18。

对于排列树,如果在搜索过程中不考虑任何剪枝函数,则回溯算法的效率会很低。由于没有显式的约束函数,可以考虑限界函数。令到第 t 层为止已经处理的作业,在第 2 台机器上的结束时间和为:

$$f(t) = \sum_{i=1}^{t} f[x(i)][2]$$

若 $f(t) \geqslant \text{bestf}$,则停止搜索第 t 层及其下面的层,否则继续搜索。其中 bestf 表示目前为止得到的最小结束时间之和。

根据问题的描述,定义流水作业调度问题回溯算法的数据结构,如算法 6.8(1)所示。

算法 6.8(1) 流水作业调度问题回溯算法的数据结构。

```
#define NUM 20
#define infinite 1 << 30          //表示∞
int n;                            //作业的数量
int job[NUM][3];                  //各作业所需处理时间
int x[NUM];                       //当前作业调度方案
int bestx[NUM];                   //当前最优作业调度方案
int f1;                           //机器 1 完成处理时间之和
int f2[NUM];                      //每项作业在机器 2 完成处理时间
int f;                            //机器 2 完成处理时间之和
int bestf;                        //当前最优值
```

使用回溯算法,搜索流水作业调度问题的解空间树,如算法 6.8(2)所示。

算法 6.8(2) 流水作业调度问题回溯算法的实现。

```
//形参 t 是回溯的深度,从 1 开始
```

```
void Backtrack(int t)
{
    //到达叶结点,更新最优解
    if (t > n)
    {
        bestf = f;
        for (int i = 1; i <= n; i++)
            bestx[i] = x[i];
        return;
    }
    for (int i = t; i <= n; i++)
    {
        f1  += job[x[i]][1];
        f2[t] = ((f2[t-1]> f1) ? f2[t-1] : f1) + job[x[i]][2];
        f  += f2[t];
        if (f < bestf)                          //剪枝
        {
            swap(x[t], x[i]);
            Backtrack(t + 1);
            swap(x[t], x[i]);
        }
        f1  -= job[x[i]][1];
        f  -= f2[t];
    }
}
```

程序实现源代码:JobScheduling.cpp。

在递归函数 Backtrack(int t)中,当 $t>n$ 时,算法搜索至叶结点,获得一个新的作业调度方案,需要更新当前最优值和当前最佳作业调度向量 X。

当 $t<n$ 时,当前扩展结点是排列树的内部结点,算法选择下一项要安排的作业,以深度优先的方式递归地对相应子树进行搜索。对于不满足上界约束的结点,则剪去相应的子树。

在主函数中,需要对相关变量初始化:

```
memset(bestx, 0, sizeof(bestx));
memset(f2, 0, sizeof(f2));
bestf = infinite;
f1 = 0;
f = 0;
for (i = 0; i <= n; i++)
    x[i] = i;
```

因为这是一棵排列树,因此算法 Backtrack(int t)的计算时间复杂度为 $O(n!)$。

6.8 子集和问题

子集和问题的一个实例为$<S,c>$。其中,$S=\{w_1,w_2,\cdots,w_n\}$是一个正整数的集合,c 是一个正整数。子集和问题判定是否存在 S 的一个子集 S_1,使得 S_1 的和为 c。

试设计一个解子集和问题的回溯算法。

编程任务：对于给定的正整数集合 $S = \{w_1, w_2, \cdots, w_n\}$ 和正整数 c，编程计算 S 的一个子集 S_1，使得 S_1 的和为 c。

输入

第一行有 2 个正整数 n 和 c，n 表示 S 的大小，c 是子集和的目标值。接下来的一行，有 n 个正整数($1 \leq n \leq 10\ 000$)，表示集合 S 中的元素。

输出

输出子集和问题的全部解。

当问题无解时，输出 No Solution!。

输入样例 1	输入样例 2
5 10	5 3
2 2 6 5 4	2 2 6 5 4

输出样例 1	输出样例 2
2 2 6	No Solution!
6 4	

【算法分析】

子集和问题可以描述成下面的数学规划问题：给定一个正整数的集合 $S = \{w_1, w_2, \cdots, w_n\}$，确定所有向量 $\boldsymbol{X} = \{x_1, x_2, \cdots, x_n\}$，满足：

$$x_i \in \{0, 1\}, \quad i = 1, 2, \cdots, n$$

$$\text{s. t.} \quad \sum_{i=1}^{n} w_i x_i = c$$

用回溯算法求解子集和问题，与 0-1 背包问题类似，解空间树是一棵子集树，如图 6-1 所示。使用回溯算法时，采用深度优先的路线，算法只记录当前路径。

根据问题的描述，首先定义子集和问题回溯算法的数据结构，如算法 6.9(1)所示。

算法 6.9(1)　子集和问题回溯算法的数据结构。

```
♯ define NUM 10000
int n;                                //集合 S 中的元素的个数
int c;                                //子集和的目标值
int cw;                               //当前的子集和
int bestw;                            //最优值
int w[NUM];                           //存放集合 S 中的元素
int x[NUM];                           //构成当前子集和的元素
int r;                                //集合 S 中剩余的所有元素的和
bool flag;                            //获得最优值的标志
```

子集和问题回溯算法的实现，如算法 6.9(2)所示。

算法 6.9(2)　子集和问题回溯算法的实现。

```
//形参 t 表示搜索第 t 层结点
void backtrack(int t)
{
    if(t > n)                         //到达叶结点
```

```
    {
        //获得最优解
        if(cw == c)
        {
            for(int i = 1; i <= n; i++)
                if (x[i]) printf(" % d ",w[i]);
            printf("\n");
            flag = false;
        }
        return;
    }
    //更新剩余的所有元素的和
    r -= w[t];
    if (cw + w[t] <= c)                    //搜索左子树
    {
        x[t] = 1;
        cw += w[t];
        backtrack(t + 1);
        cw -= w[t];                        //恢复状态
    }
    if (cw + r > bestw)                    //搜索右子树
    {
        x[t] = 0;
        backtrack(t + 1);
    }
    r += w[t];                             //恢复状态
}
```

算法实现源代码：subsetSum_Multiple.cpp。

如果只要找到一个答案，源代码是 subsetSum_Single.cpp。

在算法 Backtrack(int t)中，当 $t>n$ 时，算法搜索至叶结点，其相应的子集和为 cw，如果 cw＝c，则表示获得最优解，此时输出最优解。

当 $t \leqslant n$ 时，当前扩展结点 Node 是子集树中的内部结点，该结点有两个子树：

（1）其左子树表示 $x[t]＝1$ 的情形，且当 cw＋$w[t] \leqslant c$ 时进入左子树，进行递归搜索。

（2）其右子树表示 $x[t]＝0$ 的情形。定义剩余的所有元素的和为 $r = \sum_{i=t+1}^{n} w_i$，则上界函数为 cw＋r，表示以结点 Node 为根的子树中任一结点所相应的子集和均不超过 cw＋r，所以当 cw＋$r \leqslant$ bestw 时，可将结点 Node 的右子树剪掉。

在读取数据时，就可以初始化 r 的值，如算法 6.9(3)所示。

算法 6.9(3) 剩余的所有元素的和 r 初始化。

```
r = 0;
for(int i = 1; i <= n; i++)
{
    scanf(" % d", &w[i]);
```

```
        r += w[i];
    }
```

由于子集和问题的子集树中叶结点的数目为 2^n,因此算法 Backtrack(int t)的计算时间复杂度为 $O(2^n)$,与装载问题相似。

6.9 ZOJ1457-Prime Ring

[素数环,HOJ 1016,洛谷 UVA524]输入正整数 n,把整数 $1,2,\cdots,n$ 组成一个环,使得相邻两个整数之和均为素数。输出时,从整数 1 开始逆时针排列。同一个环恰好输出一次。$n \leqslant 16$,保证一定有解。

多组数据,读入到 EOF 结束。第 i 组数据输出前加上一行"Case i:"。

输入样例

```
6
8
```

输出样例

```
Case 1:
1 4 3 2 5 6
1 6 5 2 3 4

Case 2:
1 2 3 8 5 6 7 4
1 2 5 8 3 4 7 6
1 4 7 6 5 8 3 2
1 6 7 4 3 8 5 2
```

【算法分析】

本题是一个经典的回溯问题,我们可以使用深度优先搜索(DFS)来解决。首先需要一个函数来判断一个数是否为素数。然后从 1 开始,尝试将每个数放入环中,并检查它与其前一个数之和是否为素数。如果满足条件,我们就继续尝试下一个数,直到我们成功地将所有数放入环中。

1. 样例分析

样例的环结构如图 6-11 所示,实现了相邻两个整数之和均为素数。

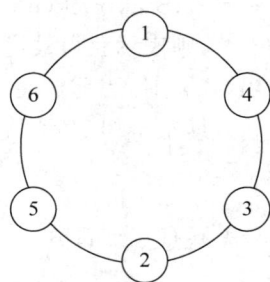

图 6-11 样例的环结构

2. 素数的判断

使用函数 bool prime(int n)判断整数 n 是否为素数,如算法 6.10 所示。

算法 6.10 判断整数 n 是否为素数的模板。

```
bool prime(int n)
{
    if (n<2) return 0;
```

```
for (int i = 2; i * i <= n; i++)
    if (n % i == 0) return false;
return true;
}
```

3. 求解相邻两个整数之和均为素数环的回溯算法实现

本题在算法上与 n 皇后问题是相似的,都涉及在一组可能的元素(皇后或整数)中进行排列,并检查这些排列是否满足特定的条件(相互不攻击或和为素数)。两者都使用回溯算法来系统地搜索所有可能的排列,并在遇到不满足条件的情况时回溯到前一步。因此,从这个角度来看,n 皇后问题和 Prime Ring 问题在算法上确实有一些相似之处。它们都利用回溯算法来搜索解空间,都需要在搜索过程中进行条件检查。由于问题的具体约束条件和表示方式的不同,它们的实现细节和搜索空间的结构也会有所不同。

该问题是一个典型的回溯算法中的排列树结构问题。需要找到所有可能的整数 1 到 n 的排列,使得相邻两个整数之和都是素数。使用回溯算法来构建一棵排列树,其中每个结点代表一个位置,以及当前位置已经放置的整数。从根结点 1 开始,我们尝试在每个位置放置 2 到 n 中的整数,并递归地处理下一个位置。如果某个放置不满足条件(即相邻两数之和不是素数),我们就回溯到上一个位置,并尝试放置其他整数,如算法 6.11 所示。

算法 6.11 安排素数环的回溯算法实现。

```
int n;                                //输入数据
int ring[25];                         //最终结果
bool vis[25];                         //是否安排的标志
void DFS(int dep)
{
    if(dep > n)                       //到达长度
    {
        if(prime(ring[n] + 1))
        {
            printf("1");
            for(int i = 2; i <= n; i++)
                printf(" % d",ring[i]);
            printf("\n");
        }
        return;
    }
    for(int i = 2; i <= n; i++)
        if(!vis[i] && prime(ring[dep - 1] + i))
        {
            vis[i] = true;
            ring[dep] = i;
            DFS(dep + 1);
            vis[i] = false;
        }
    return;
}
```

在这个问题中,数组 vis 用于确保每个元素只被使用一次,并且不会被放置到不允许的位置,使用 vis 数组来确保排列的有效性。

4. 主函数中的功能

首先要注意到,当输入 n 为奇数时,Prime Ring 问题确实是无解的。考虑一个素数环上任意两个相邻的数 a 和 b,由于 a、b 的和必须是素数,那么 a、b 必然是一个奇数一个偶数。如果 n 是奇数,由于奇偶相间,则环的终点就必然是奇数,那么它与起点 1 的和就是偶数,不可能是素数。在素数环上,奇数和偶数必须交替出现,所以 n 是偶数。

由于素数环是一个闭合的圈,它必须有一个起点和一个终点,并且起点和终点是相邻的。由于上述的奇偶性规则,我们无法在奇数个位置上安排奇数和偶数,使得它们相邻的和都是素数,同时满足起点和终点相邻的条件。

本题需要考虑多测试例,如算法 6.12 所示。

算法 6.12　主函数中的功能。

```
ring[1] = 1;                             //起点位置
for(int i = 1; cin >> n; i++)
{
    memset(vis, false, sizeof(vis));     //必须每次初始化
    vis[1] = true;                       //数字 1 已经安排
    printf("Case %d:\n", i);
    if(n % 2 == 0) DFS(2);               //跳过奇数
    printf("\n");
}
```

算法实现源代码：ZOJ 1457 Prime Ring.cpp。

6.10　ZOJ2110-Tempter of the Bone

[HOJ 1010] 小狗在一个古老的迷宫里找到一根骨头,这让它非常着迷。当它捡起骨头时,迷宫开始摇晃,小狗能感觉到地面在下沉。它意识到这块骨头是个陷阱,于是拼命地想逃出这个迷宫。

迷宫是一个 $n \times m$ 的长方形。迷宫里有一扇门,一开始门是关着的,在第 t 秒会打开一小段时间(不到 1 秒)。因此,小狗必须在第 t 秒准时到达门口。在每一秒钟内,它可以向上、下、左、右相邻的一个区块前进。一旦它进入一个区块,这个区块的地面就会开始下沉,并在下一秒消失。它不能在一个区块停留超过一秒钟,也不能进入参观过的区块。这只可怜的小狗能活下来吗？请帮帮它。

输入

输入包含多组测试例！

对每个测试例,第一行包含三个整数 n、m 和 t($1 < n, m < 7$; $0 < t < 50$),分别表示迷宫的大小和门打开的时间。接下来的 n 行给出迷宫布局,每行包含 m 个字符,是以下字符之一：

'X'：墙壁,小狗不能进入。

'S'：小狗的起点。

'D'：迷宫的门。

'.'：空的区块。

输入三个 0 时,表示输入数据结束。

输出

对每个测试例,如果小狗能存活下来,则打印一行"YES",否则打印"NO"。

输入样例

```
4 4 5
S.X.
..X.
..XD
....
3 4 5
S.X.
..X.
...D
0 0 0
```

输出样例

```
NO
YES
```

【算法分析】

本题涉及深度优先搜索(DFS)和回溯算法的应用。题目描述了小狗在迷宫中寻找出路的问题,其中迷宫由墙('X')、起点('S')、终点('D')和路径('.')组成。小狗每秒可以移动一格,并且需要在特定的时间(t 秒)内到达终点。

1．样例分析

第一个样例,小狗 5 秒内不能到达大门;第二个样例,小狗 5 秒内刚好到达大门。

2．数据结构

根据问题的描述,定义该问题回溯算法的数据结构,如算法 6.13(1)所示。

算法 6.13(1)　骨头的诱惑回溯算法的数据结构。

```
int dx[4] = {0, 0, -1, 1};
int dy[4] = {-1, 1, 0, 0};
const int N = 10;
char g[N][N];                        //迷宫
bool ans;
int sx,sy,ex,ey;                     //起点,终点
```

3．求解骨头的诱惑回溯算法实现

本题是一个典型的深度优先搜索和回溯算法的应用问题。通过合理地设计搜索策略和剪枝技巧,可以有效地解决这个问题。通常在搜索过程中,维护一个访问数组(如 vis 数组)来跟踪哪些格子已经被访问过,以避免重复访问和陷入死循环。本题采用标记为'X'的方法来实现跟踪。同时,还需要一个时间计数器 now 来确保小狗在 t 秒内到达终点。

对于每个格子,小狗有上、下、左、右四个方向可以移动。在搜索过程中,需要依次尝试这四个方向,并在每个方向上递归地进行深度优先搜索。如果某个方向上的搜索失败(即无法到达终点或所用时间不符合要求),则需要回溯到上一个格子并尝试其他方向。

小狗必须在恰好 t 秒时到达终点,因此当前时间 now 必须为 0。但是,由于迷宫中可能存在障碍物,小狗可能需要走一些弯路来到达终点。同时要注意到,无论小狗如何绕路,剩余步数(即剩余时间 remain)必须是偶数。这是因为每一步移动(上、下、左、右)都会改变小狗的位置,而位置的变化是相对于终点的,所以剩余步数的奇偶性不会改变。

因此,如果计算出的剩余时间 remain 为负数,说明剩余时间不足以直接到达终点,或者为奇数,那么可以立即判断当前搜索路径不可能到达终点,因此可以进行剪枝,停止继续搜索该路径。

这种剪枝策略基于一个直观的事实:在迷宫中,小狗无法通过走奇数步来"纠正"一个由于障碍物导致的偶数步的偏差。所以,通过检查剩余时间的奇偶性,我们可以有效地排除那些明显不可能的搜索路径,从而优化算法的性能。如算法 6.13(2)所示。

算法 6.13(2)　骨头的诱惑回溯算法实现。

```
//在位置(r,c),当前时间 now
void dfs(int r, int c, int now)
{
    //在给定的时间内找到出口
    if(g[r][c] == 'D' && now == 0)
    {
        ans = true;
        return;
    }
    char pre = g[r][c];
    g[r][c] = 'X';                          //标记已经到过
    //从当前位置到目标位置的剩余时间
    //没有 remain % 2 == 0,时间稍微长一点
    int remain = now - abs(ex - r) - abs(ey - c);
    if(remain >= 0 && remain % 2 == 0)
        for(int i = 0; i < 4; ++i)
        {
            int x = r + dx[i], y = c + dy[i];
            if(g[x][y] == '.' || g[x][y] == 'D')
                dfs(x, y, now - 1);
        }
    g[r][c] = pre;                          //回溯
}
```

4. 主函数中的功能

如果邻接矩阵从坐标(0,0)开始存放,每次判断坐标是否越界,比较麻烦。从坐标(1,1)开始存放,迷宫的四周都是空格,搜索自然停止,如算法 6.13(3)所示。

算法 6.13(3)　迷宫数据的处理。

```
for(int i = 1; i <= n; ++i)
{
```

```
        scanf("% s", g[i] + 1);
        for(int j = 1; j < = m; ++j)
        {
            if(g[i][j] == 'S') sx = i,sy = j;
            if(g[i][j] == 'D') ex = i,ey = j;
        }
    }
```

算法实现源代码：ZOJ 2110 Tempter of the Bone. cpp。

6.11 ZOJ2734-Exchange Cards

迈克喜欢收集篮球运动员卡片。作为一名学生,他不可能总是有钱买新卡片,所以有时他会和朋友交换他喜欢的卡片。当然,不同的卡片有不同的价值,迈克必须使用他拥有的卡片才能获得新的卡片。例如,要获得一张价值 10 元的卡片,他可以使用两张 5 元卡片或三张 3 元卡片加一张 1 元卡片。不幸的是,他会陷入一种糟糕的状态,因为他没有得到他想要卡片的确切价值。

考虑到他计划获得的卡片价值和他拥有的卡片数量,迈克想确定可以获得的方式有多少。

输入

输入包含多组测试例!

对每个测试例,第一行给出 $n(1 \leqslant n \leqslant 1000)$,迈克计划获得卡片的价值,以及 $m(1 \leqslant m \leqslant 10)$,迈克拥有不同种类卡片的数量。

接下来 m 行给出迈克拥有不同种类卡片的信息。每行两个整数,val 和 num,表示这类卡片的价值,以及这类卡片的数量。

注意:不同种类的卡片会有不同的价值,每个 val 和 num 都是大于零的整数。

输出

对于每个测试例,输出一行,迈克可以交换卡片的方案数,答案为 int 整数。

输入样例

```
5 2
2 1
3 1
10 5
10 2
7 2
5 3
2 2
1 5
```

输出样例

```
1
7
```

【算法分析】

要求计算迈克通过交换他手中的卡片,能够凑成目标价值的不同方式的数量。迈克拥有多种卡片,每种卡片有特定的价值和数量。他需要通过选择一定数量的卡片,使得这些卡片价值的总和等于目标价值。可以使用回溯算法来找出所有可能的卡片交换方式,从而确定迈克可以获得目标价值卡片的方案数。

1. 样例分析

样例 1,获得 5 元,就得使用全部卡片,只有一种方案。

样例 2,有 7 种方案:卡片 1,1 张;卡片 2,4,5 各 1 张;卡片 2,1 张,卡片 5,3 张;卡片 3,2 张;卡片 3,5 各 1 张,卡片 4,2 张等。

2. 数据结构

根据问题的描述,定义该问题回溯算法的数据结构,如算法 6.14(1)所示。

算法 6.14(1) 交换卡片回溯算法的数据结构。

```
struct cost
{
    int val,num;                      //卡片的价值和数量
} card[20];                           //原始数据
int m;                                //卡片数量
int ans;                              //方案数
```

3. 求解交换卡片方案数的回溯算法实现

通过回溯搜索所有可能的卡片组合,并检查每个组合是否满足目标价值。定义 dfs()函数递归来实现,在递归的每一步,尝试使用不同的卡片组合来逼近目标价值。如果当前的价值总和等于目标价值,就找到了一个有效的交换方式,增加解的数量。如果当前的价值总和超过目标价值,或者当前已经没有可用的卡片,我们就需要回溯并尝试其他的组合。

关键思路分析如下。

(1)状态表示:在回溯的过程中,我们需要跟踪两个关键状态:当前仍需要解决的价值(left)和当前正在考虑的卡片类型索引(start)。

(2)选择与递归:对于每种卡片,我们需要决定是否选择它。如果选择了当前卡片,则更新 left 减少 card[i].val 和卡片数量 card[i].num 减 1,并递归地考虑下一种卡片。

(3)回溯与撤销:当递归返回时,我们需要撤销对当前卡片 card[i]的选择,以便尝试其他可能的组合。

(4)剪枝优化:对当前卡片,其价值必须大于剩余尚未交换的价值 left,其数量必须大于 0,否则无法实现交换。

求解交换卡片方案数的回溯算法,如算法 6.14(2)所示。

算法 6.14(2) 求解交换卡片方案数的回溯算法。

```
void dfs(int left,int start)
{
    if(left == 0)                     //已经全部交换
    {
        ans++;                        //增加一个方案
```

```
            return ;
        }
        //枚举其余卡片
        for( int i = start; i <= m; i++)
            if( card[ i].num > 0 && left >= card[ i].val)
            {
                card[ i].num -- ;
                dfs( left - card[ i].val,i);
                card[ i].num++ ;                //回溯
            }
}
```

4. 主函数中的功能

本题是多测试例,需要使用 while 循环读取数据,并每次都要初始化,如算法 6.14(3)所示。

算法 6.14(3) 主函数中的功能。

```
bool flag = false;
int n;
while( cin >> n >> m)                          //多测试例
{
    ans = 0;                                    //初始化
    for( int i = 1; i <= m; i++)
        cin >> card[ i].val >> card[ i].num;
    dfs( n,0);
    if( flag) printf("\n");                     //测试例之间的换行
    flag = true;
    printf(" % d\n",ans);
}
```

通过回溯搜索所有可能的卡片组合,并检查每个组合是否满足目标价值。剪枝优化可以帮助减少搜索空间,提高算法的效率。最终算法输出满足条件的卡片组合数量 ans。

算法实现源代码:ZOJ 2734 Exchange Cards-best. cpp。

6.12 洛谷 P1378 油滴扩展

在一个长方形框中,最多有 $n(1 \leqslant n \leqslant 6)$ 个相异的点,在其中任何一个点上放一个很小的油滴,那么这个油滴会一直扩展,直到接触到其他油滴或者框的边界。必须等一个油滴扩展完毕才能放置下一个油滴。那么应该按照怎样的顺序在这 n 个点上放置油滴,才能使放置完毕后所有油滴占据的面积最大呢?(不同的油滴不会相互融合)。

输入格式

第一行是整数 n。第二行是长方形边框一个顶点及其对角顶点的坐标:x,y,x',y'。接下来 n 行,每行两个整数 x_i,y_i 表示框内 n 个点的坐标均 $\in [-1000,1000]$。

输出格式

一个整数,长方形框剩余的最小空间(结果四舍五入输出)。

输入样例

```
2
20 0 10 10
13 3
17 7
```

输出样例

```
50
```

【算法分析】

本题是一道关于几何和搜索的算法题。题目描述一个长方形框内有多个点，每个点上可以放置一个油滴，油滴会不断扩展直到碰到其他油滴或框的边界。目标是确定一个放置油滴的顺序，使得所有油滴占据的总面积最大。

本题关键在于计算每个油滴的扩展范围，即其半径。这个半径可以通过计算油滴到所有其他油滴和长方形边界的最小距离来确定。因为油滴在碰到其他油滴或边界时就会停止扩展。

1．样例分析

样例数据的图形如图 6-12 所示。两个圆形的面积是 50.4504，四舍五入是 50，矩形面积是 100，所以答案是 50。细心观察会发现，上面的圆形小一点，半径是 2.65685，下面的圆形半径是 3。其实，这两个圆形交换一下，答案是一样的。根据题意，不管有多少个圆形，它们都必须是相切的，不允许相互覆盖，而且必须在框里面。

10, 10

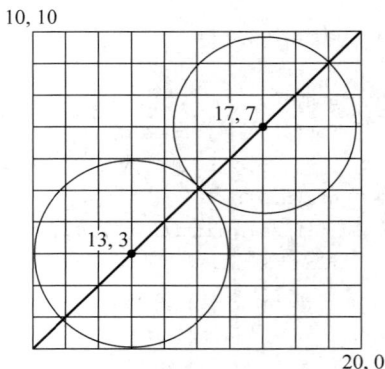

图 6-12　样例数据的图形

2．数据结构

根据问题的描述，定义该问题回溯算法的数据结构，如算法 6.15(1)所示。

算法 6.15(1)　计算所有油滴占据的面积最大的数据结构。

```
const int N = 20;
const double PI = 3.1415926535;
bool vis[N];                          //访问标记
double x[N],y[N],r[N];                //油滴坐标,半径
double xa,ya,xb,yb;                   //矩形坐标
double ans;                          //最优值
int n;                               //油滴数量
```

3．求解所有油滴占据的面积最大的算法实现

要解决这个问题，使用回溯算法来搜索所有可能放置油滴的顺序，并计算每种顺序下油滴占据的总面积。需要一个有效的策略来计算给定点放置油滴后的扩散半径和面积，以及存储和更新当前放置的油滴状态。

在回溯函数中，如果当前点索引 k 大于 n，说明所有油滴都已经放置完毕，更新所有油

滴占据总面积的最优值。否则,遍历所有点,对尚未放置的油滴,尝试放置该油滴,计算其扩散半径(cal 函数),在形参中累加面积。如果油滴不与已放置的油滴重叠且不超过框的边界,则标记该点为已放置,并递归调用回溯函数来放置下一个点。在递归返回后,撤销当前点的放置状态,以便尝试其他可能性,如算法 6.15(2)所示。

算法 6.15(2)　计算所有油滴占据的面积最大的回溯算法。

```
//k - 油滴序号,sum - 当前获得的面积
void dfs(int k,double sum)
{
    if(k > n)                                    //更新最优值
    {
        ans = max(ans,sum);
        return;
    }
    for(int i = 1; i <= n; i++)
        if(!vis[i])                              //尚未计算的油滴
        {
            r[i] = cal(i);                       //计算该油滴的最大半径
            vis[i] = 1;
            dfs(k + 1,sum + PI * r[i] * r[i]);
            vis[i] = 0;
        }
}
```

4. 计算油滴能够扩散的最大半径的算法实现

根据题目描述,油滴会一直扩展直到接触其他油滴或框的边界。对于当前要放置的油滴 i,需要计算到框每条边的最小距离 radius,与所有已经放置油滴 j 的最小距离 d,$d > r[j]$,不能内切,只能外切。比较上述计算得到的所有距离,找到最小的那个距离。这个最小距离就是油滴能够扩散到的最大距离,如算法 6.15(3)所示。

算法 6.15(3)　计算油滴能够扩散的最大半径的算法实现。

```
double cal(int i)
{
    double dx = min(abs(x[i] - xa),abs(x[i] - xb)); //到 x 边界最小
    double dy = min(abs(y[i] - ya),abs(y[i] - yb)); //到 y 边界最小
    double radius = min(dx,dy);
    for(int j = 1; j <= n; j++)
        if(i!= j && vis[j])                          //该点以外的点
        {
            dx = x[i] - x[j];
            dy = y[i] - y[j];
            double d = sqrt(dx * dx + dy * dy);       //点 i 与 j 的距离
            //d > r[j],表示不能被覆盖
            radius = min(radius,max(d - r[j],0.0));
        }
    return radius;
}
```

5. 主函数中的功能

在主函数 int main()中,读取数据,调用回溯函数,计算并输出框的总面积减去最大油滴占据面积后的剩余空间,四舍五入到最近的整数,如算法 6.15(4)所示。

算法 6.15(4) 主函数中的功能。

```
cin >> n;
cin >> xa >> ya >> xb >> yb;              //矩形框顶点坐标
double area = abs(xa - xb) * abs(ya - yb);   //矩形面积
for(int i = 1; i <= n; i++)
    cin >> x[i] >> y[i];
dfs(1,0);
printf("%.0f",area - ans);                //四舍五入
```

算法实现源代码:洛谷 P1378 油滴扩展.cpp。

6.13 经典题——工作分配问题

设有 n 件工作分配给 n 个人。将工作 i 分配给第 j 个人所需的费用为 c_{ij}。试设计一个算法,为每一个人都分配一件不同的工作,并使总费用达到最小。即对于给定的工作费用,计算最佳工作分配方案,使总费用达到最小。

输入

一行有 1 个正整数 $n(1 \leq n \leq 20)$。接下来的 n 行,每行 n 个数,第 i 行表示第 i 个人各项工作费用。

输出

输出最小总费用。

输入样例

```
3
4 2 5
2 3 6
3 4 5
```

输出样例

```
9
```

【算法分析】

使用回溯算法寻找最佳的工作分配方案,使得将 n 件工作分配给 n 个人时的总费用最小。

1. 样例分析

第 1 个人分配工作 2,费用是 2;第 2 个人分配工作 1,费用是 2;第 3 个人分配工作 3,费用是 5。这样每个人都有不同的工作,总费用是 9。

2. 数据结构

数组 a 是费用矩阵,其中 a[i][j]表示将第 i 个人分配第 j 件工作的费用。

布尔数组 vis,用于标记某个工作是否已经被分配了员工。vis[i]=1 表示第 i 个工作已经被分配了员工,vis[i]=0 表示尚未分配,如算法 6.16(1)所示。

算法 6.16(1) 工作分配问题的数据结构。

```
int best = 1 << 30;                      //最优值
int n;                                    //工作的数量,每人一项工作
int a[100][100];                          //费用矩阵
bool vis[100];                            //工作分配情况
```

3. 求解工作分配问题的回溯算法实现

从第一个人开始,遍历所有未分配的工作,并尝试将其分配给当前的人。对于每种分配方式,计算当前的总费用,并继续为下一个人分配工作。如果当前总费用 now 大于 best,则直接返回,因为没有必要继续搜索(剪枝)。当所有人都被分配了工作时,我们找到了一个完整的工作分配方案,记录这个方案的总费用。对于每个人,尝试分配一个未分配的工作给他,并计算当前的总费用。

如果所有员工都已经分配工作(num>n),则检查当前总费用 now 是否小于 best,如果是,则更新 best。在递归调用中,如果所有工作都已分配,并且当前总费用 now 小于 best,则更新 best,如算法 6.16(2)所示。

算法 6.16(2) 求解工作分配问题的回溯算法。

```
//num 是人员编号,now 是当前费用
void search(int num, int now)
{
    if(now > best) return;                    //剪枝
    if(num > n) return;
    //遍历每一个工作
    for(int i = 1; i <= n; i++)
    {
        if(!vis[i])                           //工作 i 尚未分配
        {
            vis[i] = 1;                        //标记为分配
            now += a[num][i];                  //累计费用
            if(num < n) search(num + 1, now);
            else if(now < best) best = now;    //更新最优值
            vis[i] = 0;                        //回溯,恢复状态
            now -= a[num][i];
        }
    }
}
```

4. 主函数中的功能

在主函数 int main()中,读取数据,调用回溯函数,计算工作分配问题的最小总费用,如算法 6.16(3)所示。

算法 6.16(3) 主函数中的功能。

```
scanf(" % d",&n);
```

```
for(int i = 1; i < = n; i++)                    //人员
    for(int j = 1; j < = n; j++)                //第 i 个人各项工作的费用
        scanf("% d",&a[i][j]);

search(1,0);                                     //从第一个人开始
printf("% d",best);
```

算法实现源代码:工作分配问题.cpp。

6.14 洛谷 P1692 部落卫队

原始部落 Byteland 中的居民们为了争夺有限的资源,经常发生冲突,几乎每个居民都有他的仇敌。部落酋长为了组织一支保卫部落的队伍,希望从部落的居民中选出最多的居民入伍,并保证队伍中任何 2 个人都不是仇敌。

给定 Byteland 部落中居民间的仇敌关系,编程计算组成部落卫队的最佳方案。若有多种方案可行,输出字典序最小的方案。

输入

第 1 行有 2 个正整数 n 和 m,表示 Byteland 部落中有 n 个居民,居民间有 m 个仇敌关系。居民编号为 $1,2,\cdots,n$。

接下来 m 行,每行有 2 个正整数 u 和 v,表示居民 u 与居民 v 是仇敌。

输出

第 1 行是部落卫队的总人数;第 2 行是卫队组成 x_i $(1 \leqslant i \leqslant n)$,$x_i = 0$ 表示居民 i 不在卫队中,$x_i = 1$ 表示居民 i 在卫队中。

样例输入

```
7 10
1 2
1 4
2 4
2 3
2 5
2 6
3 5
3 6
4 5
5 6
```

样例输出

```
3
1 0 1 0 0 0 1
```

【算法分析】

题目是原始部落居民们为了争夺有限的资源经常发生冲突,几乎每个居民都有他的仇敌。部落酋长希望从部落的居民中选出最多的居民入伍,组成一支保卫部落的队伍,并保证队伍中任何两个人都不是仇敌。

1. 样例分析

样例数据的图形如图 6-13 所示。有相邻关系的结点,都不能选择,所以只能选择 1 或者 4,3 或者 6,再加上 7,最多 3 个居民。题目要求输出字典序最小的方案,所以是居民 1,3 和 7。

2. 数据结构

根据问题的描述,定义该问题回溯算法的数据结构,如算法 6.17(1)所示。

算法 6.17(1)　部落卫队问题的数据结构。

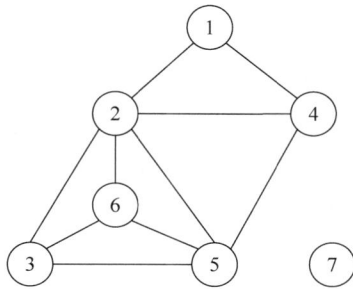

图 6-13　样例的图结构

```
int n;
int ans;                              //最优值
int a[100][100];                      //邻接关系
bool b[100];                          //选择的居民集合
bool best[100];                       //最优解
```

3. 求解组成部落卫队的最佳方案算法实现

需要将所有的关系存到邻接矩阵中,把每个居民看作是一个顶点,然后搜索每一个顶点。使用回溯算法,在搜索过程中,有两种选择:一是将当前顶点放入解向量中,二是不将其放入解向量中,这是子集树模板。但是,如果把居民 k 放入解向量中,需要进行检测,判断该居民与其他居民是否有仇敌关系,由函数 check(k)实现。

在 DFS 搜索过程中,每次选择顶点时,即从居民 1 开始搜索,并且只有更多的居民数时才更新最优解,就能确保答案是字典序较小的方案,如算法 6.17(2)所示。

算法 6.17(2)　计算组成部落卫队的最佳方案的回溯算法。

```
void dfs(int k, int now)
{
    if (k > n)                        //一轮搜索结束
    {
        //注意大于号,只有更多的居民数才会更新,保证字典序最小
        if (now > ans)                //更新最优值
        {
            ans = now;
            for (int i = 1; i <= n; ++i)
                best[i] = b[i];
        }
        return;
    }
    if (check(k))                     //左子树
    {
        b[k] = true;
        dfs(k + 1, now + 1);
        b[k] = false;                 //回溯
    }
    b[k] = false;                     //右子树
```

```
        dfs(k+1,now);
    }
```

4. 验证居民 k 与已选中的居民是否是仇敌关系

考虑是否选择居民 k 时,我们可以遍历已选中居民的集合 b,检查居民 k 是否与其中的任何一个居民存在仇敌关系,如算法 6.17(3)所示。

算法 6.17(3)　验证居民 k 与已选中的居民是否是仇敌关系的算法。

```
bool check(int k)
{
    for (int i = 1; i < k; i++)
        if (b[i] && a[i][k])                //与已选中的居民是仇敌关系
            return false;
    return true;
}
```

5. 主函数中的功能

在主函数 int main()中,读取数据并构造邻接矩阵,调用回溯函数,计算并输出部落卫队的最佳方案,如算法 6.17(4)所示。

算法 6.17(4)　主函数中的功能。

```
int m;
int x,y;
scanf("%d%d",&n,&m);
for (int i = 0; i < m; ++i)
{
    scanf("%d%d",&x,&y);
    a[x][y] = 1;                            //无向图
    a[y][x] = 1;
}
dfs(1,0);
printf("%d\n",ans);
for (int i = 1; i <= n; ++i)
    printf("%d ",best[i]);                  //%d后面有一个空格
```

算法实现源代码:洛谷 P1692 部落卫队.cpp。

回溯算法和深度优先搜索(DFS)虽然有一些相似之处,但它们在应用和特性上存在一些明显的区别。

(1) 深度优先搜索(DFS)是一种用于遍历或搜索树或图的算法。

它从根(或任意结点)开始,尽可能深地搜索树的分支。当结点 v 的所在边都已被探寻过,搜索将回溯到发现结点 v 那条边的起始结点。这一过程一直进行到已发现从源结点可达的所有结点为止。

DFS 通常用于寻找路径、生成树或图的所有可能遍历。

(2) 回溯算法是一种通过探索所有可能的候选解来找出所有解的算法。

如果候选解被确认不是一个解(或者至少不是最后一个解),回溯算法会通过在上一步进行一些变化来丢弃该解,即"回溯"并尝试另一个可能的解。

回溯算法是一种通用的问题解决策略,可用于解决多种类型的问题,包括约束满足问题、组合问题、决策问题、优化问题等。

回溯算法的关键在于通过剪枝(Pruning)来减少搜索空间,即提前识别并排除那些显然不可能产生解的部分搜索空间。

(3) 两者的关系。

DFS 可以被视为一种特殊的回溯算法,特别是在处理树或图结构时。

DFS 在搜索过程中保留完整的搜索树(或图),而回溯算法不会保留完整的结构,而是更侧重于搜索的迭代过程。在某些情况下,为了减少存储空间,DFS 也会使用标志来记录访问过的状态,这使得 DFS 与回溯算法在实现上非常接近。

总的来说,DFS 和回溯算法都是基于搜索的策略,但它们在应用场景、搜索方式和处理结构方面有所不同。在选择使用哪种策略时,需要根据具体问题的特点来决定。

上机练习题

浙江大学在线题库(ZOJ),由于 ZOJ 题目较多,这里只列出了部分题目,仅供参考:

1002-Fire Net	1909-Square(POJ2362)
1004-Anagrams by Stack	2103-Marco Popo the Traveler
1084-Channel Allocation	2418-Matrix(POJ2078)
1107-FatMouse and Cheese	2580-Sudoku
1204-Additive Equations	3316-Game
1331-Perfect Cubes	3378-Attack the NEET Princess
1457-Prime Ring Problem	3516-Tree of Three
1711-Sum It Up(POJ1564)	

北京大学在线题库(POJ),由于 POJ 题目较多,这里只列出了部分题目,仅供参考:

1010-Stamps	1321-棋盘问题
1011-Sticks	1416-Shredding Company
1020-Anniversary Cake	1699-Best Sequence
1062-昂贵的聘礼	1753-Flip Game
1085-Triangle War	1979-Red and Black
1129-Channel Allocation	1980-Unit Fraction Partition
1166-The Clocks	2400-Supervisor,Supervisee
1167-The Buses	2488-A Knight's Journey
1190-生日蛋糕	2676-Sudoku
1256-Anagram	2677-Tour
1315-Don't Get Rooked	

分支限界算法

　　加州大学伯克利分校电气工程与计算机科学系教授 Richard Manning Karp 在 20 世纪 60 年代提出了分支限界算法,成功求解含有 65 个城市的旅行商问题,创当时的纪录。他是一位计算机科学家以及计算理论家,在算法理论方面有着卓越的贡献,因此获得 1985 年图灵奖、1996 年美国国家科学奖章等。

　　分支限界算法把问题的可行解展开如树的分支,再经由各个分支中寻找最佳解。分支限界算法应用于运筹学中求解整数规划(或者混合整数规划)问题,可大大减少需要计算的方案数目。现在分支限界类算法应用极为广泛,包括市场分析、方案选择、信号传输、人工智能、计算机和手机游戏等方面。

　　分支限界算法是一个用途十分广泛的算法,运用这种算法的技巧性很强,不同类型的问题解法也各不相同。分支限界算法的基本思想是对有约束条件的最优化问题的所有可行解(数目有限)空间进行搜索。该算法在具体执行时,把全部可行的解空间不断分割为越来越小的子集(称为分支),并为每个子集内的解的值计算一个下界或上界(称为限界)。在每次分支后,对凡是界限超出已知可行解值的那些子集均不再做进一步分支。这样,解的许多子集(即搜索树上的许多结点)就可以不予考虑,从而缩小了搜索范围。这一过程一直进行到找出可行解为止,该可行解的值不大于任何子集的界限。因此这种算法一般可以求得最优解。

7.1　分支限界算法的基本理论

　　分支限界算法常以广度优先或以最小耗费(最大效益)优先的方式搜索问题的解空间树。

7.1.1　分支限界算法策略

　　在分支限界算法中,每一个活结点只有一次机会成为扩展结点:

（1）活结点一旦成为扩展结点，就一次性产生其所有孩子结点；

（2）在这些孩子结点中，导致不可行解或导致非最优解的孩子结点被舍弃，其余孩子结点被加入活结点表中；

（3）从活结点表中取下一结点成为当前扩展结点，并重复上述结点扩展过程。

这个过程一直持续到找到所需的解或活结点表为空时为止。

与回溯算法一样，使用分支限界算法需要考虑下列两个问题：

（1）对于最大值（或者最小值）问题，考虑如何估算上界（或者下界值）；

（2）怎样从活结点表中选择一个结点作为扩展结点。

7.1.2　分支结点的选择

从活结点表中选择下一个活结点作为新的扩展结点，根据选择方式的不同，分支限界算法通常可以分为两种形式：

（1）FIFO 分支限界算法。

按照先进先出（FIFO）原则选择下一个活结点作为扩展结点，即从活结点表中取出结点的顺序与加入结点的顺序相同。

（2）最小耗费或最大收益分支限界算法。

在这种情况下，每个结点都有一个耗费或收益。如果要查找一个具有最小耗费的解，那么要选择的下一个扩展结点就是活结点表中具有最小耗费的活结点；如果要查找一个具有最大收益的解，那么要选择的下一个扩展结点就是活结点表中具有最大收益的活结点。

7.1.3　提高分支限界算法的效率

实现分支限界算法时，首先确定目标值的上下界，边搜索边减掉搜索树的某些分支，提高搜索效率。在搜索时，绝大部分需要用到剪枝。"剪枝"是搜索算法中优化程序的一种基本方法，需要通过设计出合理的判断方法，以决定某一分支的取舍。在设计判断方法时，需要遵循一定的原则。

若我们把搜索的过程看成是对一棵树的遍历，那么剪枝就是将树中的一些"死结点"，即不能到达最优解的枝条"剪"掉，以减少搜索的时间。剪枝的原则如下：

（1）正确性。

剪枝的前提是一定要保证不丢失正确的结果。如果随便剪枝，把带有最优解的那一分支也剪掉的话，剪枝也就失去了意义。

（2）准确性。

在保证正确性的基础上，采用合适的判断手段，使不包含最优解的枝条尽可能多地被剪去，以达到程序"最优化"的目的。剪枝的准确性，是衡量一个优化算法好坏的标准。

（3）高效性。

设计优化程序的根本目的，是要减少搜索的次数，使程序运行的时间减少。但为了使搜索次数尽可能地减少，我们又必须花工夫设计出一个准确性较高的优化算法，而当算法的准确性升高，其判断的次数必定增多，从而导致耗时的增多。如何在优化与效率之间寻找一个平衡点，使得程序的时间复杂度尽可能降低，同样是非常重要的。倘若一个剪枝的判断效果非常好，但是它却需要耗费大量的时间来判断、比较，结果整个程序运行起来也跟没有优化过的没什么区别,这样就得不偿失。

7.1.4 限界函数

充分利用约束函数和限界函数剪去无效的分支,把搜索集中在有希望得到解的分支上,是提高分支限界算法效率的有效途径。

对于求解最大值问题,我们维护一个活结点表,从活结点表中选择一个结点作为扩展结点,对扩展结点的每个分支 i,计算其上界值 $Bound(i)$。如果当前最大目标函数值 bestc 不小于 $Bound(i)$,那么结点 i 就不会放入活结点表;否则放入。从根结点 R 到叶结点 L 的目标函数值一定不会大于 $Bound(i)$,所以如果 $Bound(i) \leqslant bestc$,表示正在搜索的结点 i 是没有希望的(即死结点)。要剪掉扩展结点的分支结点 i,只要不把该结点放入活结点表即可。由于结点 i 不在活结点表中出现,就没有机会展开,因此实现剪支的目的。

对于求解最小值问题,与求解最大值问题类似,对扩展结点的每个分支 i,计算其下界值 $Bound(i)$。如果当前最大目标函数值 bestc 不大于 $Bound(i)$,那么结点 i 就不会放入活结点表;否则放入。从根结点 R 到叶结点 L 的目标函数值一定不会小于 $Bound(i)$,所以如果 $Bound(i) \geqslant bestc$,表示正在搜索的结点 i 是没有希望的(即死结点),要剪掉扩展结点的分支结点 i。

7.2 单源最短路径问题

给定带权有向图 $G = (V, E)$,其中每条边的权均是非负实数。给定 V 中的一个顶点,称为源。现在要计算从源到所有其他各顶点的最短路径长度,这里路的长度是指路上各边权之和。这个问题通常称为单源最短路径问题。

带权有向图 $G = (V, E)$ 如图 7-1 所示,每条边都有一个非负边权,求图 G 从源顶点 s 到目标顶点 t 之间的最短路径。

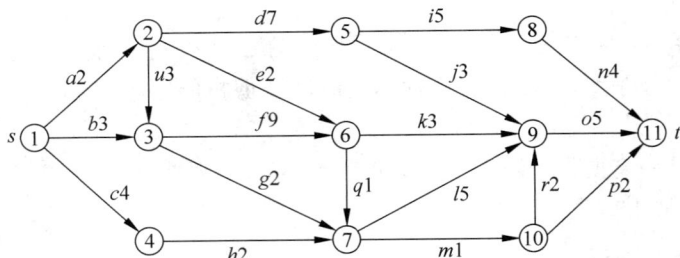

图 7-1 带权有向图 $G = (V, E)$

在图 7-1 中,每条边上都标注有字母和数字,在字母旁边的数字为路长。如标注 $f9$ 表示边的名称为 f,边的长度为 9。圆圈中的数字是顶点的编号。

输入

第一行是顶点个数 n,第二行是边数 edge;接下来 edge 行是边的描述:$from, to, d$,表示从顶点 from 到顶点 to 的边权是 d。

后面是若干查询,从顶点 s 到顶点 t。

输出

给出所有查询,从顶点 s 到顶点 t 的最短距离。

如果从顶点 s 不可到达顶点 t,则输出"No path!"。

输入样例

```
6              1 2
8              1 3
1 3 10         1 4
1 5 30         1 5
1 6 100        1 6
2 3 5          3 4
3 4 50         3 6
4 6 10         4 6
5 4 20
5 6 60
```

输出样例

```
No path!
10
50
30
60
50
60
10
```

【算法分析】

解单源最短路径问题的优先队列式分支限界法,使用 C++标准模板库的优先队列存储活结点表,其优先级是结点所对应的当前路长。

算法从图 G 的源顶点 s 和空优先队列开始。结点 s 被扩展后,它的孩子结点 a,b,c 被依次插入优先队列中。算法从优先队列中取出具有最小当前路长的结点作为当前扩展结点,并依次检查与当前扩展结点相邻的所有顶点。

如果从当前扩展结点 i 到顶点 j 有边可达,且从源出发,途经顶点 i 再到顶点 j 相应的路径的长度小于当前最优路径长度,则将该顶点作为活结点插入活结点优先队列。

这个结点的扩展过程一直继续到活结点优先队列为空,如图 7-2 所示。

在图 7-2 中,圆圈中的数字是顶点的编号,圆圈旁边的数字是从起点 s 沿树结构到当前顶点的路径长度,圆圈旁边的"×"表示该路径上的当前顶点未进入优先队列。

1. 剪枝策略

由于图 G 中各边的权都是正数,结点所对应的当前路径长度也是解空间树中,以该结点为根的子树所有结点对应的路径长度的下界。在算法扩展结点的过程中,一旦发现一个结点的下界大于当前找到的最短路长,则算法剪去以该结点为根的子树。

在算法中,利用结点间的控制关系进行剪枝。从源顶点 s 出发,如果有两条不同路径到达图 G 的同一顶点 N,由于两条路径的长度不同,因此可以将路径长度较长的路径所对应的以结点 N 为根的子树剪去。

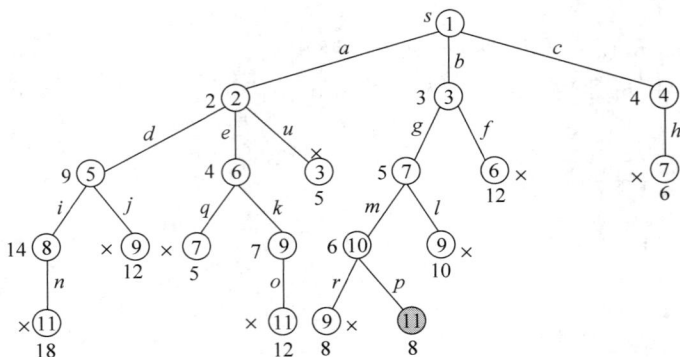

图 7-2　带权有向图 $G=(V,E)$ 的单源最短路径问题的解空间树

2. 最小耗费分支限界算法

算法从源结点 s 开始扩展,3 个子结点 2、3 和 4 被插入优先队列中,如表 7-1 所示。

表 7-1　从源结点 s 开始扩展的 3 个结点

结点	2	3	4		
路径长度	2	3	4		

取出头结点 2,它有 3 棵子树。结点 2 沿边 u 扩展到结点 3 时,路径长度为 5,而结点 3 当前的路径长度为 3,该子树被剪枝。结点 2 分别沿边 d 和 e 扩展至结点 5 和 6 时,加入优先队列,如表 7-2 所示。

表 7-2　取出头结点 2 后扩展的 2 个结点

结点	3	4	6	5	
路径长度	3	4	4	9	

取出头结点 3,它有 2 棵子树。结点 2 沿边 f 扩展到结点 6 时,路径长度为 12,而结点 6 当前的路径长度为 4,路径没有优化,该子树被剪枝。结点 2 沿边 g 扩展至结点 7 时,加入优先队列,如表 7-3 所示。

表 7-3　取出头结点 3 后扩展的 1 个结点

结点	4	6	7	5	
路径长度	4	4	5	9	

取出头结点 4,它只有 1 棵子树,沿边 h 扩展到结点 7 时,路径长度为 6,而结点 7 当前的路径长度为 5,该子树被剪枝。

取出头结点 6,它有 2 棵子树。结点 6 沿边 q 扩展到结点 7 时,路径长度为 5,而结点 7 当前的路径长度为 5,路径没有优化,该子树被剪枝。结点 6 沿边 k 扩展至结点 9 时,加入优先队列,如表 7-4 所示。

表 7-4　取出头结点 6 后扩展的 1 个结点

结点	7	9	5		
路径长度	5	7	9		

取出头结点 7，它有 2 棵子树。结点 7 沿边 l 扩展到结点 9 时，路径长度为 10，而结点 9 当前的路径长度为 7，路径没有优化，该子树被剪枝。结点 7 沿边 m 扩展至结点 10 时，加入优先队列，如表 7-5 所示。

表 7-5　取出头结点 7 后扩展的 1 个结点

结点	10	9	5		
路径长度	6	7	9		

限于篇幅，只分析到这里，读者可以继续分析。

3. 数据结构

根据问题描述，定义单源最短路径问题分支限界算法的数据结构，如算法 7.1(1)所示。

算法 7.1(1)　单源最短路径问题分支限界算法的数据结构。

```cpp
#define inf 0x1010101              //表示∞
#define NUM 100
int n;                            //图 G 的顶点数
int edge;                         //图 G 的边数
int c[NUM][NUM];                  //图 G 的邻接矩阵
int pre[NUM];                     //前驱顶点数组
int dis[NUM];                     //从源顶点到各个顶点最短距离数组

//优先队列的元素
struct Node {
    //排序算法,升序
    friend bool operator < (const Node& a, const Node& b)
    {
        return a.length > b.length;
    }
    int i;                        //结点编号
    int length;                   //结点路径的长度
};
```

4. 分支限界算法的实现

优先队列使用 C++标准模板库函数 priority_queue()，它的头文件是：

```cpp
#include <queue>
```

算法的实现，如算法 7.1(2)所示。

算法 7.1(2)　单源最短路径问题分支限界算法的实现。

```cpp
//形参 v 是起始结点
void ShortestPaths(int v)
```

```
{
    //定义优先队列
    priority_queue < Node > H;
    //定义源结点 v 为初始扩展结点
    Node E;
    E.i = v;
    E.length = 0;
    dis[v] = 0;
    //搜索问题的解空间
    while (true)
    {
        //扩展所有子结点
        for (int j = 1; j <= n; j++)
            //剪枝,(E.i,j)有路,并且能够取得更优的路径长度
            if ((c[E.i][j]< inf) && (E.length + c[E.i][j]< dis[j]))
            {
                dis[j] = E.length + c[E.i][j];
                pre[j] = E.i;
                //结点 j,加入到优先队列 H 中
                H.push({j,dis[j]});
            }
        if (H.empty()) break;              //队列为空
        else
        {
            E = H.top();                   //取出队列的头元素
            H.pop();                       //删除队列的头元素
        }
    }
}
```

算法实现源代码：shortestPath.cpp。

算法中 while 循环体完成对解空间内部结点的扩展。对于当前扩展结点,算法依次检查与当前扩展结点相邻的所有结点。如果从当前结点 i 到顶点 j 有路($c[E.i][j]<$inf),且从源出发,途经顶点 i 再到顶点 j 的路径长度小于当前最优路径长度($E.length+c[E.i][j]<$dis$[j]$),则将顶点 j 作为活结点插入活结点优先队列 H。完成对当前结点的扩展后,算法从活结点优先队列 H 中取出下一个活结点作为当前扩展结点,重复上述结点的分支扩展。这个结点的扩展过程一直继续到活结点优先队列 H 为空时结束。

算法结束后,数组 dis 保存从源到各个顶点的最短距离,相应的最短路径可利用前驱顶点数组 pre 记录的信息构造出来。

7.3 装载问题

集装箱装载问题要求确定在不超过轮船载重量的前提下,将尽可能多的集装箱装上轮船。在 6.2 节"装载问题"中介绍了回溯算法的应用,题目的具体描述见 6.2 节。

输入样例

80 4
18 7 25 36

输出样例

79

装载问题的解空间是一棵子集树,本节采用队列式分支限界法来解决。该算法只求出所要求的最优值,如果要获得最优解,请读者阅读参考文献[3]。

1. 队列式分支限界算法

以样例数据为例,分析队列式分支限界算法的运行状态。

定义一个先进先出(FIFO)队列 Q,初始化队列时,在尾部增加一个 -1 标记。这是一个分层的标志,当一层结束时,在队列尾部增加一个 -1 标志,如表 7-6 的状态 1 所示。

表 7-6　样例数据队列 Q 运行状态

状态	$Q.\text{front}()\longleftrightarrow Q.\text{back}()$					
1	-1					
2	-1	18	0			
3	18	0	-1			
4	0	-1	25	18		
5	-1	25	18	7	0	
6	25	18	7	0	-1	
7	18	7	0	-1	50	25
8	7	0	-1	50	25	43	18
...						

定义扩展结点相应的载重量为 Ew,剩余集装箱的质量为 r,当前最优载质量为 bestw,轮船的载重量为 $c=80$。

算法从子集树的第 0 层开始展开。第 0 层即集装箱 0 的质量 $w[0]=18$,存在是否装入轮船的两种状态。在第 0 层,Ew=0,bestw=0,$r=w[1]+w[2]+w[3]=68$,由于 Ew+$w[0]<c$,Ew+$r>$bestw,结点 B 和 C 依次进入队列,如表 7-1 的状态 2 所示。

装载问题的解空间树,如图 7-3 所示。

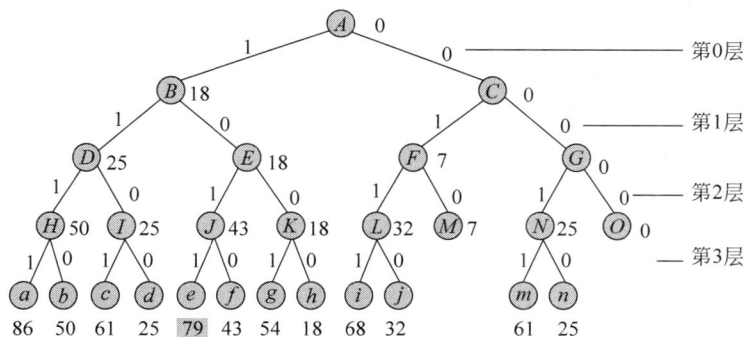

图 7-3　装载问题的解空间树

图中结点右边或者下边的数字,为该结点的载重量。

从队列中取出活结点 -1,由于队列不为空,表示当前层结束,新的一层开始,在队列尾

部增加一个 -1 标记,如表 7-1 的状态 3 所示。

从队列中取出活结点 $Ew=18$,即结点 B。第 1 层即集装箱 1 的质量 $w[1]=7$,$bestw=18$,$r=w[2]+w[3]=61$,由于 $Ew+w[1]=25<c$,$Ew+r=79>bestw$,结点 D 和 E 依次进入队列,如表 7-1 的状态 4 所示。

从队列中取出活结点 $Ew=0$,即结点 C。此时,$bestw=25$,$r=w[2]+w[3]=61$,由于 $Ew+w[1]=7<c$,$Ew+r=61>bestw$,结点 F 和 G 依次进入队列,如表 7-1 的状态 5 所示。

从队列中取出活结点 -1,由于队列不为空,表示当前层结束,新的一层开始,在队列尾部增加一个 -1 标记,如表 7-1 的状态 6 所示。

限于篇幅,只分析到这里,读者可以继续分析。

2. 数据结构

根据问题描述,定义装载问题分支限界算法的数据结构,如算法 7.2(1)所示。

算法 7.2(1) 装载问题分支限界算法的数据结构。

```
#define NUM 100
int n;                          //集装箱的数量
int c;                          //轮船的载重量
int w[NUM];                     //集装箱的质量数组
```

3. 分支限界算法的实现

队列使用 C++标准模板库函数 queue(),它的头文件是:

```
#include <queue>
```

算法的实现,如算法 7.2(2)所示。

算法 7.2(2) 装载问题分支限界算法的实现。

```
int MaxLoading()
{
    //定义活结点队列
    queue <int> Q;
    //在队列尾部增加分层的标志
    Q.push(-1);
    //当前扩展结点所在的层
    int i = 0;
    //扩展结点相应的载重量
    int Ew = 0;
    //当前最优载重量
    int bestw = 0;
    //剩余集装箱的质量
    int r = 0;
    for(int j = 1; j < n; j++)
        r += w[j];
    //搜索子空间树
    while (true)
    {
        //检查左子树
```

```
        int wt = Ew + w[i];
        //检查约束条件
        if (wt <= c)
        {
            if (wt > bestw) bestw = wt;
            //加入活结点队列
            if (i < n-1) Q.push(wt);
        }
        //检查右子树
        //检查上界条件
        if (Ew + r > bestw && i < n-1) Q.push(Ew);
        //从队列中取出活结点
        Ew = Q.front();
        Q.pop();
        //判断同层的尾部
        if (Ew == -1)
        {
            //队列为空,搜索完毕
            if (Q.empty()) return bestw;
            //同层结点尾部标志
            Q.push(-1);
            //从队列中取出活结点
            Ew = Q.front();
            Q.pop();
            //进入下一层
            i++;
            //更新剩余集装箱的质量
            r -= w[i];
        }
    }
    return bestw;
}
```

算法实现源代码:MaxLoading-Branch.cpp。

在算法的 while 循环中,根据约束函数(wt≤c)检测当前扩展结点的左孩子结点是否为可行结点,如果是则将其加入活结点队列 Q。再根据上界函数(Ew+r>bestw)检查右孩子结点,如果是可行结点,则将右孩子结点加入到活结点队列中。

取出活结点队列中的队首元素作为当前扩展结点,由于队列中每层结点之后都有一个尾部标记−1,故在取队首元素时,活结点队列一定不空。当取出的元素是−1时,再判断当前队列是否为空。如果队列非空,则将尾部标记−1加入活结点队列,算法开始处理下一层的活结点。如果队列为空,则说明子集树搜索完毕,返回最优值 bestw。

7.4 0-1 背包问题

给定一个物品集合 $s = \{1, 2, 3, \cdots, n\}$,物品 i 的质量为 w_i,其价值为 v_i,背包的容量为 W,即最大载重量不超过 W。在限定的总质量 W 内,如何选择物品,才能使得物品的总价值最大?

输入

输入可以包含多组测试例。第一个数据是背包的容量为 c ($1 \leqslant c \leqslant 1500$),第二个数据是物品的数量为 n ($1 \leqslant n \leqslant 50$)。接下来 n 行是物品 i 的质量 w_i 和价值 v_i。

所有的数据全部为整数,且保证输入数据中物品的总质量大于背包的容量。

当 $c=0$ 时,表示输入数据结束。

输出

对每组测试数据,均输出装入背包中物品的最大价值和选中物品的编号。

输入样例

```
323 11            50 3
14 95             10 60
2 13              30 120
13 72             20 100
69 33
27 3
8 6
49 48
15 16
65 24
48 18
94 65
```

输出样例

```
1 2 3 4 6 7 8 10 11      2 3
366                      220
```

【算法分析】

在 6.3 节"0-1 背包问题"中介绍了回溯算法的应用,本节介绍求解 0-1 背包问题的优先队列式分支限界算法。该问题的解空间是一棵子集树。

令 $\text{cw}(i)$ 表示到第 i 层扩展结点的总质量:

$$\text{cw}(i) = \sum_{j=1}^{i} w_j x_j \quad (1 \leqslant i \leqslant n)$$

$$x_j \in \{0, 1\}$$

则约束函数为:$\text{wt}(i) = \text{cw}(i-1) + w(i)$,如果 $\text{wt}(i) > c$,说明左孩子结点不是可行结点;否则是可行结点,应该放入活结点表中。

上界函数的作用不在于判断是否进入一个结点的子树继续搜索,因为在搜索到达叶结点之前,无法知道已经得到的最优解是什么。因此,使用 C++ 标准模板库函数 priority_queue() 实现活结点的优先队列,上界函数的值将作为优先级,这样一旦有一个叶结点成为扩展结点,就表明已经找到了最优解。

1. 数据结构

由于要输出"选中物品的编号",即最优解,其算法比只输出最优值要复杂很多。通过按性价比排序,可以优先考虑性价比高的物品,这需要用到贪心算法。输出结果时需要输出物品的编号,在排序时需要保存物品的编号 index。定义一个结构体 object 来表示物品,并为其重载小于操作符<,以便按照性价比对物品进行排序。这是实现分支限界算法的一个重要步骤,可以显著提高算法的性能和效率。实际上是在对搜索空间进行排序,性价比高的物品更有可能组成高价值的解,因此优先搜索它们可以更早地找到优质解,从而提前剪去更多无用的分支。

　　创建一个结构体 Node 表示搜索树中的结点,定义仿函数 cmp()用于优先队列的排序算法,有助于优先探索更有可能产生优质解的分支,从而加快搜索过程。特别是当搜索树的规模很大时,这种优化可以显著提高算法的效率,如算法 7.3(1)所示。

算法 7.3(1)　0-1 背包问题优先队列式分支限界算法的数据结构。

```
#define NUM 100
int c;                              //背包的容量
int n;                              //物品的个数
int bestv;                          //最优值
int bestx[NUM];                     //最优解向量
struct object
{
    int w;                          //物品的重量
    int v;                          //物品的价值
    int index;                      //物品编号
    friend bool operator <(const object a, const object b)
    {
        if (1.0 * a.v/a.w > 1.0 * b.v/b.w) return true;
        return false;
    }
}s[NUM];

struct Node
{
    int weight;                     //已选物品总重量
    int value;                      //已选物品总价值
    int level;                      //结点所在的层数
    Node * parent;                  //记录父结点
    bool isleft;                    //结点是否被选择
    int upbound;                    //结点价值上界
};
//注意:优先队列的元素是指针
struct cmp                          //仿函数
{
    bool operator()(const Node * a, const Node * b) const
    {
        return a -> upbound < b -> upbound;
    }
};
priority_queue < Node * , vector < Node * >, cmp > que;
```

2. 计算上界

　　定义一个函数来计算结点的上界。上界是假设从当前结点开始,选择所有剩余物品能够得到的最大价值。这个上界通常是一个乐观估计,即它可能高于实际能够达到的最大价值,但它提供了一个安全界限,让我们能够在搜索过程中进行剪枝,如算法 7.3(2)所示。

算法 7.3(2) 计算上界的函数。

```
//i - 活结点编号,cv - 当前已经选中物品的价值
int maxBound(int i, int cv)
{
    int bound = cv;
    for (int level = i; level < n; ++level)
        bound += s[level].v;
    return bound;
}
```

3. 0-1 背包问题优先队列分支限界算法的实现

首先构造搜索树,从根结点开始,根结点表示尚未选择任何物品的状态。在扩展结点处,分别生成左孩子结点和右孩子结点(分支),然后再从当前的活结点表中选择下一个扩展结点。为了有效地选择下一个扩展结点,以加速搜索的进程,在每一个活结点处,计算上界函数值 maxBound()(限界),并根据已计算出的函数值,从当前活结点表中选择一个最有利的结点作为扩展结点,使搜索朝着解空间树上有最优解的分支推进,以便尽快地找出一个最优解。

算法 knapsack()实现对子集树的优先队列式分支限界搜索,使用优先队列(最大堆)来存储待搜索的结点,按照结点的上界进行排序。算法中当前扩展结点是 node,该结点相应的质量是 cw,相应的价值是 cv,价值上界是 up。

算法的 while 循环不断扩展结点,直到子集树的叶结点成为扩展结点时为止。每次从优先队列中取出上界最大的结点进行扩展。如果结点的总质量 wt 超过背包容量 c,或者上界 up 小于最优值 bestv,则直接剪枝。

如果结点的层数达到物品数量 n,需要通过回溯 parent 指针来找到被选中的物品编号。这通常是在算法结束后,从最优解结点开始回溯到根结点,并沿途记录被选择的物品,计算出最优解向量 bestx[],如算法 7.3(3)所示。

算法 7.3(3) 0-1 背包问题优先队列分支限界算法的实现。

```
void knapsack()
{
    Node * node = nullptr;              //记录父结点
    int up = maxBound(0,0);
    int i = 0;                          //根结点开始
    int cw = 0;
    int cv = 0;
    while (i < n)
    {
        //选择物品 i
        int wt = cw + s[i].w;
        if (wt <= c)
        {
            if (cv + s[i].v > bestv)bestv = cv + s[i].v;
            int w = s[i].w, v = s[i].v;
            Node * now = new Node({cw + w, cv + v, i + 1, node, true, up});
```

```
            que.push(now);
        }
        //不选择物品i
        up = maxBound(i + 1, cv);
        Node * now = new Node({cw, cv, i + 1, node, false, up});
        if (up >= bestv) que.push(now);
        node = que.top();                    //从队列中取出结点
        que.pop();
        i = node -> level;
        cw = node -> weight;
        cv = node -> value;
        up = node -> upbound;
    }
    //根据链表递归计算出最优解向量
    for (int j = n - 1; j >= 0; -- j)
    {
        bestx[s[j].index] = node -> isleft ? 1 : 0;
        node = node -> parent;
    }
}
```

4. 主函数中的功能

在主函数 int main() 中，读取数据，调用分支限界函数 knapsack()，计算并输出 0-1 背包问题的最优值和解向量，如算法 7.3(4)所示。

算法 7.3(4) 主函数中的功能。

```
cin >> c >> n;
int w, v;
for(int i = 0; i < n; i++)
{
    cin >> w >> v;
    s[i] = {w, v, i + 1};
}
sort(s, s + n);                      //按性价比排序
knapsack();
for (int i = 1; i <= n; i++)
    if (bestx[i]) cout << i <<" ";
cout << endl << bestv;
```

算法实现源代码：knapsack-bestx.cpp。

其解空间与回溯算法是一样的，当物品数量 n 较大时，搜索树的规模会迅速增长，导致算法的时间复杂度($O(2^n)$)较高。

7.5 旅行商问题

在 6.6 节"旅行商问题"中介绍了回溯算法的应用，本节介绍求解旅行商问题的优先队列式分支限界算法。该问题是一个组合优化问题，它要求找到一条访问经定城市集合中每个城市恰好一次，并最终回到起始城市的最短可能路径。

1. 数据结构

为了使用分支限界算法并借助优先队列来优先探索更有可能产生优质解的分支,定义一个结构体 Node 来表示搜索树中的结点,并定义一个仿函数 cmp 来比较这些结点,以便优先队列能够按照成本进行排序,其数据结构如算法 7.4(1)所示。

算法 7.4(1)　旅行商问题优先队列式分支限界算法的数据结构。

```
#define INF 0x3f3f3f3f
#define NUM 100
int g[NUM][NUM];                    //邻接矩阵
int bestx[NUM];                     //最优解路径
int bestv;                          //最优值
int n,m;                            //城市数目,路径数目
struct Node
{
    int cost;                       //当前走过的路径长度
    int depth;                      //第几个城市
    int x[NUM];                     //记录当前路径
};
//长度短的优先级高
struct cmp
{
    bool operator() (Node x,Node y)
    {
        return x.cost > y.cost;     //最小堆
    }
};
```

2. 旅行商问题的优先队列式分支限界算法

主要步骤通常包括以下几方面。

(1) 创建一个优先队列 q(最小堆),用于存储待处理的结点状态。创建一个初始结点,表示从第一个城市出发的初始状态,将初始结点加入优先队列 q。

(2) 执行 BFS 主循环。当优先队列 q 不为空时,执行以下步骤:从 q 中取出当前最优结点 live(即成本最小的结点)。如果该结点的成本大于或等于当前已知的最优解 bestv,则剪枝,不再继续处理该结点。否则,检查该结点是否达到目标状态(即访问了所有城市并回到起始城市):如果是,更新最优值 bestv 和最优解路径 bestx[]。如果不是,生成该结点的所有子结点(即选择下一个要访问的城市)。

(3) 剪枝策略。

对每个子结点,计算其成本(live.cost $+w$,即前面所有结点成本 live.cost 加上到当前城市的距离 w)。如果子结点的成本小于当前已知的最优值 bestv,则将子结点加入优先队列 q。

$$\text{live.cost} = \sum_{k-1}^{i=2} g(x(i-2),x(i-1))$$

如算法 7.4(2)所示。

算法 7.4(2)　旅行商问题的优先队列式分支限界算法实现。

```cpp
void bfs()
{
    priority_queue< Node,vector< Node >,cmp> q;
    Node live = {0,2,{0}};                   //从第 2 个城市开始
    for(int i=1; i<=n; ++i)
        live.x[i] = i;                       //初始化解向量
    q.push(live);
    while(!q.empty())
    {
        live = q.top();                      //最小堆
        q.pop();
        if(live.cost >= bestv) continue;
        int k = live.depth;
        if(k > n)                            //一个分支搜索完毕
        {
            int w = g[live.x[k-1]][1];
            //有路径且有更短长度
            if(w!= INF && live.cost + w < bestv)
            {
                bestv = live.cost + w;
                for(int i=1; i<=n; ++i)
                    bestx[i] = live.x[i];
            }
            continue;
        }
        //排列树
        for(int i=k; i<=n; ++i)
        {
            int w = g[live.x[k-1]][live.x[i]];
            if(w!= INF && live.cost + w < bestv)
            {
                Node next = {live.cost+w,k+1,{0}};
                for(int j=1; j<=n; ++j)
                    next.x[j] = live.x[j];
                swap(next.x[k],next.x[i]);
                q.push(next);
            }
        }
    }
}
```

3. 主函数中的功能

在主函数 int main()中,读取数据,调用分支限界函数 bfs(),计算并输出旅行商问题的最优值和解向量,如算法 7.4(3)所示。

算法 7.4(3)　主函数中的功能。

```cpp
memset(g,0x3f,sizeof g);
memset(bestx,0,sizeof(bestx));
bestv = INF;
cin >> n >> m;
```

```
int u,v,w;
while(m-- )                              //构造无向图的邻接矩阵
{
    cin >> u >> v >> w;
    if(w < g[u][v]) g[u][v] = g[v][u] = w;
}
bfs();
cout << bestv << endl;
for(int i = 1; i < n; ++i)
    cout << bestx[i]<<" ";
cout << bestx[n]<< endl;
```

算法实现源代码：branch-TSP-bestx.cpp。

该问题的解空间是一棵排列树，具体的时间复杂度取决于所使用的剪枝策略。在最坏的情况下，会遍历整个搜索树，会导致指数级的时间复杂度 $O(n!)$，其中，n 是城市的数量。通过有效的剪枝和限界策略，可以显著减少需要探索的结点数量，从而降低实际运行时间。

7.6　ZOJ1136-Multiple

【问题描述】

给出一个自然数 n(0~4999,包括 0 和 4999)和 m 个不同的十进制数字 $x_1,x_2,\cdots,x_m$(至少一个数)。找出由数字 $x_1,x_2,\cdots,x_m$ 构成的正整数，要求是 n 的最小倍数。

输入有多组测试数据，每组数据之间都有一个空行，数据格式如下：

第一行：数字 n。

第二行：数字 m。

接下来 m 行：数字 $x_1,x_2,\cdots,x_m$。

对每组测试数据，假如存在此数，则直接输出该数，占一行；否则输出 0。

输入样例

```
22
3
7
0
1

2
1
1
```

输出样例

```
110
0
```

题目来源

Southeastern Europe 2000

【算法分析】

由数字 $x_1,x_2,\cdots,x_m$ 构成的正整数，而且数字 $x_1,x_2,\cdots,x_m$ 是可以重复使用的，属于可重复的全排列问题。因为是十进制数字，所以 m 最大为10。

例如样例数据1：$x_1=7,x_2=0,x_3=1$，构成的正整数110是22的倍数，而且是22的最小倍数。其中 x_3 使用了2次，x_2 使用了1次。

假设构成的数字有 k 位，则问题的解空间是：m^k。

题目中虽然没有给定 k 的大小，显然这个数不会太大，而且 n 的最小倍数仍然是正整数，int 型的整数最多11位，结合在线测试验证，k 不超过11。

本题只要一个最优解，最适合的方法是分支限界算法，使用广度优先搜索（BFS）来实现。

1. 数据结构

设要计算的数字是 n，用于构造的数字个数是 m。

样例1的全排列空间树如图7-4所示。最后一个结点110，因模 n(22)为0，没有进入搜索队列，至此已经找到答案，结束搜索。

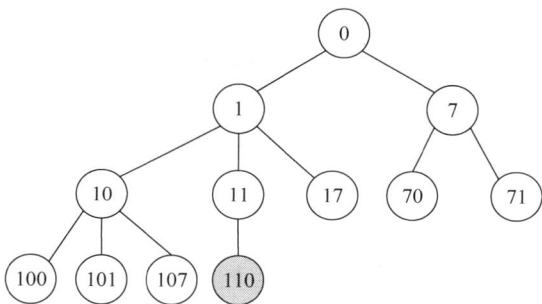

图 7-4　样例的全排列

原始数据放在数组 a 中，采用计数排序，对原始数据进行排序。在扩展时，首先取出最小的数字构造，然后是次小的数字等等，这样第一个满足条件的数字就是 n 最小的倍数。在图7-4中，最小的数字靠树的左边，最大的数字靠树的右边。

定义一个结构体 Node 表示搜索树中的结点，其成员 mod 是 num%n，用于判断是否是 n 的倍数，如果 mod 为0，num 就是答案，如算法7.5(1)所示。

算法7.5(1)　Multiple 问题分支限界算法的数据结构。

```
const int NUM = 5100;
int n,m;
bool a[12];
struct Node
{
    string num;             //构造的结果
    int mod;                //num % n,用于判断是否是 n 的倍数
};
```

2. 分支限界算法的实现

本题采用FIFO分支限界算法，使用C++标准模板库函数 queue()实现队列。创建一个

队列 q 来存储搜索的状态。每个状态用一个结构体 Node 表示,其中包含一个字符串 num(当前构建的数字)和一个整数 mod(当前数字对 n 取模的结果)。

创建一个布尔数组 vis 来记录哪些模数 mod 已经被访问过,以避免重复搜索。

将初始状态("",0)加入队列。

在算法的 while 主循环中,从队列中取出一个状态 live,扩展其所有的子结点。对于每个可用数字 i(即 $a[i]$ 为 true 的数字),执行以下操作。

(1) 将数字 i 添加到当前 num 的末尾,得到新的 num。

(2) 计算新的 mod 值。

检查 num 是否为"0"(避免产生无效解),如果是 0,则直接剪枝。如果不是 0,则检查 mod 是否为 0,如果是 0,说明已经找到答案,则返回 num 作为最优值;如果不是 0,则检查新的 mod 是否被访问过,如果没有访问过(即 vis[mod]为 false)则将新的状态(num,mod)加入队列,并设置 vis[mod]为 true。

队列式分支限界算法的实现如算法 7.5(2)所示。

算法 7.5(2) 构成指定数字的队列式分支限界算法。

```
string bfs()
{
    bool vis[NUM] = {false};          //标记搜索状态
    queue < Node > q;                 //用于搜索的队列
    q.push({"",0});                   //初始状态
    while (!q.empty())
    {
        Node live = q.front();
        q.pop();
        for (int i = 0; i < 10; ++i)
        {
            if(!a[i]) continue;        //没有此数字
            string num = live.num + (char)('0' + i);
            int mod = (live.mod * 10 + i) % n;
            if (num == "0") continue;
            if (!mod) return num;      //获得最优值
            if(!vis[mod])
            {
                vis[mod] = 1;
                q.push({num,mod});     //新的状态
            }
        }
    }
    return "";                         //无解
}
```

3. 主函数中的功能

在主函数 int main()中,读取数据,实现计数排序,调用分支限界函数 bfs(),计算并输出 Multiple 问题的最优值,如算法 7.5(3)所示。

算法 7.5(3) 主函数中的功能。

```
while (cin >> n >> m)
{
```

```
    memset(a,false,sizeof(a));
    int x;
    for (int i = 0; i < m; ++i)
    {                                          //计数排序
        cin >> x;
        a[x] = true;
    }
    string ans = "0";
    if(n) ans = bfs();
    if(ans!= "")cout << ans << endl;
    else cout << 0 << endl;
}
```

算法实现源代码：zju1136-Multiple-live.cpp。

由于是从小到大构造数字，并且使用广度优先搜索，只要存在 n 的最小倍数，该算法找到的就是由给定数字构成的最小的 n 的倍数。

分支限界法类似于回溯法，是一种在问题的解空间树 T 上搜索问题解的算法。一般情况下，分支限界法与回溯法的求解目标不同。回溯法的求解目标是找出 T 中满足约束条件的所有解，而分支限界法的求解目标则是找出满足约束条件的一个解，或是在满足约束条件的解中找出使某一目标函数值达到极大或极小的解，即在某种意义下的最优解。

由于求解目标不同，导致分支限界法与回溯法在解空间树 T 上的搜索方式也不相同。回溯法以深度优先的方式搜索解空间树 T，而分支限界法则以广度优先或以最小耗费优先的方式搜索解空间树 T。分支限界法的搜索策略是：在扩展结点处，先生成其所有的儿子结点（分支），然后再从当前的活结点表中选择下一个扩展对点。为了有效地选择下一扩展结点，加速搜索的进程，在每一活结点处，计算一个函数值（限界），并根据函数值，从当前活结点表中选择一个最有利的结点作为扩展结点，使搜索朝着解空间树上有最优解的分支推进，以便尽快地找出一个最优解。

上机练习题

北京大学在线题库（POJ）：

1040-Transportation	1817-Traffic Jam(ZOJ2163)
1041-John's trip	1935-Journey
1077-Eight(ZOJ1217)	2078-Matrix
1103-Maze(ZOJ1142)	2908-Quantum
1167-The Buses	3322-Bloxorz I
1324-Holedox Moving(ZOJ1361)	3635-Full Tank? (ZOJ2881)
1475-Pushing Boxes(ZOJ1249)	3662-Telephone Lines

第8章

图的搜索算法

视频讲解

在前面的章节中,结合算法设计方法,讨论过图的最短路径问题和最小生成树问题,本章主要讨论图的遍历问题。

关于图的基本知识,在离散数学、数据结构等相关课程中有详细的介绍。

给定一个图 $G=(V,E)$,其中 V 表示顶点的集合,E 表示边的集合。如果图中的边是有方向的,则称该图为有向图,否则为无向图。图的存储方式通常有邻接表和邻接矩阵两种。

图的遍历是从图中某一顶点出发,沿着与顶点相关联的边,访问图中所有顶点各一次。图的遍历通常有两种基本方法:深度优先搜索和广度优先搜索,这两种方法都适用于有向图和无向图。

8.1 图的深度优先搜索遍历

图的深度优先搜索(Depth First Search)算法,类似于树的前序遍历,是搜索算法的一种。

令 $G=(V,E)$ 是一个有向图或无向图,搜索时沿着树的深度遍历树的结点,尽可能深地搜索树的分支。当结点 u 的所有边都已被搜索过,搜索将回溯到发现结点 u 的那条边的起始结点。这一过程一直进行到已发现从源结点可达的所有结点为止。如果还存在未被发现的结点,则选择其中一个作为源结点并重复以上过程,整个进程反复进行,直到所有结点都被访问为止,如图 8-1 所示。搜索过程如下:

(1) 开始时,图 G 中的所有顶点都标记为未访问过。

(2) 从 G 中任选一点 $u \in V$ 作为初始出发点,访问出发点 u,把它标记为访问过。

(3) 从 u 出发,搜索 u 的下一个邻接顶点 v。

(4) 若 v 未被访问过,把它标记为访问过,并把 v 作为新的出发点 u,转步骤(3),继续递归地进行深度优先搜索。

(5) 若 v 已被访问过,重新从 u 出发,选择另一个未经搜索过的邻接顶点 w,并把 w 作为新的出发点 u,转步骤(3),继续递归地进行深度优先搜索。

（6）若 u 的所有顶点 v 都已经访问过，就从 u 回溯到 u 之前的顶点。如果 u 是初始出发顶点，则搜索过程结束。

深度优先搜索是图论中的经典算法，属于盲目搜索，利用深度优先搜索算法可以产生目标图的拓扑排序表，利用拓扑排序表可以方便地解决很多相关的图论问题。因发明"深度优先搜索算法"，约翰·霍普克洛夫特（John Edward Hopcroft）与罗伯特·陶尔扬（Robert Endre Tarjan）共同获得计算机领域的最高奖——图灵奖。

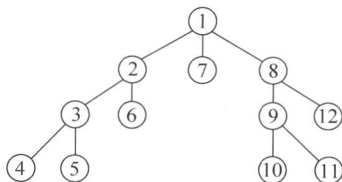

图 8-1 结点进行深度优先搜索的顺序

8.2 ZOJ1002-Fire Net

【问题描述】

假设我们有一个方形的城市，其街道都是直的。在方形的地图上，有 n 行和 n 列，每个代表一条街道或一堵墙。每座碉堡有 4 个射击孔，分别正对东、西、南、北方向。在每个射击孔都配备一架高射机枪。

假设子弹的射程可以任意远，并能摧毁它所击中的碉堡。另外，墙也是很坚固的，足以阻挡子弹的摧毁。

问题的目标是，在该城市中布置尽可能多的碉堡，而碉堡之间又不会相互摧毁。合理布置碉堡的原则是，没有两座碉堡在同一个水平方向或垂直方向，除非它们之间有墙相隔。在本题中，假定城市很小（最多 4×4），而且有子弹不能贯穿的墙壁。

图 8-2 给出了五张图片。第一张图片是空的，第二张和第三张图片是合理的配置，而第四张和第五张图片是非法的配置。就本例而言，最大配置的碉堡数是 5 座。第二张图片是一种配置方法，当然还有其他的配置方法。

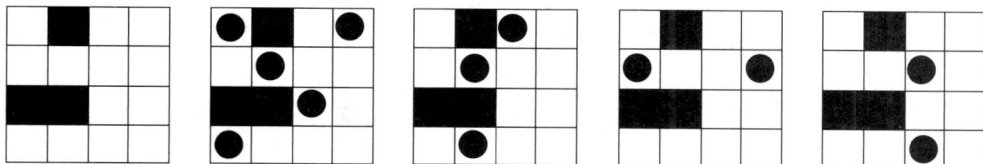

图 8-2 碉堡配置示例

你的任务是对给定的地图，计算出能够合理配置碉堡的最大数目。

输入文件包含一幅或多幅地图说明，以数字 0 结束输入。对每幅地图描述，第一行是一个正整数 n 表示城市的大小（$n\leqslant4$）。接下来是地图的 n 行数据，"."表示空地，"X"表示墙。输入数据中没有空格。对每个实例，输出一行，表示能够合理配置碉堡的最大数目。

输入样例

```
4        2        3        3        4        0
.X..     XX       .X.      ...      ....
....     .X       X.X      .XX      ....
XX..              .X.      .XX      ....
....                                ....
```

输出样例

```
5    1    5    2    4
```

题目来源

Zhejiang University Local Contest 2001

【算法分析】

这是一个基于回溯算法的解决方案,即在一个具有墙壁和空地的城市地图上放置尽可能多的碉堡,使得它们之间不会相互摧毁。由于题目的规模很小($n \leqslant 4$),直接使用回溯算法通常是可行的。

1. 数据定义,读取数据

```
char cMap[5][5];              //地图
int iBest;                    //最优解
int n;                        //地图的大小
```

2. 判断每个单元格能否放置碉堡

假设 $n=4$,变量 k 表示单元格的序号,左上角为 0,然后从左到右,从上到下,右下角为 15。当 $k=16$ 时,就表示计算结束。

变量 current 表示在当前布置下,所获得的能够合法布置碉堡的最大值。

对每个单元格,可以放置碉堡(假定是合法的),也可以不放置碉堡,因此就有很多种方案。对所有的方案,能够合法放置碉堡的最大数目 iBest,就是本题的答案。显然当 n 很大时,这种搜索方法是很耗时的。搜索空间是一棵二叉树,即回溯算法:

(1) 如果本单元格能够放置碉堡(用字符"O"表示),则放置一座碉堡,变量 current 加1;该方案递归完毕时,要将该单元格恢复过来,以便计算下一个方案。

(2) 本单元格不放置碉堡,进行方案递归。

深度优先搜索算法的实现,如算法 8.1(1)所示。

算法 8.1(1)   放置碉堡的深度优先搜索算法。

```
//对每个单元格 k 能否放置碉堡进行判断
void solve(int k, int current)
{
    int x, y;
    if(k == n * n)                    //整个地图搜索完毕
    {
        if(current > iBest) iBest = current;
        return;
    }
    x = k/n;                          //将单元数转换为 xy 坐标
    y = k%n;
    if(cMap[x][y] == '.' && CanPut(x, y))
    {                                 //左子树
        cMap[x][y] = 'O';             //放置一个碉堡
        solve(k + 1, current + 1);
        cMap[x][y] = '.';             //恢复现场
```

```
    }
    //右子树,不放置碉堡
    solve(k + 1, current);
}
```

3. 判断该单元格能否配置碉堡

只要判断该单元格所在的行和列的合法性即可。如果有碉堡(字符"O"),就返回 false,否则返回 true,如算法 8.1(2)所示。

算法 8.1(2)　判断在行 row 和列 col 处能否配置碉堡。

```
bool CanPut(int row, int col)
{
    int i;
    //判断 col 列上的合法性
    for(i = row − 1; i >= 0; i−−)
    {
        if(cMap[i][col] == 'O') return false;
        if(cMap[i][col] == 'X') break;
    }
    //判断 row 行上的合法性
    for(i = col − 1; i >= 0; i−−)
    {
        if(cMap[row][i] == 'O') return false;
        if(cMap[row][i] == 'X') break;
    }
    return true;
}
```

4. 主函数中的功能

在主函数 int main()中,读取数据,调用回溯函数 solve (),计算并输出能够合理配置碉堡的最大数目。

当有很多组数据,并且以数字 0 作为输入结束标志时,需要使用循环结构读取数据。C 语言的 scanf()在读取单个字符时,会读取空格和回车符。为了避免这种情况,采用 C++ 的 cin 语句,如算法 8.1(3)所示。

算法 8.1(3)　主函数中的功能。

```
while(scanf(" % d", &n) && n)              //n = 0 时结束
{
    for(int i = 0; i < n; i++)
        for(int j = 0; j < n; j++)
            cin >> cMap[i][j];
    iBest = 0;
    solve(0, 0);
    printf(" % d\n", iBest);
}
```

算法实现源代码:zju1002-Fire Net.cpp。

使用直观的回溯算法,通过递归地尝试所有可能的碉堡布置,并回溯到之前的决策点来寻找最优解。算法通过严格的条件判断(CanPut 函数)来确保碉堡之间不会相互摧毁,并且正确地统计最多可以放置的碉堡数量。算法的复杂度取决于地图的大小和墙壁的布局。在最坏情况下(即没有墙壁),算法需要尝试所有可能的碉堡布置,复杂度为 $O(2^{n\times n})$,显然 n 不可能太大。但由于墙壁的存在,实际复杂度通常会稍微低一些。

8.3 ZOJ1047-Image Perimeters

视频讲解

【问题描述】

病理学实验室的技术人员需要分析幻灯片的数字图像。幻灯片上有许多要分析的目标,由鼠标单击确定一个目标。目标边界的周长是一个有用的测量参数。

编程任务:确定选中目标的周长。

数字化的幻灯片是一个矩形的网格,里面有点".",表示空的地方;有×表示目标的一部分。简单的网格如图 8-3 所示。

方格中的一个×是指一个完整的网格方形区域,包括其边界和目标本身。网格中心的×与其边界上 8 个方向的×都是相邻的。任何两个相邻的×,其网格方形区域在边界或拐角处是重叠的,所以它们的网格方形区域是相邻的。

一个目标是由一系列相邻×的网格方形区域连接起来构成的。在网格 1 中,一个目标填充了整个网格;在网格 2 中有两个目标,其中一个目标只占左下角的一个网格方形区域,其余的×属于另一个目标。

技术人员总是能单击一个×,以选中包含该×的目标,记录单击时的坐标。行列号是从左上角开始,从 1 开始编号的。在网格 1 中,技术人员可以单击行 2 和列 2 选择目标;在网格 2 中,单击行 2 和列 3 就可以选中较大的目标,单击行 4 和列 3 就不能选中任何目标。

一个有用的统计参数是目标的周长。假定每个×的每条边上都有一个方形的单元。在网格 1 中目标的周长是 8(4 条边,每条边上都有 2 个方形的单元)。在网格 2 中,较大目标的周长是 18,如图 8-4 所示。

图 8-3 简单的网格   图 8-4 图像周长的计算

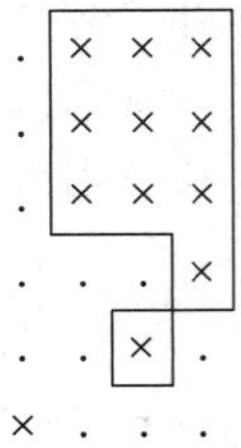

目标中不会包含任何完全封闭的孔,所以图 8-5(a)、(e)的网格不会出现,应该是图 8-5(b)~(d)、(f)~(h)的网格样式。

输入

输入有多组网格。对每个网格,第一行是网格的行列数(rows,columns)和鼠标单击的

```
不可能          可能
××××          ××××          ××××          ××××
×..×          ××××          ×...          ×...
××.×          ××××          ××.×          ××.×
××××          ××××          ××××          ××.×
(a) 空心1      (b) 实心1      (c) 实心2      (d) 实心3

.....          .....          .....          .....
..×..          ..×..          .×...          .×...
.×.×.          .×××.          .×...          .×...
..×..          ..×..          .×...          .×...
(e) 空心2      (f) 实心4      (g) 实心5      (h) 实心6
```

图 8-5 网格的种类

行列号(row,column),其整数范围都是 1~20。接下来就是 rows 行,由字符"."和"×"构成。

当一行是 4 个 0 时,标志输入结束。一行中的 4 个数字之间各有一个空格。

网格数据的行之间没有空行。

输出

对每个网格输出一行,数值是选中目标的周长。

输入样例

```
2 2 2 2        5 6 1 3        7 7 2 6        7 7 4 4
××             .××××.         ××××××         ××××××
××             ×....×         ××...××        ××...××
6 4 2 3        ..××.×         ×.×..×         ×.×..×
.×××           .×...×         ×.×...         ×.×..×
.×××           ..×××.         ×.×...         ×.×..×
.×××                          ××××××         ××××××
...×                                          0 0 0 0
..×.
×...
```

输出样例

```
8
18
40
48
8
```

题目来源

Mid-Central USA 2001

【算法分析】

1. 样例分析

样例数据 1,网格周长的计算如图 8-6 所示。

网格是 2 行 2 列,使用鼠标单击第 2 行第 2 列。

其周长的计算如图 8-6(b)所示。×的每条边上有一个方形的单元,所以周长是 8。

样例数据 2,网格周长的计算如图 8-7 所示。

网格是 6 行 4 列,鼠标单击第 2 行第 3 列,是右上角较大的网格。

其周长的计算如图 8-7(b)所示。注意里面两个"＊"的单元,单元(4,3)的"＊"是 3 个 ×边上的方形单元,被统计了 3 次;单元(5,4)的"＊"是 2 个×边上的方形单元,被统计了 2 次,所以周长是 18。

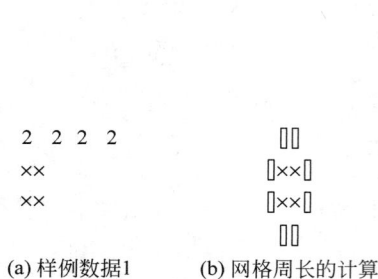

```
                              6 4 2 3              ▯▯▯
                              .×××                 ▯×××▯
                              .×××                 ▯×××▯
                              .×××                 ▯×××▯
  2 2 2 2          ▯▯         ...×                 .▯*×▯
  ××               ▯××▯       ..×.                 .▯×*
  ××               ▯××▯       ×...                 ×.▯.
                   ▯▯
  (a)样例数据1    (b)网格周长的计算         (a)样例数据2      (b)网格周长的计算
   图8-6  样例数据1的网格周长计算          图8-7  样例数据2的网格周长计算
```

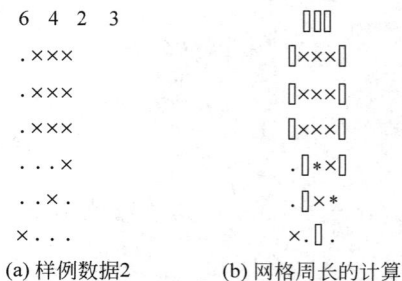

本题采用深度优先搜索算法来遍历并标记与选定"×"相连的所有"×",并在遍历过程中计算边界(即与"×"相邻的"."的数量)。

2. 数据结构

定义二维字符数组 s[30][30]存储网格数据,其中每个元素是'.'(空的地方)或'×';

布尔数组 vis[30][30]记录每个网格位置是否已经被访问过;

整数 total 存储目标的周长,即与"×"相邻的"."的数量;

整数 rows 和 cols 分别表示网格的行数和列数。

3. 计算周长

(1)方向的表示。

使用相对坐标的九宫格表示坐标增量,即纵坐标、横坐标的增量范围是(−1～1)。

(2)图像边界的处理。

搜索时,为方便统计图像边界,将图像的边界扩展一圈".."。对样例数据 2,如图 8-8 所示。图像左上角坐标不是从(0,0)开始,而是从(1,1)开始,如算法 8.2(1)所示。

算法 8.2(1) 图像边界的处理。

图 8-8 图像边界的处理

```
memset(s, '.', sizeof(s));
//注意行列号从 1 开始,构造网格
for (int i = 1; i <= rows; i++)
{
    scanf ("%s",s[i] + 1);
    //右边界需要重新赋初值
    s[i][cols + 1] = '.';
}
```

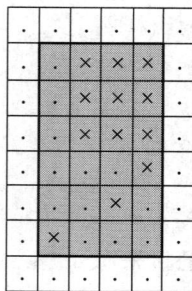

对每个×,搜索其8个方向上是否还有×,如果有×且没有搜索过,继续搜索;如果没有×(所在处是".")，则对水平垂直方向的边界累加。

计算网格周长的深度优先搜索算法,如算法8.2(2)所示。

算法8.2(2) 计算网格周长的深度优先搜索算法。

```
//(x,y)是当前的搜索坐标
void work (int x,int y)
{
    vis[x][y] = true;                   //标记为已经访问
    //相对坐标的九宫格
    for (int i = -1; i <= 1; i++)
        for (int j = -1; j <= 1; j++)
        {
            int u = x + i, v = y + j;
            if (s[u][v] == 'X' && !vis[u][v])
                work (u,v);
            //水平垂直方向上,i或j为0,统计边界
            if (s[u][v] == '.' && (!i || !j))
                total++;
        }
}
```

4. 主函数中的功能

在主函数 int main()中,读取数据,调用深度优先搜索函数 work (),计算并输出选中目标的周长。

有多组测试数据,需要使用 while 循环读取输入数据,并且需要每次赋初值。读取矩阵时,从坐标(1,1)开始存放,已在算法8.2(1)中介绍,如算法8.2(3)所示。

算法8.2(3) 主函数中的功能。

```
while (cin >> rows && rows)              //rows = 0 时结束
{
    int cx, cy;                         //鼠标单击的坐标
    scanf ("%d%d%d\n", &cols, &cx, &cy);
    ...//参见算法8.2(1),读取网格数据,并扩展图像边界
    total = 0;                          //多测试例,每次都需要初始化
    memset(vis, 0, sizeof(vis));
    work(cx,cy);
    printf ("%d\n",total);
}
```

算法实现源代码:zju1047-Image Perimeters-easy.cpp。

算法基于深度优先搜索(DFS),通过递归的方式,能够沿着一个'×'组成的连通区域进行搜索,直到达到该区域的边界或遍历完整个区域,这是一种直观且易于理解的图遍历方法。

8.4   ZOJ1191-The Die Is Cast

【问题描述】

InterGames 是一家高科技创业公司,专门研究网络游戏的开发技术。市场分析已经提醒公司,在他们潜在的客户中,这些游戏是很受欢迎的。大多数著名的游戏,如大富翁(Monopoly)、鲁多(Ludo)或西洋双陆棋(Backgammon)等,在游戏的某个阶段都需要掷骰子。

当然,如果允许玩家掷骰子,然后自己把结果输入计算机是不切实际的,因为作弊太容易了。所以,InterGames 公司给用户提供一台摄像机,将掷的骰子拍一张照片,然后分析这张照片,再自动传送掷骰子的结果。

为此,他们急需一个程序,输入一张图片,里面有几个骰子,然后确定骰子的点数。

对输入的图片,我们做以下假设。图片只包含三个不同的像素值:背景、骰子和骰子上的点。如果两像素共边,我们认为两像素相连,但不包括顶点相邻。如图 8-9 所示,像素 A 和 B 是相连的,而像素 B 和 C 是不相连的。

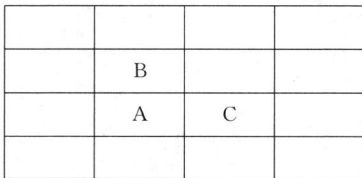

	B		
A	C		

图 8-9   像素之间的关系

像素的集合为 S,如果 S 中的每对像素 (a,b),存在序列 $a_1,a_2,\cdots,a_k$,满足 $a=a_1,b=a_k$,且 a_i 和 a_{i+1}($1\leqslant i<k$)是相连的,则集合 S 是相连的。

我们把非背景像素单独构成的所有最大相连的集合,看作掷的骰子。"最大相连"是指,如果向这个集合中增加任何非背景像素,该集合就是不相连的。同样地,可以把点像素的最大相连的集合,看作一个点。

输入

输入是一组投掷骰子的图片。对每张图片,第一行是两个数 w 和 h,分别是图片的宽度和高度,满足 $5\leqslant w,h\leqslant 50$。

接下来 h 行,每行 w 个字符。字符表示:"·"是一个背景像素,"∗"是骰子的一个像素,"×"是骰子上一个点的像素。

由于光学变形,骰子的大小可能不一样,而且不一定是正方形。每张图片至少有一个骰子,每个骰子上的点数都在 1 和 6 之间,包括 1 和 6。

当一张图片的 $w=h=0$ 时,表示输入结束,该图片不需要处理。

输出

对骰子的每次投掷,首先输出投掷的编号,然后以升序的方式,输出图片中骰子的点数。

输入样例

```
30 15
..............................
..............................
.................*............
...*****......****............
...*×***.....**×***............
...*****.....***×**............
...****×.....****.............
...*****......*...............
..............................
......***......******.........
.....**×****.....*××××.........
....*******......*****.........
....******×......*××××.........
.......***.......******........
..............................
00
```

输出样例

```
Throw 1
1 2 2 4
```

题目来源

Southwestern Europe 1998

【算法分析】

一张图片上,有几个投掷过的骰子,题目要求统计骰子上的点数。由于骰子的大小可能不一样,而且不一定是正方形,所以需要采用深度优先搜索算法,进行递归查找。

图片中,共边的像素称为相连的,也就是搜索时只能上下左右搜索,不能沿对角线方向搜索。相连在一起的点看作一个点,所以样例图片中第一排右边的骰子,其点数是1。

1. 数据结构

图片的宽度和高度是 w 和 h,将图片数据保存在数组中:

```
#define N 51
char image[N][N];
```

所有骰子上的点数,保存在数组中:

```
int num[N*N];
```

图片上骰子的个数为 count,一个骰子上的点数为 sum。

2. 分析图片,统计每个骰子上的点数

这要对图片的每个像素进行分析:

(1)如果是背景像素,则跳过去,分析下一个像素;

(2)如果是骰子的像素,则统计骰子的个数,并将所有相邻的骰子像素全部删除;

（3）如果是骰子上点的像素，则统计点的个数，将所有相邻的点全部删除，并将所有相邻的骰子像素全部删除；

（4）将统计的骰子点数保存到数组 num 中。

在清除骰子上的点时，要先把点的像素变成骰子的像素，然后再清除骰子的像素。试设想，如果一个点的全部像素横贯整个骰子，直接把点的像素清除，就会把一个骰子划分成两个骰子。统计每个骰子上的点数，如算法 8.3(1)所示。

算法 8.3(1)　统计每个骰子上的点数。

```
int count = 0;
//读取图片
for(int i = 0; i < h; i++)
    scanf("%s",image[i]);
//这是一个森林,需要对图片的每个像素进行分析
for(int i = 0; i < h; i++)
    for(int j = 0; j < w; j++)
    {
        if (image[i][j] == '.') continue;          //背景像素
        //发现一棵树
        sum = 0;
        if (image[i][j] == '*') Dice(i, j);        //骰子像素
        else if (image[i][j] == 'X')               //骰子上点的像素
        {
            sum++;                                  //统计点的个数
            Dots(i, j);                             //清除骰子上的点
            Dice(i, j);                             //清除骰子
        }
        num[count++] = sum;                         //保存骰子的点数
    }
```

根据题目的要求，对骰子上的点数要按升序排列。采用 C++标准模板库函数 sort()排序，默认是升序：

```
sort(num, num + count);
```

3. 清除已经统计过的骰子

采用深度优先搜索算法，如算法 8.3(2)所示。

算法 8.3(2)　深度优先搜索算法，清除已经统计过的骰子 * → ·。

```
//形参(i,j)是当前点的坐标
void Dice(int i, int j)                            //* → ·
{
    if (i < 0 || i >= h || j < 0 || j >= w)return;
    if (image[i][j] == '·') return ;
    //如果骰子中的像素是点,则统计点的个数
    if (image[i][j] == 'X')                        //X→ *
    {
        sum++;
        Dots(i, j);
```

```
    }
    image[i][j] = '.';                              //清除骰子 * → ·
    //共边的像素,递归清除
    Dice(i - 1, j);
    Dice(i + 1, j);
    Dice(i, j - 1);
    Dice(i, j + 1);
}
```

算法 Dice()主要实现以下两项功能:

(1) 如果当前像素是"X",这是骰子上的点,累计点的个数,清除该点和所有相邻的点。

(2) 将骰子像素变成背景像素,然后继续搜索相邻的像素。

4. 清除骰子上已经统计过的点

采用深度优先搜索算法,如算法 8.3(3)所示。

算法 8.3(3) 深度优先搜索算法,清除骰子上已经统计过的点'X'→ * 。

```
//形参(i,j)是当前点的坐标
void Dots(int i, int j)                             //'X'→ *
{
    if (i < 0||i >= h||j < 0||j >= w)return;
    if (image[i][j]!= 'X') return ;
    image[i][j] = '*';                              //清除点'X'→ *
    //共边的像素,递归清除
    Dots(i - 1, j);
    Dots(i + 1, j);
    Dots(i, j - 1);
    Dots(i, j + 1);
}
```

如果当前像素还是"X",说明该点不止一个像素,就把该像素变成骰子的像素。前面已经讲到,不能直接变成背景像素,然后继续搜索相邻的像素。

算法实现源代码:zju1191-The Die Is Cast.cpp。

8.5 ZOJ1204-Additive equations

【问题描述】

众所周知,一个整数集是不同整数的集合。现在的问题是:给定一个整数集,你可以找到所有的加法等式吗? 为了解释什么是加法等式,请看下面的例子。

1+2=3 是集合{1,2,3}的加法等式。因为等式左边的所有数字,也就是 1 和 2,相加的和是 3,也属于相同的集合。我们认为 1+2=3 和 2+1=3 是同样的加法等式。输出的时候,在等式左边的数字,是按升序输出。因此在本例中,集合{1,2,3}应该只有唯一的加法等式:1+2=3。

不保证任何的整数集合,都有唯一的加法等式。例如,集合{1,2,5}就没有加法等式;而集合{1,2,3,5,6}就不止一个加法等式,如 1+2=3,1+2+3=6,等等。当集合中整数的数量变得越来越多时,要把所有的加法等式都找出来,需要编写程序来解决这个问题。

输入

输入有多组测试例。输入的第一行是一个整数 N,是测试例的数量。

对每个测试例,第一个整数 $M(1\leqslant M\leqslant30)$,是在集合里的整数的数量。然后在同一行上,是 M 个互不相同的正整数。

输出

对每个测试例,输出集合的所有加法等式。加法等式的输出顺序,首先按等式的长度排序(即求和的整数个数);当加法等式的长度相同时,按加法等式中的数字从左到右排序,正如样例输出所示。如果不存在这样的加法等式,则简单地输出一行"Can't find any equations. "。

输入样例

```
3
3 1 2 3
3 1 2 5
6 1 2 3 5 4 6
```

输出样例

```
1 + 2 = 3
Can't find any equations.
1 + 2 = 3
1 + 3 = 4
1 + 4 = 5
1 + 5 = 6
2 + 3 = 5
2 + 4 = 6
1 + 2 + 3 = 6
```

题目来源

Zhejiang University Local Contest 2002,Preliminary

【算法分析】

给定一个整数集合,找出所有可能的加法等式,其中等式的左侧是集合中几个不同的整数的和,右侧的数字也是这个集合中的一个整数。本题采用深度优先搜索算法,通过递归地遍历集合中的每个元素,构建出所有可能的等式左侧,并在每一步检查是否存在一个相应的右侧元素,使得等式成立。题目要求加法等式的输出顺序,首先按等式的长度排序(即求和的整数个数);当加法等式的长度相同时,按加法等式中的数字从左到右排序。

1. 数据结构

根据问题的描述,定义该问题深度优先搜索算法的数据结构如算法 8.4(1)所示。

算法 8.4(1) Additive equations 问题的数据结构。

```
int a[33];              //原始数据
int x[33];              //解向量
int n;                  //数据个数
int many;               //等式左侧有几个数
bool fail;              //失败标志
```

2. 解决加法等式的深度优先搜索算法的实现

DFS 函数会尝试所有可能的组合,但只有当等式左侧的数字个数达到 many 的值时,才会检查是否找到了一个有效的等式($sum = a[i]$)。当前累加和 sum 等于数组 a 中的当前元素 $a[i]$,这意味着我们找到一个有效的等式,因为等式左侧的数字之和等于数组中的一个元素。数组 a 是升序排序的,位置从 0 开始往后移动,确保选中的数字是由小到大的,这就保证了结果是升序的。

剪枝策略是优化搜索过程的关键。在本题中,使用了以下两种剪枝策略。

(1) 和的上限:如果当前组合的和已经大于集合中的最大数 $a[n-1]$,则没有必要继续搜索,因为不可能再找到符合条件的等式。

(2) 数字的选择:在递归搜索中,如果已经选择集合中的某个数字作为等式左边的一部分,那么在下一次递归调用中,应该从该数字的下一个数字($i+1$)开始搜索,以避免重复和产生无效的组合。

该功能的实现,如算法 8.4(2)所示。

算法 8.4(2)　解决加法等式的深度优先搜索算法的实现。

```
//sum 是当前和,from 是集合中的起始位置,len 是解向量数组的位置
void DFS(int sum,int from,int len)
{
    //从数组 a 中 from 的位置开始搜索,避免重复数字
    for(int i = from; i < n; i++)
    {
        if(len == many && sum == a[i])          //找到一个等式
        {
            fail = false;                        //有解
            cout << x[0];
            for(int j = 1; j < many; j++)
                cout <<' + '<< x[j];
            cout <<' = '<< sum << endl;
        }
        //继续构造等式,sum + a[i]的和不能超过数组 a 中的最大元素
        if(sum + a[i]<= a[n-1])
        {
            x[len] = a[i];
            DFS(sum + a[i],i + 1,len + 1);
        }
    }
}
```

3. 主函数中的功能

在主函数 int main()中,对每个测试例,需要初始化变量 fail,读取数据,调用回溯函数 DFS(),计算并输出合适的加法等式,如算法 8.4(3)所示。

算法 8.4(3)　主函数中的功能。

```
fail = true;
cin >> n;
for(int i = 0; i < n; i++)
```

```
        cin >> a[i];
sort(a,a + n);                          //升序排序
for(many = 2; many < n; many++)
    DFS(0,0,0);
if(fail) cout << "Can't find any equations.\n";
cout << endl;
```

算法实现源代码：zju1204-Additive equations-best. cpp。

通过对原始数据排序，确保在寻找等式时，左边的数字是升序排列的。通过递归搜索和剪枝策略，有效地找到给定整数集合中的所有加法等式。在搜索过程中，始终维护一个当前等式和(sum)、当前状态(from,len)，并在每次递归调用中更新这些状态。当找到一个有效的等式时就输出最优解，并通过回溯来尝试其他可能的组合。

8.6 ZOJ2100-Seeding

视频讲解

【问题描述】

汤姆有一块田地需要播种，它是一个 $n \times m$ 方格的矩形，而且某些方格里面有一些大石头。

汤姆有一台播种机，开始时，机器位于田地的左上角。机器播种完一个方格后，汤姆就把它开到一个相邻的方格里，继续播种。为了保护机器，汤姆不会把机器开到有石头的方格里面。当然，也不会开到刚刚播种过的方格里面。

汤姆希望在没有石头的方格里面都能播种，这可能吗？

输入

每个测试例的第一行包含两个整数 n 和 m，表示田地的大小($1 < n, m < 7$)。接下来的 n 行描述田地，每行包含 m 个字符："S"表示方格里面有石头，"."表示方格里面没有石头。

当 n 和 m 为 0 时，表示输入结束，该测试例不需要处理。

输出

对每个测试例，如果汤姆可以播种完毕，则输出 YES,否则输出 NO。

输入样例

```
4 4            4 4              0 0
.S..           ....
.S..           ...S
....           ....
....           ...S
```

输出样例

```
YES
NO
```

题目来源

Zhejiang University Local Contest 2004

【算法分析】

用 n 行 m 列的矩阵模拟田地，田地的某些方格里面有石头。汤姆用播种机给田地播

种,需要将田地里能够播种的地方都播上种子,希望播种机不要进入有石头的方格和已经播种过的方格。需要判断汤姆是否能在没有石头的方格上完成播种。

对于样例数据1,播种机有多种方式在满足题目要求的情况下播种完全部区域;而对于样例数据2,播种机在进入右上角或两块石头之间时,就只能停止工作,无法完成任务。

由于$1 < n, m < 7$,矩阵的规模相当小,可以采用深度优先搜索的方式。

1. 数据结构

根据问题的描述,定义播种问题的数据结构,如算法 8.5(1)所示。

算法 8.5(1) 播种问题的数据结构。

```
#define NUM 10
char field[NUM][NUM];          //田地
int n,m;                       //田地的大小
int visited;                   //访问田地中方格的数量
int flag;                      //全部播种完毕的标志
```

2. 使用深度优先搜索算法,判断播种机能否播种完全部农田

播种机只能向上、下、左和右移动。在移动之前,需要判断下一个方格是否为有效的方格。比如播种机是否跑到田地的外面,或者有石头的方格。显然向四个方向搜索时的代码是一样的,只是新的坐标值不一样。

该功能的实现,如算法 8.5(2)所示。

算法 8.5(2) 判断播种机能否播种完全部农田的深度优先搜索算法。

```
//形参是方格的坐标(x,y)
void dfs(int x,int y)
{
    //方格里面是石头
    if (field[x][y] == 'S') return;
    //已经全部播种完毕
    if (flag) return;
    //将方格里面置为石头,避免重复搜索
    field[x][y] = 'S';
    //访问的方格计数
    visited ++;
    //全部方格访问完毕
    if (visited == n * m)
    {
        flag = 1;
        return;
    }
    //分别向 4 个邻近方格播种
    if (x + 1 < n) dfs(x + 1, y);
    if (x - 1 >= 0) dfs(x - 1, y);
    if (y + 1 < m) dfs(x, y + 1);
    if (y - 1 >= 0) dfs(x, y - 1);
    //恢复回溯现场
```

```
        visited -- ;
        field[x][y] = '.';
    }
```

变量 visited 表示访问田地中方格的数量。初始时 visited 是田地中有石头方格的数量，也就是对田地中所有的石头计数。

在调用算法 dfs()时，每访问一个方格，变量 visited 加 1，当 visited＝$n \times m$ 时，表示全部方格访问完毕，也就是全部播种完毕，令表示全部播种完毕的标志变量 flag＝1。

3. 主函数中的功能

在主函数 int main()中，对每个测试例，需要初始化变量 visited 和 flag，读取数据，调用回溯函数 dfs ()，计算并输出在没有石头的方格里面是否都能播种，如算法 8.5(3)所示。

算法 8.5(3)　主函数中的功能

```
while (cin >> n >> m && n)               //多测试例
{
    visited = 0;
    for (int i = 0; i < n; i++)
    {
        scanf("% s", field[i]);
        //统计石头的数量
        for(int j = 0; j < m; j++)
            if (field[i][j] == 'S') visited++;
    }
    flag = 0;
    dfs(0,0);
    if (flag) printf("YES\n");
    else printf("NO\n");
}
```

算法实现源代码：zju2100-Seeding.cpp。

8.7　洛谷 P1162 填涂颜色

【问题描述】

由数字 0 组成的方阵中，有一任意形状的由数字 1 构成的闭合圈。现要求把闭合圈内的所有空间都填写成 2，如样例所示。

如果从某个 0 出发，只向上下左右 4 个方向移动且仅经过其他 0 的情况下，无法到达方阵的边界，就认为这个 0 在闭合圈内。闭合圈不一定是环形的，可以是任意形状，但保证闭合圈内的 0 是连通的(两两之间可以相互到达)。

输入

每组测试数据第一行一个整数 $n(1 \leqslant n \leqslant 30)$。接下来 n 行，由 0 和 1 组成的 $n \times n$ 的方阵。方阵内只有一个闭合圈，圈内至少有一个 0。

输出

已经填好数字 2 的完整方阵。

输入样例

```
6
0 0 0 0 0 0
0 0 1 1 1 1
0 1 1 0 0 1
1 1 0 0 0 1
1 0 0 0 0 1
1 1 1 1 1 1
```

输出样例

```
0 0 0 0 0 0
0 0 1 1 1 1
0 1 1 2 2 1
1 1 2 2 2 1
1 2 2 2 2 1
1 1 1 1 1 1
```

【算法分析】

给定一个由 0 和 1 组成的 $n \times n$ 的矩阵,其中 0 表示空地,1 表示墙壁。需要找出所有被 1(墙壁)包围的 0(空地),并将这些 0 替换为 2。本题采用 DFS 或 BFS 算法,都非常高效。

1. 数据结构

在采用 DFS 算法时,我们从矩阵的外边界开始搜索,标记所有边界外的空地。这样,所有在边界内的、未被标记的 0 就是被围住的,可以将它们输出为 2。为了方便染色,在矩阵的周围增加一圈 0,定义该问题的数据结构,如算法 8.6(1)所示。

算法 8.6(1) 采用染色算法搜索闭合圈的数据结构。

```
bool a[32][32];              //染布
int b[32][32];               //原图
int dx[5] = {0, -1, 1, 0, 0};
int dy[5] = {0, 0, 0, -1, 1};
int n;                       //矩阵大小
```

2. 采用染色算法搜索闭合圈的 DFS 算法实现

对于当前位置(x, y),如果坐标范围合法且未被染色,则标记为已染色,否则保持原样(即值为 true 的墙壁和已被访问过的空地保持不变)。并对它的 4 个相邻位置(上、下、左、右)进行递归遍历,采用染色算法搜索闭合圈,如算法 8.6(2)所示。

算法 8.6(2) 采用染色算法搜索闭合圈的 DFS 算法。

```
void dfs(int x, int y)
{
    if (x < 0 || x > n + 1 || y < 0 || y > n + 1) return;
    if (a[x][y]) return;         //已染色
    a[x][y] = true;              //染色
    //向 4 个方向搜索
    for (int i = 1; i <= 4; i++)
```

```
        dfs(x + dx[i],y + dy[i]);
    }
```

3. 主函数中的功能

在主函数中读取数据,如果是 1 就标记染布为染色。然后从外围开始染色,这样封闭区域就不会被染色,如算法 8.6(3)所示。

算法 8.6(3)　主函数中的功能。

```
cin >> n;
for (int i = 1; i <= n; i++)
    for (int j = 1; j <= n; j++)
    {
        cin >> b[i][j];            //原图
        if (b[i][j]) a[i][j] = true; //染色
    }
dfs(0,0);                           //从外围开始染色
for (int i = 1; i <= n; i++)
{
    for (int j = 1; j <= n; j++)
        if (!a[i][j]) cout << 2 <<' '; //未染色
        else cout << b[i][j]<<' ';      //原图
    cout << endl;
}
```

算法实现源代码:P1162 填涂颜色-DFS.cpp。如果不用辅助数组 a,可以把所有的 0 都修改为 2,然后把外围的 2 修改成 0。

8.8　洛谷 P1363 幻象迷宫

幻象迷宫可以认为是无限大的,不过它由若干个 $n \times m$ 的矩阵重复组成。矩阵中有的地方是道路,用'.'表示;有的地方是墙,用'♯'表示。Tom 和 Amy 所在的位置用'S'表示。对于迷宫中的一个点 (x,y),如果 $(x \bmod n, y \bmod m)$ 是'.'或者'S',这个地方是道路;如果是'♯',这个地方是墙。Tom 和 Amy 可以向上下左右四个方向移动,当然不能移动到墙上。

请你告诉 Tom 和 Amy,他们能否走出幻象迷宫(如果他们能走到距离起点无限远处,就认为能走出去)。如果不能的话,Tom 就只好启动城堡的毁灭程序。

输入格式

输入包含多组数据,以 EOF 结尾。

每组数据的第一行是两个整数 n、m。

接下来是一个 $n \times m$ 的字符矩阵,表示迷宫里的矩阵单元描述。

输出格式

对于每组数据,输出一个字符串,Yes 或者 No。

输入样例 1

```
5 4
##.#
##S#
#..#
#.##
#..#
```

输入样例 2

```
5 4
##.#
##S#
#..#
..#.
#.##
```

输出样例 1

Yes

输出样例 2

No

【算法分析】

幻象迷宫是一道比较特别的图论搜索题。在这个问题中,迷宫可以认为是无限大的,由若干个 $n\times m$ 的矩阵重复组成。有些地方是道路,用'.'表示;有些地方是墙,用'#'表示。起点位置用'S'表示。

解题的关键在于理解题目中的"幻象"部分,即迷宫是无限重复的。我们不能直接对整个无限迷宫进行搜索,而是需要找到一种有效的方法来判断是否能够从起点走到无限远。

1. 样例分析

样例数据 1,矩阵上下重叠时,'.'是对齐的,可以畅通无阻;样例数据 2,矩阵上下重叠时,'.'是不对齐的,左右重叠时,右边的点是封死的,所以无路可走。

2. 数据结构

迷宫类问题,通常采用 DFS 或 BFS 算法,此处采用 DFS 搜索算法。在搜索过程中,我们需要记录每个位置是否已经访问过。但是,由于迷宫是重复的,我们不能仅仅记录一个 $n\times m$ 矩阵内的访问状态,而是记录取模后的坐标。

根据问题的描述,定义该问题的数据结构,如算法 8.7(1)所示。

算法 8.7(1) 幻象迷宫问题 DFS 算法的数据结构。

```
struct point{
    int x,y;
}vis[1501][1501];              //将(x,y)映射到原图中
int m,n;
char g[1501][1501];            //幻象迷宫
int dir[4][2] = {{1,0},{0,1},{-1,0},{0,-1}};
```

3. 幻象迷宫问题 DFS 算法的回溯算法实现

一种有效的解题思路是利用取模运算。由于迷宫是重复的,所以我们可以通过取模运算将问题简化到一个 $n\times m$ 的矩阵内。具体来说,我们可以将迷宫的行和列分别对 n 和 m 取模,从而将问题转化为在一个 $n\times m$ 的矩阵内判断是否存在一条从起点出发可以无限走下去的路径。在搜索过程中,不断地对坐标进行取模运算,并记录每个位置的访问状态。如果一个坐标点两次都走到过(取模后的坐标一致),并且真实坐标 (x,y) 不相同,那么一定可以无限走下去。这是因为我们可以通过不断地重复走这段路径来达到无限走下去的效果。

求解幻象迷宫问题的 DFS 算法如算法 8.7(2)所示。

算法 8.7(2)　求解幻象迷宫问题的 DFS 算法。

```
//真实坐标(x,y)
bool dfs(int x, int y)
{
    int u = (x % m + m) % m;            //映射坐标
    int v = (y % n + n) % n;
    if(g[u][v] == '#') return false;
    //如果已经访问,且坐标不同,说明走到另一个图相同位置
    if(vis[u][v].x != INT_MAX)
        return vis[u][v].x != x || vis[u][v].y != y;
    vis[u][v] = {x,y};                  //标记访问
    for(int i = 0; i < 4; ++i)
        if(dfs(x + dir[i][0], y + dir[i][1])) return true;
    return false;
}
```

4. 主函数中的功能

本题是多测试例,需要使用 while 循环读取数据,并每次都要初始化,如算法 8.7(3)所示。

算法 8.7(3)　主函数中的功能。

```
while(cin >> m >> n)                    //实现多测试例
{
    int x, y;
    for(int i = 0; i < m; i++)
        for(int j = 0; j < n; j++)
        {
            cin >> g[i][j];
            if(g[i][j] == 'S') x = i, y = j;   //起点
            vis[i][j].x = INT_MAX;   //初始化
        }
    if(dfs(x,y)) cout << "Yes";
    else cout << "No";
    cout << endl;
}
```

算法实现源代码:.cpp。

幻象迷宫是一道非常有趣的题目,需要我们对图论搜索算法有深入的理解,并且能够灵活地运用取模运算来解决问题。

8.9　洛谷 P1605 迷宫

给定一个 $n \times m$ 个方格的迷宫,迷宫里有 T 处障碍,障碍处不可通过。在迷宫中移动有上下左右四种方式,每次只能移动一个方格。数据保证起点上没有障碍。给定起点坐标和终点坐标,每个方格最多经过一次,问有多少种从起点坐标到终点坐标的方案?

输入格式

第一行为三个正整数 n,m,T，分别表示迷宫的长、宽和障碍总数。

第二行为四个正整数，起点坐标(sx,sy)，终点坐标(fx,fy)。

接下来 T 行，每行两个正整数，表示障碍点的坐标。

输出格式

输出从起点坐标到终点坐标的方案总数。

输入样例

```
2 2 1
1 1 2 2
1 2
```

输出样例

```
1
```

【算法分析】

题目描述了一个 $n \times m$ 的方格迷宫，迷宫里有 T 处障碍，障碍处不可通过。从起点到终点有几条路可走，但需要注意避开障碍。

1. 样例分析

只有(1,2)一处障碍，可以从起点沿左下角走到目标，只有 1 个方案。

2. 数据结构

题目输入的第一行包含三个正整数 n,m,T，分别表示迷宫的长、宽和障碍总数。第二行是起点坐标(sx,sy)，终点坐标(fx,fy)。接下来的 T 行，是障碍点的坐标。

使用回溯算法时，从起点开始搜索，依次遍历每个可能的移动方向，直至到达终点或者无法继续移动为止，需要使用两个二维数组，一个用于表示迷宫的地图 g，另一个用于标记已经访问过的位置 vis，以避免重复访问。

根据问题的描述，定义该问题的数据结构，如算法 8.8(1)所示。

算法 8.8(1)　计算从起点坐标到终点坐标的方案数的数据结构。

```
bool g[15][15];                 //邻接矩阵
bool vis[15][15];               //访问标志
int n,m;
int dx[4] = {-1,1,0,0};
int dy[4] = {0,0,-1,1};
int sx,sy;                      //起点坐标
int fx,fy;                      //终点坐标
int cnt;                        //路径条数
```

3. 计算从起点坐标到终点坐标方案数的回溯算法实现

在递归函数中，首先判断当前位置是否到达终点，如果是，则更新方案数 cnt。否则，尝试四个方向(上、下、左、右)的下一步移动，对于每个方向，如果新的位置在迷宫内没有障碍且未被访问过，则递归调用 dfs()函数。在递归返回后，撤销对当前位置的访问标记，以便在后续搜索中重新访问该位置(回溯)。

计算从起点坐标到终点坐标方案数的回溯算法,如算法 8.8(2)所示。

算法 8.8(2)   计算从起点坐标到终点坐标方案数的回溯算法。

```
void dfs(int x, int y)
{
    if (x == fx && y == fy)            //到达目标
    {
        cnt++;
        return;
    }
    for (int i = 0; i < 4; i++)
    {
        int u = x + dx[i];
        int v = y + dy[i];
        if (u < 1 || v < 1 || u > n || v > m) continue;
        if (!g[u][v] && !vis[u][v])  //空地且未访问
        {
            vis[u][v] = true;
            dfs(u, v);
            vis[u][v] = false;          //回溯
        }
    }
    return;
}
```

4. 主函数中的功能

在主函数中,读取数据,调用 dfs() 函数从起点开始搜索,搜索完成后,输出方案数,如算法 8.8(3)所示。

算法 8.8(3)   主函数中的功能。

```
int t, x, y;                      //t - 障碍总数
cin >> n >> m >> t;               //迷宫的长、宽
cin >> sx >> sy >> fx >> fy;      //起点和终点坐标
g[sx][sy] = true;
while(t--)
{
    cin >> x >> y;
    g[x][y] = true;               //设为障碍
}
dfs(sx, sy);                      //从起点开始寻找
cout << cnt;                      //输出方案总数
```

迷宫问题是一个经典的图搜索问题,这个问题对于深入理解深度优先搜索、回溯算法、递归以及搜索算法的优化技巧等方面都提供了很好的帮助。算法实现源代码:P1605 迷宫.cpp。

8.10   洛谷 P2895 Meteor Shower S

如果将牧场放入一个直角坐标系中,贝茜现在的位置是原点,贝茜不能踏上一块被流星砸过的土地。

根据预报，一共有 m 颗流星（$1 \leqslant m \leqslant 50\,000$）会坠落在农场上，其中第 i 颗流星会在时刻 t_i（$0 \leqslant t_i \leqslant 1000$）砸在坐标为（$x_i$，$y_i$）（$0 \leqslant x_i$，$y_i \leqslant 300$）的格子里。流星的力量会将它所在的格子，以及周围 4 个相邻的格子都化为焦土，当然贝茜也无法再在这些格子上行走。

贝茜在时刻 0 开始行动，她只能在第一象限平行于坐标轴行动。每一个时刻中，她能移动到相邻四个格子中的任意一个，当然目标格子要没有被烧焦才行。如果一个格子在时刻 t 被流星撞击或烧焦，那么贝茜只能在 t 之前的时刻在这个格子里出现。贝茜一开始在(0,0)。

请你计算一下，贝茜最少需要多少时间才能到达一个安全的格子。如果不可能到达输出−1。

输入格式

第一行是一个整数 m，接下来的 m 行每行输入三个整数，分别为 x_i，y_i，t_i。

输出格式

贝茜到达安全地点所需的最短时间，如果不可能，则输出−1。

输入样例

```
4
0 0 2
2 1 2
1 1 2
0 3 5
```

输出样例

```
5
```

【算法分析】

这个题目描述了一个场景，贝茜（Bessie）位于一个牧场的原点位置(0,0)，她需要找到一个安全的地方躲避即将到来的流星雨。流星会坠落在牧场的特定位置，并摧毁它们撞击的格子及其周围的四个相邻格子。

虽然广度优先搜索是一个直接且高效的解决方案，但记忆化搜索（Memoization）可以用来尝试解决这个问题，尽管它可能不是最优的。记忆化搜索通常用于解决具有重叠子问题和最优子结构性质的动态规划问题，可以尝试将其应用于搜索过程中。

	0	1	2	3	4	5
0	2	2	5	5	5	※
1	2	2	2	5	※	
2	2	2	2	※		
3		2				

图 8-10　样例数据的牧场逃生路线

1. 样例分析

样例数据的牧场逃生路线如图 8-10 所示。灰色格子是原始数据，四周的数据是相邻的格子被同时焦化。标记为‘※’的格子是安全的，因为在所有流星坠落之前，能安全到达这里，最少需要 5 个时间单位。

2. 数据结构

创建一个二维数组 f 记录每个格子从起点到达该格子的最短时间，用数组 s 保存牧场流星雨。根据问题的描述，定义该问题的数据结构，如算法 8.9(1)所示。

算法 8.9(1)　到达一个安全格子最少时间的数据结构。

```
const int inf = 0x3f3f3f3f;
int s[400][400];                        //原图
//存储 step,用于记忆式搜索
int f[400][400];
//答案,到达一个安全格子的最少时间
int cnt = inf;
int dx[4] = {0,1,0,-1};
int dy[4] = {1,0,-1,0};
```

3. 计算到达一个安全格子最少时间的 DFS 算法实现

定义递归搜索函数 dfs(),其形参是当前格子的坐标和时间 step。首先判断到达当前格子的时间 step 是否比已有结果更优。如果不是,则直接返回。如果到达了安全格子,则更新最优值。否则记当前格子的时间为 step 并保存。尝试从当前格子出发,向上下左右四个方向进行搜索,时间增加 1,如算法 8.9(2)所示。

算法 8.9(2)　计算到达一个安全格子最少时间的 DFS 算法。

```
//到达(x,y)的时间 step
void dfs(int step,int x,int y)
{
    //剪枝,step 不是最优的
    if(step >= cnt || s[x][y] <= step || f[x][y] <= step) return;
    if(s[x][y] == inf)                  //没有被流星砸过,安全方格
    {
        cnt = min(cnt,step);            //更新最优值
        return;
    }
    f[x][y] = step;                     //保存 step
    for(int i = 0; i < 4; i++)
    {
        int u = x + dx[i],v = y + dy[i];
        if(u >= 0 && v >= 0) dfs(step + 1,u,v);   //时间 +1
    }
}
```

4. 主函数中的功能

读取输入数据,标记流星坠落点及其周围被烧焦的格子。如果最少时间 cnt 不是∞,则输出贝茜到达安全位置所需的时间;否则,输出 -1 表示贝茜无法到达安全的地方,如算法 8.9(3)所示。

算法 8.9(3)　主函数中的功能。

```
int n;
scanf("%d",&n);
memset(s,0x3f,sizeof(s));
memset(f,0x3f,sizeof(f));
int x,y,t;
for(int i = 1; i <= n; i++)
{
```

```
        scanf("%d%d%d",&x,&y,&t);
        s[x][y] = min(s[x][y],t);
        //周围4个相邻的格子都化为焦土
        for(int j = 0; j < 4; j++)
        {
            int u = x + dx[j],v = y + dy[j];
            if(u < 0 || v < 0) continue;
            //注意是最小值,最早的流星雨
            s[u][v] = min(s[u][v],t);
        }
    }
    dfs(0,0,0);
    if(cnt != inf) printf("%d\n",cnt);
    else printf(" - 1\n");
```

算法实现源代码：P2895 Meteor Shower S-DFS. cpp。

8.11 POJ1164 The Castle

[洛谷 P1457 是加强版] 你的工作就是帮农夫约翰计算出房间数与房间的大小。

城堡的平面图被划分成 $n \times m$ 个方格，一个这样的方格可以有 0～4 面墙环绕。城堡周围一定有外墙环绕以遮风挡雨（就是说平面图的四周一定是墙）。

请仔细研究下面城堡平面图：

```
      1      2      3      4      5      6      7
   #############################################
1  #      |  #      |  #      |      |      #
   ####---#####---#---#####---#
2  #   #  |  #   #   #   #   #
   #---#####---#---#####---#
3  #   |  |  #   #   #   #   #
   #---#########---#####---#---#
4  #   #  |  |  |  |  #   #
   #############################################
```

♯：表示墙壁；│和—：表示没有墙壁。

这个城堡的平面图是 4×7 个方格的。一个"房间"是平面图中由 ♯、—、│ 围成的格子。比如说这个样例就有 5 个房间（大小分别为 9，7，3，1，8 个方格）。

城堡保证至少有 2 个房间。

输入格式

第一行两个正整数 m，n，表示城堡有 n 行 m 列。

每一个方格的数字告诉我们这个方格的东西南北是否有墙存在。每个数字是由以下四个整数中的任意 n 个加起来的。1：在西面有墙；2：在北面有墙；4：在东面有墙；8：

在南面有墙。城堡内部的墙会被规定两次,比如说(1,1)南面的墙,亦会被标记为(2,1)北面的墙。

输出格式

第一行:城堡的房间数目。

第二行:最大的房间的大小。

输入样例

```
7 4
11 6 11 6 3 10 6
7 9 6 13 5 15 5
1 10 12 7 13 7 5
13 11 10 8 10 12 13
```

输出样例

```
5
9
```

【算法分析】

本题是对一个城堡地形图的分析。在这个问题中,城堡被分割成 $m \times n$($m \leqslant 50$,$n \leqslant 50$)个方块,每个方块可以有 0 到 4 面墙。这些墙分别位于方块的东、南、西、北四个方向,并用数字 1、2、4、8 来代表,分别表示西墙、北墙、东墙和南墙。一个方块周围墙的数量则是这些数字的和。问题的目标是计算出城堡中的房间数以及最大房间所包括的方块数。

1. 样例分析

在计算房间面积时,只需考虑♯,最小的房间是(2,6),只有一格;(1,3),(1,4)和(2,4)构成 3 个房间等。

2. 数据结构

根据问题的描述,定义二维数组 g,用于存储每个位置周围墙的信息。定义二维数组 vis,用于标记每个位置是否已经被访问过,其他变量的定义如算法 8.10(1) 所示。

算法 8.10(1)   计算出房间数与房间的大小的数据结构。

```
int n,m;
int g[60][60];                        //城堡
int vis[60][60];                      //访问标志
int cnt;                              //房间数
int area;                             //最大面积
int room;                             //当前房间的面积
```

3. 计算出房间数与房间的大小的 DFS 算法实现

使用深度优先搜索算法来找出所有与当前位置连通(即没有墙隔开)的方块,并更新 room 计数器和 vis 数组。对尚未被访问过的房间,根据 $g[i][j]$ 的二进制位,检查 (i,j) 的 4 个相邻方块(上、下、左、右)是否可以通过(即没有墙隔开),如果条件满足,则递归调用 dfs 函数。

计算出房间数与房间的大小的 DFS 算法,如算法 8.10(2)所示。

算法 8.10(2) 计算出房间数与房间的大小的 DFS 算法。

```
void dfs(int i, int j)
{
    if(vis[i][j]) return;
    ++room;                                    //增加一个房间面积
    vis[i][j] = cnt;
    if(!(g[i][j]&1) && j-1>0) dfs(i,j-1);     //西边没墙
    if(!(g[i][j]&2) && i-1>0) dfs(i-1,j);     //北边没墙
    if(!(g[i][j]&4) && j+1<=m)dfs(i,j+1);     //东边没墙
    if(!(g[i][j]&8) && i+1<=n)dfs(i+1,j);     //南边没墙
}
```

4. 主函数中的功能

读取城堡的行数 n 和列数 m，以及每个位置周围的墙的信息，并存储在 g 数组中。遍历城堡中的每个位置，对每个尚未被访问的房间，调用函数 dfs()，最后输出城堡中的房间数以及最大房间所包括的方块数，如算法 8.10(3)所示。

算法 8.10(3) 主函数中的功能。

```
cin >> n >> m;
for(int i = 1; i <= n; i++)
    for(int j = 1; j <= m; j++)
        cin >> g[i][j];                    //城堡
//遍历城堡中的每个位置
for(int i = 1; i <= n; i++)
    for(int j = 1; j <= m; j++)
        if(!vis[i][j])                     //尚未统计
        {
            ++cnt;                         //增加一个房间数
            room = 0;                      //统计房间面积
            dfs(i,j);
            area = max(room,area);         //更新最优值
        }
cout << cnt << endl;
cout << area << endl;
```

算法实现源代码：POJ 1164 The Castle DFS. cpp。本题是一个有趣的编程问题，它考查了我们对深度优先搜索算法的理解和应用能力，同时也需要我们对题目中的特殊情况进行适当的处理。

8.12 图的广度优先搜索遍历

广度优先搜索算法，或宽度优先搜索算法，是一种图的搜索算法。BFS 是一种盲目搜寻法，目的是系统地展开并检查图中的所有结点，以找寻结果。它并不考虑结果的可能位置，彻底地搜索整张图，直到找到结果为止。

令 $G = (V, E)$ 是一个有向图或无向图，BFS 是从根结点开始，沿着树的宽度遍历树的结

视频讲解

点。如果所有结点均被访问,则算法中止,如图 8-11 所示。

搜索过程如下:

(1) 从图中选择一个顶点作为初始出发
点 v;

(2) 首先访问出发点 v,然后访问 v 的所有
邻接点 $w_1, w_2, \cdots, w_i$;

(3) 接着依次访问与 $w_1, w_2, \cdots, w_i$ 相邻接
的、未曾访问过的所有顶点;

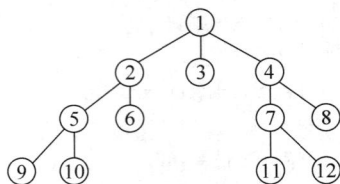
图 8-11   结点进行广度优先搜索的顺序

(4) 以此类推,直到与初始顶点 v 存在通路的所有顶点都已全部访问完毕为止。

从算法的观点,所有因为展开结点而得到的子结点都会被加进一个先进先出的序列中。一般的操作里,其邻居结点中尚未被检验过的结点会被放置在一个被称为 open 的容器中(例如序列或是链表),而被检验过的结点则被放置在被称为 closed 的容器中(open-closed 表),步骤如下:

(1) 首先将根结点放入序列中。

(2) 从序列中取出第一个结点,并检验它是否为目标。如果找到目标,则结束搜寻并回传结果;否则将它所有尚未检验过的直接子结点加入序列中。

(3) 若序列为空,表示整张图检查完毕,即图中没有欲搜寻的目标,结束搜寻并回传"找不到目标"。

(4) 重复步骤(2)。

用广度优先搜索算法解决的问题,有如下特点:

(1) 有一组具体的状态,状态是问题可能出现的每种情况。全体状态所构成的状态空间是有限的,问题规模较小;

(2) 在解答过程中,可以从一个状态按照问题给定的条件,转变为另一个或几个状态;

(3) 可以判断一个状态的合法性,并且有明确的一个或多个目标状态;

(4) 根据给定的初始状态找出目标状态,或根据给定的初始状态和结束状态,找出一条从初始状态到结束状态的路径。

广度优先搜索算法一般无回溯操作,所以运行速度比深度优先搜索算法要快些。

深度优先搜索算法占内存少但速度较慢,广度优先搜索算法占内存多但速度较快。

8.13   ZOJ1148-The Game

【问题描述】

一天早晨,你醒后想到:"我是一名优秀的程序设计员。为什么不赚一些钱呢?"因此你决定编写一款游戏软件。

游戏在一个 $w \times h$ 个方格的矩形平板上进行。每个方格放置一个游戏图片(像"连连看"游戏),也可能没有放,如图 8-12 所示。

该游戏有一条重要规则:用一条路径把两个游戏图片连接起来,且满足以下两个要求:

(1) 路径都是直线段,每段路径要么是水平的,要么是垂直的。

（2）路径不允许跨越任何游戏图片（允许路径暂时离开游戏板）。

如图 8-12 所示，游戏图片（1,3）和（4,4）能连接起来；而游戏图片（2,3）和（3,4）不能连接起来，因为无论哪条路径，都要跨越其他游戏图片。

根据游戏规则，程序判断其中的两个游戏图片是否能连接在一起。

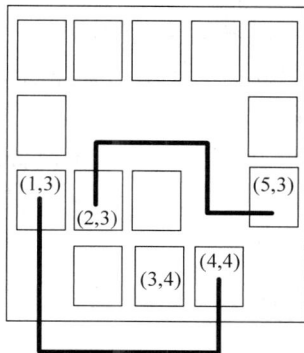

图 8-12　游戏示例

输入

输入有多组不同的游戏模式。对每组游戏模式，第 1 行是两个整数 w 和 h（$1 \leqslant w, h \leqslant 75$），是矩形板的宽度和高度。接下来 h 行表示矩形板的构成，每行都有 w 个字符：“X”表示此处有游戏图片，空格表示此处没有游戏图片。

然后是几行数据，每行四个整数 x_1、y_1、x_2、y_2，$1 \leqslant x_1, x_2 \leqslant w, 1 \leqslant y_1, y_2 \leqslant h$，表示两个游戏图片的坐标。（左上角的坐标是（1,1））任何两个游戏图片的坐标都是不同的。当两个游戏图片的坐标是“0 0 0 0”时，表示输入数据结束。

输入 $w = h = 0$，程序结束。不需要处理此行。

输出

对每个游戏模式，输出一行“Board ♯n:”，n 是游戏模式的编号。然后，对应输入中的每对游戏图片输出一行：每行开始是“Pair m:”，m 是每对游戏图片的编号（每个游戏图片的开始都是 1），然后是“k segments.”，k 是连接这对游戏图片的最小步数；如果不可能，输出“impossible.”。

每个游戏模式后输出一个空行。

输入样例

```
5 4
XXXXX
X   X
XXX X
  XXX
2 3 5 3
1 3 4 4
2 3 3 4
0 0 0 0
0 0
```

输出样例

```
Board ♯1:
Pair 1: 4 segments.
Pair 2: 3 segments.
Pair 3: impossible.
```

题目来源

Mid-Central European Regional Contest 1999

【算法分析】

看起来像连连看游戏,但连连看游戏只能有两个拐弯,而这个游戏允许有多个拐弯。很容易想到广度优先搜索,只是这种游戏在连的时候,要尽可能少地拐弯。本题是常见的最少拐弯问题,类似的题目有 HDU1728 逃离迷宫等。

1. 数据结构和数据的读取

由于连接时,可以暂时离开矩形游戏板,所以矩形游戏板的四周要加大一圈。样例数据如图 8-13 所示。

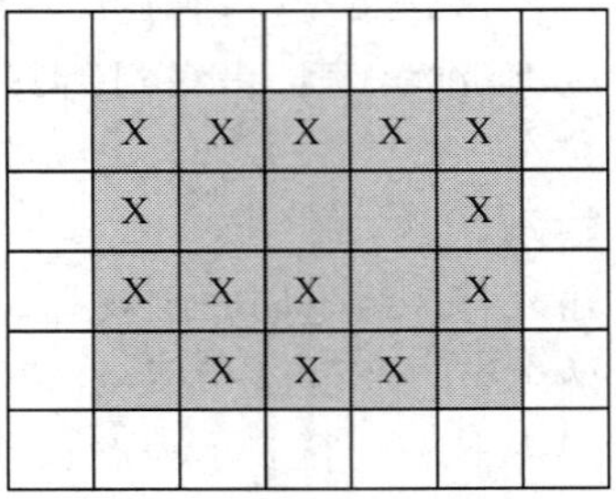

读取矩形游戏板的数据时,每次读取一行,按图示位置存放,如算法 8.11(1)所示。

算法 8.11(1)   读取游戏板数据。

图 8-13   矩形游戏板的数据结构

```
int dir[4][2] = {{0,1},{-1,0},{0,-1},{1,0}};
struct Node
{
    int x,y;
};                                          //搜索队列元素
//在主函数 int main()中
int n,m;
while(cin >> n >> m && n)
{
    cout <<"Board # "<< T++<<":"<< endl;
    getchar();                              //换行符
    string s;
    int g[80][80] = {0};
    for(int i = 1; i <= m; i++)
    {
        getline(cin,s);
        for(int j = 1; j <= n; j++)
            if(s[j-1] == 'X')g[i][j] = 1;
    }
    ...//多个询问处理
}
```

2. 计算连接游戏图片的最小步数广度优先搜索(BFS)算法的实现

对每个询问,初始化一个队列 q 用于 BFS。

初始化一个二维数组 dis 用于记录从起始点到每个位置的最短线段数(初始化为 -1,表示未访问)。将起始点入队,并设置其 dis 值为 0。

在 BFS 过程中,从队列中取出一个结点,并尝试向 4 个方向移动。对于每个方向,如果没有遇到游戏图片($g[u][v]=0$)且尚未访问过($dis[u][v]=-1$),就不断向前移动,并更新 dis 值和队列。

注意:这里的移动方式是连续移动直到遇到游戏图片或边界,这与传统的 BFS 有所不同,但它可以确保找到最短的不跨越游戏图片的线段路径,如算法 8.11(2)所示。

算法 8.11(2)   计算连接游戏图片的最小步数的广度优先搜索算法。

```
int pair = 1;
int sx, sy, dx, dy;
while(cin >> sy >> sx >> dy >> dx && sx)              //注意顺序
{
    queue < Node > q;
    int dis[100][100];
    memset(dis, -1, sizeof(dis));
    //对游戏图片置空格，便于查询
    g[sx][sy] = g[dx][dy] = 0;
    dis[sx][sy] = 0;
    q.push({sx, sy});
    while(!q.empty())
    {
        Node live = q.front();
        q.pop();
        //向 4 个方向搜索
        for(int i = 0; i < 4; i++)
        {
            int u = live.x + dir[i][0];
            int v = live.y + dir[i][1];
            int w = dis[live.x][live.y];
            //沿着该方向一直搜索
            while(u >= 0 && v >= 0 && u <= m + 1 && v <= n + 1)
            {
                if (g[u][v]) break;
                if (!dis[u][v])
                {
                    q.push({u, v});
                    dis[u][v] = w + 1;
                }
                //该方向的下一个点
                u += dir[i][0];
                v += dir[i][1];
            }
        }
    }
    g[sx][sy] = g[dx][dy] = 1;                 //恢复状态
    printf("Pair %d: ", pair++);
    if(dis[dx][dy] == -1) cout << "impossible." << endl;
    else cout << dis[dx][dy] << " segments." << endl;
}
cout << endl;
```

与普通广度优先搜索算法的区别：一般的广度优先搜索算法，只需要向结点的四周搜索就行了；但是本题像连连看游戏，需要尽可能少的拐弯。这就要求在搜索时，在同一个方向，应该一直往前走。为了做到这一点，只要将当前的坐标增量继续增加就可以了，一直到不能前进为止。

算法实现源代码：zju1148-The Game-queue.cpp。

8.14 ZOJ1091-Knight Moves

【问题描述】

你的一位朋友正在研究骑士旅行问题(TKP)。在一个有 n 个方格的棋盘上(如 8×8),你得找到一条最短的骑士旅行的封闭路径,使能够遍历每个方格一次。他认为问题的最困难部分在于,对两个给定的方格,确定骑士移动所需的最小步数。你曾经解决过这类问题,找到这个路径应该不困难。

当然,你知道反之亦然,所以帮助他编写一个程序,解决这个"困难的"部分。

编程任务:输入有两个方格 a 和 b,确定骑士在最短路径上从 a 到 b 移动的次数。

输入

输入包含一组或多组测试例。每个测试例一行,是两个方格,用空格隔开。棋盘上的一个方格用一个字符串表示,字母($a\sim h$)表示列,数字($1\sim8$)表示行。

输出

对每个测试例,输出一行:"To get from xx to yy takes n knight moves."。

输入样例

```
e2 e4
a1 b2
b2 c3
a1 h8
a1 h7
h8 a1
b1 c3
f6 f6
```

输出样例

```
To get from e2 to e4 takes 2 knight moves.
To get from a1 to b2 takes 4 knight moves.
To get from b2 to c3 takes 2 knight moves.
To get from a1 to h8 takes 6 knight moves.
To get from a1 to h7 takes 5 knight moves.
To get from h8 to a1 takes 6 knight moves.
To get from b1 to c3 takes 1 knight moves.
To get from f6 to f6 takes 0 knight moves.
```

题目来源

University of Ulm Local Contest 1996

【算法分析】

这是一道经典的题目,可以在网上看到多种实现算法。主要有深度优先搜索、广度优先搜索和 Floyd 算法。通过本题的练习,相信在最短路径的算法方面会有很大的收获。

1. 深度优先搜索算法

从起点向 8 个方向递归,需要建立坐标增量数组。

在棋盘上 (x,y) 的相对位置有 8 个方向,如图 8-14 所示的阴影单元格。

	(−1,2)		(1,2)	
(−2,1)				(2,1)
		(0,0)		
(−2,−1)				(2,−1)
	(−1,−2)		(1,−2)	

图 8-14　在棋盘上的行走方向

递归函数 DFS()接收当前方格的坐标 (x,y)、当前步数 moves 作为参数。首先检查当前坐标是否越界,当前步数 moves 是否大于 (x,y) 中已有的最优值。如果 moves 的值小于之前记录的最小步数,则更新最小步数。

然后尝试从该方格出发,向 8 个可能的方向进行递归搜索。在递归搜索时,将步数加 1,并将新的坐标和步数传递给递归函数,计算从起点到棋盘上所有位置的最短路径,如算法 8.12(1)所示。

算法 8.12(1)　深度优先搜索算法。

```
int knight[10][10];
//8 个方向的坐标增量
int dx[] = {1,1,2,2,-1,-1,-2,-2};
int dy[] = {2,-2,1,-1,2,-2,1,-1};

void DFS(int x, int y, int moves)
{
    //边界控制
    if (x<0 || y<0 || x>=8 || y>=8) return;
    if (moves>=knight[x][y]) return;
    knight[x][y] = moves;
    //分别向 8 个方向递归搜索
    for (int i=0; i<8; i++)
        DFS(x+dx[i], y+dy[i], moves+1);
}

int main()
{
    char a[10], b[10];
    while(scanf("%s%s", a, b)!=EOF)
    {
        memset(knight,1,sizeof knight);
        DFS(a[0]-'a', a[1]-'1', 0);
        printf("To get from %s to %s takes ",a, b);
        printf(" %d knight moves.\n", knight[b[0]-'a'][b[1]-'1']);
    }
    return 0;
}
```

算法实现源代码: zju1091-Knight Moves-dfs.cpp。

这个算法最致命的缺点是速度慢,因为计算的工作量太大,在线测试时间是 130ms。如果数据稍微多一点,或者棋盘稍微大一点,超时就不可避免。

2. 广度优先搜索算法

创建一个队列,用于存储待访问的方格及其步数(point)。将起点方格加入队列,设置其步数为 0,并标记起点方格为已访问。当队列不为空时,从队列中取出一个方格及其步数(from),如果是目标方格,则停止搜索,输出结果;否则对于该方格的每个可能移动方向,计算新方格的坐标,设置其步数为当前步数加 1,检查新方格是否在棋盘范围内且未被访问过。如果满足条件,将新方格加入队列,并标记为已访问,如算法 8.12(2)所示。

算法 8.12(2) 广度优先搜索算法。

```
//结点的数据结构
struct point{
int x,y;                                //棋盘坐标
int c;                                  //最短路径
}from, to;
//8 个方向的坐标增量
int dx[] = {1,1,2,2,-1,-1,-2,-2};
int dy[] = {2,-2,1,-1,2,-2,1,-1};
//在主函数 int main()中
char a[10],b[10];
while(scanf("%s%s", a, b)!= EOF)
{
    queue<point> q;
    from.x = a[0] - 'a';
    from.y = a[1] - '1';
    from.c = 0;
    to.x = b[0] - 'a';
    to.y = b[1] - '1';
    q.push(from);                       //起点进队列
    bool vis[10][10] = {false};         //标记访问的结点
    vis[from.x][from.y] = true;
    while(true)
    {
        from = q.front();
        q.pop();
        //找到目标方格后
        if (from.x == to.x && from.y == to.y) break;
        //向 8 个方向扩展搜索
        int u,v,w;
        for(int i = 0; i < 8; i++)
        {
            u = from.x + dx[i];
            v = from.y + dy[i];
            w = from.c + 1;
            if (u < 0 || u >= 8 || v < 0 || v >= 8) continue;
            if (vis[u][v]) continue;
            //满足条件的结点入栈
            q.push({u,v,w});
            vis[u][v] = true;
        }
    }
    printf("To get from %s to %s ", a, b);
    printf("takes %d knight moves.\n", from.c);
}
```

算法实现源代码：zju1091-Knight Moves-bfs-vis.cpp。

由于没有重复搜索，效率自然就高很多，在线测试时间是 8ms。从 ZOJ 在线测试的运行时间看，比深度优先搜索算法要快很多。

3. Floyd 算法

本题由于棋盘很小，人们自然想到，为什么不把所有格子之间的最短路径所需的步数全部计算出来呢？这样对所有的输入，然后查表输出就可以了，速度自然很快。采用 Floyd 算法就可以实现，这要分以下两步进行。

（1）骑士走一步可以到哪些位置。

由于棋盘是 8×8 的，在任意一个方格，骑士都可以走到棋盘上的任意其他方格，这样就有 64 种可能性；因为有 64 格，所以要保存任意两格之间的最短路径的步数，需要 64×64 的数组：

```
int knight[64][64]
```

现在就需要建立 64×64 的矩阵数组与棋盘之间的对应关系。设矩阵数组的单元(i,j) $(0 \leqslant i,j \leqslant 63)$，对应棋盘上的骑士从方格坐标为 $a(i/8, i\%8)$ 跳到方格坐标 $b(j/8, j\%8)$，如果只需要走一步时为 1，否则为 ∞。

设(x,y)为方格 a 与 b 之间的坐标差值，其计算公式是：

```
x = i/8 - j/8;
y = i%8 - j%8;
```

为了简化代码的编写，采用 abs() 函数表示：

```
x = abs(i/8 - j/8);
y = abs(i%8 - j%8);
```

明显看到，当 x 方向变化 1 时，y 方向变化为 2；或者 x 方向变化 2 时，y 方向变化为 1。因此就有：

```
if (x == 1 && y == 2 || x == 2 && y == 1)
    k[i][j] = k[j][i] = 1;
```

数组 k 的结果，参见文件 zju1091-knightMoves.xls。

（2）计算其他的单元格，即棋盘格子之间的最短路径所需的步数大于 1。

由于要计算所有单元格之间的最短路径，当然是采用 Floyd 算法。Floyd 算法在一般的数据结构和计算方法的书籍中都有介绍，如算法 8.12(3) 所示。

算法 8.12(3) Floyd 算法。

```
//计算棋盘上任意两格之间的最短路径
void Floyd(int k[][64])
{
    //计算骑士走一步可以到达的位置
    for(int i = 0; i < 64; k[i][i] = 0, ++i)
        for(int j = 0; j < 64; ++j)
        {
            //棋盘上两格之间的相对位置
```

```
                int x = abs(i/8 - j/8);
                int y = abs(i % 8 - j % 8);
                //日字格,只需要跳一步
                if (x == 1 && y == 2 || x == 2 && y == 1)
                    k[i][j] = k[j][i] = 1;
            }
    //通过 Floyd 算法,计算棋盘上其他两格之间的最短路径
    for(int m = 0; m < 64; ++m)
        for(int i = 0; i < 64; ++i)
            for(int j = 0; j < 64; ++j)
                if(k[i][m] + k[m][j] < k[i][j])
                    k[i][j] = k[i][m] + k[m][j];
}
//在主函数 int main()中
//保存棋盘任意两点之间的最短路径
int knight[64][64];
//初始化为∞
memset(knight,1,sizeof knight);
Floyd(knight);
char s[5], t[5];
while (scanf("% s % s", s, t) != EOF)
{
    int x = (s[0] - 'a') * 8 + (s[1] - '1');
    int y = (t[0] - 'a') * 8 + (t[1] - '1');
    //直接查表输出结果
    printf("To get from % s to % s", s, t);
    printf("takes % d knight moves.\n", knight[x][y]);
}
```

算法实现源代码：zju1091-Koight Moves-Floyd.cpp。

从 ZOJ 在线测试的运行时间看,这个方法最快,在线测试时间是 4ms。该方法适合计算棋盘较小、输入数据量大的情况,而广度优先搜索适合计算棋盘较大、输入数据量小的情况。

8.15　经典算法题——迷宫的最短路径

给定一个大小为 $n \times m$ 的迷宫,迷宫由通道和墙壁组成,每一步可以向相邻上下左右四格的通道移动。请计算从起点到终点所需的最小步数。(起点、终点分别用 S、G 表示)

输入格式

输入有多组数据。

第一行两个整数：n,m ($n,m \leqslant 50$,表示迷宫的长和宽)

第二行开始是 $n \times m$ 的迷宫('.'表示通道,'♯'表示墙壁,S 表示起点,G 表示终点)

输出格式

如果走到终点,输出 "the min steps are："＋ 步数 ＋ "！"；

若走不到终点,则输出"sorry！"

样例输入

5　5

```
#S###
..##.
#.###
..###
..G##
```

样例输出

the min steps are:5!

【算法分析】

这是一个经典的算法问题,通常用于讲授图论、搜索算法等概念。在不同的场景和教材中,迷宫的最短路径问题可能会有不同的表述和解决方案。例如,有的迷宫只有一条出口,有的可能有多条出口;有的迷宫允许对角线移动,有的只允许水平和垂直移动;有的迷宫中的路径可能有不同的权重,而有的则没有。

在解决迷宫的最短路径问题时,常用的算法包括深度优先搜索(DFS)、广度优先搜索(BFS)和 Dijkstra 算法等,需要根据问题的具体要求和约束条件进行选择和调整。

1. 样例分析

样例的图比较简单,从上往下一直走,往右一拐就到达目标,一共 5 步。

2. 数据结构

设二维数组 maze 表示迷宫,其中 1 表示通道'.',0 表示已访问或墙壁'#'。结构体 Node,用于存储迷宫中某个位置的状态,包括坐标(x,y)和步数 step。根据问题的描述,定义该问题的数据结构,如算法 8.13(1)所示。

算法 8.13(1) 迷宫的最短路径问题的数据结构。

```
bool maze[100][100];                 //迷宫
int dx[4] = {1,0,0,-1};
int dy[4] = {0,1,-1,0};
int n,m;                             //迷宫的长和宽
int sx,sy,ex,ey;                     //起点和终点
struct Node
{
    int x,y;
    int step;                        //花费的时间
}live;
```

3. 计算从起点到终点所需的最小步数的算法实现

创建一个队列 q,并将起点入队,步数设为 0。当队列不为空时,循环执行以下步骤。

(1)取出队首结点,并获取其坐标(x,y)和步数 t。

(2)遍历四个方向,计算新坐标(u,v)。

如果新坐标是终点,输出最短步数并结束。如果新坐标在迷宫范围内且是通道(maze$[u][v]=1$),则将其标记为已访问(maze$[u][v]=0$),并将新结点入队。

如果 BFS 结束还没有找到终点,则输出"sorry!"。

计算从起点到终点所需最小步数的 BFS 算法,如算法 8.13(2)所示。

算法 8.13(2)　计算从起点到终点所需最小步数的 BFS 算法。

```cpp
void bfs()
{
    queue < Node > q;
    q.push({sx,sy,0});                       //起点入队列
    while(!q.empty())
    {
        live = q.front();
        int x = live.x, y = live.y;
        int t = live.step;
        q.pop();
        for(int i = 0; i < 4; i++)
        {
            int u = x + dx[i], v = y + dy[i];
            if(u == ex && v == ey)           //到达终点
            {
                cout <<"the min steps are:"<< t + 1 <<'!';
                return;
            }
            if(!maze[u][v]) continue;        //0 表示已访问或墙壁'#'
            maze[u][v] = 0;                  //标记为已访问
            q.push({u,v,t + 1});             //增加一步
        }
    }
    puts("sorry!");
}
```

4. 主函数中的功能

读取数据时,下标从 1 开始,这样迷宫的四周都是 0,搜索时就不会超出迷宫的范围。调用函数 bfs(),并输出结果,如算法 8.13(3)所示。

算法 8.13(3)　主函数中的功能。

```cpp
string s;
cin >> n >> m;
//从下标(1,1)开始存放,迷宫的外面都是 0
for(int i = 1; i <= n; i++)
{
    cin >> s;
    for(int j = 1; j <= m; j++)
    {
        if(s[j - 1] == '.') maze[i][j] = 1;
        else if(s[j - 1] == 'S') sx = i,sy = j;
        else if(s[j - 1] == 'G') ex = i,ey = j;
    }
}
bfs();                                       //调用 bfs()函数
```

算法实现源代码:迷宫的最短路径-BFS.cpp。

对于没有权重的迷宫(即每个路径的长度都是相同的),BFS 是一个高效的选择,因为它会首先找到最短的路径。

8.16 洛谷 P1983 车站分级

一条单向的铁路线上,依次有编号为 $1,2,\cdots,n$ 的火车站。每个火车站都有一个级别,最低为 1 级。现有若干趟车次在这条线路上行驶,每一趟都满足如下要求:如果这趟车次停靠火车站 x,则始发站、终点站之间所有级别大于或等于火车站 x 的都必须停靠。(注意:起始站和终点站自然也算作事先已知需要停靠的站点)

如表 8-1 所示,是 5 趟车次的运行情况。其中,前 4 趟车次均满足要求,而第 5 趟车次由于停靠 3 号火车站(2 级)却未停靠途经的 6 号火车站(亦为 2 级)而不满足要求。

表 8-1　单向铁路线上的车次运行合法性示例

车站编号	1		2		3		4		5		6		7		8		9
车站级别	3		1		2		1		3		2		1		1		3
车次 1	始	→	→	→	停	→	→	→	停	→	终						
车次 2	始	→	→	→	停	→	终										
车次 3	始	→	→	→	→	→	→	→	停	→	→	→	→	→	→	→	终
车次 4	始	→	停	→	停	→	停	→	停	→	终						
车次 5	始	→	→	→	停	→	→	→	→	→	终	→	终				

现有 m 趟车次的运行情况(全部满足要求),试推算这 n 个火车站至少分为几个不同的级别。

输入

第一行包含 2 个正整数 n,m。

第 $i+1$ 行($1 \le i \le m$)中,首先是一个正整数 s_i($2 \le s_i \le n$),表示第 i 趟车次有 s_i 个停靠站;接下来有 s_i 个正整数,表示所有停靠站的编号,从小到大排列。输入保证所有的车次都满足要求。

输出

输出一个正整数,即 n 个火车站最少划分的级别数。

样例输入

```
9 2
4 1 3 5 6
3 3 5 6
```

样例输出

```
2
```

【算法分析】

本题是一条单向铁路线上有 n 个火车站,每个火车站都有一个级别(最低为 1 级),现有若干趟车次在这条线路上行驶,每一趟车次都满足一个特定的规则:如果这趟车次停靠了火车站 x,则始发站、终点站之间所有级别大于或等于火车站 x 的都必须停靠(起始站和终点站自然也算作事先已知需要停靠的站点)。

建立一个有向图来表示车站之间的依赖关系。对于每一趟车次,可以遍历其停靠站列表,并为每对相邻的停靠站之间建立一条从低级别车站指向高级别车站的边。然后,可以使用拓扑排序算法来检查是否存在环,并确定车站的级别。

1. 样例分析

样例数据如表 8-1 中的车次 1 和 2,两个车次重叠,车站 2、4 的级别为 1,其余的级别为 2,一共 2 个级别即可。

2. 数据结构

算法的主要目标是确定一组车站之间的等级关系,这些等级关系通常基于列车停靠的顺序。为了解决这个问题,最常见且有效的方法是基于图的拓扑排序。将车站视为图的结点,将车站之间的依赖关系视为图的边。在这个图中,边总是从低等级的车站指向高等级的车站。

使用邻接表 stop[1010] 来表示图,其中 stop[i] 存储从车站 i 出发可以到达的所有车站。使用入度数组 in[1010] 记录每个车站的入度(即指向该车站边的数量)。根据问题的描述,定义该问题的数据结构,如算法 8.14(1)所示。

算法 8.14(1)　车站分组问题的数据结构。

```
vector < int > stop[1010];              //邻接表,车站之间的依赖关系
int n, m;
int in[1010];                           //每个结点的入度
int ans;                                //火车站最少划分的级别数
bool vis[1010][1010];                   //是否建立依赖关系
```

3. 构建车站关系的有向图

建立一个有向图来表示车站之间的依赖关系。对于每一趟车次,遍历其停靠站列表,未停靠的车站为级别低的车站,然后建立一条从低级别车站指向高级别车站的边。由于只关心火车站最少划分的级别数,从高级别指向低级别建立有向图,也是一样的。并更新邻接表和入度数组,如算法 8.14(2)所示。

算法 8.14(2)　构建车站之间依赖关系有向图的算法。

```
cin >> n >> m;
while (m -- )                           //车次
{
    vector < int > line;                //停靠站
    int s,x;
    cin >> s;                           //停靠的站点数
    for (int i = 1; i <= s; i++)
    {
        scanf("% d", &x);
        line.push_back(x);              //已知经过的站点,升序排序
    }
    //从起点站到终点站之间,未经过的车站建立依赖关系
    for (int i = line[0]; i <= line[s - 1]; i++)
    //未经过的车站,因为有序,可以使用 binary_search()
        if (find(line.begin(),line.end(),i) == line.end())
            for (auto j: line)
```

```
            if (!vis[i][j])                  //尚无依赖关系
            {
                stop[i].push_back(j);        //建立依赖关系
                in[j]++;                      //入度
                vis[i][j] = true;            //标记依赖关系
            }
    }
```

4. 计算车站分组问题的拓扑排序算法

使用队列 q 来存储入度为 0 的车站(即没有依赖项的车站)。

初始时,将所有入度为 0 的车站加入队列。

当队列不为空时,执行以下步骤:遍历所有入度为 0 的车站,这是同一个级别。取出队列中的一个车站 cur,表示该车站已经被分配了一个等级。遍历该车站可以到达的所有其他车站,对于每个这样的车站,将其入度减 1,即删除该边;如果某个车站的入度变为 0,则将其加入队列。然后遍历下一个入度全部为 0 的队列,但是级别高一个层次。

如果在拓扑排序的过程中,所有车站都被访问过(队列为空),则说明不存在环,可以成功地为所有车站分配等级。由于输入保证所有的车次都满足要求,所以肯定有答案,如算法 8.14(3)所示。

算法 8.14(3) 计算车站分组问题的拓扑排序算法。

```
queue < int > q;
for (int i = 1; i <= n; i++)
    if (!in[i]) q.push(i);              //入度为 0 的车站
while (!q.empty())
{
    int cnt = q.size();
    while (cnt--)                        //遍历每个入度为 0 的车站
    {
        int cur = q.front();
        q.pop();
        for (auto i: stop[cur])          //车站 cur 的所有相邻边 i
        {
            in[i]--;                      //删除相邻边
            if (!in[i]) q.push(i);       //如果邻边为 0,进入队列
        }
    }
    ans++;                                //增加一个级别
}
printf(" % d\n", ans);
```

算法实现源代码:P1983 车站分级-BFS-低指向高.cpp。本题将 BFS 应用于拓扑排序,将一个有向无环图(DAG)的所有顶点排成一个线性序列,是 BFS 算法的有趣应用。

8.17 洛谷 P2802 回家

小 H 在一个划分成 $n\times m$ 个方格的长方形封锁线上,每次他能向上下左右四个方向移动一格(当然小 H 不可以静止不动),但不能离开封锁线,否则就被打死。刚开始时他有满

血 6 点,每移动一格他要消耗 1 点血量。一旦小 H 的血量降到 0,他将死去。他可以沿路通过拾取鼠标来补满血量。只要他走到有鼠标的格子,他不需要任何时间即可拾取。格子上的鼠标可以瞬间补满,所以每次经过这个格子都有鼠标。就算到某个有鼠标的格子才死去,他也不能通过拾取鼠标补满血量。即使在家门口死去,他也不能算完成任务回到家中。

地图上有 5 种格子:

0:障碍物。

1:空地,小 H 可以自由行走。

2:小 H 出发点,也是一片空地。

3:小 H 的家。

4:有鼠标在上面的空地。

小 H 能否安全回家? 如果能,最短需要多长时间呢?

输入格式

第一行两个整数 n,m,表示地图的大小为 $n\times m$。

后面 n 行,每行 m 个数字来描述地图。

输出格式

若小 H 不能回家,输出 −1,否则输出他回家所需的最短时间。

输入样例

```
3 3
2 1 1
1 1 0
1 1 3
```

输出样例

```
4
```

【算法分析】

本题是一个经典的图搜索问题,可以使用广度优先搜索或深度优先搜索来遍历所有可能的路径,并计算到达家的最短时间。由于题目中涉及血量(hp)的限制和鼠标的拾取,我们需要记录每个位置在不同血量下的状态,以避免重复搜索。

1. 样例分析

样例的图比较简单,从上往下直走 2 步,往右拐走 2 步就到家,一共 4 步。

2. 数据结构

结构体 Node 是保存当前位置、剩余血量以及到达当前位置所需的步数。

二维数组 vis 记录已经访问过位置的剩余血量,以避免重复搜索。

二维数组 g 表示地图信息,存储每个位置的类型:其中 0 表示障碍物,1、2、4 表示可以行走的空地(2 是出发点,4 是有鼠标的空地),3 表示家。根据问题的描述,定义该问题的数据结构,如算法 8.15(1)所示。

算法 8.15(1) 计算小 H 能否回家问题的数据结构。

```
const int N = 20;
```

```
int vis[N][N];                                   //已经访问过位置的剩余血量
int g[N][N];                                      //地图
int dx[4] = {0,1,0, -1};
int dy[4] = {1,0, -1,0};
int sx,sy;                                         //起始位置
struct Node
{
    //方格(x,y)的步数 step 和剩余血量 hp
    int x,y,step,hp;
};
```

3. 初始化

读取地图的大小(行数 n 和列数 m)。读取地图的每个位置信息,从下标(1,1)开始存放,相当于四周是障碍物,并记录起点的位置,如算法 8.15(2)所示。

算法 8.15(2) 地图信息初始化。

```
int n,m;
cin >> n >> m;
for(int i = 1; i <= n; i++)
    for(int j = 1; j <= m; j++)
    {
        cin >> g[i][j];
        if(g[i][j] == 2) sx = i,sy = j;          //起点
    }
```

4. 计算小 H 能否回家问题的 BFS 算法实现

初始化一个队列,将起始点(小 H 的出发点)放入队列中,并设置起始步数为 0,剩余血量为 6。当队列不为空时,循环执行以下步骤。

(1) 取出队首结点,获取其位置(x,y)、步数 step 和血量 hp。

(2) 遍历四个方向(上、下、左、右),尝试移动:计算新位置(u,v)和新血量 b。检查新位置是否合法(非障碍物、未越界);检查新位置在当前血量下是否已经被访问过。如果新位置是目标点($g[u][v]=3$),则输出步数 step+1 并结束搜索。如果新位置未被访问过,则将其加入队列,并更新 vis$[u][v]$为已访问。计算小 H 能否回家问题的 BFS 算法,如算法 8.15(3)所示。

算法 8.15(3) 计算小 H 能否回家问题的 BFS 算法。

```
vis[sx][sy] = 6;                                 //开始时有满血 6 点
queue < Node > q;
q.push({sx,sy,0,6});                             //起点
while(!q.empty())
{
    Node live = q.front();
    q.pop();
    int x = live.x,y = live.y;                   //队首结点信息
    int step = live.step;
    int blood = live.hp;
    for(int i = 0; i < 4; i++)
```

```
{
    int u = x + dx[i], v = y + dy[i], b = blood - 1;
    //遇到边界或障碍物,或血量耗尽
    if(!g[u][v] || b == 0)continue;
    if(g[u][v] == 3)                          //到家
    {
        cout << step + 1;
        return 0;
    }
    if(g[u][v] == 4) b = 6;                   //满血复活
    if(vis[u][v] >= b) continue;              //原方格血量更多
    q.push({u, v, step + 1, b});
    vis[u][v] = b;                            //记录状态
    }
}
printf(" - 1");                               //表示无法回家
```

算法实现源代码:P2802 回家.cpp。

由于题目中血量耗尽时不能拾取鼠标,因此在搜索过程中需要确保在血量耗尽之前到家。如果在血量耗尽后才到家,那么应该被视为无法回家。

8.18　洛谷 P4554 小明的游戏

小明最近喜欢玩一个游戏。给定一个 $n \times m$ 的棋盘,上面有两种格子♯和@。游戏的规则很简单:给定一个起始位置和一个目标位置,小明每一步能向上、下、左、右四个方向移动一格。如果移动到同一类型的格子,费用是 0,否则费用是 1。请编程计算从起始位置移动到目标位置的最小花费。

输入格式

输入有多组数据。第一行是两个整数 n, m,分别表示棋盘的行数和列数。接下来 n 行,每一行有 m 个格子(使用♯或者@表示)。最后一行是四个整数 x_1, y_1, x_2, y_2,分别为起始位置和目标位置。

当输入 n, m 均为 0 时,表示输入结束。

输出格式

对于每组数据,输出从起始位置到目标位置的最小花费。

输入样例

```
2 2
@ ♯
♯ @
0 0 1 1
2 2
@ @
@ ♯
0 1 1 0
0 0
```

输出样例

```
2
0
```

【算法分析】

小明的游戏主要考查图的搜索算法,特别是双端队列 BFS(双向广度优先搜索)的应用。在这个游戏中,给定一个 $n \times m$ 的棋盘,上面有两种格子♯和@。游戏的规则是:给定一个起始位置和一个目标位置,小明每一步能向上、下、左、右四个方向移动一格。如果移动到同一类型的格子(即♯到♯或@到@),则费用是 0;如果移动到不同类型的格子(即♯到@或@到♯),则费用是 1。

1. 样例分析

样例 1 从左上角移动到右下角,两次经过不相同的字符,最小花费是 2。样例 2 从右上角移动到左下角,沿着@前进,不需要费用,所需费用为 0。

2. 数据结构

为了找到从起始位置到目标位置的最小费用,使用双端队列 deque 实现 BFS。双端队列 deque 是一种优化的 BFS 算法,它同时从起始位置和目标位置开始搜索。需要定义结点结构体 pair < int,int >来存储棋盘上每个格子的位置,并使用一个二维数组 cost 记录到达每个格子的最小花费。根据问题的描述,定义该问题的数据结构,如算法 8.16(1)所示。

算法 8.16(1)　计算从起始位置移动到目标位置的最小花费的数据结构。

```
const int N = 505;
char g[N][N];                          //棋盘
int cost[N][N];                        //每个位置的花费
int n,m;
int sx,sy,ex,ey;
int dx[] = { -1,0,0,1};
int dy[] = {0, -1,1,0};
deque < pair < int,int > > q;
```

3. 计算从起始位置移动到目标位置的最小花费的 BFS 算法实现

从起始位置开始搜索,其费用为 0。在 BFS 主循环中,取出队首元素,记为 live,并从队列中移除它。然后向四周搜索,需要判断当前格子是否与上一个格子属于同一类型,如果是则费用为 0,加入到队列头部,这样就先搜索费用小的结点;否则费用为 1,加入到队列尾部。当 BFS 搜索结束时,cost 数组中将包含从起始位置到每个格子的最小花费,然后输出目标位置(ex,ey)的花费来得到答案,如算法 8.16(2)所示。

算法 8.16(2)　计算从起始位置移动到目标位置的最小花费的 BFS 算法。

```
void bfs()
{
    q.push_back({sx,sy});              //起点
    cost[sx][sy] = 0;
    while(q.size())
    {
```

```
        auto live = q.front();                    //队首
        q.pop_front();
        int x = live.first, y = live.second;
        for(int i = 0; i < 4; i++)
        {
            int u = x + dx[i];
            int v = y + dy[i];
            if(u < 0 || u >= n || v < 0 || v >= m) continue;
            //已经搜索过
            if(cost[u][v]!= -1) continue;
            if(g[u][v] == g[x][y])                 //不需要费用
            {
                cost[u][v] = cost[x][y];
                //花费小的放前面
                q.push_front({u,v});
            }
            else                                   //花费大的放后面
            {
                cost[u][v] = cost[x][y] + 1;
                q.push_back({u,v});
            }
        }
    }
}
```

4. 主函数中的功能

本题是多测试例,需要使用 while 循环读取数据。,如算法 8.16(3)所示。

算法 8.16(3)　主函数中的功能。

```
while(cin >> n >> m && m)
{
    q.clear();
    //其值包含 0
    memset(cost, -1, sizeof cost);
    for(int i = 0; i < n; i++)
        for(int j = 0; j < m; j++)
            cin >> g[i][j];                        //棋盘信息
    cin >> sx >> sy >> ex >> ey;
    bfs();
    cout << cost[ex][ey] << endl;
}
```

算法实现源代码：小明的游戏-deque.cpp。

代码中没有实现双端队列 BFS 的"双向"部分,即没有同时从起点和终点开始搜索。这里的 BFS 是从起点开始搜索,直到到达终点。但通过使用双端队列(deque),并根据步数的大小选择加入队首或队尾,可以模拟出双向搜索的效果,使得搜索更加高效。

8.19 ZJU1649 Rescue

〔HDU1242〕天使被鼹鼠抓住了！他被 Moligpy 关进监狱。监狱是一个 $n \times m (n, m \leqslant 200)$ 的矩阵,里有围墙、道路和警卫。

天使的朋友想救天使,他们的任务是接近天使,假设"接近天使"就是到达天使停留的位置。当网格中有一个警卫时,我们必须杀死他才能进入网格。我们只能向上、下、左、右移动到边界内的邻居网格,需要 1 个单位时间;杀死一个警卫"x"也需要 1 个单位时间。我们足够强大,可以杀死所有的警卫。你必须计算接近天使的最短时间。

输入格式

第一行是 n 和 m 的两个整数。接下来 n 行,每行有 m 个字符。"."代表道路,"a"代表天使,"r"代表天使的朋友,"♯"代表障碍物,"x"代表警卫。

输出格式

对每个测试例,输出一个整数,表示所需的最短时间。如果这样的数字不存在,输出一行字符串"Poor ANGEL has to stay in the prison all his life."

输入样例

```
7 8
#.#####.
#.a#..r.
#..#x...
..#.#.#
#.#.##..
.#......
........
```

输出样例

```
13
```

【算法分析】

给定一个 $n \times m$ 的网格,其中包含不同的字符代表不同的元素。天使的朋友(r)需要从起始位置移动到天使位置(a),移动到一个空格需要花费 1 个单位时间,但移动到有警卫(x)的空格需要先花费 1 个单位时间干掉警卫,然后再花费 1 个单位时间移动到该空格。找出天使的朋友从起始位置到目标位置所需的最少时间。

1. 样例分析

天使的朋友从位置 r 出发,向左然后向下,杀死警卫 x,再向下走一个曲折的 U 形就可以到达天使的位置 a,一共花费 13 个单位时间。反过来从 a 出发走向 r,结果相同。

2. 数据结构

二维数组 maze 用于存储迷宫的布局(字符矩阵)。二维数组 vis 用于标记每个位置是否已被访问过(初始化为未访问)。结构体 Node,包含位置坐标 (x, y) 和时间 step,比较函数用于优先队列的比较,按花费的时间 step 升序排序。根据问题的描述,定义该问题的数据结构,如算法 8.17(1)所示。

算法 8.17(1) 从起始位置到目标位置所需最少时间 BFS 算法的数据结构。

```
#define NUM 205
char maze[NUM][NUM];                            //监狱
bool vis[NUM][NUM];                             //访问标志
int d[4][2] = {{-1,0},{1,0},{0,-1},{0,1}};
int n,m;                                        //监狱大小
int sx,sy;                                      //起点
struct Node
{
    int x,y,step;
    friend bool operator < (Node a,Node b)
    {
        return a.step > b.step;                 //升序
    }
} live;                                         //活结点
```

3. 从起始位置到目标位置所需最少时间 BFS 算法实现

创建一个优先队列 q,并将起始位置(天使 a)加入队列,步数设为 0。

当队列不为空时,循环执行以下操作。

(1)取出队列中时间最少的结点(通过优先队列实现),并更新 live 变量。如果当前位置是目标位置(天使的朋友 r),则返回当前步数作为结果。

(2)遍历 4 个相邻位置:如果是围墙(#),或已被访问则跳过。如果相邻位置是警卫(x),则步数再增加 1。将相邻位置加入优先队列。

从起始位置到目标位置所需最少时间的 BFS 算法,如算法 8.17(2)所示。

算法 8.17(2) 从起始位置到目标位置所需最少时间的 BFS 算法。

```
int bfs()
{
    priority_queue < Node > q;
    q.push({sx,sy,0});                          //起点,是从 a 出发
    while(!q.empty())
    {
        live = q.top();                         //头结点
        q.pop();
        int x = live.x, y = live.y, step = live.step;
        //到达天使朋友位置,成功营救天使
        if(maze[x][y] == 'r') return step;
        for(int i = 0; i < 4; ++i)
        {
            int u = x + d[i][0], v = y + d[i][1], t = step + 1;
            if(maze[u][v] == '#') continue;
            if(vis[u][v]) continue;             //已经访问
            vis[u][v] = true;
            if(maze[u][v] == 'x') t++;          //杀死警卫的时间
            q.push({u,v,t});
        }
    }
```

```
    }
    return - 1;
}
```

4. 主函数中的功能

本题是多测试例,需要使用 while 循环读取数据,并且每次都要初始化。

在读取迷宫布局时,通常从 0 开始索引二维数组。但在本题中,从 1 开始索引,周围都是围墙,确保在搜索时不会超出监狱外面。如算法 8.17(3)所示。

算法 8.17(3)   主函数中的功能。

```
while(cin >> n >> m)
{
    string s;;
    memset(vis,false,sizeof(vis));
    memset(maze,'#',sizeof maze);        //周围是围墙
    for(int i = 1; i <= n; ++i)
    {
        cin >> s;
        for(int j = 1; j <= m; ++j)          //从(1,1)开始索引
        {
            maze[i][j] = s[j - 1];
            if(maze[i][j] == 'a') sx = i,sy = j;
        }
    }
    vis[sx][sy] = 1;                         //标志为访问
    int ans = bfs();
    if(ans!= - 1) printf(" % d\n",ans);
    else printf("Poor ANGEL has to stay in the prison all his life. \n");
}
```

算法实现源代码:zju1649 Rescue-priority. cpp。由于 BFS 的特性,这个算法在大多数情况下都能快速找到最优解,因为它优先搜索步数较少的结点。

DFS(深度优先搜索)和 BFS(广度优先搜索)是两种常见的图遍历算法,它们在实现和应用上存在一些明显的区别。

(1) 搜索策略。

DFS 是一种基于边缘的搜索策略,它从一个顶点开始,沿着路径一直搜索到图的尽头,然后回溯到上一个顶点,继续搜索下一条路径,直到所有路径都被遍历完。这种搜索策略使得 DFS 可以快速找到一条从起始顶点到目标顶点的路径。

BFS 是一种基于顶点的搜索策略,它从一个顶点开始,逐层遍历其相邻的顶点,直到找到目标顶点或遍历完整个图。BFS 总是先搜索距离起始顶点最近的顶点,因此它可以用于在图中查找最短路径。

(2) 数据结构。

DFS 通常使用栈(Stack)数据结构来实现。访问的顶点被压入栈中,当没有未访问的相邻顶点时,栈顶的顶点被弹出并回溯到上一个顶点。

BFS 通常使用队列(Queue)数据结构来实现。访问的顶点被加入队列的尾部,然后从队列的头部取出顶点进行访问,并将其未访问的相邻顶点加入队列的尾部。

(3) 空间复杂度。

由于 DFS 只需要存储当前路径上的结点,因此其空间复杂度相对较低。

BFS 需要存储所有已经访问过的结点以及待访问的结点,因此其空间复杂度较高。

上机练习题

浙江大学在线题库(由于 ZOJ 题目很多,这里只列出了部分题目,仅供参考):

1144-Robbery	2031-Song List
1155-Triangle War	2033-The Jewelry Is Gone
1229-Gift?!	2043-Loan
1249-Pushing Boxes	2053-Domino Puzzle
1297-Hexagon	2093-Volcano
1301-The New Villa	2103-Marco Popo the Traveler
1344-A Mazing Problem	2110-Tempter of the Bone
1355-Dehuff	2128-Seven Seas
1361-Holedox Moving	2165-Red and Black
1411-Anniversary	2233-Pollution
1412-Tester Program	2241-Fractran
1415-Puzzlestan	2252-Fly Flies
1435-Deeper Blue	2276-Lara Croft
1443-E-Puzzle Is Fun	2288-Across the River
1457-Prime Ring Problem	2355-New Go Game
1479-Dweep	1671-Walking Ant
1505-Solitaire	2372-Work Reduction
1518-This Sentence is False	2374-Marbles on a tree
1530-Find The Multiple	2412-Farm Irrigation
1572-Bracelet	2416-Open the Lock
1593-Fool Game	2418-Matrix
1649-Rescue	2437-Nearest number
1675-Push!!	2440-One is good, but two is better
1686-Young, Poor and Busy	2442-Simple prefix compression
1709-Oil Deposits	2466-Farmer Bill's Problem
1711-Sum It Up	2471-Sea Battle
1719-Square Carpets	2475-Benny's Compiler
1742-Gap	2477-Magic Cube
1832-File Fragmentation	2509-Box Pushing
1909-Square	2515-Height of Water Tower
1935-XYZZY	2531-Traveller
1940-Dungeon Master	2534-Time Machine
1977-Hall of Fountains	2580-Sudoku
1984-Genetic Code	2588-Burning Bridges

2594-Driving Straight	2891-Team Work
2631-Chemfrog's Fairy Tale	2898-Greedy Grave Robber
2633-Full of Painting Ⅱ	2911-Hypertheseus
2688-Requirements	2922-Bombs
2749-Polarium	2925-DomiNo Grid
2765-Rotate and Connect	2936-Electronic Document Security
2787-Children of the Candy Corn	2938-Rock Skipping
2799-European railroad tracks	2951-Eccentric Warehouses
2821-Cubic Eight-Puzzle	2977-Strange Billboard
2823-Manhattan Wiring	3010-The Lamp Game
2825-Polygons on the Grid	3059-Die Board Game
2859-Matrix Searching	3094-Escape from Enemy Territory
2868-Incredible Cows	3110-Geophysics Prospection
2879-Copying DNA	3158-Cut The Cake
2880-Circle of Debt	3196-Give me the result

第9章

图　论

　　图论(Graph Theory)是数学的一个分支。它以图为研究对象。图论中的图是由若干给定的点及连接两点的线所构成的图形,这种图形通常用来描述某些事物之间的某种特定关系,用点代表事物,用连接两点的线表示相应两个事物间具有这种关系。

　　图论主要内容包括图的基本概念、最短路径及最小生成树、连通性、匹配、Euler 图、Hamilton 图、支配集、独立集、覆盖集、图的染色、平面图、网络流和二分图匹配等方面的理论与算法。本教材在前面几章介绍了最小生成树问题、单源最短路径问题和图的 m 着色问题,在本章重点介绍网络流问题和二分图匹配问题。

9.1　网络流问题

　　所谓网络或容量网络指的是一个连通的赋权有向图 $G=(V,E,C)$,其中 V 是该图的顶点集,E 是有向边(弧)集,C 是弧上的容量。用 n 和 m 分别定义为 G 中顶点和边的数量,即 $n=|V|$ 和 $m=|E|$。顶点集中包括一个起点和一个终点,网络上的流就是由起点流向终点的可行流,这是定义在网络上的非负函数,一方面受到容量的限制;另一方面除去起点和终点,在所有中途点要求保持流入量和流出量是平衡的。

　　1955 年,T. E. 哈里斯在研究铁路最大通量时,首先提出在一个给定的网络上寻求两点间最大运输量的问题。1956 年,L. R. 福特和 D. R. 富尔克森等给出了解决这类问题的算法,从而建立了网络流理论。在实际生活中有许多流量问题,例如在交通运输网络中的人流、车流、货物流,供水网络中的水流,金融系统中的现金流,通信系统中的信息流等。

9.1.1　流和割的概念

　　设 $G=(V,E)$ 是有两个称为源和汇的特殊顶点 s,t 的有向图,$c(u,v)$ 是定义在所有顶点上的容量函数,若 $(u,v)\in E$,则 $c(u,v)>0$;否则 $c(u,v)=0$。

　　定义 9.1　一个 G 上的流是一个顶点对上的实函数 f,具有以下 3 个条件:

（1）斜对称。$\forall (u,v) \in V, f(u,v) = -f(v,u)$。如果 $f(u,v) > 0$，则存在从 u 到 v 的流。

（2）容量约束。$\forall (u,v) \in V, f(u,v) \leqslant c(u,v)$。如果 $f(u,v) = c(u,v)$，则边 (u,v) 是饱和的。

（3）流守恒。$\forall u \in V - \{s,t\}, \sum_{v \in V} f(u,v) = 0$。任何一个内部顶点的网络流（流出总量减去流入总量）等于 0。

定义 9.2　一个割$\{S,T\}$是把顶点 V 分成两个子集 S 和 T 的一个划分，使得 $s \in S$ 和 $t \in T$。割$\{S,T\}$的容量由 $c(S,T)$ 表示：

$$c(S,T) = \sum_{u \in S, v \in T} c(u,v)$$

流过割$\{S,T\}$的流，由 $f(S,T)$ 表示：

$$f(S,T) = \sum_{u \in S, v \in T} f(u,v)$$

流过割$\{S,T\}$的流量，是所有从 S 到 T 的边的正向流之和减去所有从 T 到 S 的边的正向流之和。

定义 9.3　流 f 的值记为$|f|$，定义为：

$$|f| = f(s,V) = \sum_{v \in V} f(s,v)$$

引理 9.1　对于任意的割$\{S,T\}$和一个流 f，$|f| = f(S,T)$。

图 9-1 给出了一个割的例子，分割线以下的点构成 S，分割线以上的点构成 T。割$\{S,T\}$的流 $f(S,T) = \{(1,2),(3,4),(5,6)\}$，而割$\{T,S\}$的流 $f(T,S) = \{(2,3),(4,5)\}$。

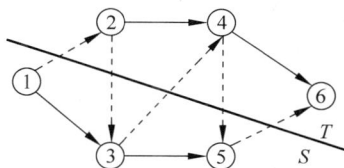
图 9-1　网络上的一个割

9.1.2　剩余网络和增广路径

定义 9.4　给出一个 G 上的流 f 和相应的容量函数 c，顶点对上 f 的剩余容量函数定义如下：对于每个顶点 $u,v \in V, r(u,v) = c(u,v) - f(u,v)$，流 f 的剩余网络（也称为剩余图、残量网络或残留网络）是一个具有容量 r 的有向图 $R = (V, E_f)$，其中

$$E_f = \{(u,v) \mid r(u,v) > 0\}$$

剩余容量 $r(u,v)$ 表示，在不破坏容量约束条件下可以增加在边 (u,v) 上的流量。如果 $f(u,v) < c(u,v)$，则 (u,v) 和 (v,u) 均在 R 中有表示。如果在 G 中 (u,v) 两点间没有边，则 (u,v) 和 (v,u) 均不在 E_f 中，这样 $|E_f| \leqslant 2|E|$。

图 9-2 给出网络 G 上一个流 f 和它的剩余网络 R 的例子。

在图 9-2(a)中，每条边都标出它的容量和流量。例如，$c(s,a) = 6, f(s,a) = 2$。G 中的边 (s,a) 在 R 中变成了两条边，即 (s,a) 和 (a,s)。(s,a) 的剩余容量 $r(s,a) = c(s,a) - f(s,a) = 6-2 = 4$，这意味着我们可以在边 (s,a) 上外加 4 个单元的流量，而边 (a,s) 的剩余容量等于边 (s,a) 上的流为 2，这意味着我们可以加 2 个单元的向后流量在边 (s,a) 上。边 (s,b) 在剩余网络 R 上没有表示出来，因为它的剩余容量为 0。

定义 9.5　给出一个 G 上的流 f，一条增广路径 p 是指在剩余网络 R 中一条从 s 到 t

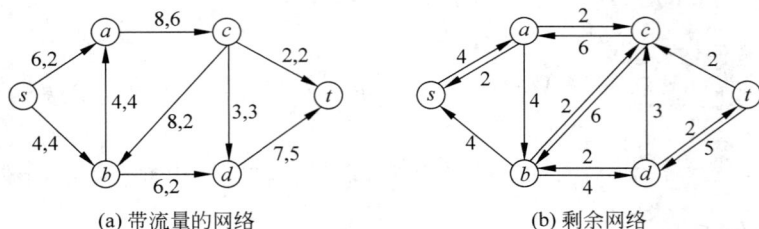

图 9-2   带流量的网络及其剩余网络

的有向路径,p 的瓶颈流量是 p 上的最小剩余容量,p 的边数将用 $|p|$ 来表示。

在图 9-2(b)中,路径 (s,a,c,b,d,t) 是一条增广路径,具有瓶颈容量 2。如果将 2 个额外单位流量加到这条路径上,那么流就变成最大的。

为什么要建立反向边呢?这就是如何发现 2 个额外的单位流量。观察图 9-2(b),增广路 (t,c,b,s),其瓶颈容量为 2,增广此路径以后就是最大流。注意到这条路径经过了反向边 (t,c) 和 (b,s)。如果不建立反向边,这条路就发现不了。从本质上说,建立反向边就是为算法提供了修正自己先前错误的可能。

定义 9.6 (最大流最小割定理)给出一个 G 上的流 f 和相应的容量函数 c,源和汇的特殊顶点 s,t,下面的三个语句是等价的:

(1) 存在一个割 $\{S,T\}$,$c(S,T)=|f|$;

(2) f 是 G 中的最大流;

(3) 对 G 不存在增广路径。

9.1.3   Ford-Fulkerson 算法

Ford-Fulkerson(简称 FF)方法,是由 Ford 和 Fulkerson 两位数学家发明的。充分利用最小割最大流定理,并创造性地发明了回退边,使得增广成为一种动态修改的过程。

Ford-Fulkerson 算法的主要思想如下:

(1) 初始化一条容量为 0 的流 f 和一个剩余网络 R,第一个剩余网络为原图 G,每条边的剩余容量初始化为每条边的初始容量 $r(u,v)=c(u,v)$。

(2) 在剩余网络 R 中寻找增广路径 p,取增广路径 p 中边的剩余容量 $r(u,v)$ 最小值作为流的增量 Δf,使得 $f'=f+\Delta f$。更新剩余网络 R 中每条边的容量 $r(u,v)=r(u,v)-\Delta f$。

(3) 重复步骤(2),直到找不到一条增广路径为止。

整个网络可以用邻接表或矩阵表示,网络中每条边最好都用一个结构体表示。伪代码如算法 9.1 所示。

算法 9.1   Ford-Fulkerson 算法。

```
初始化剩余网络 R = G;
For (边(u,v)∈E){
    f(u,v)←0;
    f(v,u)←0;
}
while (在 R 中有一条增广路径 p = s,…,t){
```

```
设 Δ 为 p 的瓶颈容量
for (p中的每条边(u,v)){
    f(u,v)←f(u,v) + Δ;
    f(v,u)← - f(u,v);
    r(u,v)←c(u,v) - f(u,v);
    r(v,u)←c(v,u) - f(v,u);
    }
}
```

该算法的第(2)步：在剩余网络 R 中寻找增广路径 p，但是并未给出具体的寻找增广路径方法。寻找增广路径方法的不确定导致时间复杂度的不确定，所以后面将给出改进的方法。

9.1.4 Edmonds-Karp 算法

Edmonds-Karp(简称 EK)算法，就是解决 Ford-Fulkerson 算法中寻找增广路径的问题。EK 算法采用广度优先算法(BFS)寻找一条从 s 到 t 的最短增广路径 p 代替 FF 方法的随机寻找一条从 s 到 t 增广路径 p。

Edmonds 和 Karp 提出了两种方法改进 Ford-Fulkerson 算法：最大容量增值(MCA)算法和最短路径长度增值(MPLA)算法。后者的时间复杂度更低，在竞赛时使用最多。

定义 9.7 顶点 v 的层次是从 s 到 v 路径中边的最小数，记为 level(l)。给定一个有向图 $G=(V,E)$，层次图 L 为 (V,E')，其中 $E'=\{(u,v)\mid \text{level}(v)=\text{level}(u)+1\}$。

给定一个有向图 G 和源点 s，它的层次图 L 可以用广度优先搜索算法构造。例如，图 9-3(a)所示带流量的网络，其顶点 s 的层次图，如图 9-3(b)所示。顶点 $\{s\}$ 的层次是 0，$\{a,b\}$ 的层次是 1，$\{c,d\}$ 的层次是 2，$\{t\}$ 的层次是 3。而边 (b,a) 和 (c,d) 没有出现在层次图中，因为它们所连的点是在同一层次上。边 (c,b) 也没有出现在里面，因为它的方向是从一个较高层的顶点到较低层的顶点。

选择最小长度的增广路径，并在当前的流上增加与这条路径上瓶颈容量相等的流量，称为最短路径长度增值(MPLA)算法。

Edmonds-Karp 算法的主要思想如下：

(1) 初始化一条容量为 0 的流 f 和一个剩余网络 R，第一个剩余网络为原图 G，每条边的剩余容量初始化为每条边的初始容量 $r(u,v)=c(u,v)$。

(2) 按层次图原理，使用广度优先搜索算法，在剩余网络 R 中搜索由 s 到 t 的最短路径 p，计算 p 的瓶颈容量 Δf。然后扩张流量 f，对所有的边 $(u,v)\in p$，令 $f'(u,v)=f(u,v)+\Delta f$；更新剩余网络 R，对所有的边 $(u,v)\in p$，令 $r(u,v)=r(u,v)-\Delta f$。

(3) 重复步骤(2)，直到找不到一条由 s 到 t 的最短路径为止。

算法示例如图 9-3 所示。图 9-3(a)是原始网络图。

因为在同样长度的路径上至多可以 m 次增值，相应计算的层次图个数最多是 $n-1$ 个，则所有增值步数最多为 $(n-1)m$。使用广度优先搜索算法，在层次图中找出一条最短增广路径需要 $O(m)$ 时间，这样计算所有增广路径的总时间为 $O(nm^2)$。

采用邻接矩阵存储网络，则空间复杂度为 $O(n^2)$。

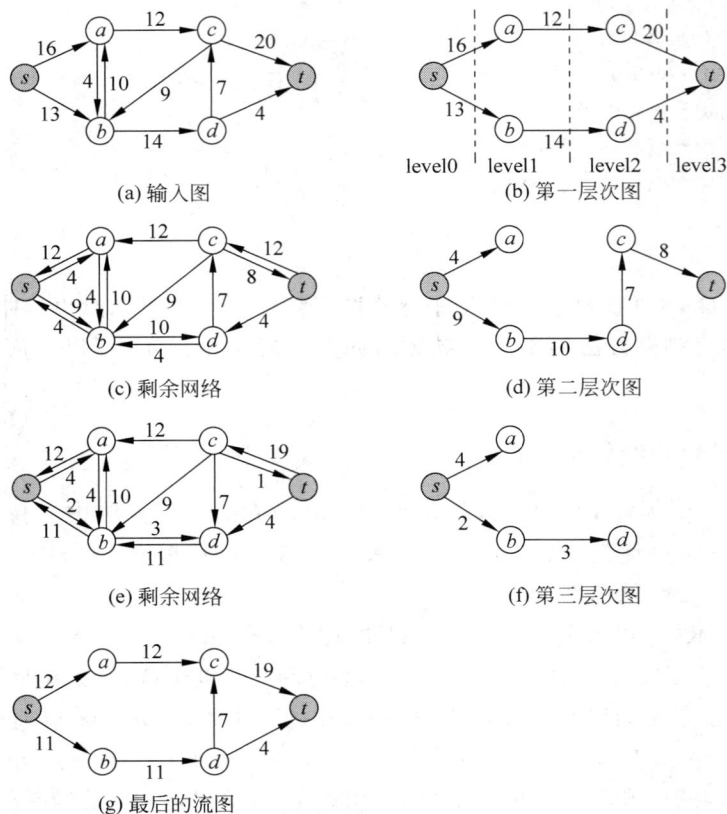

(a) 输入图

(b) 第一层次图

(c) 剩余网络

(d) 第二层次图

(e) 剩余网络

(f) 第三层次图

(g) 最后的流图

图 9-3　最短路径长度增值(MPLA)算法示例

9.1.5　ZOJ1734-Power Network——Edmonds-Karp 算法

【问题描述】

一个电力网络,是由电力传输线连接起来的很多结点(发电站、消费者和电力调度站)。一个结点 u 可能被传输 $s(u) \geqslant 0$ 单位的电力,可能生产 $0 \leqslant p(u) \leqslant p_{max}(u)$ 单位的电力,可能消耗 $0 \leqslant c(u) \leqslant \min(s(u), c_{max}(u))$ 单位的电力,还能传输 $d(u) = s(u) + p(u) - c(u)$ 单位的电力。电力网络有如下约束:所有发电站 $c(u) = 0$,所有消费者 $p(u) = 0$,所有电力调度站 $p(u) = c(u) = 0$。在网络中,任意两点 u, v 之间最多只有一条传输线存在,且能够从 u 往 v 传输 $0 \leqslant l(u, v) \leqslant l_{max}(u, v)$ 单位容量。令 $\mathrm{Con} = \sum c(u)$ 为整个网络的电力消耗,请计算 Con 的最大值。

举一个例子,如图 9-4 所示。发电站 u 的标签 x/y 表示 $p(u) = x, p_{max}(u) = y$;消费者 u 的标签表示 $c(u) = x, c_{max}(u) = y$;电力传输线 (u, v) 的标签 x/y 表示 $l(u, v) = x$, $l_{max}(u, v) = y$;电力消耗 $\mathrm{Con} = 6$。注意,电力网络可能还有其他状态,但是 Con 的值不会超过 6。

输入

有多组测试数据,每组测试数据描述一个电力网络。每组测试数据先输入四个整数:

u	类型	$s(u)$	$p(u)$	$c(u)$	$d(u)$
0	发电站	0	4	0	4
1		2	2	0	4
3	消费者	4	0	2	2
4		5	0	1	4
5		3	0	3	0
2	电力调度站	6	0	0	6
6		0	0	0	0

(a) 每个结点的参数　　　　　(b) 电力网络拓扑图

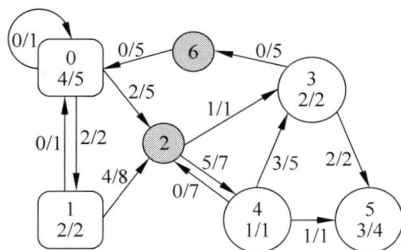

图 9-4　电力网络示意图

$0 \leqslant n \leqslant 100$(结点数)，$0 \leqslant np \leqslant n$(发电站数)，$0 \leqslant nc \leqslant n$(消费者数)，$0 \leqslant m \leqslant n^2$(传输线数)。接着输入 m 个 $(u,v)z$ 形式的三元组，表示一条从 u 到 v 的输电线路，$0 \leqslant z \leqslant 1000$ 是 $l_{\max}(u,v)$ 的值。然后是 np 个 $(u)z$ 形式的二元组，u 是发电站的编号，$0 \leqslant z \leqslant 10\,000$ 是 $p_{\max}(u)$ 的值。最后输入 nc 个 $(u)z$ 形式的二元组，u 是消费者的编号，$0 \leqslant z \leqslant 10\,000$ 是 $c_{\max}(u)$ 的值。所有数字都是整数，除了在二元组和三元组内，输入数据中随机出现空格。输入数据至文件结束。

样例数据的电力网络，如图 9-4 所示。

输出

对每组输入数据，程序输出最大消耗电力。

输入样例

```
7 2 3 13 (0,0)1 (0,1)2 (0,2)5 (1,0)1 (1,2)8 (2,3)1 (2,4)7
(3,5)2 (3,6)5 (4,2)7 (4,3)5 (4,5)1 (6,0)5
(0) 5 (1)2 (3)2 (4)1 (5)4
```

输出样例

6

题目来源

Southeastern Europe 2003

【算法分析】

题目中已经给出电力网络中的三个结点元素：发电站、消费者和电力调度站，传输线是网络的边，而且具有容量限制。

题目中没有明显地说明网络的源点和汇点，这是本题的难点所在。作为电力网络，发电站产生的电量，通过电力调度站传输给消费者，数量应该是平衡的。因此，我们可以构造一个超级源点，加上每个源点到发电站的边，边的权值为发电站的发电量；构造一个超级汇点，每个消费者到汇点有边，边的权值为消费者的用电量。这样就成了一个普通的最大流问题，使用 Edmonds-Karp 算法求解最大消耗电力。

1．数据结构

根据题意，定义如下变量：

```
#define MAX 120
```

```
int n;                          //结点数
int np;                         //发电站数
int nc;                         //消费者数
int m;                          //传输线数
int cap[MAX][MAX];              //网络的邻接矩阵
```

2. 读取数据,构造网络的邻接矩阵

数据格式看起来很烦,使用 C 语言 scanf()函数中的格式化方法,读取数据就比较简单。数据分为 3 部分,如算法 9.2 所示。

算法 9.2 读取数据,构造网络的邻接矩阵。

```
int from,to,value;              //对应题目中的 u,v,z
while(scanf("%d%d%d%d",&n,&np,&nc,&m)!= EOF)
{
    memset(cap,0,sizeof(cap));
    //读取输电线路数据
    while (m -- )
    {
        scanf("(%d,%d)%d",&from,&to,&value);
        cap[from][to] = value;
    }
    //读取发电站数据,构造超级源点(n)
    while (np -- )
    {
        scanf("(%d)%d",&from,&value);
        cap[n][from] = value;
    }
    //读取消费者数据,构造超级汇点(n+1)
    while (nc -- )
    {
        scanf("(%d)%d",&from,&value);
        cap[from][n+1] = value;
    }
    printf("%d\n", EKarp(n,n+1));
}
```

3. 使用 Edmonds-Karp 算法求解最大消耗电力

在成功构造网络流量图以后,就可以使用 Edmonds-Karp 算法求解最大消耗电力。在应用算法过程中,需要保存增广路径(数组 pre[])和该路径上每个结点的最小流量(数组 node[]),如算法 9.3 所示。

算法 9.3 使用 Edmonds-Karp 算法求解最大消耗电力。

```
//形参 s 为超级源点(n+1),形参 t 为超级汇点(n+2)
int EKarp(int s,int t)
{
    queue<int> Q;               //用于 BFS 算法的搜索队列
    int flow[MAX][MAX];         //剩余网络的邻接矩阵
```

```
        int pre[MAX];                    //增广路径
        int node[MAX];                   //增广路径上的最小流量
        int u,v;
        int maxflow = 0;                 //网络的最大流量
        //剩余网络初始化
        memset(flow,0,sizeof(flow));
        //不断寻找增广路径
        while (true)
        {
            Q.push(s);
            memset(node,0,sizeof(node));
            node[s] = 100000;        //最小流量初值为∞
            //使用 BFS 算法,搜索增广路径
            while(!Q.empty())
            {
                u = Q.front();
                Q.pop();
                for (v = 0; v <= t; v++)
                    if (!node[v] && cap[u][v]> flow[u][v])
                    {                    //找到增广路径上的一个结点
                        Q.push(v);
                        node[v] = min(node[u], cap[u][v] - flow[u][v]);
                        pre[v] = u;
                    }
            }
            //当瓶颈容量为 0 时,说明不存在增广路径,搜索结束
            if (node[t] == 0)break;
            //根据增广路径和瓶颈容量,更新剩余网络
            for (u = t; u!= s; u = pre[u])
            {                            //分别修改正向边和反向边
                flow[pre[u]][u] += node[t];
                flow[u][pre[u]] -= node[t];
            }
            maxflow += node[t];     //总流量累加
        }
        return maxflow;
}
```

算法实现源代码：zju1734-EKarp.cpp。

9.1.6 ISAP 算法

Edmonds-Karp 算法是求最大流的经典算法,每次使用广度优先搜索(BFS)算法寻找最短增广路径,这就是最短增广路径算法(Shortest Augmenting Path,SAP)。

如果能让每次寻找增广路径的时间复杂度降下来,那么就能提高算法效率,使用距离标号的最短增广路 SAP 算法就是这样的。这就是对最短增广路径算法的一个改进(Improved Shortest Augmenting Path,ISAP),称为改进的最短增广路径算法。

1. 距离标号

距离标号为某个点到汇点的最少边的数量。设点 i 的标号为 $d[i]$,那么如果将满足 $d[i]=d[j]+1$ 的弧 (i,j) 称为允许弧,且增广时只走允许弧,就可以达到"怎么走都是最短路"的效果。算法中的 d 函数是满足如下两个条件的非负函数:① $d(t)=0$;②对剩余网络中的任意弧 $(i,j),d[i]\leqslant d[j]+1$。只要满足这两个条件,$d[i]$ 就是 $i\sim t$ 距离的下界。当 $d[s]\geqslant n$ 时,剩余网络中不存在 s-t 的路径。

每个点的初始标号可以在一开始用从汇点沿所有反向边的 BFS 求出,实践中可以初始设全部点的距离标号为 0,问题就是如何在增广过程中维护这个距离标号。

2. 距离标号的维护

当找增广路径过程中发现某点出发没有允许弧时,将这个点的距离标号设为由它出发的所有边终点的距离标号的最小值加 1。这种维护距离标号的方法的正确性是显然的。由于距离标号的存在,"怎么走都是最短路",所以就可以采用 DFS 找增广路径,用一个栈保存当前路径的弧即可。当某个点的距离标号被改变时,栈中指向它的那条弧肯定已经不是允许弧了,所以就让它出栈,并继续用栈顶的弧的端点增广。

3. ISAP 算法的优化

(1) 对于每个点保存"当前弧":初始时当前弧是邻接表的第一条弧;在邻接表中查找时从当前弧开始查找,找到了一条允许弧,就把这条弧设为当前弧;改变距离标号时,把当前弧重新设为邻接表的第一条弧。

(2) 改变距离标号时把当前弧设为那条提供了最小标号的弧。当前弧的写法之所以正确,在于任何时候我们都能保证在邻接表中当前弧的前面肯定不存在允许弧。

(3) 在每次找到路径并增广完毕之后不要将路径中所有的顶点退栈,而是只将瓶颈边以及之后的边退栈,这是借鉴了 Dinic 算法的思想,该优化使得一次增广能够找到更多的可行流。

(4) GAP 优化。如果一次重标号时,出现距离断层,则可以证明 s-t 无可行流,可以直接退出算法。实现时需要增加数组 gap[],并在重新标号时,予以更新。

(5) 邻接表优化。如果顶点比较多,使用邻接矩阵 $O(n^2)$ 存不下,这时候就要保存边:每条边的出发点、终止点和容量,然后排序,再记录每个出发点的位置。以后要调用从出发点出发的边时,只需从记录的位置开始查找即可。优点是时间加快空间节省,缺点是编程更加复杂,所以在题目允许的情况下,建议使用邻接矩阵。

算法示例如图 9-5 所示。图 9-5(a)是原始网络图。第一次距离标号如图 9-5(b)所示。从图中看出存在两条 s-t 的增广路径:增广路径 $(s,4,t)$ 和增广路径 $(s,3,t)$,瓶颈容量都是 2,得到第一个剩余网络,如图 9-5(c)所示。

第二次距离标号如图 9-5(d)所示。从图中看出存在两条 s-t 的增广路径:增广路径 $(s,2,5,t)$ 和增广路径 $(s,3,4,t)$,瓶颈容量都是 1,得到第二个剩余网络,如图 9-5(e)所示。

第三次距离标号如图 9-5(f)所示。从图中看出存在一条 s-t 的增广路径:增广路径 $(s,2,5,4,t)$,瓶颈容量是 1,得到第三个剩余网络,如图 9-5(g)所示。

第四次距离标号如图 9-5(h)所示。从图中可以看出,从 s 到 t 增广路径的标号,出现距离断层,根据 GAP 优化,算法结束,得到最大流量 7。

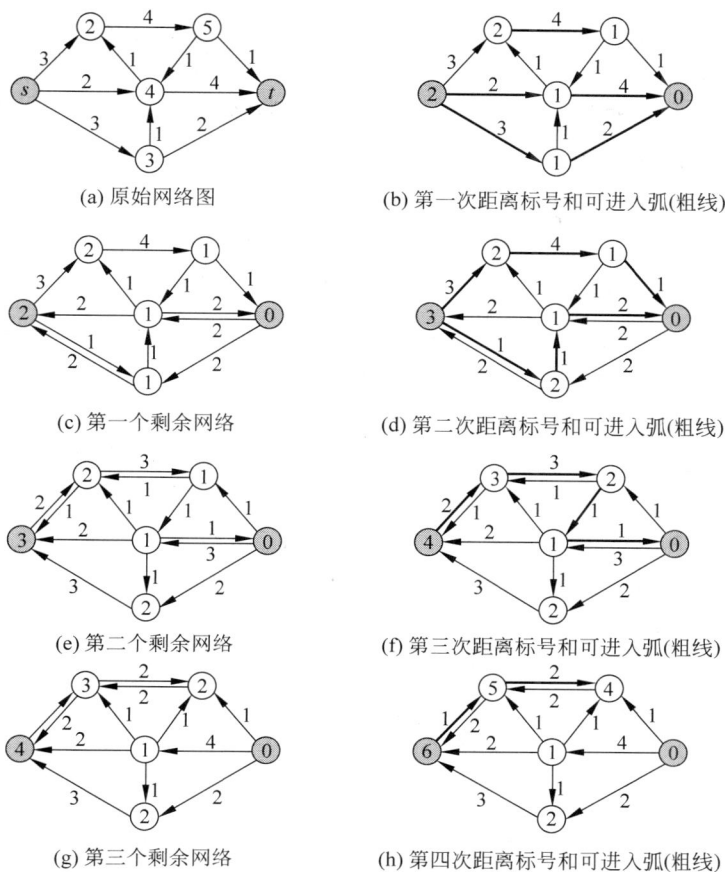

(a) 原始网络图   (b) 第一次距离标号和可进入弧(粗线)

(c) 第一个剩余网络   (d) 第二次距离标号和可进入弧(粗线)

(e) 第二个剩余网络   (f) 第三次距离标号和可进入弧(粗线)

(g) 第三个剩余网络   (h) 第四次距离标号和可进入弧(粗线)

图 9-5 改进的最短增广路径(ISAP)算法示例

9.1.7 ZOJ1734-Power Network——ISAP 算法

用不同的算法求解同一个例题,便于掌握每个算法的特点,做到融会贯通。使用 ISAP 算法,在数据结构上可以使用邻接矩阵和邻接表,前者代码简单,后者代码复杂。这里继续使用 9.1.5 节的邻接矩阵,如算法 9.4 所示。在该算法中,使用了当前弧优化和 GAP 优化。

算法 9.4 使用 ISAP 算法求解最大消耗电力。

```
//形参 s 是源点,t 是汇点
int ISAP( int s, int t)
{
    int CurrentArc[MAX];                    //当前弧优化
    int level[MAX];                         //距离标号
    int gap[MAX];                           //GAP 优化
    int pre[MAX];                           //增广路径
    memset(CurrentArc, 0, sizeof CurrentArc);
    memset(level, 0, sizeof level);
    memset(gap, 0, sizeof gap);
    int u = pre[s] = s;
```

```
int v;
int maxFlow = 0;                                          //网络的最大流量
int minFlow = 100000;                                     //瓶颈容量,初值为∞
n += 2;                                                   //增加了超级源点和超级汇点
gap[s] = t;
//剩余网络中起点 s 的层次号小于 n,存在增广路径
while (level[s]< n)
{
    //查找允许弧.注意:从当前弧开始查找
    for(v = CurrentArc[u]; v < n; v++)
        if (cap[u][v]> 0 && level[u] == level[v] + 1)
            break;
    //找到了允许弧
    if (v < n)
    {
        pre[v] = u;                                       //保存增广路径
        if (minFlow > cap[u][v]) minFlow = cap[u][v];
        u = CurrentArc[u] = v;
        //到达汇点(找到完整增广路径)
        if (u == t)
        {
            //累计最大流量
            maxFlow += minFlow;
            //更新剩余网络中增广路径上的容量
            for (v = t; v!= s; v = pre[v])
            {
                cap[pre[v]][v] -= minFlow;                //正向边
                cap[v][pre[v]] += minFlow;                //反向边
            }
            //从源点重新开始查找
            minFlow = 100000;
            u = s;
        }
    } else {                                              //没有找到允许弧
        //维护距离标号,更新结点 u 的标号和当前弧
        int minLabel = n;
        for (v = 0; v < n; v++)
        {
            if (cap[u][v] > 0 && minLabel > level[v])
            {
                CurrentArc[u] = v;
                minLabel = level[v];
            }
        }
        //GAP 优化,出现断层则结束算法
        if ( -- gap[level[u]] == 0) return maxFlow;
        //重标号和计算距离
        level[u] = minLabel + 1;
        gap[level[u]] ++;
        //从当前点前驱重新增广
        u = pre[u];
```

```
            }
        }
        return maxFlow;
    }
```

算法实现源代码：zju1734-ISAP-Matrix.cpp。

如果对邻接表感兴趣，请参看代码：zju1734-ISAP-Table.cpp。

9.1.8　Dinic 算法

该算法是 1970 年由 Dinic 提出的高效算法，关注的是怎样减少增广次数：不停地用 BFS 构造层次图，然后用阻塞流来增广。"层次图"和"阻塞流"是 Dinic 算法的关键字，层次图的概念参见定义 9.7。ISAP 算法通过构造距离标号，提高每次增广的效率；而 Dinic 则构造了分层网络，使得一次增广可以找到更多的流。

定义 9.8　给出一个 G 上的流 f 和相应的容量函数 c，如果边 (u,v) 满足 $f(u,v)=c(u,v)$，称为饱和边。

定义 9.9　设 G 是一个网络，H 是包含 s 和 t 的 G 的子图。如果在 H 中每条从 s 和 t 的路径中都至少有一条饱和边，H 中的流 f^* 称为 H 的阻塞流。

Dinic 算法首先使用 BFS 算法对网络中的顶点按分层进行标号，这一步类似于 SAP 为顶点定标的过程，示例如图 9-3(b)所示。在剩余网络中，起点到结点 u 的距离为 level(u)，称为结点 u 的层次号。只保留每个点出发到下一个层次的弧，即满足 level(u)=level(v)+1，就能得到层次图。显然，如果一次 BFS 能够成功地从源点增广到汇点，整个网络根据层次号就会变成一个层次网络，每个结点都有自己的层次号。

在一个分层网络中，只有 level(u)=level(v) 或者 level(u)=level(v)+1 时，(u,v) 之间有边存在。当且仅当 level(u)=level(v)+1 时，两点之间的边称为允许边，在接下来的寻找增广路径过程中，只会走允许边。在 BFS 搜索时，只要遍历到汇点即可停止，因为根据层次图的规定，与汇点同层或更低一层的结点，不可能走到汇点。这个算法似乎与 ISAP 算法相似，因为层次图的使用，使得在其中增广也是怎么走都是最短路径。

把剩余网络标记为层次图之后，就可以使用多路增广方法，一般的算法是 DFS。从源点开始，使用 DFS 算法从前一层向后一层反复寻找增广路径。在 DFS 过程中，如果到达汇点，则说明找到了一条增广路径。设该增广路径上的瓶颈容量为 aug，则最大流量 maxflow 要增加数值 aug，同时消减增广路径上各边的容量 aug，反向边增加容量 aug，称为路径增广。当 DFS 找到一条增广路径后，并不立即结束，而是回溯后继续 DFS，寻找下一条增广路径，直到找完所有的增广路径。根据定义 9.9，该层次图中所有增广路径的瓶颈容量之和，称为阻塞流 f^*。

如果增广路径上的瓶颈容量为 0，说明已经没有增广路径了，则 DFS 搜索算法结束。此时，对剩余网络继续进行分层，得到新的层次图，然后再进行 DFS。当剩余网络中无法计算汇点的层次，即 BFS 无法到达汇点时，Dinic 算法结束，得到最大流量 maxflow。

Dinic 算法被分成至多 n 个阶段，每个阶段由寻找出层次图和关于此层次图的阻塞流以及用阻塞流来增加最大流量这样几部分组成。因为每次沿阻塞流增广后，最大的层次号至少会增加 1，因此最多计算 $n-1$ 次阻塞流，而每次阻塞流的计算时间均不超过 $O(mn)$，则

总时间复杂度为 $O(mn^2)$。

　　Dinic 算法示例图,与图 9-3 最短路径长度增值(MPLA)算法示例基本相同,就是没有图 9-3(f),因为 BFS 无法到达汇点时,Dinic 算法结束。

9.1.9　ZOJ1734-Power Network——Dinic 算法

　　使用 BFS 算法对网络中的顶点按分层进行标号时,由 level[ ] 数组保存标号结果。

　　如果标记到汇点 t,说明剩余网络中存在增广路径,否则没有增广路径而搜索结束,如算法 9.5(1)所示。

　　算法 9.5(1)　使用 BFS 算法标记层次图。

```
bool BFS()
{
    queue < int > q;                           //搜索队列
    //顶点标记,初值为 - 1
    memset(level, - 1, sizeof(level));
    while (!q.empty()) q.pop();                //清空队列
    //从源点开始标记
    level[n] = 0;
    q.push(n);
    while (!q.empty())
    {
        int u = q.front();
        q.pop();
        //寻找结点 u 的下一个层次
        for (int v = 0; v < = n + 1; v++)
        {
            if (cap[u][v] && level[v] == - 1)
            {
                level[v] = level[u] + 1;       //标记顶点 v
                q.push(v);
            }
        }
    }
    if (level[n + 1]> 0) return true;          //到达汇点
    else return false;                         //没有到达汇点
}
```

　　在剩余网络中找到增广路径之后,接下来就是计算每条增广路径上的瓶颈容量,并更新剩余网络,如算法 9.5(2)所示。

　　算法 9.5(2)　使用 DFS 算法寻找增广路径、计算瓶颈容量和更新剩余网络。

```
//形参 u 在初始时是源点,瓶颈容量的初值是∞
int DFS(int u, int flow)
{
    //递归结束条件.
    if (u == n + 1) return flow;
    int aug;
    //从当前结点 u 寻找允许边
```

```
for (int v = 0; v <= n + 1; v++)
{
    //存在允许边,并追踪到汇点时获得瓶颈容量 aug
    if (cap[u][v] && (level[v] == level[u] + 1)
        && (aug = DFS(v, min(cap[u][v],flow))))
    {
        cap[u][v] -= aug;              //更新正向流
        cap[v][u] += aug;              //更新反向流
        return aug;                     //瓶颈容量
    }
}
//层次图中不存在增广路径
return 0;
}
```

最后是 Dinic 算法的主框架,每次调用 BFS 算法构造层次图,如果剩余网络中存在增广路径,接下来调用 DFS 算法计算每条增广路径的瓶颈容量 minflow,并累加网络最大流量 maxflow,如算法 9.5(3)所示。

算法 9.5(3) 使用 Dinic 算法求解最大消耗电力。

```
int Dinic()
{
    //网络最大流量
    int maxflow = 0;
    //层次图中到达汇点
    while (BFS())
    {
        int minflow;
        //获得每条增广路径上的瓶颈容量,累加网络最大流量
        while (minflow = DFS(n,inf)) maxflow += minflow;
    }
    return maxflow;
}
```

算法实现源代码:zju1734-Dinic-Matrix.cpp。

对邻接表感兴趣的读者请参看代码:zju1734-Dinic-Table.cpp。

9.1.10 最小费用流——SPFA 算法

在带权网络 $G=(V,E)$ 中,除给定容量函数,还增加费用函数。

定义 9.10 在网络 $G=(V,E)$ 中,任给 $(u,v)\in E$,对应的权值记为 $w(u,v)$,表示边 (u,v) 的单位流量费用或者成本,即通过一条边的单位流所需的费用。给定一个流 f,则总费用定义为:

$$w(f) = \sum_{(u,v)\in E} w(u,v)f(u,v)$$

如果 f 在流量为 $|f|$ 的所有流中具有最小的费用,则称流 f 为最小费用流。最小费用流问题就是在网络中寻找总费用最小的可行流。通常是计算流量最大的最小费用流,称为最小费用最大流问题。

类似最大流问题的剩余网络,带权网络流 f 的剩余网络是一个有向图 $G_f=(V,E_f)$。

定义 9.11 给定一个带有容量 c 和权函数 w 的网络 $G=(V,E)$,任意正向边 $(u,v)\in E$,增加反向边 (v,u)。正向边 (u,v) 的权值 $w(u,v)$ 不变,其剩余容量为 $c_f(u,v)=c(u,v)-f(u,v)$,反向边 (v,u) 的权值为 $w(v,u)=-w(u,v)$,其剩余容量为 $c_f(v,u)=f(u,v)$。由所有剩余容量为正的边构成的带权网络称为流 f 的剩余网络 $G_f=(V,E_f)$。

显然,带权网络流 f 的剩余网络与前面介绍最大流的剩余网络相似,只有权函数的区别。

解决最小费用最大流问题,一般有两条途径。

(1) 先用最大流算法算出最大流,然后根据边费用,检查是否有可能在流量平衡的前提下通过调整边流量,使总费用得以减少。只要有这个可能,就进行这样的调整,调整后得到一个新的最大流。在这个新流的基础上继续检查、调整。这样迭代下去,直至无调整可能,便得到最小费用最大流。

这一算法思路的特点是保持问题的可行性(始终保持最大流),向最优推进。

(2) 与最大流算法思路类似。首先给出零流作为初始流,这个流的费用为零,当然是最小费用的。然后寻找一条源点至汇点的增广路径,但要求这条增广路径必须是所有增广路径中费用最小的一条。如果能找出增广路径,则在增广路径上增流,得出新流。将这个流作为初始流看待,继续寻找增广路径增流。这样迭代下去,直至找不出增广路径,这时的流即为最小费用最大流。

这一算法思路的特点是保持解的最优性(每次得到的新流都是费用最小的流),而逐渐向可行解靠近(直至最大流时才是一个可行解)。

第二种算法和已介绍的最大流算法接近,而且算法中寻找最小费用增广路径,可以转化为一个寻求源点至汇点的最短路径问题,所以这里介绍这一算法。

对于不含负权边的图求解单源最短路径,Dijkstra 算法的效率是最高的。但在含负权边的图中,Dijkstra 算法很可能得不到正确的结果,因为它每次选择的是当前能连到的权值最小的边,在正权图中这种贪心是对的,但是在负权图中就不能这样。Bellman-Ford 与SPFA(Shortest Path Faster Algorithm,西南交通大学段凡丁于 1994 年发表)[1]都是解决这一问题的算法,两者的程序都很简单清晰。SPFA 作为 Bellman-Ford 的一个改进,尽可能地减少冗余计算,从而提高效率。

SPFA 在形式上和宽度优先搜索非常类似,不同的是宽度优先搜索中一个结点出了队列就不可能重新进入队列,但是 SPFA 中一个结点可能在出队列之后再次被放入队列。也就是一个结点改进过其他的结点之后,过了一段时间可能本身被改进,于是再次用来改进其他的结点,这样反复迭代下去。

SPFA 算法是 Bellman-Ford 算法的一种队列实现,基本算法和 Bellman-Ford 算法一样,并且用如下的方法改进:

(1) 不是枚举所有结点,而是通过队列来进行优化。设立一个先进先出的队列用来保存待优化的结点,优化时每次取出队首结点 u,以结点 u 当前的最短路径估计值对离开结点 u 所指向的结点 v 进行松弛操作,如果结点 v 的最短路径估计值有所调整,且结点 v 不在当

---

① 段凡丁. 关于最短路径的 SPFA 快速算法[J]. 西南交通大学学报. 1994(2).

前的队列中,就将结点 v 放入队尾。这样不断从队列中取出结点来进行松弛操作,直至队列空为止。

（2）除了通过判断队列是否为空来结束循环,还可以判断有无负环：如果某个点进入队列的次数超过顶点数 n,则存在负环（SPFA 无法处理带负环的图）。

设数组 dist[] 用来保存每个结点到源点 s 的距离,SPFA 算法有两个优化算法：

（1）SLF：Small Label First 策略。设要加入的结点是 j,队首元素为 i,若 dist[j]< dist[i],则将结点 j 插入队首,否则插入队尾。SLF 优化可使速度提高 15%～20%。

（2）LLL：Large Label Last 策略,设队首元素为 i,队列中所有结点的 dist[] 的平均值为 average,若 dist[i]>average 则将 i 插入到队尾,查找下一元素,直到满足 dist[i]≤ average,则将 i 出队进行松弛操作。SLF 和 LLL 优化算法同时使用,可使速度提高约 50%。

根据段凡丁作者的论文,采用动态逼近优化的 SPFA 算法,对最短路径这一典型的问题,可以提高速度,使其时间复杂度由 $O(n^2)$ 降低成为 $O(m)$。

9.1.11 ZOJ2404-Going Home——SPFA 算法

【问题描述】

在一个网格地图上,有 n 个小矮人和 n 间房子,每间房子只能容纳一个小矮人。在单位时间里,每个小矮人可以水平或者垂直方向移动一格到一个相邻点。对每个小矮人,他每移动一格,需要支付 1 美元旅行费用,直到他进入房子。

编程任务：把 n 个小矮人送进 n 间不同的房子,所需要支付的最小费用。输入是一个网格矩阵,其中"."表示空地,"H"代表一个房子,"m"表示一个小矮人。

你可以把网格地图上的每个方格,看成是一个大广场,同时可以容纳 n 个小矮人。而且,小矮人可以路过一个有房子的方格而不进入房子。

输入

有一个或多个测试例。对每个测试例,第一行是两个整数 n 和 m,分别表示网格地图的行数和列数。接下来 n 行是描述网格地图的。可以假定 n 和 m 的范围是 2～100。地图上,"H"和"m"的数量是相同的,房子的数量最多是 100。当 n 和 m 是"0 0"时,表示输入结束。

输出

对每个测试例输出一行,是一个整数：即需要付出的最小费用。

输入样例

```
2 2
.m
H.
5 5
HH..m
.....
.....
.....
mm..H
0 0
```

输出样例

```
2
10
```

题目来源

Pacific Northwest 2004

【算法分析】

把小矮人(man)作为一个顶点集合 U,房子(house)作为一个顶点集合 V。把 U 中所有顶点到 V 中所有顶点连边(u,v),费用 $cost[u][v]=|\Delta x|+|\Delta y|$,容量 $cap[u][v]=1$。反向弧费用 $cost[v][u]=-cost[u][v]$,构成一个多源多汇的二分图。

由于每个多源多汇的网络流都必须有一个与之对应的单源单汇的网络流,由此构造一个超级源点 s 和超级汇点 t,超级源点 s 与 U 中所有顶点相连,费用 $cost[s][u]=0$,容量 $cap[s][u]=1$;V 中所有顶点与超级汇点 t 相连,费用 $cost[v][t]=0$,容量 $cap[t][v]=1$。

各边的容量初始化为1,是因为每间房子只允许入住一人。而与超级源点(汇点)相连边的费用之所以为0,是为了构造的单源单汇网络流最终所求的最小费用等于原来多源多汇网络流的最小费用。

读取数据和构造剩余网络的代码,为节省篇幅,请参考源代码:zju2404-SPFA.cpp。

1. 数据结构

```
# define MAX 205
# define INF 20000                          //表示∞
int nHouse, nMan;                           //房子数,人数
int total;                                  //total = nHouse + nMan + 1
int pre[MAX];                               //增广路径
int cost[MAX][MAX];                         //网络费用的邻接矩阵
int cap[MAX][MAX];                          //网络容量的邻接矩阵
struct node                                 //房子和小矮人的坐标位置
{
    int x, y;
}house[MAX], man[MAX];
```

2. 寻找费用最小增广路径

题目所求的最小费用,就是最短路径,采用 SPFA 算法求解。该最短路径就是图 G 的所有增广路径中费用最小的一条增广路径 p,如算法 9.6(1)所示。

算法 9.6(1)   使用 SPFA 算法寻找费用最小增广路径。

```
//剩余网络中,0点是超级源点,1点是超级汇点
bool SPFA()
{
    int i;
    int d[MAX];                             //最短路径中的距离数组
    bool vis[MAX];                          //标记各点是否在队列中
    for (i = 1; i <= total; i++)            //初始化
    {
        d[i] = INF;
```

```
            vis[i] = false;
    }
    d[0] = 0;                                    //超级源点
    queue < int > q;                             //搜索队列
    q.push(0);
    while (!q.empty())
    {
        int u = q.front();
        q.pop();
        //枚举该边连接的每条边,容量未饱和而且能够松弛
        for (i = 1; i <= total; i++)
            if (cap[u][i] && d[i] > d[u] + cost[u][i])
            {                                    //距离更短,进行松弛操作
                d[i] = d[u] + cost[u][i];
                pre[i] = u;
                if (!vis[i])
                {                                //标记结点进入队列
                    vis[i] = true;
                    q.push(i);
                }
            }
        //将队首结点标记为未入队列
        vis[u] = false;
    }
    //找到一条当前费用和最小的增广路径
    if (d[1] < INF) return true;
    //超级汇点没有被调整,说明已不存在增广路径
    return false;
}
```

3. 计算最小费用最大流

采用 SPFA 算法获得费用最小的一条增广路径 p。比较增广路径 p 上所有边的容量,最小容量 minflow 就是瓶颈容量。利用 minflow 对增广路径 p 各边的容量进行调整,正向弧容量减少 minflow,反向弧容量增加 minflow。然后增广路径 p 各边的费用分别乘以 minflow 之和 result,就是第一个 man 到达合适的 house 所花费的最小费用,同时得到剩余网络 G'。对剩余网络 G' 继续使用 SPFA 算法,找到第二条最小容量的增广路径……,直到无法找到增广路径为止。所有增广路径的费用 result 的和,就是需要付出的最小费用,如算法 9.6(2)所示。

算法 9.6(2) 计算最小费用最大流。

```
int MinCost_MaxFlow()
{
    //需要付出的最小费用
    int result = 0;
    //只要能够找到费用最小的增广路径
    while (SPFA())
    {
        int i;
```

```
        int minflow = INF;                    //瓶颈容量
        for (i = 1; i != 0; i = pre[i])
            minflow = min(minflow, cap[pre[i]][i]);
        //更新剩余图,并累计费用
        for (i = 1; i != 0; i = pre[i])
        {
            cap[pre[i]][i] -= minflow;        //正向边
            cap[i][pre[i]] += minflow;        //反向边
            result += cost[pre[i]][i] * minflow;
        }
    }
    return result;
}
```

算法实现源代码：zju2404-Going Home-SPFA. cpp。

9.2　二分图匹配问题

二分图(Bipartite Graph)就是将一个图划分为两个部分,即两个集合。设 $G = (V, E)$ 是一个无向图,如果顶点 V 可分割为两个互不相交的子集(X, Y),并且图中每条边(u, v)关联的两个顶点 u 和 v 分别属于这两个不同的顶点集,则称图 G 为一个二分图,如图 9-6 所示。

二分图匹配是指求出一组边,其顶点分别在两个集合中,并且任意两条边都没有相同的顶点,这组边称为二分图的匹配;如果得到边的个数是最大的,则称为二分图最大匹配。

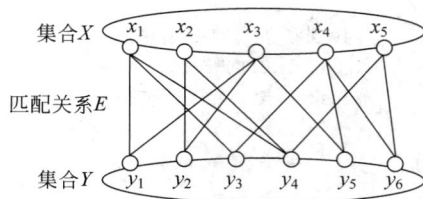

图 9-6　二分图匹配示例

9.2.1　匹配问题

定义 9.12　设 $G = (V, E)$ 是一个无向图,一个匹配是指一个边的集合 $M \subseteq E$,若 $\forall v \in V, M$ 中至多有一条边与 v 相连。如果 M 中某条边与顶点 v 相连,该顶点称为匹配的,否则是未匹配的。如果一条边 $e \in E$ 在 M 中,则称为匹配边;否则称为未匹配边。

匹配 M 的大小,即 M 中所有匹配边的数量记为 $|M|$,最大匹配问题就是找出数值 $|M|$ 是最大的集合 M。

定义 9.13　设 $G = (V, E)$ 是一个无向图,设 M 是 G 的一个匹配,如果 G 中每个顶点都被 M 匹配,则称 M 是完全匹配(Perfect Matching)。

为了找出较大的匹配,可以采用迭代的办法。每次选择一条边,使得其端点没有被已经选出的边用过,直到没有可选的边为止,就得到一个较大匹配,但它可能不是最大匹配。

定义 9.14　设 $G = (V, E)$ 是一个无向图,一个极大匹配是一个不能再通过添加边来使其变大的匹配。如果 M 是图 G 的一个极大匹配,那么不可能有另一个匹配包含 M 的全部边,而不等于 M。如果 M 是图 G 的一个极大匹配,那么 G 的每条边都和 M 中的一条边相邻。边数最多的匹配称为最大匹配(Maximal Matching)。

极大匹配示例如图 9-7 所示,粗实线是匹配边,灰色顶点是匹配顶点。

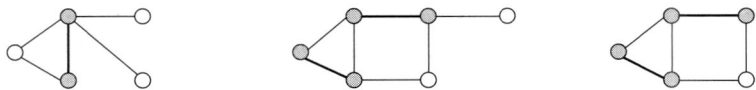

图9-7　极大匹配示例

最大匹配示例如图9-8所示,粗实线是匹配边,灰色顶点是匹配顶点。

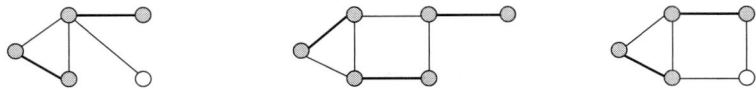

图9-8　最大匹配示例

图9-7和图9-8中最右边的两个无向图,极大匹配和最大匹配是一样的。图9-8中间的无向图,是完美匹配。一般地,并不是每个无向图都存在完美匹配;反之,如果存在完美匹配,则一定是最大匹配。

定义9.15　设 $G=(V,E)$ 是一个无向图,设 M 是图 G 的一个匹配。若 G 中存在一条由匹配边和自由边交错组成的简单路径 p,则称 p 为交错路径(Alternating Path),交错路径 p 中边的数量用 $|p|$ 表示。若交错路径 p 的两个端点相重合,则称 p 是交错回路。若交错路径的两个端点是自由的,则称 p 是 M 的增广路径(Augmenting Path)。

由增广路径的定义可以推出下述三个结论:

(1) 增广路径 p 的路径长度必定为奇数,第一条边和最后一条边都不属于 M。

(2) 增广路径 p 经过取反操作,可以得到一个更大的匹配 M'。

(3) (Berge,1957) M 为 G 的最大匹配,当且仅当不存在相对于 M 的增广路径。

定义9.16　给定两个边的集合 M_1 和 M_2,定义 $M_1 \oplus M_2 = (M_1 \bigcup M_2) - (M_1 \bigcap M_2)$。

引理9.2　给定 $G=(V,E)$ 是一个无向图,设 M 是图 G 的一个匹配,p 是关于 M 的一条增广路径,则 $M \oplus p$ 是图 G 的一个匹配,且有 $|M \oplus p| = |M| + 1$。

Berge 定理为计算二分图的最大匹配提供了思路:不断寻找一系列大小递增的 M 的增广路径,直到找到最大的 M 的增广路径为止。

定义9.17　设 $G=(V,E)$ 是一个无向图,$S \subseteq V$,V 中与 S 通过边直接相连的点称为 S 的邻集,记为 $N(S)$。

定理9.1　(Hall,1935)在二分图 $G=(X,Y;E)$ 中,存在一个匹配 M,使得 X 中所有点都被 M 匹配,当且仅当 $\forall S \subseteq X$,都有 $|N(S)| \geqslant |S|$。

利用 Hall 定理可以作为迭代寻找增广路径时的终止条件。

9.2.2　二分图最大匹配——匈牙利算法

利用 Berge 定理和 Hall 定理,Edmonds 于1965年提出了匈牙利算法(Hungary 算法),解决二分图最大匹配问题。

算法的核心思想是将初始匹配通过迭代寻找增广路径,直到没有增广路径为止。在二分图 $G=(X,Y;E)$ 中,从一个空匹配 M 开始,在 G 中寻找 M 的一条增广路径 P。然后进行 $M \oplus P$ 操作,其结果是反转 P 中的边,把 P 中的匹配边变成自由边,把自由边变成匹配边,从而得到一个新的匹配 M^*,$|M^*|$ 比 $|M|$ 多1。重复上述操作,直到 G 中不包含 M 的

增广路径为止,这时 M^* 是 G 中的最大匹配。实现匈牙利算法,需要用到匈牙利树的概念。

在定义 9.15 中定义了交错路径的概念,下面给出寻找交错路径的算法。

在二分图 $G=(X,Y;E)$ 中,首先从 X 中找一个未匹配的顶点 u,从 u 开始加上一条连接顶点 u 的未匹配边 (u,v),再找一条连接顶点 v 的匹配边 (v,w),这样未匹配边和匹配边交错加入,直到这条路径不再扩大,即路径已经遇到一个未匹配顶点或者所有的顶点都已经加入树中。然后再从顶点 u 出发,继续搜索另一条交错路径。重复上述过程,直到从顶点 u 出发的所有交错路径都被找出来。如果一条交错路径以未匹配顶点结束,则该交错路径是一条增广路径。以 u 为根的、由交错路径构成的树,称为交错路径树(Alternating Path Tree)。如果交错路径树的叶子顶点都是匹配顶点,则称为匈牙利树(Hungarian Tree)。

算法的实现如图 9-9 所示。在二分图 G 中,匹配 $M=\{(x_1,y_1),(x_4,y_2),(x_5,y_3)\}$。构建以 x_2 顶点为根的交错路径树,如图 9-9(b)所示。我们发现顶点 y_4 是未匹配顶点,得到增广路径 $P\{x_2,y_2,x_4,y_4\}$,然后进行 $M\oplus P$ 操作得到新的匹配 M^*,如图 9-9(c)所示,M^* 比 M 多一条边。现在只有顶点 x_3 是未匹配顶点,构建以顶点 x_3 为根的交错路径树,如图 9-9(d)所示。叶子顶点都是匹配顶点,这是一棵匈牙利树,不存在增广路径。因此 M^* 就是一个最大匹配。

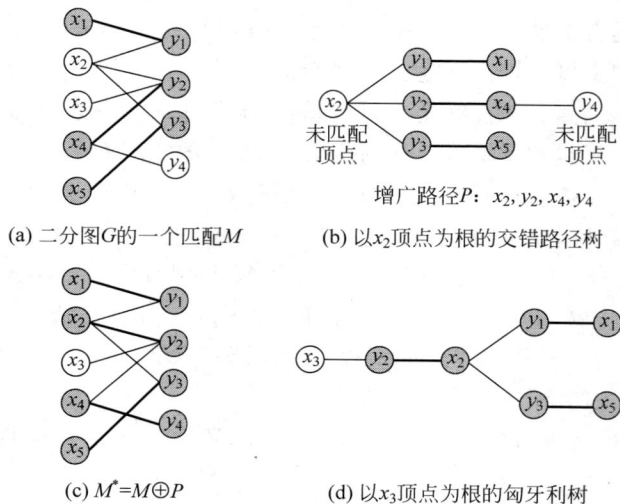

(a) 二分图 G 的一个匹配 M

(b) 以 x_2 顶点为根的交错路径树

增广路径 P: x_2, y_2, x_4, y_4

(c) $M^*=M\oplus P$

(d) 以 x_3 顶点为根的匈牙利树

图 9-9　匈牙利算法的实现

通常采用深度优先搜索(DFS)算法或者广度优先搜索(BFS)算法,构造交错路径树。

9.2.3　ZOJ1137-Girls and Boys

【问题描述】

有人开始研究大学二年级学生之间的浪漫关系。“浪漫”关系定义为一个女孩和一个男孩之间的关系。研究的理由是,有必要找出满足条件的最大集:该集合中的学生之间都没有“浪漫”关系。程序输出:该集合中学生的人数。

输入

有多个测试例。对每个测试例,格式如下:

学生人数 n

学生编号：（浪漫关系数量）学生编号 1 学生编号 2 学生编号 3 ……

或学生编号（0）

学生编号是一个整数，在 0 到 $n-1$ 之间（$n \leqslant 500$）。

输出

对每个测试例，输出一行，是该集合中学生的人数。

输出样例

```
7                          3
0: (3) 4 5 6               0: (2) 1 2
1: (2) 4 6                 1: (1) 0
2: (0)                     2: (1) 0
3: (0)
4: (2) 0 1
5: (1) 0
6: (2) 0 1
```

输出样例

```
5
2
```

题目来源

Southeastern Europe 2000

【算法分析】

这是一个经典的二分图最大匹配问题。但是在构建二分图时，应该一边是男的顶点，一边是女的顶点，然后对每个浪漫关系连边，但是题目中没有给出性别。我们可以将每个顶点都拆成两个顶点：一个当作男的顶点，一个当作女的顶点。由于"浪漫"关系是对称的，从输入数据中也可以看出来，这样边集就多出了一倍。相应的最大匹配数也放大了一倍，即计算结束时最大匹配数 number 应该除以 2。

1. 数据结构

```
#define MAX 500
int n;                      //学生人数
int map[MAX][MAX];          //同学关系邻接矩阵
int match[MAX];             //匹配关系
int use[MAX];               //记录已覆盖顶点
```

2. 利用匈牙利算法计算最大匹配数

调用深度优先搜索算法寻找增广路径，是匈牙利算法中最简单的代码，适合稠密图。由于边多，DFS 寻找增广路径很快，如算法 9.7(1)所示。

算法 9.7(1) 匈牙利算法计算最大匹配数。

```
int hungary()
{
    int num = 0;                           //匹配数
```

```
    memset(match, -1, sizeof(match));
    //对二分图左边的每个结点,搜索增广路径
    for(int i = 0; i < n; i++)
    {
        memset(use, 0, sizeof(use));
        //找到了增广路径,结点 i 找到了一个匹配
        if(DFS(i)) num++;
    }
    return n - num/2;                          //答案
}
```

3. 使用深度优先搜索算法寻找增广路径

对二分图左边的结点 stu,搜索二分图右边的每个结点,如算法 9.7(2)所示。

算法 9.7(2) 深度优先搜索算法寻找增广路径。

```
//形参 stu 表示二分图左边的结点
bool DFS(int stu)
{
    //搜索二分图右边的每个结点
    for(int i = 0; i < n; i++)
    {
        //结点 i 是未覆盖结点,且与 stu 有边
        if(!use[i] && map[stu][i])
        {
            use[i] = 1;                        //标记为覆盖结点
            //结点 i 是未匹配结点,或者在增广路径上
            if(match[i] == -1 || DFS(match[i]))
            {
                match[i] = stu;                //更新匹配关系
                return true;
            }
        }
    }
    return false;                              //结点 stu 没有增广路径
}
```

算法实现源代码:zju1137-DFS-Matrix.cpp。

如果对邻接表感兴趣,请参看代码:zju1137-DFS-Table.cpp。

9.2.4 ZOJ1140-Courses——匈牙利算法

【问题描述】

有 n 个学生和 p 门课程,每个学生都可以选修 0、1 或多门课程。编程任务:确定能否由 p 个学生构成一个班级,满足下列条件:

(1) 每个学生代表一门不同的课程(该学生必须听这门课程);

(2) 每门课程都有不同的代表。

输入

有多个测试例。对每个测试例,格式如下:

p n

Count_1 学生$_1$ 学生$_2$ … 学生$_{\text{Count}1}$

…

Count_p 学生$_1$ 学生$_2$ … 学生$_{\text{Count}p}$

第一行是两个正整数：课程门数 $p(1 \leqslant p \leqslant 100)$ 和学生人数 $n(1 \leqslant n \leqslant 300)$。接不来 p 行依次描述课程 1 到课程 p，每门课程一行。对课程 i，第一个是整数 Count_i，表示选修课程 i 的人数，然后是 Count_i 个学生，学生按 $1 \sim n$ 编号。测试例之间没有空行。

输出

对每个测试例输出一行：如果能构成一个班级，输出 YES，否则输出 NO。

输入样例

```
2
3 3              3 3
3 1 2 3          2 1 3
2 1 2            2 1 3
1 1              1 1
```

输出样例

```
YES
NO
```

题目来源

University of Ulm Local Contest 1996

【算法分析】

把课程看作要匹配的集合 X，学生看成是 Y，求 X 是否能全部匹配。将对本例应用匈牙利算法的 DFS 和 BFS 搜索算法寻找增广路径，熟悉匈牙利算法的编程应用。

1. 数据结构

```
#define P 110
#define N 310
int p;                   //课程数
int n;                   //学生数
int map[P][N];           //选课关系邻接矩阵
int match[N];            //匹配关系
bool use[N];             //记录已覆盖顶点
```

2. 利用匈牙利算法计算最大匹配数

课程为二分图左边集合 X，学生为二分图右边集合 Y。

对每门课程搜索增广路径，如算法 9.8(1)所示。

算法 9.8(1)　匈牙利算法(DFS)计算最大匹配数。

```
int hungary()
{
    //匹配的课程数
    int course = 0;
    //对每门课程,搜索增广路径
```

```
    for (int i = 1; i <= p; ++i)
    {
        memset(use, false, sizeof(use));
        //找到了增广路径,课程结点 i 找到了一个匹配
        if (DFS(i)) course++;
    }
    //根据已知的选修关系,找到课程与学生的最大匹配数
    return course;
}
```

3. 使用深度优先搜索算法寻找增广路径

对二分图左边的结点课程 u,搜索二分图右边的每个结点学生,如算法 9.8(2)所示。

算法 9.8(2)　深度优先搜索算法寻找增广路径。

```
//形参 u 表示二分图左边的结点
bool DFS(int u)
{
    //搜索二分图右边的每个结点学生
    for (int v = 1; v <= n; ++v)
    {
        //结点 v 是未覆盖结点,且与 u 有边
        if (!use[v] && map[u][v])
        {
            use[v] = true;                    //标记为覆盖结点
            //结点 v 是未匹配结点,或者在增广路径上
            if (match[v] == -1 || DFS(match[v]))
            {
                match[v] = u;                 //更新匹配关系
                return true;
            }
        }
    }
    return false;                             //结点 u 没有增广路径
}
```

算法实现源代码：zju1140-Hungary-DFS.cpp。

匹配关系采用 STL 容器 Vector( )的算法实现源代码：zju1140-Hungary-DFS-Vector.cpp。

4. 利用匈牙利算法计算最大匹配数

调用广度优先搜索算法寻找增广路径,适用于稀疏二分图。由于边较少,增广路径较短,如算法 9.8(3)所示。

算法 9.8(3)　匈牙利算法(BFS)计算最大匹配数。

```
int hungary( )
{
    int cx[N];                               //二分图集合 x
    int cy[N];                               //二分图集合 y
    memset(cx, -1, sizeof(cx));
```

```
    memset(cy, - 1, sizeof(cy));
    queue < int > q;                               //广度优先搜索队列
    int course = 0;                                //匹配的课程数
    //对每门课程,搜索增广路径
    for(int i = 1; i < = p; i++)
    {
        while (!q.empty()) q.pop();
        q.push(i);                                 //头结点
        bool exist = false;                        //判断是否存在增广路径
        memset(use, 0, sizeof(use));
        memset(match, 0, sizeof(match));
        //广度优先搜索算法的实现
        while (!q.empty())
        {
            int u = q.front();                     //取出头结点
            q.pop();
            //搜索二分图右边的每个结点学生,如果已经找到增广路径则搜索结束
            for (int v = 1; v < = n && !exist; v++)
            {
                //结点 v 是未覆盖结点,且与 u 有边
                if (map[u][v] && !use[v])
                {
                    use[v] = 1;                     //标记为覆盖结点
                    //结点 v 是未匹配结点
                    if (cy[v] == - 1)
                    {
                        //找到增广路径,并恢复现场,因为 BFS 没有回溯功能
                        exist = true;
                        int d = u, e = v;
                        while (d!= 0)
                        {
                            cy[e] = d;
                            swap(cx[d], e);
                            d = match[d];
                        }
                    }
                    else
                    {                               //(u,v)是匹配边,结点 v 进入队列
                        match[cy[v]] = u;
                        q.push(cy[v]);
                    }
                }
            }
        }
        //找到了增广路径,课程结点 i 找到了一个匹配
        if (exist) course++;
    }
    //根据已知的选修关系,找到课程与学生的最大匹配数
    return course;
}
```

算法实现源代码：zju1140-Hungary-BFS.cpp。

9.2.5 PJU1247-The Perfect Stall——匈牙利算法

【问题描述】

农夫约翰上个星期刚刚建好了新牛棚,并且使用最新的挤奶技术。不幸的是,由于工程问题,每个牛栏都不一样。第一个星期,农夫约翰让奶牛们随便选择牛栏,但是问题很快地显露出来：每头奶牛都只愿意在自己喜欢的牛栏中产奶。上个星期,农夫约翰刚刚收集到了奶牛们的爱好信息：每头奶牛喜欢在哪个牛栏产奶。一个牛栏只能容纳一头奶牛,当然,一头奶牛只能在一个牛栏中产奶。

给出奶牛们的爱好信息,计算奶牛产奶的最大分配方案。

输入

有多个测试例。对每个测试例,第一行是两个整数 n 和 $m(0 \leqslant n, m \leqslant 200)$。农夫约翰的奶牛数量是 n,新牛棚的牛栏数量是 m。接下来 n 行,每行对应一头奶牛。每行的第一个数字 $S_i(0 \leqslant S_i \leqslant m)$ 是这头奶牛愿意在这些牛栏中产奶的数量;后面是 S_i 个整数,表示这些牛栏的编号。牛栏的编号限定在区间(1~m)中,牛栏编号不会重复出现。

输出

对每个测试例,输出一行：是一个整数,表示这些奶牛最多能分配到的牛栏数量。

输入样例

```
5 5
2 2 5
3 2 3 4
2 1 5
3 1 2 5
1 2
```

输出样例

```
4
```

题目来源

USACO 40

【算法分析】

如果把奶牛看作一个集合,牛栏看成一个集合,刚好适合二分图算法。

1. 数据结构

```
# define MAX 205
int n,m;                    //奶牛数量,新牛棚的牛栏数量
int map[MAX][MAX];          //奶牛与牛栏关系的邻接矩阵
int match[MAX];             //匹配关系
bool use[MAX];              //记录已覆盖顶点
```

2. 利用匈牙利算法计算最大匹配数

奶牛为二分图左边的集合,牛栏为二分图右边的集合。这是普通的匈牙利算法,如算

法 9.9(1)所示。

算法 9.9(1) 匈牙利算法(DFS)计算最大匹配数。

```
int hungary()
{
    //匹配的牛栏数
    int num = 0;
    memset(match, -1, sizeof(match));
    //对每头奶牛,搜索增广路径
    for (int i = 1; i <= n; i++)
    {
        memset(use, false, sizeof(use));
        if (dfs(i)) num++;
    }
    return num;
}
```

3. 使用深度优先搜索算法寻找增广路径

对二分图左边的结点奶牛 u,搜索二分图右边的每个结点牛栏,如算法 9.9(2)所示。

算法 9.9(2) 深度优先搜索算法寻找增广路径。

```
//形参 u 表示二分图左边的结点,其他注释请参看算法 9.8(2)
bool DFS(int u)
{
    for (int i = 1; i <= m; i++)
        if (map[u][i]&&!use[i])
        {
            use[i] = true;
            int j = match[i];
            match[i] = u;
            if (j == -1 || dfs(j)) return true;
            match[i] = j;
        }
    return false;
}
```

算法实现源代码：pju1274-Hungary-DFS.cpp。

4. 利用匈牙利算法计算最大匹配数

本算法中,奶牛和牛栏的关系矩阵使用的是邻接表。奶牛 i 喜欢的牛栏数量 S_i,存放在二维数组 map[i][0]中,后面紧接着是牛栏编号。广度优先搜索时,使用的是一维数组 q,如算法 9.9(3)所示。

算法 9.9(3) 匈牙利算法(BFS)计算最大匹配数。

```
int hungary()
{
    int i,j;
    //匹配的牛栏数
    int num = 0;
    int q[MAX];                    //BFS 使用的队列
```

```
int match[MAX];                                    //匹配关系
int qs,qe;                                         //队列的首尾指针
int cx[MAX],cy[MAX];                               //二分图集合 x、y
memset(cx, -1, sizeof(cx));
memset(cy, -1, sizeof(cy));
int x;
//对每头奶牛,搜索增广路径
for (i = 1; i <= n; ++i)
{
    //结点 i 匹配结点
    if (cx[i]!= -1) continue;
    memset(match, -1, sizeof(match));
    qs = qe = 0;
    //从初始结点 i 开始,对有匹配关系的右边结点,建立匹配关系并放入队列
    for(j = 1; j <= map[i][0]; ++j)
    {
        match[map[i][j]] = 0;
        q[qe++] = map[i][j];
    }
    while(qs < qe)
    {
        x = q[qs];                                 //头结点
        //如果是未匹配结点,找到一条增广路径,搜索结束
        if (cy[x] == -1) break;
        ++qs;                                      //去掉头结点
        //扩展搜索结点 cy[x](左边结点)
        for (j = 1; j <= map[cy[x]][0]; ++j)
            //对有匹配关系的右边结点,建立匹配关系并放入队列
            if(match[map[cy[x]][j]] == -1)
            {
                match[map[cy[x]][j]] = x;
                q[qe++] = map[cy[x]][j];
            }
    }
    //队列已空,没有找到增广路径
    if (qs == qe) continue;
    //更改增广路径上的匹配状态
    while (match[x]> 0)
    {
        cx[cy[match[x]]] = x;
        cy[x] = cy[match[x]];
        x = match[x];
    }
    cx[i] = x;
    cy[x] = i;
    ++num;
}
return num;
}
```

算法实现源代码: pju1274-Hungary-BFS.cpp。

9.2.6　Hopcroft-Karp 算法

匈牙利算法每次寻找增广路径的时间复杂度是 $O(m)$，最多需要寻找 $O(n)$ 次，复杂度为 $O(nm)$。为了降低时间复杂度，在增加匹配集合 M 时，每次寻找多条增广路径，该算法由 John E. Hopcroft 和 Richard M. Karp 于 1973 年提出。

该算法是对匈牙利算法的优化，它不是从一个未匹配的顶点开始寻找一条增广路径，而是对所有未匹配顶点进行广度优先搜索，然后找到最短长度的顶点不相交增广路径的极大集合，并用这些增广路径对当前匹配进行扩展。在寻找增广路径集合的每个阶段，找到的增广路径都具有相同的长度，且随着算法的进行，增广路径的长度不断扩大。算法时间复杂度为 $O(m\sqrt{n})$。算法的设计思想类似于寻找网络最大流的 Dinic 算法。

算法流程如下：

（1）在二分图 $G=(X,Y;E)$ 中，选取一个初始匹配 M。

（2）若 X 中的所有顶点都被 M 匹配，则表明 M 为一个完美匹配，算法返回；否则，以所有未匹配顶点为源点进行一次 BFS，标记各个顶点到源点的距离。

（3）在满足 $\text{dist}[v]=\text{dist}[u]+1$ 的边集 (v,u) 中，从 X 中找到一个未被 M 匹配的顶点 x_0，记 $S=\{x_0\}$，$T=\varnothing$。

（4）若 $N(S)=T$，当前已经无法得到更大匹配，算法返回；否则，取 $y_0 \in N(S)-T$。

（5）若 y_0 已经被 M 匹配，转步骤（6）；否则，做一条 $x_0 \rightarrow y_0$ 的 M 增广路径 $P(x_0, y_0)$，取 $M=M \oplus P(x_0, y_0)$。

（6）由于 y 已经被 M 匹配，所以 M 中存在一条边 (y_0, z_0)，取 $S=S \cup \{z_0\}$，$T=T \cup \{y_0\}$，转步骤（2）。

9.2.7　ZOJ1140-Courses——Hopcroft-Karp 算法

作为 Hopcroft-Karp 算法的应用，题目 Courses 提供了多样化的解决方案。

1. 数据结构

```
const int MAX = 310;
const int INF = 1 << 8;
int p,n;                          //课程数和学生数
int Cx[MAX], Cy[MAX];             //二分图的两个左右集合
int dx[MAX], dy[MAX];             //二分图的两个左右集合的距离编号
int dis;                          //新匹配结点的距离
bool use[MAX];                    //记录已覆盖顶点
bool map[110][MAX];               //选课关系邻接矩阵
```

2. 利用 Hopcroft-Karp 算法计算最大匹配数

在寻找增广路径过程中，对集合 Cx 中的每个未匹配的顶点都进行 BFS 搜索。BFS 搜索结束后找到了增广路径集合，然后利用 DFS 和匈牙利算法类似的方法对每条增广路径进行增广，这样就可以找到最大匹配，如算法 9.10(1) 所示。

算法 9.10(1)　利用 Hopcroft-Karp 算法计算最大匹配数。

```
int Hopcroft_Karp(void)
```

```
{
    //匹配的课程数
    int course = 0;
    memset(Cx, -1, sizeof(Cx));
    memset(Cy, -1, sizeof(Cy));
    while (BFS())
    {
        memset(use, 0, sizeof(use));
        //对每门课程,搜索增广路径
        for (int i = 1; i <= p; i++)
            //找到了增广路径,课程结点 i 找到了一个匹配
            if (Cx[i] == -1 && DFS(i)) course++;
    }
    //根据已知的选修关系,找到课程与学生的最大匹配数
    return course;
}
```

3. 利用广度优先搜索 BFS 算法对结点进行编号

在搜索过程中,对每个顶点维护一个距离编号集合 $dx[nx = p]$,$dy[ny = n]$,如果集合 Cy 中的某个结点是未匹配结点,则找到一条增广路径。BFS 搜索结束后找到增广路径集合,由于是从集合 Cx 中未匹配的顶点开始查找的,增广路径是不重叠的,如算法 9.10(2) 所示。

算法 9.10(2)   利用 BFS 算法对结点进行编号。

```
bool BFS(void)
{
    queue < int > q;                          //搜索队列
    dis = INF;
    memset(dx, -1, sizeof(dx));
    memset(dy, -1, sizeof(dy));
    //将二分图左边未匹配结点,全部进入搜索队列,且结点编号为 0
    for (int i = 1; i <= p; i++)
        if (Cx[i] == -1)
        {
            q.push(i);
            dx[i] = 0;
        }
    while (!q.empty())
    {
        int u = q.front();
        q.pop();
        //该增广路径长度大于 dis 还没有结束,等待下一次 BFS 再扩充
        if (dx[u] > dis) break;
        //搜索二分图右边的每个结点
        for (int v = 1; v <= n; v++)
            //结点 v 还没有距离标号,且与 u 有边
            if (map[u][v] && dy[v] == -1)
            {
                //确定结点 v 的距离标号
```

```
                dy[v] = dx[u] + 1;
                //得到本次 BFS 的最大遍历层次
                if (Cy[v] == -1) dis = dy[v];
                else{
                    //结点 v 是匹配点,继续延伸
                    dx[Cy[v]] = dy[v] + 1;
                    q.push(Cy[v]);
                }
            }
        }
    }
    //如果 dis≠∞,则表示搜索到了增广路径
    return dis != INF;
}
```

4. 利用深度优先搜索 DFS 算法搜索增广路径

在搜索过程中,每次在 $dy[v] = dx[u] + 1$ 条件下递归寻找增广路径,当找到增广路径时,返回 true,否则返回 false,如算法 9.10(3)所示。

算法 9.10(3)　利用 DFS 算法搜索增广路径。

```
//形参 u 是二分图集合中,左边未匹配结点
bool DFS(int u)
{
    //对二分图集合右边的每个结点
    for (int v = 1; v <= n; v++)
        //如果是未覆盖结点,(u,v)有边,且距离标号增加 1
        if (!use[v] && map[u][v] && dy[v] == dx[u] + 1)
        {
            use[v] = 1;                         //标记为覆盖结点
            //结点 v 是匹配结点,且距离标号是同一个层次
            if (Cy[v] != -1 && dy[v] == dis) continue;
            //结点 v 是未匹配结点,或是增广路径
            if (Cy[v] == -1 || DFS(Cy[v]))
            {
                Cy[v] = u;                      //增加匹配边
                Cx[u] = v;
                return true;
            }
        }
    return false;
}
```

算法实现源代码：zju1140-Hopcroft-Karp.cpp。

匹配关系采用 STL 容器 Vector()的算法实现源代码：zju1140-Hopcroft-Karp-Vector. cpp。

对于 ZJU1140 Courses 使用了匈牙利算法(BFS 和 DFS)和 Hopcroft-Karp 算法,在线测试的时间基本是一样的,都在 130ms 左右。

9.2.8　PJU1274-The Perfect Stall——Hopcroft-Karp 算法

作为 Hopcroft-Karp 算法的应用,题目 The Perfect Stall 同样提供了多样化的解决方

案。本题奶牛和牛栏的关系采用邻接表存储。

1. 数据结构

```
const int MAX = 201;
const int INF = INT_MAX;
struct EDGE
{
    int b;
    int next;
}edge[2000];                        //奶牛和牛栏关系的邻接表
int n, m;                           //奶牛数,牛栏数
int pre[MAX];                       //奶牛喜好的牛栏在邻接表中的位置
int cx[MAX],cy[MAX];                //二分图的两个左右集合
int dx[MAX],dy[MAX];                //二分图的两个左右集合的距离编号
int q[MAX];                         //用于 BFS 的搜索队列
```

2. 利用 Hopcroft-Karp 算法计算最大匹配数

算法 9.11(1)　利用 Hopcroft-Karp 算法计算最大匹配数。

```
int Hopcroft_Karp()
{
    //匹配的牛栏数
    int num = 0;;
    while(BFS())
        //对每头牛,搜索增广路径
        for(int i = 1;i <= n;++i)
            //找到了增广路径,奶牛结点 i 找到了一个匹配
            if(cx[i] == -1 && DFS(i)) ++num;
    return num;
}
```

3. 利用广度优先搜索 BFS 算法对结点进行编号

算法 9.11(2)　利用 BFS 算法对结点进行编号。

```
bool BFS()
{
    int i,j,k;
    //是否找到增广路径的标志
    bool flag(false);
    int qs, qe;                     //队列的头尾指针
    memset(dx,0,sizeof(dx));
    memset(dy,0,sizeof(dy));
    qs = qe = 0;
    //将二分图左边未匹配结点,全部进入搜索队列
    for(i = 1; i <= n; ++i)
        if (cx[i] == -1) q[qe++] = i;
    while (qs < qe)
    {
        i = q[qs++];
        //搜索二分图右边的每个结点
```

```
        for (k = pre[i]; k!= - 1; k = edge[k].next)
        {
            j = edge[k].b;
            //结点 j 还没有距离标号
            if (!dy[j])
            {
                //确定结点 j 的距离标号
                dy[j] = dx[i]+1;
                //该结点是未匹配结点,找到了增广路径
                if (cy[j] == - 1) flag = true;
                else {
                    //该结点是匹配结点,继续编号并进入搜索队列
                    dx[cy[j]] = dy[j]+1;
                    q[qe++] = cy[j];
                }
            }
        }
    }
    return flag;
}
```

4. 利用深度优先搜索 DFS 算法搜索增广路径

算法 9.11(3)   利用 DFS 算法搜索增广路径。

```
//形参 i 是二分图集合中,左边未匹配结点
bool DFS(int i)
{
    //对二分图集合右边的每个结点
    for (int k = pre[i]; k!= - 1; k = edge[k].next)
    {
        int j = edge[k].b;
        //满足距离增加 1
        if (dy[j] == dx[i]+1)
        {
            //清除距离标志,避免再次被搜索
            dy[j] = 0;
            //结点 j 是未匹配结点,或是增广路径
            if (cy[j] == - 1 || DFS(cy[j]))
            {
                cx[i] = j;                          //增加匹配边
                cy[j] = i;
                return true;
            }
        }
    }
    return false;
}
```

算法实现源代码：pju1274-Hopcroft-Karp.cpp。

9.2.9　二分图最佳匹配——Kuhn Munkres 算法

某公司有工作人员 $x_1, x_2, \cdots, x_n$，他们去做工作 $y_1, y_2, \cdots, y_n$，每个人适合做其中的一项或几项工作，每个人做不同工作的效益不一样，我们需要制定一个分工方案，使公司的总效益最大，这就是所谓最佳分配问题。建立数学模型：G 是加权完全二分图，顶点划分为两部分：工作人员集合 $X = \{x_1, x_2, \cdots, x_n\}$，工作集合 $Y = \{y_1, y_2, \cdots, y_n\}$，$w_i(x_i, y_i) \geqslant 0$ 是工作人员 x_i 做 y_i 工作时的效益，求权最大的完美匹配，就是求最佳匹配问题。

定义 9.18　设二分图 $G = (X, Y; E)$ 的每条边都有一个权(非负)，要求一种完美匹配方案，使得所有匹配边权的和最大，即最优完美匹配，称为二分图最佳匹配。特殊情况，当所有边的权为 1 时，二分图最佳匹配就是最优完美匹配问题。

定义 9.19　设二分图 $G = (X, Y; E)$ 是完全加权二分图。可行顶标是顶点的实函数，对二分图 G 的任意边 (x, y) 满足：$l(x) + l(y) \geqslant w(x, y)$，其中 $w(x, y)$ 表示边 (x, y) 的权，则称 l 是 G 的可行顶标。相等子图是 G 的一个生成子图，包含所有结点，但只包含满足 $l(x) + l(y) = w(x, y)$ 的所有边 (x, y)。

定理 9.2　如果相等子图是一个完美匹配，则该匹配是原图的最佳匹配。

求解二分图最佳匹配问题可用穷举法，但时间复杂度为 $O(n!)$，效率太低。Kuhn Munkres 算法(KM 算法)最初是由 Kuhn 和 Munkres 独立在 1955 年和 1957 年提出的。当时的 KM 算法是以矩阵为基础的，基本概念是可行顶标，主要控制修改可行顶标的策略，使得最终可以达到一个完美匹配。该算法还适用于负权边，核心思想如下：

设二分图 $G = (X, Y; E)$ 是完全加权二分图，先将一个未匹配的顶点 $u \in X$ 做一次增广路径，记下哪些结点被访问，哪些结点没有被访问。计算 $d = \min\{lx(i) + ly(j) - w(i, j)\}$，其中结点 i 被访问，结点 j 没有被访问。然后调整 lx 和 ly：对于访问过的顶点 x，将它的可行标号减去 d；对于所有访问过的顶点 y，将它的可行标号增加 d。修改过的顶点标号仍然是可行顶标，原来的匹配 M 依然存在，相等子图中至少出现了一条不属于 M 的边，结果 M 在逐渐增广。算法流程如下：

(1) 初始化可行顶标的值。

(2) 用匈牙利算法寻找完美匹配。

(3) 若未找到完美匹配，则修改可行顶标的值。

(4) 重复步骤(2)(3)，直到找到相等子图的完美匹配为止。

这是朴素的实现方法，时间复杂度为 $O(n^4)$。这是因为需要找 $O(n)$ 次增广路径，每次增广路径最多需要修改 $O(n)$ 次顶标，每次修改顶标时要枚举边来求 d 值，时间复杂度为 $O(n^2)$。实际上 KM 算法的时间复杂度是可以做到 $O(n^3)$ 的。我们给每个 y 顶点一个"松弛量"函数 slack，每次开始找增广路径时初始化为无穷大。在寻找增广路径的过程中，检查边 (i, j) 时，如果它不在相等子图中，则令 $slack[j] = \min\{slack[j], lx(i) + ly(j) - w(i, j)\}$。在修改顶标时，取所有不在交错树中的 Y 顶点 slack 值中的最小值作为 d 值即可。修改顶标后，把所有的 slack 值都减去 d。

9.2.10　ZOJ2404-Going Home——Kuhn Munkres 算法

采用 KM 算法求解本题，在网上有很多博客。按二分图最佳匹配求解，把小矮人到每个房子的距离作为权重,计算最小费用就是计算最小权匹配,而 KM 算法是求最大权匹配,因此需要作适当转换。通常是把每个权边的绝对值取反变成负权边,然后对结果再乘以－1;这里是采用修改顶标数值的办法。

1. 数据结构

```
#define INF 1000000                    //表示∞
#define MAX 105

int lx[MAX],ly[MAX];                   //顶点标号
int cx[MAX],cy[MAX];                   //匹配关系
bool visx[MAX],visy[MAX];              //访问标记
int w[MAX][MAX];                       //权值
int slack;                             //"松弛量"函数
int n;                                 //小矮人的数量
struct node                            //房子和小矮人的匹配关系邻接表
{
    int x,y;
    node (int x0,int y0){x = x0; y = y0;}
};
```

2. 利用 Kuhn Munkres 算法计算二分图最佳匹配

该算法使用了"松弛量"函数 slack 修改顶标。为适合最小权匹配,在修改顶标数值时,$lx(i) += slack$,$ly\{i\} -= slack$。如果是计算最大权匹配,则表达式为：$lx(i) -= slack$,$ly\{i\} += slack$。

算法 9.12(1) 利用 Kuhn Munkres 算法计算二分图最佳匹配。

```
int Kuhn_Munkres()
{
    memset(cx,0,sizeof(cx));
    memset(cy,0,sizeof(cy));
    //初始化顶点标号
    memset(ly,0,sizeof(ly));
    for(int i = 0; i <= n; i++)
        lx[i] = INF;
    //根据边权修正 lx 标号
    for(int i = 1; i <= n; i++)
        for(int j = 1; j <= n; j++)
            if(lx[i]> w[i][j])
                lx[i] = w[i][j];
    //对每个小矮人,搜索增广路径
    for(int x = 1; x <= n; x++)
    {
        while(true)
        {
            memset(visx,0,sizeof(visx));
            memset(visy,0,sizeof(visy));
            slack = INF;
            //找到增广路径
            if (findPath(x)) break;
            //修改顶标数值
            for (int i = 1; i <= n; i++)
```

```
        {
            if (visx[i]) lx[i] += slack;;
            if (visy[i]) ly[i] -= slack;
        }
    }
}
//计算最优匹配
int result = 0;
for (int y = 1; y <= n; y++)
    result += w[cy[y]][y];
return result;
}
```

3. 利用深度优先搜索 DFS 算法搜索增广路径

这里的 DFS 与匈牙利算法基本一样,都是构建匈牙利树,如果找到增广路径,返回 true,否则返回 false。在构建匈牙利树的过程中,计算"松弛量"函数 slack,如算法 9.12(2)所示。

算法 9.12(2) 利用深度优先搜索 DFS 算法搜索增广路径。

```
//形参 x 是二分图左边未匹配结点(小矮人)
bool findPath(int x)
{
    int temp;
    //标记为访问过
    visx[x] = true;
    //对二分图集合右边的每个结点
    for(int y = 1; y <= n; y++)
    {
        if(visy[y])continue;
        temp = w[x][y] - lx[x] - ly[y];
        //说明是相等子图
        if (temp == 0)
        {
            visy[y] = true;
            //结点 y 是未匹配结点,或是增广路径
            if (!cy[y] || findPath(cy[y]))
            {
                cx[x] = y;                      //增加匹配边
                cy[y] = x;
                return true;
            }
        }
        //更新 slack 为最小值
        else if (slack > temp) slack = temp;
    }
    return false;
}
```

算法实现源代码:zju2404-Kuhn-Munkres.cpp。

上机练习题

浙江大学在线题库(由于 ZOJ 题目很多,这里只列出了部分题目,仅供参考):

1023-University Entrace Examination

1059-What's In a Name

1077-Genetic Combinations

1157-A Plug for UNIX

1197-Sorting Slides

1231-Mysterious Mountain

1364-Machine Schedule

1516-Uncle Tom's Inherited Land

1525-Air Raid

1576-Marriage is Stable

1626-Save These Poor Trees

1654-Place the Robots

1734-Power Network

1760-Doubles

1882-Gopher Ⅱ

1992-Sightseeing Tour

1994-Budget

2067-White Rectangles

2192-T-Shirt Gumbo

2221-Taxi Cab Scheme

2223-Card Game Cheater

2314-Reactor Cooling

2332-Gems

2333-MatScan

2362-Beloved Sons

2399-Jamie's Contact Groups

2521-LED Display

2532-Internship

2567-Trade

2587-Unique Attack

2616-Duopoly

2760-How Many Shortest Path

2788-Panic Room

3037-Ladies'Choice

3111-Domino Art

3120-The Stable Marriage Problem

3156-Taxi

3229-Shoot the Bullet

3305-Get Sauce

3348-Schedule

3460-Missile

3496-Assignment

3615-Choir Ⅱ

北京大学在线题库（由于 POJ 题目很多，这里只列出了部分题目，仅供参考）：

1087-A Plug for UNIX

1149-PIGS

1273-Synchronous Design

1325-Machine Schedule

1422-Air Raid

1459-Power Network

1486-Sorting Slides

1637-Sightseeing Tour

1698-Alice's Chance

1719-Shooting Contest

1815-Friendship

1904-King's Quest

1955-Rubik's Cube

2060-Taxi Cab Scheme

2112-Optimal Milking

2135-Farm Tour

2175-Evacuation Plan

2226-Muddy Fields

2239-Selecting Courses

2289-Jamie's Contact Groups

2391-Ombrophobic Bovines

2400-Supervisor，Supervisee

2407-Relatives

2446-Chessboard

2455-Secret Milking Machine

2516-Minimum Cost

2536-Gopher Ⅱ

2594-Treasure Exploration

3020-Antenna Placement

3041-Asteroids

3155-Hard Life

3216-Repairing Company

3281-Dining

3308-Paratroopers

3342-Party at Hali-Bula

3422-Kaka's Matrix Travels

3436-ACM Computer Factory

3469-Dual Core CPU

3498-March of the Penguins

3565-Ants

3680-Intervals

3692-Kindergarten

## 第10章

数　论

　　算法竞赛的核心是算法设计,而算法设计需要具备良好的数学素养。数学具有运用抽象思维去把握实际的能力,应用数学知识去解决实际问题时的建模过程是一个突出主要因素的科学抽象过程。算法竞赛虽然不是数学竞赛,但是它与数学知识密切相关。它涉及离散数学、组合数学、数论、概率论、抽象代数、线性代数和微积分等。

　　数论是指研究整数性质的一门理论。整数的基本元素是素数,所以数论的本质是对素数性质的研究。它与平面几何同是历史悠久的学科。

　　按研究方法来看,数论分为初等数论和高等数论。初等数论是用初等方法研究的数论,利用整数环的整除性质,主要包括整除理论、同余理论、连分数理论。高等数论则包括了更为深刻的数学研究工具,包括代数数论、解析数论、计算数论等。

　　初等数论中经典的结论包括算术基本定理、欧几里得的质数无限证明、中国剩余定理、欧拉定理(其特例是费马小定理)、高斯的二次互反律、勾股方程的商高定理和佩尔方程的连分数求解法等。

10.1　扩展欧几里得算法

　　欧几里得(Euclid),希腊数学家(公元前约 330—公元前 260 年),是古代希腊最负盛名、最有影响的数学家之一。

　　欧几里得算法又称辗转相除法,用于计算两个整数 a,b 的最大公约数。gcd 函数就是用来求 (a,b) 的最大公约数:参见第 1 章,算法 1.1。gcd(a,b) 简记为 (a,b)。

　　gcd 函数的基本性质:

　　(1) gcd(a,b)=gcd(b,a)=gcd$(|a|,|b|)$

　　(2) gcd(a,b)=gcd$(b,a \bmod b)$

　　最小公倍数记为 lcm(a,b),显然:lcm$(a,b)=\dfrac{ab}{\gcd(a,b)}$。

对任意正整数 m,有性质:$\gcd(ma,mb)=m\cdot\gcd(a,b)$。

由欧几里得算法得知:如果 $\gcd(a,b)=1$,则 a 和 b 互素。

定理 10.1 扩展欧几里得算法:对于不完全为 0 的非负整数 a,b,$\gcd(a,b)$ 表示 a,b 的最大公约数 d,则存在整数对 x,y,使得 $\gcd(a,b)=ax+by$。

定理 10.2 对于不定整数方程 $ax+by=c$,若 $c\bmod\gcd(a,b)=0$(记为 $(a,b)\mid c$,或 $d\mid c$),则该方程存在整数解,否则不存在整数解。

扩展欧几里得算法,不仅能计算两个正整数 a,b 的最大公约数 $d=\gcd(a,b)$,还能计算满足方程 $d=\gcd(a,b)=ax+by$ 的整系数 x 和 y(x、y 可能为 0 或负数),如算法 10.1 所示。

算法 10.1 扩展欧几里得算法(辗转相除法)。

```
//d = gcd(a,b) = ax + by,并返回 x,y
long long x, y;
long long Extended_Euclid(long long a, long long b)
{
    if (b == 0)
    {
        x = 1;
        y = 0;
        return a;
    }
    long long d = Extended_Euclid(b, a % b);
    long long temp = x;
    x = y;
    y = temp - a/b * y;
    return d;
}
```

对于一次同余式,$ax\equiv b(\bmod n)$,设 $d=\gcd(a,n)$,则同余式有解的充要条件为 $d\mid b$,即 $b\%d=0$,假设 $d=ax'+ny'$,参数 d,x' 和 y' 通过算法 10.1 得到,则 $x_0=bx'/d$ 一定为方程组的一个解,且共有 d 个解,令 $t=n/d$,则最小正整数解为:$(x_0\%t+t)\%t$。

10.2 PJU2115-C Looooops

【问题描述】

一道神秘的编译题。C 语言循环语句的格式:

```
for (variable = a;variable != b;variable += c)
    statement;
```

该循环语句的初值是 a,结束条件是循环变量不等于 b,步长为 c。当常量 a,b 和 c 的值确定时,需要知道循环多少次。假定运算限制在二进制位数 k 位($0\leqslant x\leqslant 2^k$)无符号整数,即模 2^k。

输入

有多个测试例。每个测试例一行,是 4 个整数:a,b,c,k,其中 k($1\leqslant k\leqslant 32$)是运算时

的二进制位数,限制循环变量和参数 a,b 和 c($1 \leqslant a$,b,$c < 2^k$)的范围。

一行 4 个 0 时,表示输入结束。

输出

每个测试例一行,是循环次数;当死循环时,输出"FOREVER"。

输入样例

```
3 3 2 16
3 7 2 16
7 3 2 16
3 4 2 16
0 0 0 0
```

输出样例

```
0
2
32766
FOREVER
```

题目来源

Czech Technical University Open 2004

【算法分析】

设循环次数为 x,根据循环参数得到方程:

$$x = ((b-a) \% 2^k)/c$$

即:$cx = (b-a) \% 2^k$

此方程为同余方程,本题就是求 x 的值。

令:$n = 2^k$,原同余方程变形为:

$$cx \equiv (b-a) \pmod n$$

该方程有解的充要条件为:$\gcd(c,n) \mid (b-a)$,即 $(b-a) \% \gcd(c,n) = 0$。

对给定的常数,首先要判断该充要条件是否成立,如果成立则有最小整数解,否则无解。

根据扩展欧几里得算法,可得同余方程的求解过程:

(1) 若 $(b-a) \% \gcd(c,n) \neq 0$,即不满足有解的充要条件,则该方程无解;

(2) 满足有解的充要条件,令:$d = \gcd(c,n)$,则同余方程变形为:

$$(c/d)x \equiv (b-a)/d \pmod{n/d}$$

此时,$\gcd(c/d, n/d) = 1$。令 $t = n/d$,应该有 d 个解,这里只需要最小解 x:

$$x = x_0(b-a)/d \% t$$

通过算法 10.1 Extended_Euclid()求得 d、x_0 和 y 值,求解过程省略。注意 x 可能为负,还需要加 t 再模 t。如算法 10.2 所示。

算法 10.2 读取数据,调用欧几里得获得结果。

```
long long a, b, c, k;
while (cin >> a >> b >> c >> k,k)
{
    //注意:要先把 1 转换成 long long 型
    long long n = (long long)1 << k;
```

```
//调用算法 10.1
long long d = Extended_Euclid(c, n);
//判断是否有解的充要条件. 如果不为 0,则无解
if ((b - a) % d)
{
    printf ("FOREVER\n");
    continue;
}
long long t = n/d;
//注意:加 t 再模 t,防止出现负数
x = (x * (b - a)/d % t + t) % t;
printf ("%lld\n", x);
}
```

算法实现源代码:pju2115-C Looooops.cpp 和 zju2305-C Looooops.cpp。

10.3 欧拉函数

一个整数被正整数 n 除后,余数有 n 种情形:$0,1,2,\cdots,n-1$,它们彼此对模 n 不同余。说明每个整数恰与这 n 个整数中某一个对模 n 同余,因此按模 n 是否同余对整数集进行分类。按照整数模 n 所得的余数,可以把整数分成 n 个等价类 $[0]_n,[1]_n,\cdots,[n-1]_n$,这 n 个等价类称作模 n 的剩余(同余)类。

定理 10.3 对模 n 的剩余类,具有如下性质:
(1) 任一整数包含在一个 $[i]_n$,其中 $0 \leqslant i \leqslant n-1$。
(2) $[i]_n = [j]_n$ 的充要条件是 $i \equiv j \pmod{n}$。
(3) $[i]_n \cap [j]_n = \varnothing$ 的充要条件是 $i \neq j \pmod{n}$。

定义 10.1 在模 n 的剩余类中各取一数 $a_i \in [i]_n$,$0 \leqslant i \leqslant n-1$,此 n 个整数称为模 n 的一个完全剩余系。

定义 10.2 小于或等于 n 且与 n 互素的正整数个数,称为欧拉(Euler)函数,记为 $\varphi(n)$。
例如,$\varphi(1)=1,\varphi(2)=1,\varphi(3)=2,\varphi(4)=2,\varphi(5)=4,\varphi(6)=2$。

这是数论中一个非常重要的函数,$\varphi(1)=1$,对于 $n>1$,$\varphi(n)$ 就是 $1,2,\cdots,n-1$ 中互素的数的个数,如果 p 是素数,则有 $\varphi(p)=p-1$,例如,$\varphi(3)$ 和 $\varphi(5)$。反之,如果 p 是一个正整数,且满足 $\varphi(p)=p-1$,那么 p 是素数,例如 3 和 5。

定理 10.4 若 n 的质因数为 $p_1,p_2,\cdots,p_s$,则欧拉函数 $\varphi(n)$ 表示为:

$$\varphi(n) = n\left(1 - \frac{1}{p_1}\right)\left(1 - \frac{1}{p_2}\right)\cdots\left(1 - \frac{1}{p_s}\right) = n\prod_{i=1}^{s}\left(1 - \frac{1}{p_i}\right)$$

例如,$\varphi(4) = 4\left(1 - \frac{1}{2}\right) = 2,\varphi(6) = 6\left(1 - \frac{1}{2}\right)\left(1 - \frac{1}{3}\right) = 2$。

引理 10.1 如果 p 是一个素数,n 是一个正整数,那么 $\varphi(p^n) = p^n - p^{n-1}$。
例如,$p=3,n=2,\varphi(3^2) = 3^2 - 3 = 9 - 3 = 6$。

定义 10.3 在数论中,积性函数是指一个定义域为正整数 n 的算术函数 $f(n)$,有如下性质:$f(1)=1$,且当 a 和 b 互质时,有 $f(ab)=f(a)f(b)$。

定义 10.4 若一个函数 $f(n)$ 有如下性质:$f(1)=1$,且对两个随意正整数 a 和 b 而

言,不只限这两数互质时,$f(ab)=f(a)f(b)$都成立,则称此函数为完全积性函数。

在数论以外的其他数学领域中所谈到的积性函数通常是指完全积性函数。

定理 10.5 对任意正整数 n 有素数幂分解 $n=p_1^{a_1} \cdot p_2^{a_2} \cdots p_k^{ak}$,如果 $f(n)$ 是一个积性函数,那么 $f(n)=f(p_1^{a_1}) \cdot f(p_2^{a_2}) \cdots f(p_k^{ak})$。

定理 10.6 如果 $f(n)$ 是一个积性函数,且 $f(p^n)=f^n(p)$,那么 $f(n)$ 是一个完全积性函数。

引理 10.2 设 m 和 n 是互素的正整数,那么 $\varphi(mn)=\varphi(m)\varphi(n)$。

定理 10.7 欧拉定理:设 $(a,m)=1$,则 $a^{\varphi(m)}\equiv1(\bmod\ m)$。

定理 10.8 费马小定理:当 m 是质数时,$a^{m-1}\equiv1(\bmod\ m)$。

欧拉函数的实现,如算法 10.3 所示。

算法 10.3 实现欧拉函数的算法。

```
int Euler (int n)
{
    int res = n;
    //任何合数的素因子,不大于√n
    for (int i = 2; i * i <= n; i++)
    {
        //第一次找到的必为素因子
        if (n % i == 0)
        {
            n /= i;
            res = res - res/i;
            //把该因子全部约掉
            while (n % i == 0)
                n /= i;
        }
    }
    //如果n≠1,也应该是素因子
    if (n > 1) res = res - res/n;
    return res;
}
```

10.4 ZOJ1906-Relatives

【问题描述】

给出一个正整数 n,计算小于 n 且与 n 互素的正整数有多少个?两个整数 a 和 b 是互素的,当且仅当不存在正整数 $x>1,y>0$ 和 $z>0$,使得 $a=xy$ 和 $b=xz$。

输入

有多个测试例。每个测试例一行,输入 $n(n\leq1\,000\,000\,000)$,当为 0 时输入结束。

输出

对每个测试输出一行,输出相应的结果。

输入样例

输入样例

```
7
12
0
```

输出样例

```
6
4
```

题目来源

University of Waterloo Local Contest 2002.07.01

【算法分析】

本题正是欧拉函数的应用,只需引用算法 10.3 返回结果即可,如算法 10.4 所示。

算法 10.4 欧拉函数的应用。

```
int n = 0;
while (scanf(" % d",&n) && n)
{
    printf(" % d\n", Euler(n));
}
```

算法实现源代码:zju1906-Relatives.cpp。

10.5　PJU2480-Longge's problem

【问题描述】

给定一个整数 $n(1 < n < 2^{31})$,计算 $\sum\limits_{i=1}^{n} \gcd(i,n)$。

输入

有多个测试例。每个测试例一行,是整数 n。

输出

对每个测试输出一行,输出相应的结果。

输入样例

```
2
6
```

输出样例

```
3
15
```

题目来源

POJ Contest,Mathematica@ZSU

【算法分析】

令：$f(n) = \sum\limits_{i=1}^{n} \gcd(i,n)$。

设 m 和 n 为互质的正整数，函数 gcd 具有如下特性：$\gcd(i, m \cdot n) = \gcd(i, m) \cdot \gcd(i, n)$，所以函数 gcd 是积性函数。对于积性函数，其和也是积性函数，则 $f(n)$ 是积性函数。那么根据定理 10.5，对任意正整数 n 有素数幂分解 $n = p_1^{a_1} \cdot p_2^{a_2} \cdots p_k^{a_k}$，如果 $f(n)$ 是一个积性函数，则 $f(n) = f(p_1^{a_1}) \cdot f(p_2^{a_2}) \cdots f(p_k^{a_k})$。

$$f(p_i^{a_i}) = \varphi(p_i^{a_i}) + p_i \varphi(p_i^{a_i-1}) + p_i^2 \varphi(p_i^{a_i-2}) + \cdots + p_i^{a_i-1} \varphi(p_i) + p_i^{a_i}$$

根据引理 10.1，$\varphi(p^n) = p^n - p^{n-1}$，得：

$$f(p_i^{a_i}) = p_i^{a_i-1}(p_i-1) + p_i \cdot p_i^{a_i-2}(p_i-1) + \cdots + p_i^{a_i}$$
$$= p_i^{a_i}(1 + a_i(1 - 1/p_i))$$

$$f(n) = p_1^{a_1}(1 + a_1(1 - 1/p_1)) \cdot p_2^{a_2}(1 + a_2(1 - 1/p_2)) \cdots p_k^{a_k}(1 + a_k(1 - 1/p_k))$$
$$= n \cdot (1 + a_1(p_1-1)/p_1) \cdot (1 + a_2(p_2-1)/p_2) \cdots (1 + a_k(p_k-1)/p_k)$$

其实现如算法 10.5 所示，与算法 10.3 非常类似，不再注释。

算法 10.5　计算 f(n)。

```cpp
int n;
while (cin >> n)
{
    //因为要计算 i * i,很容易超过 int
    long long i;
    long long ans = n;
    int p, a;
    for (i = 2; i * i <= n; ++i)
    {
        if (n % i == 0)
        {
            a = 0;
            p = i;
            while (n % p == 0)
            {
                a++;
                n /= p;
            }
            ans = ans + ans * a * (p-1)/p;
        }
    }
    if (n != 1) ans = ans + ans * (n-1)/n;
    printf("%I64d\n", ans);
}
```

算法实现源代码：pju2480-Longge's problem.cpp。

算法 10.5 是对每个 n 重新计算素数，当数据量较多时很浪费时间。由于 $\sqrt{2^{31}} \approx 46\,341$，可以把 50 000 以内的素数全部计算出来，如算法 10.6 所示。

算法 10.6 计算 50 000 以内的素数，使用筛选法。

```
#define MAX 50000
long long prime[MAX];
int pnum = 0;

void primtable()
{
    bool flag[MAX] = {0};
    for (int i = 2; i < MAX; i++)
    {
        if (!flag[i])
        {
            prime[pnum++] = i;
            for (long j = i + i; j < MAX; j += i)
                flag[j] = 1;
        }
    }
}
```

这样就不需要枚举每个数到 $\sqrt{n}$，只需要枚举素数到 $\sqrt{n}$，效率就高很多，请读者自行练习。

算法实现源代码：pju2480-Longge's problem-prime.cpp。

10.6 PJU3696-The Luckiest number

【问题描述】

中国人认为数字 8 是幸运数字，Bob 也一样。Bob 的幸运数字是 L，他希望构建能整除 L 的全 8 序列的最短长度。

输入

有多个测试例。每个测试例一行，只有一个数字 L（$1 \leqslant L \leqslant 2\,000\,000\,000$）。

当一行是 0 时，输入结束。

输出

对每个测试例输出一行，输出测试例编号（从 1 开始），Bob 的幸运数字。如果没有幸运数字，则输出 0。

输入样例

```
8
11
16
0
```

输出样例

```
Case 1: 1
Case 2: 2
Case 3: 0
```

题目来源

2008 Asia Hefei Regional Contest Online by USTC

【算法分析】

给定一个数字 L,找出一个最小的数 x,使得 x 个 8 组成的数是它的倍数。

如果 L 中含有 4 个或更多因子 2,则无解,否则忽略因子 2,因为是 x 个 8,必然是 8 的倍数。同样如果原数是 5 的倍数,也是无解。

设由 8 构成的数 d 有 x 位,则 $d=8(10^0+10^1+\cdots+10^{x-1})$,题目转化为求连续的 1 组成的数。由于 (10^x-1) 是长度为 x 的由 9 组成的数,得 $d=8/9 \cdot (10^x-1)$。

题目的要求是:$d\equiv 0 (\bmod L)$,即:

$$8/9 \cdot (10^x - 1) \equiv 0 (\bmod L)$$
$$8 \cdot (10^x - 1) \equiv 0 (\bmod 9L)$$
$$10^x \equiv 1 (\bmod 9L/\gcd(L,8))$$

令 $p=9L/\gcd(L,8)$,则上式等价于 $10^x\equiv 1(\bmod p)$,求满足条件的最小整数 x。

根据欧拉公式,$10^{\varphi(p)}\equiv 1(\bmod p)$,而要求的是最小解,所有答案肯定是 $\varphi(p)$ 的因子,所以只需要枚举 $\varphi(p)$ 的因子,然后检查模值是否为 1 即可。

1. 计算 $\varphi(n)$

数字超出 int 型,要使用长整形。其算法如算法 10.3 类似,如算法 10.7(1)所示。

算法 10.7(1) 计算欧拉函数。

```
#define LL long long
LL eular(LL n)
{
    LL ans = n;
    for (LL i = 2; i * i <= n; i++)
        if (n % i == 0)
        {
            ans -= ans/i;
            while(n % i == 0) n/ = i;
        }
    if (n > 1) ans -= ans/n;
    return ans;
}
```

2. 计算 $a \cdot b\%p$

因为 a、b 都是长整形,直接相乘会超出长整形范围,所以采用二分法,如算法 10.7(2)所示。

算法 10.7(2) 利用二分法计算 $a \cdot b\%p$。

```
LL p;
LL multi(LL a, LL b)
{
    LL ans = 0;
    while(b)
    {
```

```
        if (b&1) ans = (ans + a) % p;              //b 为奇数
        a = a * 2 % p;                             //b 为偶数
        b >> = 1;                                  //b = b/2
    }
    return ans;
}
```

3. 计算 $a^b \% p$

因为 a、b 都是长整形,直接计算会超出长整形范围,所以采用二分法,通常也称为快速幂算法,如算法 10.7(3)所示。

算法 10.7(3)　利用快速幂算法计算 $a^b \% p$。

```
LL power_mod(LL a, LL b)
{
    LL ans = 1;
    while(b)
    {
        if (b&1) ans = multi(ans,a);              //b 为奇数
        a = multi(a,a);                           //b 为偶数
        b >> = 1;                                 //b = b/2
    }
    return ans;
}
```

4. 计算 Bob 幸运数字 number

(1) 计算 $n = \varphi(p)$,找出 $\varphi(p)$ 的所有因子 i,答案 number 的初值为 n。

(2) 对每一个因子 i,计算能够整除 n 的个数 cnt,即 $n \% i^{cnt} = 0$,同时 $n = n/i^{cnt}$。对 cnt 个 i,逐一测试 $10^{number/i} \% p$,如果为 1,则从 number 中除掉因子 i;如果结果不是 1,则转下一个因子的测试。

(3) 所有因子测试结束后,如果 $n > 0$,并且 $10^{number/n} \% p = 1$,则从 number 中除掉因子 n。如算法 10.7(4)所示。

算法 10.7(4)　计算 Bob 幸运数字 number。

```
int iCase = 1;                                    //测试例编号
int L;                                            //Bob 的幸运数字
while (scanf(" % d",&L)!= EOF && L)
{
    p = L/gcd(L,8) * 9;
    //不存在幸运数字的情况
    if (gcd(10,p)!= 1 || L % 5 == 0)
    {
        printf("Case % d: 0\n",iCase++);
        continue;
    }
    LL n = eular(p);                              //n = φ(p)
    LL number = n;                                //答案
    //列举 n 的每一个因子
    for (LL i = 2; i * i < n; i++)
        if (n % i == 0)
```

```
                                                      //i 是一个因子
        {
            int cnt = 0;
            while (n % i == 0)
            {
                cnt++;
                n /= i;
            }
            while (cnt)
            {                                         //测试每一个 i
                if (power_mod(10,number/i) % p == 1)
                {
                    number /= i;
                    cnt -- ;
                }
                else break;
            }
        }
                                                      //测试 n
    if(n > 1 && power_mod(10,number/n) % p == 1) number /= n;
    printf("Case % d: % lld\n",iCase++,number);
}
```

算法实现源代码：pju3696-The Luckiest number.cpp。

10.7　中国剩余定理

"中国剩余定理"又称"孙子定理"。1852 年,英国传教士伟烈亚力将《孙子算经》中"物不知数"的解法[①]传至欧洲。1874 年,英国数学家马西森指出,此算法符合 1801 年由高斯得出的关于同余式解法的一般性定理,因而西方称之为"中国剩余定理"。

定理 10.9　(中国剩余定理)设 $m_1,m_2,\cdots,m_k(k\geqslant1)$ 为 k 个两两互素的正整数,对于任意正整数 $b_1,b_2,\cdots,b_k$,一次同余方程组：$x\equiv b_i(\mod m_i)(1\leqslant i\leqslant k)$,即

$$\begin{cases} x \equiv b_1(\mod m_1) \\ x \equiv b_2(\mod m_2) \\ \qquad\vdots \\ x \equiv b_k(\mod m_k) \end{cases} \tag{10.1}$$

必有解而且解唯一,解为

$$x = b_1c_1M_1 + b_2c_2M_2 + \cdots + b_kc_kM_k(\mod M)$$

$$= \sum_{i=1}^{k} b_ic_iM_i(\mod M)$$

其中,$M=m_1m_2\cdots m_k=\prod_{i=1}^{k}m_i$,$c_i$ 是满足同余方程 $M_ix\equiv1(\mod m_i)$ 的一个特解,$M_i=M/m_i$,显然 $m_1M_1=m_2M_2=\cdots=m_kM_k=M$,其中 $1\leqslant i\leqslant k$。

---

①　中国古代著名数学著作《孙子算经》中,有一道题目"物不知数"：有物不知其数,三三数之剩二,五五数之剩三,七七数之剩二。问物几何?

10.8 ZOJ1160-Biorhythms

【问题描述】

有些人相信,人类从出生开始就有三个生物周期。这三个生物周期分别是体力、情绪和智力,周期分别为 23、28 和 33 天,在每个周期里都有一个高潮。在一个周期中高潮时,人们在相应的方面(体力、情绪或智力)达到最佳状态。例如,如果是心理曲线达到高潮,思考将变得睿智,注意力更容易集中。

由于这三个生物周期都不同,所以它们产生高潮的时间都是不同的。我们想要确定一个人什么时候这三个高潮将会同时产生(即这三个高潮产生在同一天)。已知每个生物周期上次高潮产生时距离年初的天数(不一定是第一次产生),以及从年初开始的一个天数(起始时间)。你的任务是求出下次三个生物周期高潮同时产生时,距离起始时间的天数,不包括起始时间那天。例如,起始时间的天数是 10,而下次三个生物周期高潮同时产生的时间为 12,则答案是 2 而不是 3。如果三个生物周期高潮同时产生时就在起始时间那天,你要计算出下一次三个生物周期高潮同时产生的天数。

本题包含多组测试例。多组测试例的第一行是一个整数 N,然后是一个空行,接着是 N 个输入数据块。每个数据块的格式都在问题描述中给出。每个数据块之间都有一个空行。

输出格式包括 N 个输出数据块,每个输出数据块之间都有一个空行。

输入

输入有多组测试例。每个测试例一行,是四个整数 p、e、i 和 d。数值 p、e 和 i 分别表示体力,情绪和智力达到高峰时距离年初的天数。数值 d 是给定的日期,也许小于 p、e 或 i。所有数值都是非负的,小于或等于 365。你可以假定三个生物周期高潮同时产生时,距离起始时间的天数在 21 252 天之内。当一行 $p=e=i=d=-1$ 时,表示输入结束。

输出

对每一个测试例,输出测试例编号,接着是下一次三个生物周期高潮同时产生的时间,格式如下:

Case 1: the next triple peak occurs in 1234 days.

即使答案只有一天,也用复数形式 days 表示。

输入样例

```
1

0 0 0 0
0 0 0 100
5 20 34 325
4 5 6 7
283 102 23 320
203 301 203 40
-1 -1 -1 -1
```

输出样例

```
Case 1: the next triple peak occurs in 21252 days.
Case 2: the next triple peak occurs in 21152 days.
Case 3: the next triple peak occurs in 19575 days.
Case 4: the next triple peak occurs in 16994 days.
Case 5: the next triple peak occurs in 8910 days.
Case 6: the next triple peak occurs in 10789 days.
```

题目来源

East Central North America 1999；*Pacific Northwest 1999*

【算法分析】

(1) 采用枚举的方法。令 days=1，然后逐日搜索，就可以找到三个生物周期高潮同时产生的时间，效率比较低，见算法实现源代码：zju1160-Biorhythms-模拟.cpp。

(2) 利用同余的特性。先让 p 与 e 同余得 p_1，p_1 与 i 同余得 p_2，然后根据 d 调整 p_2：如果 $p_2 > d$，减少一个周期 $23 \times 28 \times 33$，如果 $p_2 \leqslant d$，增加一个周期 $23 \times 28 \times 33$，算法的效率与枚举算法相比显著提高，见算法实现源代码：zju1160-Biorhythms-同余特性.cpp。

(3) 解同余方程。本题是一道很好的中国剩余定理练习题。

设三个生物周期高潮同时产生的天数为 n，则有同余方程：

$$\begin{cases} n \equiv p \pmod{23} \\ n \equiv e \pmod{28} \\ n \equiv i \pmod{33} \end{cases}$$

因为 23、28 和 33 是互质的，$\mathrm{lcm}(23, 28, 33) = M = 21\,252$，满足中国剩余定理，$c_i$ 是满足同余方程 $M_i \cdot n \equiv 1 \pmod{m_i}$ 的一个特解，其中 $1 \leqslant i \leqslant 3$。

$M_1 = 28 \times 33, M_2 = 23 \times 33, M_3 = 23 \times 28$，得：

$$\begin{cases} M_1 c_1 \% 23 = 1 \\ M_2 c_2 \% 28 = 1 \\ M_3 c_3 \% 33 = 1 \end{cases}$$

解得 $c_1 = 6, c_2 = 19, c_3 = 2$，则：

$$n = M_1 c_1 p + M_2 c_2 e + M_3 c_3 i \,(\% M)$$
$$= 5544 \times p + 14\,421 \times e + 1288 \times i \,(\% M)$$

如果 $n \leqslant d$，则给 n 增加一个 M。因为时间是从给定的天数 d 开始计算，输出时再减去 d。如算法 10.8 所示。

算法 10.8 利用中国剩余定理计算三个生物周期高潮同时产生的时间。

```cpp
int p,e,i,d;                              //给定的参数
int N;                                    //数据块编号
scanf(" % d", &N);
while(N-- )
{
    int iCase = 1;                        //测试例编号
    int lcd = 21252;                      //M
    while (scanf(" % d % d % d % d",&p,&e,&i,&d) && p != -1)
    {
```

```
            int n = (5544 * p + 14421 * e + 1288 * i) % lcd;
            if (n <= d) n += lcd;
            printf("Case % d: the next triple peak occurs in % d days.\n",
                    iCase++,n-d);
        }
        if(N) printf("\n");
    }
```

算法实现源代码：zju1160-Biorhythms-ChinaRemainder.cpp。

10.9 一元线性同余方程组

中国剩余定理要求 $m_1,m_2,\cdots,m_k(k \geqslant 1)$ 为 k 个两两互素的正整数，如果条件不满足，即不是 k 个两两互素的正整数，则不能使用中国剩余定理。

定义 10.5 由若干个一元线性同余方程组构成的方程组，叫作一元线性同余方程组，形式如公式 10.1 所示。

对于不互质的模线性方程，可以进行方程组合并，求出合并后方程组的解，这样就可以很快地推出方程组的最终解。不管这样的方程有多少个，都可以两两解决，时间复杂度比较低。下面给出两个方程合并的算法：

$$\begin{cases} x \equiv b_1 (\bmod\ m_1) \\ x \equiv b_2 (\bmod\ m_2) \end{cases}$$

此时 m_1 和 m_2 不必互质，相当于：

$$\begin{cases} x = m_1 c_1 + b_1 \\ x = m_2 c_2 + b_2 \end{cases} \tag{10.2}$$

消除变量 x，得到：$m_1 c_1 = m_2 c_2 + (b_2 - b_1)$，即：$m_1 c_1 \equiv (b_2 - b_1)(\bmod\ m_2)$

只要解出 c_1，代入方程 10.2，就可以求解变量 x。

令：$d = \gcd(m_1,m_2)$，$b = b_2 - b_1$，根据定理 10.2，则 $d \mid b$，即 $b \% d = 0$ 时，c_1 有整数解，否则没有整数解。构造模线性方程：$b/d = m_1 x' + m_2 y'$，令：$t = m_2/d$，最小解：$x_0 = x'b/d(\bmod\ t)$，利用扩展欧几里得算法，计算出 d,x' 和 y'，则：$c_1 = x_0 + km_2/d(0 \leqslant k < d)$，代入方程 10.2 第一式得：

$$x = b_1 + (x_0 + km_2/d)m_1$$
$$= b_1 + x_0 m_1 + km_1 m_2/d$$
$$\equiv (b_1 + x_0 m_1)(\bmod\ m_1 m_2/d)$$

这样就将两个同余式转化为了一个，通过不断的转化，将 k 个方程合并为一个方程。

10.10 PJU2891-Strange Way to Express Integers

【问题描述】

Elina 正在读一本书，是关于一种非负整数的表示方法，如下所示：

选择 k 个不同的正整数 $a_1,a_2,\cdots,a_k$，对于某个整数 m，分别对 $a_i(1 \leqslant i \leqslant k)$ 作模运算

得余数 r_i,如果适当选择 $a_1,a_2,\cdots,a_k$,则整数 m 可由整数对 (a_i,r_i) 唯一确定。

"根据 m 计算整数对,是太容易了",Elina 说,"但是如何根据整数对来计算 m 呢?"

输入

输入有多组测试例,每个测试例有多行。

第一行是一个整数 k。

第 $2\sim k+1$ 行,是一对整数 $(a_i,r_i)(1\leqslant i\leqslant k)$。

输出

对每个测试例输出一行,是非负整数 m。如果有多个 m,则输出最小的一个。若无解,输出 -1。

提示

输入和输出的所有整数,都是非负整数,而且是 64 位。

输入样例

```
2
8 7
11 9
```

输出样例

```
31
```

题目来源

POJ Monthly-2006.07.30

【算法分析】

其算法见"10.9 一元线性同余方程组"章节,只是变量名称的表示有所不同,如算法 10.9 所示。

算法 10.9 利用一元线性同余方程组计算 m。

```
typedef long long LL;
int n;                                      //相当于题目中的k
//(m1,b1)相当于题目中(a1,r1)
LL m1,m2,b1,b2;
while (cin >> n)
{
    bool flag = false;
    cin >> m1 >> b1;
    //每读一组数据合并一次
    for (int i = 1; i < n; i++)
    {
        cin >> m2 >> b2;
        //如果已经发现无解,后面的数据仍然要读完
        if (flag) continue;
        LL r = b2 - b1;
        //见算法 10.1
        LL d = Extended_Euclid(m1,m2);
        //没有整数解
```

```
        if (r % d != 0)
        {
            flag = true;
            continue;
        }
        LL t = m2/d;
        x = ((r/d * x) % t + t) % t;
        b1 = m1 * x + b1;
        m1 = m1 * m2/d;
    }
    printf(" % I64d\n", flag? - 1:b1);
}
```

算法实现源代码：pju2891-Strange Way to Express Integers. cpp。

10.11　HDU1573-X 问题

【问题描述】

求在小于等于 n 的正整数中有多少个 X 满足：$X \bmod a[0] = b[0]$，$X \bmod a[1] = b[1]$，$X \bmod a[2] = b[2]$，…，$X \bmod a[i] = b[i]$（$0 < a[i] \leqslant 10$）。

输入

输入数据的第一行为一个正整数 T，表示有 T 组测试数据。每组测试数据的第一行为两个正整数 n，m（$0 < n \leqslant 1\,000\,000\,000$，$0 < m \leqslant 10$），表示 X 小于等于 n，数组 a 和 b 中各有 m 个元素。接下来两行，每行各有 m 个正整数，分别为 a 和 b 中的元素。

输出

对应每一组输入，在独立一行中输出一个正整数，表示满足条件的 X 的个数。

输入样例

```
3
10 3
1 2 3
0 1 2
100 7
3 4 5 6 7 8 9
1 2 3 4 5 6 7
10000 10
1 2 3 4 5 6 7 8 9 10
0 1 2 3 4 5 6 7 8 9
```

输出样例

```
1
0
3
```

题目来源

HDU 2007-1 Programming Contest

【算法分析】

本题与"10.10 PJU2891 Strange Way to Express Integers"章节算法基本相同,只是最后结果有区别,这里是计算在小于或等于 n 的正整数中有多少个 X 满足同余方程。

首先把所有的同余方程合并,最后得到系数 b_1 和 m_1,显然 b_1 就是最小解 x_0,$m_1 = \text{lcm}(a[0], a[1], \cdots, a[m-1])$,设有 ans 个 X 满足同余方程,则有:$b_1 + m_1 \times \text{ans} \leqslant n$,得到:$\text{ans} = (n - b_1)/m_1$,如果 $b_1 \neq 0$,其本身也是一个解,则答案 ans 要加 1。如果 $n < b_1$,即 n 比最小解 x_0 还小,答案是 0。如算法 10.10 所示。

算法 10.10   利用一元线性同余方程组计算在指定范围内解的个数。

```
//读取原始数据
int a[10],b[10];
int n,m;
int i;
scanf("%d%d",&n,&m);
for(i = 0; i < m; i++)
    scanf("%d",&a[i]);
for(i = 0; i < m; i++)
    scanf("%d",&b[i]);
//利用一元线性同余方程组算法合并同余方程
int m1,m2,b1,b2;
int flag = 0;
m1 = a[0];
b1 = b[0];
for(i = 1; i < m;i++)
{
    m2 = a[i];
    b2 = b[i];
    int r = b2 - b1;
    int d = extend_gcd(m1,m2);
    //无解,由于数据已经读取,则直接结束运算
    if((r)%d)
    {
        flag = 1;
        break;
    }
    int t = m2/d;
    x = ((r/d * x)%t + t)%t;
    b1 = m1 * x + b1;
    m1 = (m1 * m2)/d;
}
//计算答案
int ans = (n - b1)/m1 + (b1 == 0?0:1);
if (flag||n < b1)ans = 0;
printf("%d\n",ans);
```

算法实现源代码:hdu1573-X 问题.cpp。

上机练习题

浙江大学在线题库：

1095-Humble Numbers	1889-Ones
1133-Smith Numbers	1951-Goldbach's Conjecture
1136-Multiple	2022-Factorial
1143-Date Bugs	2095-Divisor Summation
1222-Just the Facts	2286-Sum of Divisors
1278-Pseudo-Random Numbers	2305-C Looooops
1284-Perfection	2313-Chinese Girls' Amusement
1312-Prime Cuts	2421-Recaman's Sequence
1314-Uniform Generator	2520-Amicable Pairs
1385-Binary Stirling Numbers	2545-Factstone Benchmark
1408-The Fun Number System	2674-Strange Limit
1489-2^x mod n＝1	2723-Semi-Prime
1526-Big Number	2806-The Embarrassed Cryptographer
1530-Find The Multiple	2945-Remainder from Our Sponsor
1569-Partial Sums	2964-Triangle
1577-GCD ＆ LCM	3008-Gold Coins
1596-Hamming Problem	3014-9875321
1657-Goldbach's Conjecture	3024-Monday-Saturday Prime Factors
1712-Skew Binary	3175-Number of Containers
1797-Least Common Multiple	3254-Secret Code
1842-Prime Distance	3621-Factorial Problem in Base K
1850-Factovisors	3687-The Review Plan Ⅰ

北京大学在线题库：

1006-Biorhythms	2262-Goldbach's Conjecture
1061-青蛙的约会	2407-Relatives
1150-The Last Non-zero Digit	2478-Farey Sequence
1152-An Easy Problem!	2635-The Embarrassed Cryptographer
1183-反正切函数的应用	2689-Prime Distance
1284-Primitive Roots	2739-Sum of Consecutive Prime Numbers
1365-Prime Land	2773-Happy 2006
1528-Perfection	2992-Divisors
1595-Prime Cuts	3101-Astronomy
1730-Perfect Pth Powers	3126-Prime Path
1845-Sumdiv	3210-Coins
1953-World Cup Noise	3292-Semi-prime H-numbers
2034-Anti-prime Sequences	3358-Period of an Infinite Binary Expansion
2142-The Balance	3518-Prime Gap
2191-Mersenne Composite Numbers	3641-Pseudoprime numbers

杭州电子科技大学在线题库：

1058-Humble Numbers	2554-N 对数的排列问题
1124-Factorial	2582-f(n)
1163-Eddy's digital Roots	2588-GCD
1214-圆桌会议	2608-0 or 1
1262-寻找素数对	2669-Romantic
1286-找新朋友	2674-N！Again
1319-Prime Cuts	2824-The Euler function
1370-Biorhythms	2964-Prime Bases
1395-2^x mod n＝1	3187-HP Problem
1420-Prepared for New Acmer	3501-Calculation 2
1492-The number of divisors about Humble Numbers	3579-Hello Kiki
1568-Fibonacci	3816-To Be NUMBER ONE
1573-X 问题	4002-Find the maximum
1576-A/B	4143-A Simple Problem
1695-GCD	4279-Number
1716-排列 2	4398-Template Library Management
1788-Chinese remainder theorem again	4335-What is N?
1830-Remainder from Our Sponsor	4483-Lattice triangle
2136-Largest prime factor	4586-Play the Dice
2142-Disney	4767-Bell
2161-Primes	4910-Problem about GCD

由于在线题库的题目很多，这里只列出了部分题目，仅供参考。

第11章

组 合 数 学

组合数学的主要内容有组合计数、存在性理论、构造性问题、组合设计和组合优化等。组合计数理论系统是组合数学中最基本的知识,包括容斥原理、母函数、递归关系和基本的排列组合计数算法;存在性理论主要是鸽笼原理和 Ramsey 定理;构造性问题主要是简单排列和组合的构造方法;组合设计包括区组设计的基本知识;组合优化包括线性规划的基本原理和方法、图着色、最大团原理和方法。

11.1 母函数

生成函数即母函数,是组合数学中的一个重要理论和工具。生成函数有普通型生成函数和指数型生成函数两种,其中普通型用得比较多。普通型生成函数用于解决多重集的组合问题,而指数型母函数用于解决多重集的排列问题。

最早提出母函数的人是法国数学家 Laplace P. S. ,在其 1812 年出版的《概率的分析理论》中明确提出"生成函数的计算",书中对生成函数思想奠基人——Euler L. 在 18 世纪对自然数的分解与合成的研究做了延伸与发展,生成函数的理论由此基本建立。注意母函数本身并不是一个从某个定义域映射到另一个定义域的函数,名字中的"函数"只是出于历史原因而保留。

11.1.1 普通型母函数

在数学中,某个序列的母函数(Generating Function),是一种形式幂级数,其每一项的系数可以提供关于这个序列的信息。使用母函数解决问题的方法称为母函数方法。

定义 11.1 对于任意的实数系列 $\{a_0, a_1, \cdots, a_n\}$,构造一个幂级函数:

$$f(x) = \sum_{k=0}^{\infty} a_k x^k = a_0 + a_1 x + a_2 x^2 + a_3 x^3 + \cdots$$

则称 $f(x)$ 是数列 $\{a_0, a_1, \cdots, a_n\}$ 的母函数,又称普通型母函数、生成函数。

显然母函数 $f(x)$ 同数列 $\{a_0,a_1,\cdots,a_n\}$ 之间是一一对应的。

例如数列 $\{c_n^0,c_n^1,\cdots,c_n^n\}$ 对应的母函数是 $f(x)=(1+x)^n$。

母函数可分为很多种,包括普通母函数、指数母函数、L 级数、贝尔级数和狄利克雷级数。对每个序列都可以写出以上每个类型的一个母函数。下面列举几个常见的生成函数:

(1) $\dfrac{1}{1-x}=1+x+x^2+\cdots$

(2) $\dfrac{1}{(1-x)^n}=1+nx+\dfrac{n(n+1)}{2!}x^2+\dfrac{n(n+1)(n+2)}{3!}x^3+\cdots$

(3) $\dfrac{1}{1-2x}=2^0+2^1x+2^2x^2+\cdots$

(4) $\dfrac{1}{1-ax}=a^0+a^1x+a^2x^2+\cdots$

(5) $\dfrac{x}{(1-x)^2}=x+2x^2+\cdots+kx^k+\cdots$

定理 11.1 设从 n 元集合 $S=\{a_0,a_1,\cdots,a_n\}$ 中,取出 k 元素的组合是 b_k,若限定元素 a_i 出现的次数集合为 $M_i(1\leqslant i\leqslant n)$,则该组合数序列的母函数为:

$$\prod_{i=1}^{n}\left(\sum_{m\in M_i}x^m\right)$$

例如有 n 种物品,如果第 i 个物品有 k_i 个,则该组合序列的母函数为:

$$\prod_{i=1}^{n}\left(\sum_{m\in k_i}x^m\right)$$
$$=(x^0+x^1+\cdots+x^{k_1})(x^0+x^1+\cdots+x^{k_2})\cdots(x^0+x^1+\cdots+x^{k_n})$$

表示对于第 i 件物品,有 $x^0+x^1+\cdots+x^{k_i}$ 种取法,注意系数都为 1,因为同种物品取 i 件,它的取法是 1,是组合计数的乘法原理。x^m 的系数是组合成 m 件物品的所有方案数。

例 11.1 有质量为 1、3 和 5 克的砝码各 2 个,问:

(1) 可以称出多少种不同质量的物品?

(2) 要称出质量为 9 克的物品有几种可能的方案?

解 假设用 x 表示砝码,x 的指数表示质量,可以得到:

1 个 1 克砝码用多项式 $1+x+x^2$ 表示,1 表示不用质量为 1 的砝码,x 表示使用 1 个质量为 1 的砝码,x^2 表示使用 2 个质量为 1 的砝码;同理,1 个 3 克砝码用多项式 $1+x^3+x^6$ 表示,1 表示不用质量为 3 的砝码,x^3 表示使用 1 个质量为 3 的砝码,x^6 表示使用 2 个质量为 3 的砝码,以此类推。根据定理 11.1,构造母函数如下:

$$G(x)=(1+x+x^2)(1+x^3+x^6)(1+x^5+x^{10})$$
$$=1+x+x^2+x^3+x^4+2x^5+2x^6+2x^7+2x^8+x^9+$$
$$2x^{10}+2x^{11}+2x^{12}+2x^{13}+x^{14}+x^{15}+x^{16}+x^{17}+x^{18}$$

(1) 从上面的函数可以看到,能够称出 $1\sim18$ 之间的每一个质量,而系数就是称出每种质量的方案数。

(2) x^9 的系数是 1,称出质量为 9 的物品只有 1 种可行方案。

例 11.2 投掷一次骰子,出现点数 $1,2,\cdots,6$ 的概率相同,都是 $1/6$,问:

(1) 连续投掷 2 次,出现的点数之和为 10 的概率是多少?

(2) 连续投掷 10 次,出现的点数之和为 30 的概率是多少?

解 表示投掷一次可能出现点数为 $1,2,\cdots,6$ 的母函数为:

$$f(x) = x + x^2 + x^3 + x^4 + x^5 + x^6$$

连续投掷 2 次,出现点数的各种可能为:

$$G(x) = f^2(x) = (x + x^2 + x^3 + x^4 + x^5 + x^6)^2$$

构成 x 指数为 10 的项为 $4+6,5+5$ 和 $6+4$,一共 3 项,则概率为: $3/6^2 = 1/12$。

而连续投掷 10 次,出现点数的各种可能为:

$$G(x) = f^{10}(x) = (x + x^2 + x^3 + x^4 + x^5 + x^6)^{10}$$

$$= x^{10} \left(\frac{1 - x^6}{1 - x} \right)^{10}$$

$$= x^{10} \cdot \sum_{i=0}^{10} (-1)^i \binom{10}{i} x^{6i} \cdot \sum_{j=0}^{\infty} \binom{9+j}{j} x^j$$

构成 x 指数为 30 的项为 $6i + j = 20$,即 i 取值 $0,1,2$ 和 3,$j = 20 - 6i$:

$$\binom{29}{20} - \binom{23}{14}\binom{10}{1} + \binom{17}{8}\binom{10}{2} - \binom{11}{2}\binom{10}{3} = 2\ 930\ 455$$

因此所求的概率为 $2\ 930\ 455/6^{10} \approx 0.0485$

11.1.2 指数型母函数

定义 11.2 对于任意的实数系列 $\{a_0, a_1, \cdots, a_n\}$,构造一个幂级函数:

$$f(x) = \sum_{k=0}^{\infty} \frac{a_k}{k!} x^k = a_0 + a_1 x + \frac{a_2}{2!} x^2 + \frac{a_3}{3!} x^3 + \cdots$$

则称 $f(x)$ 是数列 $\{a_0, a_1, \cdots, a_n\}$ 的指数型母函数。

指数型母函数与普通母函数的区别,在于系数部分要除以 $k!$。

定理 11.2 对于一个多重集,其中 a_1 重复 n_1 次,a_2 重复 n_2 次,$\cdots$,a_k 重复 n_k 次,如果 $n = n_1 + n_2 + \cdots + n_k$,从 n 个元素中取出 r 个元素的排列,不同的排列数对应的指数型母函数为:

$$\prod_{i=1}^{k} \left(\sum_{m \in n_i} \frac{x^m}{m!} \right)$$

$$= \left(x^0 + \frac{x^1}{1!} + \frac{x^2}{2!} + \cdots + \frac{x^{n_1}}{n_1!} \right) \cdots \left(x^0 + \frac{x^1}{1!} + \frac{x^2}{2!} + \cdots + \frac{x^{n_k}}{n_k!} \right)$$

从 n 个元素中取出 r 个元素的排列种数就是展开式中 $x^r/r!$ 的系数。

在应用指数型母函数解题时,经常需要应用 e^x 的 Taylor 展开式,即:

$$\mathrm{e}^x = \sum_{n=0}^{\infty} \frac{x^n}{n!} = 1 + x + \frac{x^2}{2!} + \cdots + \frac{x^n}{n!} \quad x \in (-\infty, +\infty)$$

常用的幂级数公式:

$$\mathrm{ch}x = \frac{\mathrm{e}^x + \mathrm{e}^{-x}}{2} = \sum_{n=0}^{\infty} \frac{x^{2n}}{(2n)!} = 1 + \frac{x^2}{2!} + \frac{x^4}{4!} + \frac{x^6}{6!} + \cdots \quad x \in (-\infty, +\infty)$$

$$\mathrm{sh}x=\frac{e^x-e^{-x}}{2}=\sum_{n=0}^{\infty}\frac{x^{2n+1}}{(2n+1)!}=x+\frac{x^3}{3!}+\frac{x^5}{5!}+\frac{x^7}{7!}+\cdots\quad x\in(-\infty,+\infty)$$

例 11.3　由 1,2,3,4 四个数字组成的 5 位数中,要求数字 1 出现次数不超过 2 次,但不能不出现;数字 2 出现次数不超过 1 次;数字 3 出现次数可达 3 次,也可以不出现;数字 4 出现次数为偶数,求满足上述条件的数的个数。

解　对应上述条件的指数型母函数为:

$$G(x)=\left(\frac{x}{1!}+\frac{x^2}{2!}\right)(1+x)\left(1+\frac{x}{1!}+\frac{x^2}{2!}+\frac{x^3}{3!}\right)\left(1+\frac{x^2}{2!}+\frac{x^4}{4!}\right)$$

$$=x+\frac{5}{2}x^2+3x^3+\frac{8}{3}x^4+\frac{43}{24}x^5+\frac{43}{48}x^6+$$

$$\frac{17}{48}x^7+\frac{1}{288}x^8+\frac{1}{48}x^9+\frac{1}{288}x^{10}$$

把 x^5 的系数化成指数型母函数的系数:

$$\frac{43}{24}=\frac{43\times5}{5!}=\frac{215}{5!}$$

因此,满足条件的 5 位数共有 215 个。

例 11.4　求 1,3,5,7,9 五个数字组成的 n 位数的个数,要求 3,7 出现的次数为偶数,其他 3 个数出现次数不加限制。

解　设满足条件的 n 位数的个数为 a_n,则序列 $\{a_1,a_2,\cdots,a_n\}$ 对应的指数型母函数为:

$$G(x)=\left(1+\frac{x^2}{2!}+\frac{x^4}{4!}+\cdots\right)^2\left(1+\frac{x}{1!}+\frac{x^2}{2!}+\frac{x^3}{3!}+\cdots\right)^3$$

$$=\left(\frac{e^x+e^{-x}}{2}\right)^2(e^x)^3$$

$$=\frac{1}{4}(e^{2x}+2+e^{-2x})e^{3x}$$

$$=\frac{1}{4}(e^{5x}+2e^{3x}+e^x)$$

$$=\frac{1}{4}\left(\sum_{n=0}^{\infty}\left(5^n\frac{x^n}{n!}\right)+2\sum_{n=0}^{\infty}\left(3^n\frac{x^n}{n!}\right)+\sum_{n=0}^{\infty}\frac{x^n}{n!}\right)$$

$$=\frac{1}{4}\sum_{n=0}^{\infty}\left((5^n+2\cdot3^n+1)\frac{x^n}{n!}\right)$$

因此,$a_n=\frac{1}{4}(5^n+2\cdot3^n+1)$

11.1.3　Stirling 数

苏格兰数学家斯特林(James Stirling,1692—1770 年)首次发现 Stirling 数,并说明了它们的重要性,在数论、数学分析、组合数学中都有广泛的应用,在组合数学中 Stirling 数是一类重要的数列。Stirling 数是指两类数。

（1）第一类 Stirling 数。

第一类 Stirling 数是有正负的，其绝对值是 n 个元素的项目分作 k 个环排列的方法的数目。常用的表示方法是 $S_1(n,k)$，递推公式为：

$$\begin{cases} S_1(n,0)=0 \\ S_1(1,1)=1 \\ S_1(n+1,k)=S_1(n,k-1)+nS_1(n,k) \end{cases}$$

在数学上，第 n 个调和数是首 n 个正整数的倒数和：

$$H_n=1+\frac{1}{2}+\frac{1}{3}+\cdots+\frac{1}{n}=\sum_{k=1}^{n}\frac{1}{k}$$

根据递推公式，当 k 取特殊值时：

$$|S_1(n,1)|=(n-1)!$$
$$S_1(n,2)=(-1)^n(n-1)!H_{n-1}$$
$$S_1(n,n-1)=-C(n,2)=-n(n-1)/2$$

第一类 Stirling 数的样例，如表 11-1 所示。

表 11-1　第一类 Stirling 数的样例

n	k					
	1	2	3	4	5	6
1	1					
2	−1	1				
3	2	−3	1			
4	−6	11	−6	1		
5	24	−50	35	−10	1	
6	−120	274	−225	85	−15	1

例如，有 n 个人分成 k 组，每组内再按特定顺序围圈的分组方法的数目，就是 $S_1(n,k)$，例如 $S_1(4,2)=11$，排列方法为：

{A,B},{C,D}　{A},{B,C,D}　{B},{A,C,D}　{C},{A,B,D}　{D},{A,B,C}
{A,C},{B,D}　{A},{B,D,C}　{B},{A,D,C}　{C},{A,D,B}　{D},{A,C,B}
{A,D},{B,C}

$S_1(n,k)$ 是递降阶乘多项式的系数：

$$x^{\underline{n}}=x(x-1)(x-2)\cdots(x-n+1)=\sum_{k=1}^{n}S_1(n,k)x^k$$

（2）第二类 Stirling 数。

第二类 Stirling 数是把 n 个元素的集合划分为正好 k 个非空子集的方法的数目。常用的表示方法是 $S_2(n,k)$，递推公式为：

$$\begin{cases} S_2(n,k)=0 \quad (k>n \text{ or } k=0) \\ S_2(n,n)=S_2(n,1)=1 \\ S_2(n,k)=S_2(n-1,k-1)+kS_2(n-1,k) \end{cases}$$

编程实现见 11.5 节。根据递推公式,当 k 取特殊值时:

$$S_2(n,2)=2^{n-1}-1$$

$$S_2(n,n-1)=C(n,2)=n(n-1)/2$$

第二类 Stirling 数的样例,如表 11-2 所示。

表 11-2　第二类 Stirling 数的样例

n	k					
	1	2	3	4	5	6
1	1					
2	1	1				
3	1	3	1			
4	1	7	6	1		
5	1	15	25	10	1	
6	1	31	90	65	15	1

例如,有 n 个人分成 k 组的分组方法的数目。若所有人分成 1 组,只有所有人在同一组这个方法,因此 $S_2(4,1)=1$;若所有人分成 4 组,每个人独立一组,因此 $S_2(4,4)=1$;若分成 2 组,排列方法如下:

{A,B},{C,D}　　{A,C},{B,D}　　{A,D},{B,C}

{A},{B,C,D}　　{B},{A,C,D}　　{C},{A,B,D}　　{D},{A,B,C}

与第一类 Stirling 数的区别在于,不再考虑组内围圈的排列顺序。

11.1.4　Catalan 数

Catalan 数(卡特兰数又称卡塔兰数),是组合数学中一个常出现在各种计数问题中的数列,以比利时数学家欧仁·查理·卡塔兰(Eugène Charles Catalan,1814—1894)命名,其前几项为 $1,1,2,5,14,42,132,\cdots$

定义 11.3　令 $h(0)=1,h(1)=1$,Catalan 数满足递归式:

$$h(n)=h(0)\times h(n-1)+h(1)\times h(n-2)+\cdots+h(n-1)\times h(0) \quad (n\geqslant 2)$$

该递推关系的解为:

$$h(n)=\frac{C(2n,n)}{n+1} \quad (n\geqslant 1)$$

对该公式再演算一步,得到:

$$h(n)=\frac{2(2n-1)}{n+1}h(n-1) \quad (n\geqslant 1)$$

通常,记 $h(n)$ 为 C_n,则 $C_0=1,C_1=1,C_2=2,C_3=5,\cdots$

下面列举一些常见的 Catalan 数的模型:

(1)圆周上有标号为 $1,2,3,\cdots,2n$ 的点共计 $2n$ 个,这 $2n$ 个点配对可连成 n 条弦,且这些弦两两不相交的方式数为卡特兰数 C_n。

当 $n=3$ 时,$C_3=5$,如图 11-1 所示。

(2)将正 $n+2$ 边形使用未在内部相交的 $n-1$ 条对角线分成 n 个三角形。从某一条边

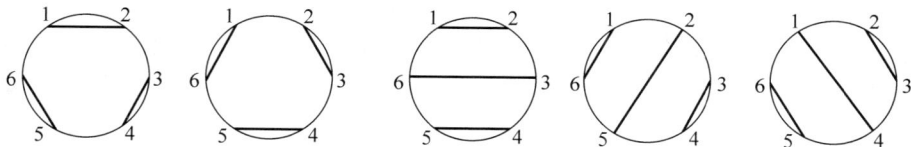

图 11-1　当 $n=3$ 时,圆周上两两不相交弦的构成方式

开始,依次对边进行编号 $1,2,\cdots,n+2$。多边形有三角部分是一个将多边形分割成互不重叠的三角形的弦的集合 T,显然弦是两两不相交的,不同的拆分数为卡特兰数 C_n。

当 $n=3$ 时,$C_3=5$,如图 11-2 所示。

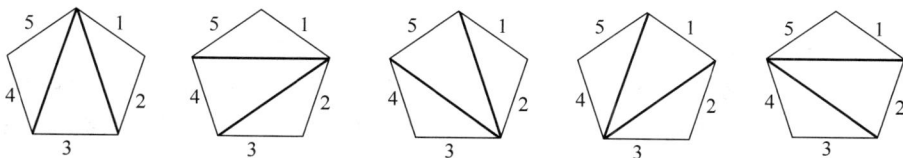

图 11-2　当 $n=3$ 时,凸五边形的不重叠三角形的构成方式

（3）给定 $n+1$ 个矩阵 $\{A_1,A_2,\cdots,A_{n+1}\}$,其中 A_i 与 A_{i+1} 是可乘的,$i=1,2,\cdots,n$。考察这 $n+1$ 个矩阵的连乘积 $A_1A_2\cdots A_{n+1}$ 的加括号方式,用 n 个括号以合法的方式括起来,其加括号的方式数为卡特兰数 C_n。

当 $n=3$ 时,$C_3=5$,矩阵连乘积 $A_1A_2A_3A_4$ 的加括号方式见 4.1 节。

（4）平面二叉树图(Plane Binary Trees)有 $n+1$ 个叶结点(Leaf Point),即有 $2n+1$ 个顶点(Vertex)。将顶点二叉树图进行编号 $1,2,\cdots,n+1$,其平面二叉树的构成方式数为卡特兰数 C_n。

当 $n=3$ 时,$C_3=5$,如图 11-3 所示。

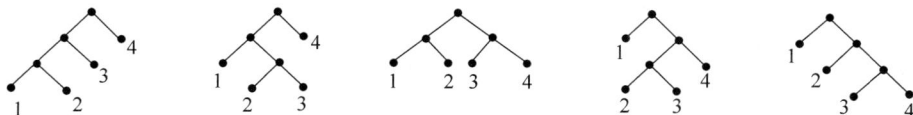

图 11-3　当 $n=3$ 时,平面二叉树图的构成方式

11.2　HDU2082-找单词

【问题描述】

假设有 x_1 个字母 A,x_2 个字母 B,$\cdots$,x_{26} 个字母 Z,同时假设字母 A 的价值为 1,字母 B 的价值为 $2,\cdots$,字母 Z 的价值为 26。对于给定的字母,可以找到多少价值 $\leqslant 50$ 的单词呢？单词的价值就是组成一个单词的所有字母的价值之和,比如单词 ACM 的价值是 $1+3+14=18$,单词 HDU 的价值是 $8+4+21=33$。组成的单词与排列顺序无关。

输入

输入首先是一个整数 N,代表测试实例的个数。

然后包括 N 行数据,每行包括 26 个 $\leqslant 20$ 的整数 $x_1,x_2,\cdots,x_{26}$。

输出

对于每个测试实例,请输出能找到的总价值≤50的单词数,每个实例的输出占一行。

输入样例

```
2
1 1 1 0 0 0 0 0 0 0 0 0 0 0 0 0 0 0 0 0 0 0 0 0 0 0
9 2 6 2 10 2 2 5 6 1 0 2 7 0 2 2 7 5 10 6 10 2 10 6 1 9
```

输出样例

```
7
379297
```

【算法分析】

对于样例1,有字母A、B和C各1个,其单词组合有2^3-1种,即7种,字母的价值和都小于50。更普遍的情况如样例2所示,是母函数的应用,根据定理11.1,其母函数为:

$$\prod_{i=1}^{26}\left(\sum_{m\in \mathrm{ch}_i} x^m\right)=\prod_{i=1}^{26}\left(1+x+x^2+\cdots+x^{\mathrm{ch}_i}\right)$$

其中,输入的26个字母个数是放在数组ch中,求解x的指数≤50的系数和。

计算结果放在数组b中,数组a是每次计算时的中间结果,如算法11.1所示。

算法11.1 利用母函数计算字母组合后价值≤50的单词数量。

```
//读取每个字母的数量
for (int i = 1;i < 27;++i)
    scanf(" % d", &ch[i]);
memset(a, 0, sizeof(a));
memset(b, 0, sizeof(b));
//x 的 0 次方系数是 1
b[0] = 1;
//要乘以 26 个多项式
for (int i = 1;i <= 26;++i)
{
    //求解 x 的指数≤50 的系数和
    for (int j = 0;j <= 50;++j)
        //k * i + j 表示被乘多项式各项的指数
        for (int k = 0; k <= ch[i] && k * i + j <= 50; ++k)
        {
            a[k * i + j] += b[j];
        }
    memcpy(b, a, sizeof(a));
    memset(a, 0, sizeof(a));
}
//统计指数≤50 的系数和
int cnt = 0;
for (int i = 1;i <= 50;++i)
    cnt += b[i];
printf(" % d\n", cnt);
```

算法实现源代码:hdu2082.cpp。

11.3 HDU1521-排列组合

【问题描述】

有 n 种物品,并且知道每种物品的数量。要求从中选出 m 件物品的排列数。例如有两种物品 A、B,并且数量都是1,从中选2件物品,则排列有 {AB} 和 {BA} 两种。

输入

每组输入数据有两行,第一行是两个数 n, m ($1 \leqslant m$, $n \leqslant 10$);第二行有 n 个数,分别表示这 n 件物品的数量。

输出

对应每组数据输出排列数(任何运算不会超出 2^{31})。

输入样例

```
2 2
1 1
```

输出样例

```
2
```

【算法分析】

本题正是指数型母函数,需要计数定理11.2的展开式中 $x^m/m!$ 的系数。

首先计算阶乘,存放在数组 a 中:{1,1,2,4,24,120,720,…},因为是选出 m ($m \leqslant 10$) 件物品的排列数,计算到 $a[10]$ 即可。然后读取 n 个数存放在数组 num 中,接下来就是计算 $x^m/m!$ 的系数,如算法11.2所示。

算法11.2 利用指数型母函数计算从 n 种物品中选出 m 件物品的排列数。

```
double c1[15],c2[15];
memset(c1, 0, sizeof(c1));
memset(c2, 0, sizeof(c2));
//第一个式子,即 n = 1
for(i = 0; i <= num[1]; i++)
    c1[i] = 1.0/a[i];
int j,k;
//从第二个式子开始
for(i = 2; i <= n; i++)
{
    //乘积左边是 xʲ,系数是 c1[j]
    for(j = 0; j <= m; j++)
        //乘积右边是 xᵏ,系数是 1/a[k]
        for(k = 0; k <= num[i] && j + k <= m; k++)
            //相乘的结果是 xʲ⁺ᵏ,系数是 c2[j + k]
            c2[j + k] += c1[j]/a[k];
    memcpy(c1, c2, sizeof(c2));
    memset(c2, 0, sizeof(c2));
}
```

```
//xᵐ 的系数在 c1[m]中,结果应该是 xᵐ/m! 的系数,需要将 m! 乘回来
printf("%.0lf\n",c1[m] * a[m]);
```

算法实现源代码：hdu1521.cpp。

11.4 HDU2065-"红色病毒"问题

【问题描述】

现在有一长度为 n 的字符串,满足以下条件:

(1) 字符串仅由 A,B,C,D 四个字母组成;

(2) A 出现偶数次(也可以不出现);

(3) C 出现偶数次(也可以不出现)。

计算满足条件的字符串个数。当 $n=2$ 时,所有满足条件的字符串有如下 6 个:BB, BD,DB,DD,AA,CC。由于这个数据可能非常庞大,只要给出最后两位数字即可。

输入

每组输入的第一行是一个整数 T,表示测试实例的个数。下面是 T 行数据,每行一个整数 $n(1 \leqslant n < 2^{64})$,当 $T=0$ 时结束。

输出

对于每个测试实例,输出字符串个数的最后两位,每组输出后跟一个空行。

输入样例

```
4              3
1              14
4              24
20             6
11             0
```

输出样例

```
Case 1: 2      Case 1: 56
Case 2: 72     Case 2: 72
Case 3: 32     Case 3: 56
Case 4: 0
```

题目来源

RPG 专场练习赛

【算法分析】

根据定理 11.2,参考例 11.4,对应上述条件的指数型母函数为:

$$G(x) = \left(1 + \frac{x^2}{2!} + \frac{x^4}{4!} + \cdots\right)^2 \left(1 + \frac{x}{1!} + \frac{x^2}{2!} + \frac{x^3}{3!} + \cdots\right)^2$$

$$= \left(\frac{e^x + e^{-x}}{2}\right)^2 (e^x)^2$$

$$= \frac{1}{4}(e^{2x} + 2 + e^{-2x})e^{2x}$$

$$= \frac{1}{4}(e^{4x} + 2e^{2x} + 1)$$

$$= \frac{1}{4}\left(\sum_{n=0}^{\infty}\left(4^n\,\frac{x^n}{n!}\right) + 2\sum_{n=0}^{\infty}\left(2^n\,\frac{x^n}{n!}\right) + 1\right)$$

$$= \sum_{n=0}^{\infty}(4^{n-1} + 2^{n-1})\,\frac{x^n}{n!} + \frac{1}{4}$$

$$= 1 + \sum_{n=1}^{\infty}(4^{n-1} + 2^{n-1})\,\frac{x^n}{n!}$$

因此,$a_n = 4^{n-1} + 2^{n-1}$,由于 $n(1 \leqslant n < 2^{64})$ 很大,需要使用快速幂计算公式。在计算过程中,只需要保存模 100 的结果,如算法 11.3 所示。

算法 11.3 利用快速幂算法计算 $m^n \% 100$。

```
int fun( int m, long long n)
{
    int res = 1;
    while (n)
    {
        if (n&1) res = res * m % 100;            //n为奇数
        m = m * m % 100;                         //n为偶数
        n >> = 1;
    }
    return res;
}
```

在主函数中,读取数值 n,然后调用算法 11.3:$(\text{fun}(4, n-1) + \text{fun}(2, n-1))\%100$。

算法实现源代码:hdu2065-"红色病毒"问题.cpp。

由于模数是 100,不管 n 有多大,其结果都在 100 以内,这样很容易出现循环。使用程序 hdu2065.cpp 输出 n 为 100 以内的结果,就能找到循环节。

算法实现源代码:hdu2065-"红色病毒"问题-Rule.cpp。

11.5 HDU3625-Examining the Rooms

【问题描述】

酒店发生了一起谋杀案。作为镇上最好的侦探,你应该立刻检查酒店所有的 n 个客房。然而,所有客房的门都锁上了,而且钥匙都锁在客房里。真是一个陷阱!每个客房里恰好只有一把锁匙,而且分布的概率相同。例如,如果 $n=3$,有 6 种可能的分布,分布的概率都是 1/6。为方便起见,我们将客房从 1~n 编号,并且记 1 号客房的钥匙为 key1,2 号客房的钥匙为 key2,以此类推。

要检查所有的客房,不得不用武力破坏一些门,但又不想破坏太多,所以采取以下策略:开始时,因为手里没有钥匙,必须随意破坏一个锁着的门,进入客房,检查房间,拿走里面的钥匙。接着可以用新的钥匙打开另一个客房,检查并拿走第二把锁匙。一直重复,直到不能打开新的客房。如果仍有客房没有检查,就要随机选择另一个未打开的门并破门而入,重复上述过程,直到检查完所有的客房。

现在规定只允许破坏 k 个门。更重要的是,有一位要人住在 1 号客房,这个门不能破坏,只能用钥匙打开它并检查。编程计算,要检查完所有的客房,其概率是多少?

输入

第一行是一个整数 $T(T\leqslant 200)$,表示测试例的数量。每个测试例一行,是两个整数 n 和 $k(1<n\leqslant 20,1\leqslant k<n)$。

输出

每个测试例输出行,是相应的概率,要求小数点后四位数字。

输入样例

```
3
3 1
3 2
4 2
```

输出样例

```
0.3333
0.6667
0.6250
```

题目来源

2010 Asia Regional Tianjin Site—Online Contest

【算法分析】

锁匙随机地分布在每个客房中,属于全排列,其方法数是 $n!$。

n 个元素形成 k 个环的方法数是第一类 Stirling 数 $S_1(n,k)$。

n 个元素形成 k 个环,且 1 成自环的总方法数 $S_1(n-1,k-1)$。

则检查完所有客房的概率为:

$$p(n,k)=\frac{1}{n!}\sum_{i=1}^{k}(S_1(n,i)-S_1(n-1,i-1))$$

首先定义如下数据结构:

```
#define N 21
long long fac[N] = {1,1};
long long stir[N][N];
```

由于两个整数 n 和 k 都比较小,首先把在此范围里面的第一类 Stirling 数 $S_1(n,k)$ 全部计算出来,然后直接引用,如算法 11.4(1)所示。

算法 11.4(1) 计算阶乘和第一类 Stirling 数。

```
void Factorial_Stirling()
{
    int i, j;
    for(i = 2; i < N; i++)
        fac[i] = i * fac[i-1];
    memset(stir,0,sizeof(stir));
    stir[0][0] = 0;
```

```
    stir[1][1] = 1;
    for(i = 2; i < N; i++)
        for(j = 1; j <= i; j++)
            stir[i][j] = stir[i−1][j−1] + (i−1) * stir[i−1][j];
}
```

读取数据并按公式计算的概率,如算法 11.4(2)所示。

算法 11.4(2)　利用算法 11.4(1)打表的数据,计算检查完所有客房的概率。

```
int n, k;
cin >> n >> k;
long long cnt = 0;
for(int i = 1; i <= k; i++)
        cnt += stir[n][i] − stir[n−1][i−1];
printf("%.4f\n",1.0 * cnt/fac[n]);
```

算法实现源代码:hdu3625-Examining the Rooms.cpp。

11.6　POJ2084-Game of Connection

【问题描述】

这是一个很小但是古老的游戏。在地面上,按顺时针方向写下数字 $1, 2, 3, \cdots, 2n-1, 2n$,形成一个圆圈,然后用线段把数字连接起来成为数对。每一个数字只能与另一个数字相连,而且任意两条线段不允许交叉。

编程任务:有多少种方式把这些数字连接成数对?

输入

每行一个整数 $n(1 \leqslant n \leqslant 100)$,当 $n = -1$ 时输入结束。

输出

对每个整数 n 输出一行:把 $2n$ 个数连接成数对的方式数。

输入样例

```
2
3
−1
```

输出样例

```
2
5
```

题目来源

University of Ulm Local Contest 1996

【算法分析】

本题是标准的 Catalan 数,应用递推公式:

$$h(n) = \frac{2(2n-1)}{n+1} h(n-1) \quad (n \geqslant 1)$$

因为整数 $n(1 \leqslant n \leqslant 100)$ 的范围较小,所以将该范围的 Catalan 数全部列表计算出来。

但是 Catalan 数还是比较大的,需要使用大数表示(即数字数组),存放在数组 ans[101][101]中,如算法 11.5 所示。

算法 11.5　计算 Catalan 数,使用大数表示。

```
void catalan()
{
    ans[0][0] = 1;
    ans[1][0] = 1;

    int i,j,k;
    int len = 1;
    for(i = 2; i <= 100; i++)
    {
        //计算分子
        k = (4 * i - 2);
        int carry = 0;                          //进位
        for(j = 0; j <= len; j++)
        {
            ans[i][j] = ans[i-1][j] * k + carry;
            carry = ans[i][j] / 10;
            ans[i][j] %= 10;
        }
        //处理进位
        while(carry)
        {
            ans[i][j++] = carry % 10;
            carry /= 10;
        }
        //计算分母
        len = j;
        carry = 0;
        k = 0;
        while (j >= 0)
        {
            k = carry * 10 + ans[i][j];
            ans[i][j] = k/(i+1);
            carry = k % (i+1);
            j-- ;
        }
    }
}
```

由于大数在数组中是倒着存放的,所以对给定的数字 n,要判断前导字符 0,直到有数字时才输出结果。

算法实现源代码:pju2084-Game of Connections. cpp。

11.7　容斥原理与鸽巢原理

11.7.1　容斥原理

容斥原理是组合计数中的常用方法之一,主要解决有穷集合中具有或不具有某些性质元素的计数问题。

定理 11.3 用$|A|$表示集合A中的元素个数,根据加法原理,若$A \cap B = \varnothing$,则$|A \cup B| = |A| + |B|$;若$A \cap B \neq \varnothing$,则$|A \cup B| = |A| + |B| - |A \cap B|$。

定理 11.4 (容斥原理)设S是一个集合,$A_i(i=1,2,\cdots,n)$是S的有限子集,则:

$$\left| \bigcup_{i=1}^{n} A_i \right| = \sum_{i=1}^{n} |A_i| - \sum_{1 \leqslant i < j \leqslant n} |A_i \cap A_j| +$$

$$\sum_{1 \leqslant i < j < k \leqslant n} |A_i \cap A_j \cap A_k| - \cdots + (-1)^{n-1} \left| \bigcap_{i=1}^{n} A_i \right|$$

$$\left| \bigcap_{i=1}^{n} A_i \right| = \sum_{i=1}^{n} |A_i| - \sum_{1 \leqslant i < j \leqslant n} |A_i \cup A_j| +$$

$$\sum_{1 \leqslant i < j < k \leqslant n} |A_i \cup A_j \cup A_k| - \cdots + (-1)^{n-1} \left| \bigcup_{i=1}^{n} A_i \right|$$

如果和式中的每一项都需要直接计算的话,则利用容斥原理进行计算的时间复杂度关于n是指数级的。当元素的种数较多时,生成函数的方法会更高效。

例 11.5 $S = \{1,2,3,\cdots,600\}$,求其中被$2,3,5$整除的元素个数。

解 令A,B,C分别表示S中被$2,3,5$整除的元素个数,则:

$$|A| = \left\lfloor \frac{600}{2} \right\rfloor = 300, \quad |B| = \left\lfloor \frac{600}{3} \right\rfloor = 200, \quad |C| = \left\lfloor \frac{600}{5} \right\rfloor = 120$$

$$|A \cap B| = \left\lfloor \frac{600}{2 \times 3} \right\rfloor = 100, \quad |A \cap C| = \left\lfloor \frac{600}{2 \times 5} \right\rfloor = 60, \quad |B \cap C| = \left\lfloor \frac{600}{3 \times 5} \right\rfloor = 40$$

$$|A \cap B \cap C| = \left\lfloor \frac{600}{2 \times 3 \times 5} \right\rfloor = 20$$

根据容斥原理,$|A \cup B \cup C| = 300 + 200 + 120 - (100 + 60 + 40) + 20 = 440$。

注意:每一项的分母,应该是选中数字的最小公倍数。

参考 11.10 节的程序计算。

11.7.2 错排问题

考虑一个有n个元素的排列,若一个排列中所有的元素都不在自己原来的位置上,那么这样的排列就称为原排列的一个错排。n个元素的错排数记为D_n。最早研究错排问题的是尼古拉·伯努利和欧拉,历史上也称为伯努利—欧拉的装错信封的问题。

当$n=1$时,全排列只有一种,不是错排,$D_1 = 0$。

当$n=2$时,全排列有两种,即$1、2$和$2、1$,后者是错排,$D_2 = 1$。

当$n \geqslant 3$时,设n排在了第k位($k \neq n$,即$1 \leqslant k < n$)。现在考虑第n位的情况:

(1) 当k排在第n位时,除n和k以外还有$n-2$个数,错排数为D_{n-2}。

(2) 当k不排在第n位时,将第n位重新考虑成一个新的"第k位",这是包括k在内的剩下$n-1$个数的每一种错排,都等价于只有$n-1$个数时的错排,只是其中的第k位会换成第n位,错排数为D_{n-1}。k从1到$n-1$共$n-1$种取法,因此得到:

$$D_n = (n-1)(D_{n-1} + D_{n-2})$$

进一步推导,可得:

$$D_n = n!\left(1 - \frac{1}{1!} + \frac{1}{2!} - \frac{1}{3!} + \cdots + (-1)^n \frac{1}{n!}\right)$$

根据递推公式,最小的几个错排数是:$D_1 = 0, D_2 = 1, D_3 = 2, D_4 = 9, D_5 = 44, D_6 = 265, D_7 = 1854$,数字的增长速度非常快。

例 11.6 著名的 Bernoulli-Euler 装错信封问题:一个人写了 n 封不同的信及相应的 n 个写有不同地址的信封,问没有一封信装入它本身该装入信封的方式有多少种?

解 这正是错排问题,其答案就是 D_n。当 $n = 5$ 时,错排数就是 44。

11.7.3 鸽巢原理

鸽巢原理又名抽屉原理,由德国数学家狄利克雷(Divichlet,1805—1855)首先发现,在组合学中占据着非常重要的地位。

定理 11.5 (基本原理)把 $n+1$ 只鸽子放入 n 个笼子里,则至少有一个笼子含有两只或两只以上鸽子。若有 n 个笼子和 $kn+1$ 只鸽子,所有的鸽子都被关在笼子里,那么至少有一个笼子有至少 $k+1$ 只鸽子。

定理 11.6 (加强形式)设 A 是有限集,$q_1, q_2, \cdots, q_n$ 都是正整数,如果 $|A| \geq q_1 + q_2 + \cdots + q_n - n + 1$,$A_i \subseteq A(i = 1, 2, \cdots, n)$,且 $\bigcup_{i=1}^{n} A_i = A$,则必有正整数 $k(1 \leq k \leq n)$,使得 $|A_k| \geq q_k$。

该定义的文字形式描述为:令 $q_1, q_2, \cdots, q_n$ 都是正整数,如果将 $q_1 + q_2 + \cdots + q_n - n + 1$ 个物体放入 n 个盒子,那么或第一个盒子至少含有 q_1 个物体,或第二个盒子至少含有 q_2 个物体,$\cdots$,或第 n 个盒子至少含有 q_n 个物体。

推论 1 如果把 $n(m-1)+1$ 个物体放入 n 个盒子中,则至少有一个盒子有 m 个物体。

推论 2 设 $m_1, m_2, \cdots, m_n$ 都是正整数,而且满足 $\frac{1}{n}(m_1 + m_2 + \cdots + m_n) > r - 1$,则 $m_1, m_2, \cdots, m_n$ 中至少有一个数不大于 r。

例 11.7 在 $n+1$ 个小于等于 $2n$ 的不相等的正整数中,一定存在两个数是互素的。

解 利用定理:任何两个相邻的正整数是互素的。

证明该定理使用反证法:设 $m(m < 2n)$ 与 $m+1$ 有公因子 $q(q \geq 2)$,p_1, p_2 是整数,则有:$m = qp_1, m+1 = qp_2$,因此得:$q(p_1 - p_2) = 1$,这与 $q \geq 2$,p_1 和 p_2 是整数矛盾。

把 $1, 2, \cdots, 2n$ 依相邻数字分成以下 n 组:$\{1, 2\}, \{3, 4\}, \cdots, \{2n-1, 2n\}$,从 $1, 2, \cdots, 2n$ 中任取 $n+1$ 个不同的数,由鸽巢原理可知至少有两个数是取自同一组的,它们是相邻的数,所以是互素的。

例 11.8 在某中学 A 班有 50 名学生,其中年龄最小的是 15 岁,最大的是 16 岁,证明这个班至少有 3 名学生是同年同月生的。

解 由于年龄最小的是 15 岁,最大的是 16 岁,将这两个年龄看成 2 个"盒子",将 50 名学生放入这 2 个"盒子"中。因为 $50 > 49 = 2 \times (25-1) + 1$,根据鸽巢原理推论 1 知:至少有一个"盒子"中放有 25 名学生,即至少 25 名学生同岁(同年生)。

再将十二个月份分为 12 个"盒子",将这 25 名同年生的学生放入这 12 个"盒子"中,因

为 $25=12\times(3-1)+1$,根据鸽巢原理推论 1 知:至少有一个"盒子"中放有 3 名学生,即这 25 名同年生的学生中至少有 3 名是同月生的,故这个班中至少有 3 名是同年同月生的。

11.8 HDU2048-"恭喜你,中奖了!"

【问题描述】

为了活跃气氛,组织者举行了一个别开生面、奖品丰厚的抽奖活动,这个活动的具体要求是这样的:

首先,所有参加晚会的人员都将一张写有自己名字的字条放入抽奖箱中;

其次,待所有字条加入完毕,每人从箱中取一个字条;

最后,如果取得的字条上写的就是自己的名字,那么"恭喜你,中奖了!"

大家可以想象一下当时的气氛之热烈! 不过,正如所有试图设计的喜剧往往以悲剧结尾一样,这次抽奖活动最后竟然没有一个人中奖!

现在问题来了,你能计算一下发生这种情况的概率吗?

输入

输入数据的第一行是一个整数 m,表示测试例的个数,然后是 m 行数据,每行包含一个整数 $n(1<n\leqslant20)$,表示参加抽奖的人数。

输出

对于每个测试例,请输出发生这种情况的百分比,每个实例输出一行,结果保留两位小数(四舍五入)。

输入样例

```
3
2
4
6
```

输出样例

```
50.00%
37.50%
36.81%
```

题目来源

递推求解专题练习(For Beginner)

【算法分析】

本题正是错排公式的应用:$D_n=(n-1)(D_{n-1}+D_{n-2})$。

而最后没有一个人中奖的概率是 $D_n/n!$。

因为整数 $n(1<n\leqslant20)$ 比较小,可以将错排公式和 $n!$ 的计算结果分别用数组 d 和 a 保存起来:

```
double a[22] = {1,1};
double d[22] = {0,0,1,2};
```

然后读取数据 n,直接输出结果即可,如算法 11.6 所示。

算法 11.6 计算最后没有一个人中奖的概率。

```
int i,n,m;
//计算阶乘
for(i = 1; i < 21; i++)
    a[i] = i * a[i-1];
//计算错排数
for(i = 3; i < 21; i++)
    d[i] = (i-1) * (d[i-1] + d[i-2]);
scanf(" % d",&m);
while(m--)
{
    //读取数据并输出结果
    scanf(" % d",&n);
    printf(" % .2lf % %\n", d[n] * 100/a[n]);
}
```

算法实现源代码:hdu2048-神、上帝以及老天爷.cpp。

11.9 POJ2356-Find a multiple

【问题描述】

输入 n 个自然数(即正整数)$(n \leqslant 10\,000)$,每个数不大于 $15\,000$。这些数不一定是不同的(有可能两个或更多的数是相同的)。编程任务:在给定的数中选择一些数,这些数的总和是 n 的倍数(对自然数 k,存在 $n \times k$ = 选中的数的总和)。

输入

第一行是一个整数 n,接下来 n 行,每行一个自然数。

输出

如果找不到这样的一些数符合要求,则输出 0;否则,在第一行输出选中数字的数量,然后是选中的数字,每行一个数字,任意顺序。

如果有多组数字符合要求,只需要输出任意一组即可。

输入样例

```
5
1
2
3
4
1
```

输出样例

```
2
2
3
```

题目来源

Ural Collegiate Programming Contest 1999

【算法分析】

显然本题答案是不唯一的,所以题目上标注:Special Judge。例如,前 4 个数 $(1,2,3,4)$ 的和是 10,也满足要求。如果题目要求选中最少的数字,就提高了难度。

假定 n 个数为 $a_1,a_2,\cdots,a_n$,前 n 项和分别是 $S_1,S_2,\cdots,S_n$,那么如果有一个 S_i 模 n 为 0,就是答案;否则,n 个数模 n 的余数只能在 1 到 $n-1$ 之间,把余数作为抽屉,显然 n 个数放到 $n-1$ 个抽屉里面,肯定有两个数余数相等,这样取它们的差就得到了结果,如算法 11.7 所示。算法复杂度是 $O(n)$ 的。

算法 11.7 计算部分数字的和是 n 的倍数。

```
int a[10002];                              //原始数字
int s[10002] = {0};                        //前面各个数字的累加和 S_i(1≤i≤n)
int flag[10002];                           //S_i % n(1≤i≤n)
int find = 0;                              //是否找到答案的标志
int n;                                     //数字个数
int i,j;
memset(flag, 0, sizeof(flag));
scanf("%d", &n);
for (i = 1; i <= n; i++)
{
    scanf("%d",&a[i]);
    if(!find)                              //没有找到答案

    {
        //计算累加和
        s[i] = (s[i-1] + a[i]) % n;
        //已经找到答案
        if (s[i] == 0)
        {
            printf("%d\n",i);
            for(j = 1; j <= i; j++)
                printf("%d\n",a[j]);
            find = 1;
        }
        //第一次模 n 不为零,记录位置
        else if(!flag[s[i]]) flag[s[i]] = i;
        else
        {
            //第二次模 n 不为零,说明两个数的余数相等,得到答案
            find = 1;
            printf("%d\n", i - flag[s[i]]);
            for (j = flag[s[i]] + 1; j <= i; j++)
                printf("%d\n",a[j]);
        }
    }
}
```

算法实现源代码:poj2356-Find a multiple.cpp。

11.10   ZOJ2836-Number Puzzle

【问题描述】

给定正整数集合$\{A_1,A_2,\cdots,A_n\}$,一个正整数m,求出不超过m的能被这n个正整数中任意一个整除的数的个数。

输入

输入有多组测试例。

每组测试例有两行:第一行是整数$n(1\leqslant n\leqslant10)$和$m(1\leqslant m\leqslant200\,000\,000)$,第二行是正整数$A_1,A_2,\cdots,A_n(1\leqslant A_i\leqslant10,i=1,2,\cdots,n)$。

输出

对每组测试例,答案占一行。

输入样例

```
3 2
2 3 7
3 6
2 3 7
```

输出样例

```
1
4
```

题目来源

Zhejiang University Local Contest 2007

【算法分析】

参考例11.5,相当于$m=600$,正整数集合是$\{2,3,5\}$,答案是440。样例1只有一个数2,答案是1;样例2中,能够被$\{2,3\}$整除的数是2,3,4和6,所以答案是4。

这就要计算定理11.4中的第一个公式:$\left|\bigcup\limits_{i=1}^{n}A_i\right|$。

使用递归回溯的方法,解空间是一棵排列树,能够直观地实现公式的计算,算法实现源代码:zju2836-DFS.cpp。这里采用二进制的方法表示n个数的组合,代码更为直观和简捷。

正整数集合中的n个数,使用1个,2个,直到n个,其实就是一个n位的二进制数排列。如$n=2$,其二进制排列为$\{01,10,11\}$。

选中数字的最小公倍数res,是容斥原理计算公式每一项的分母,选中数字的个数记为cnt,如算法11.8(1)所示。

算法11.8(1)   计算选中数字的最小公倍数。

```
//形参 x 是二进制的排列数,表示当前选中了哪些数字
//形参 cnt 是选中数字的个数,要返回到主函数中
int multiple(int x, int * cnt)
{
```

```
    int i;
    int res = 1;
    * cnt = 0;
    for (i = 0; i < n; i++)
        //判断选中的数字
        if (x & (1 << i))
        {
            ( * cnt)++;                              //计数
            //函数 LCM() 是计算最小公倍数的
            res = LCM(res, a[i]);
        }
    return res;
}
```

然后根据容斥原理的计算公式,计算满足条件的数字个数,如算法 11.8(2)所示。

算法 11.8(2) 应用容斥原理的计算公式计算结果。

```
int i;
int k;                                      //选中数字的个数
int m;                                      //已知数,是计算范围
int lcms;                                   //选中数字的最小公倍数
int ans;                                    //答案
while (~scanf(" % d % d", &n, &m))
{
    ans = 0;
    for ( i = 0; i < n; i++)
        scanf(" % d", &a[i]);
    //二进制排列的个数是 2n
    for (i = 1; i < (1 << n); i++)
    {
        lcms = multiple(i, &k);
        //根据选中数字的个数 k,判断奇偶项
        if (k & 1) ans += m/lcms;
        else ans -= m/lcms;
    }
    printf(" % d\n", ans);
}
```

算法实现源代码:zju2836-Number Puzzle. cpp。

上机练习题

浙江大学在线题库:

1385-Binary Stirling Numbers	2859-Matrix Searching
1526-Big Number	2955-Interesting Dart Game
1577-GCD & LCM	2996-$(1+x)^n$
2000-Palindrome Numbers	3233-Lucky Number
2060-Fibonacci Again	3344-Card Game
2061-Buy the Ticket	3556-How Many Sets Ⅰ
2098-Picking Balls	3638-Fruit Ninja
2625-Rearrange Them	3647-Gao the Grid
2757-Sum of Continuous Subsequences	3687-The Review Plan Ⅰ
2766-Rotate and Connect	3688-The Review Plan Ⅱ
2836-Number Puzzle	3725-Painting Storages

北京大学在线题库：

1014-Dividing	1664-放苹果
1026-Cipher	1792-Hexagonal Routes
1037-A decorative fence	1942-Paths on a Grid
1095-Trees Made to Order	2282-The Counting Problem
1221-Unimodal palindromic decompositions	2346-Lucky tickets
1306-Combinations	2773-Happy 2006
1322-Chocolate	3046-Ant Counting
1354-Placement of Keys	3088-Push Botton Lock
1423-Big Number	3252-Round Numbers
1430-Binary Stirling Numbers	3370-Halloween treats
1496-Word Index	3695-Rectangles
1521-Entropy	3734-Blocks
1580-String Matching	3904-Sky Code

杭州电子科技大学在线题库：

1028-Ignatius and the Princess Ⅲ	2152-Fruit
1085-Holding Bin-Laden Captive!	2204-Eddy's 爱好
1171-Big Event in HDU	2451-Simple Addition Expression
1205-吃糖果	2461-Rectangles
1220-Cube	3240-Counting Binary Trees
1261-字串数	3398-String
1398-Square Coins	3501-Calculation 2
1695-GCD	3682-To Be an Dream Architect
1709-The Balance	3929-Big Coefficients
1716-排列 2	3944-DP?
1722-Cake	4043-FXTZ Ⅱ
1796-How many integers can you find	4045-Machine scheduling
1799-循环多少次?	4059-The Boss on Mars
1808-Halloween treats	4135-Co-prime
2049-不容易系列之(4)——考新郎	4248-A Famous Stone Collector
2062-Subset sequence	4254-A Famous Game
2068-RPG 的错排	4259-Double Dealing
2085-核反应堆	4335-What is N?

续表

4349-Xiao Ming's Hope	4675-GCD of Sequence
4372-Count the Buildings	4746-Mophues
4373-Mysterious For	4810-Wall Painting
4390-Number Sequence	4869-Turn the pokers
4407-Sum	4908-BestCoder Sequence
4497-GCD and LCM	4909-String
4532-湫秋系列故事——安排座位	5047-Sawtooth

由于在线题库的题目很多,这里只列出了部分题目,仅供参考。

参 考 文 献

[1] 赵端阳,袁鹤.ACM大学生程序设计竞赛题解(1)[M].北京:电子工业出版社,2010.

[2] 赵端阳,袁鹤.ACM大学生程序设计竞赛题解(2)[M].北京:电子工业出版社,2010.

[3] 赵端阳,左伍衡.算法分析与设计:以大学生程序设计竞赛为例[M].北京:清华大学出版社,2012.

[4] 赵端阳,等.算法设计与分析:以ACM大学生程序设计竞赛在线题库为例[M].北京:清华大学出版社,2015.

[5] 赵端阳.ACM大学生程序设计竞赛在线题库最新精选题解[M].北京:清华大学出版社,2019.

[6] 王晓东.计算机算法设计与分析[M].3版.北京:电子工业出版社,2007.

[7] DOSSEY J A,OTTO A D,et al.离散数学(原书第5版)[M].章炯民,等译.北京:机械工业出版社,2007.

[8] ROSEN K H.离散数学及其应用(原书第5版)[M].袁崇义,等译.北京:机械工业出版社,2007.

[9] JOSUTTIS N M.C++标准程序库[M].侯捷,孟岩,译.武汉:华中科技大学出版社,2002.

[10] 严蔚敏,吴伟民.数据结构(C语言版)[M].北京:清华大学出版社,2007.

[11] 阿苏外耶.算法设计技巧与分析[M].吴伟昶,方世昌,等译.北京:电子工业出版社,2010.

[12] 塞奇威克.算法:C语言实现(第1~4部分):基础知识、数据结构、排序及搜索[M].霍红卫,译.北京:机械工业出版社,2009.

[13] 塞奇威克.算法:C语言实现(第5部分):图算法[M].霍红卫,译.北京:机械工业出版社,2010.

[14] 科曼.算法导论[M].潘金贵,译.北京:机械工业出版社,2006.

[15] CORMEN T H,LEISERSON C E,et al.算法导论(原书第2版)[M].潘金贵,顾铁成,等译.北京:机械工业出版社,2006.

[16] 塔玛西亚.算法分析与设计[M].霍红卫,译.北京:人民邮电出版社,2006.

[17] 徐子珊.算法设计、分析与实现从入门到精通[M].北京:人民邮电出版社,2010.

[18] 刘汝佳,黄亮.算法艺术与信息学竞赛[M].北京:清华大学出版社,2004.

[19] 余立功.ACM/ICPC算法训练教程[M].北京:清华大学出版社,2013.

[20] 陈宇.ACM-ICPC程序设计系列:数论及应用[M].哈尔滨:哈尔滨工业大学出版社.2012.

[21] 冯林,等.ACM-ICPC程序设计系列:图论及应用[M].哈尔滨:哈尔滨工业大学出版社.2012.

[22] 金博,等.ACM-ICPC程序设计系列:计算几何及应用[M].哈尔滨:哈尔滨工业大学出版社.2012.

[23] 周治国.ACM-ICPC程序设计系列:组合数学及应用[M].哈尔滨:哈尔滨工业大学出版社.2012.